Discrete Geometry Processing and Applications

离散几何处理与应用

鲍虎军 黄 劲 刘利刚 著

科 学 出 版 社
北 京

内 容 简 介

在计算机中处理三维几何对象的前提是其数字化表示以及如何建模得到这样的数字化表示。在不同的应用场合，这些数字化表示还会被进一步加工处理，甚至进行各种分析和模拟仿真。本书以当前数字体验、虚拟现实、3D打印等新兴研究领域中的三维离散几何处理问题为重点，系统全面地介绍作者在网格模型的几何处理、建模、分析和物理模拟等方面的研究成果，并对每一研究内容，尽量给出相关重要、里程碑式的方法，以揭示技术演化的脉络，便于读者在了解当前研究进展的同时把握未来的发展趋势。

本书可供高等院校计算机类专业的本科生或研究生阅读，也可作为计算机图形学相关领域研发人员和工程技术人员的参考用书。

图书在版编目(CIP)数据

离散几何处理与应用/鲍虎军，黄劲，刘利刚著. —北京：科学出版社，2021.4

ISBN 978-7-03-067871-3

Ⅰ. ①离… Ⅱ. ①鲍… ②黄… ③刘… Ⅲ. ①离散数学-几何学-高等学校-教材 Ⅳ. ①O18

中国版本图书馆CIP数据核字(2020)第268870号

责任编辑：任 静／责任校对：杨 然 胡小洁
责任印制：吴兆东 ／封面设计：迷底封装

科 学 出 版 社 出版
北京东黄城根北街16号
邮政编码：100717
http://www.sciencep.com
北京建宏印刷有限公司 印刷
科学出版社发行 各地新华书店经销
*
2021年4月第 一 版 开本：720×1000 1/16
2022年8月第三次印刷 印张：22
字数：444 000

定价：168.00元

(如有印装质量问题，我社负责调换)

前言

长久以来，在计算机中复现真实世界甚至创造新的世界一直是个激动人心的构想。随着各种呈现和输出技术的发展，人们现在可以将计算机中的虚拟世界叠加于真实世界之上或者实体化。虚拟世界与真实世界的这种交融不仅推动了包括数字体验、虚拟现实、智能制造等产业的发展，更是前所未有地拓展了人类所感、所知、所想的范围，给未来提供了无限的可能。虚拟和现实世界包含大量的力热声光电等复杂物理行为，而这些行为的模拟都离不开三维空间中景物的几何表示和建模。因此，景物的三维几何表示和建模很自然地成为相关研究的基础，也是长期以来的研究重点和热点。

在计算机中处理三维几何对象的前提是其数字化表示以及如何建模得到这样的数字化表示。在不同的应用场合，这些数字化表示还会被进一步加工处理。例如，分析这些数字几何模型的语义信息，甚至结合各种物理模型进行模拟仿真是众多应用中不可或缺的技术。半个世纪以来，国内外学者对三维景物的几何表示、建模、处理、分析及其物理模拟等核心技术展开了深入而系统的探索研究，取得了重要的进展，实现了成功应用。

这方面的研究最早主要由机械产品的计算机辅助设计 (CAD) 技术所推动。随之发展起来的 Coons 曲面、B-样条曲面等表示方法以交互精确设计为主要目标，已成为现代制造业的基石和标准。CAD 中的曲面造型技术源自造船业，经过飞机制造业的推动和汽车制造业的促进，逐渐发展形成了以非均匀有理 B-样条 (NURBS) 为核心的曲面造形体系。1967 年，麻省理工学院的 Coons 提出了一种插值自由曲面的通用构建方法。只要给出四条已知的边界曲线，就可以构建出一张插值这些边界曲线的 Coons 曲面片。在实际 CAD 工程应用中，最常见的 Coons 曲面是双三次曲面，但它不便于形状控制，一旦确定好曲面的四条边界曲线，修改曲面内部的形状将变得十分不便。与此同时，法国工程师 Bézier 也提出了类似的曲面构建方法，所构造的曲面表达为控制顶点与 Bernstein 基函数的加权组合形式，因此曲面形状的修改可以通过调整控制顶点来完成。虽然在形状修改上，Bézier

曲面比 Coons 曲面要方便很多，但 Bézier 曲面在曲面拼接和局部修改方面仍有许多不足。1972 年，de Boor 和 Cox 同时提出了 B-样条函数的递推公式，得到了计算简单且数值稳定的 B-样条函数表示，使得 B-样条曲面可以真正应用于 CAD 的曲面造型。B-样条曲面不仅拥有 Bézier 曲面的良好几何特性，同时很好地解决了 Bézier 曲面的局部控制和拼接问题，为产品和工程设计提供了一种更好的曲面描述。上述三类曲面构造方法主要以代数曲面、计算几何作为数学工具，以局部连续性、光滑性等基本几何性质为主要研究对象，通过交互式地输入少量控制顶点的坐标或约束进行几何建模，自然地提供了几何模型的参数化表示。其严谨的代数曲面性质也为产品外形表达的一致性、相容性奠定了坚实的基础。当然，这样的表示也让复杂模型的构建并不容易，且难以直接适用于复杂的几何分析与物理模拟。

以形状表示的灵活性和绘制的高效性为主要目标，数字娱乐和虚拟现实等应用推动了多边形网格表示的几何处理和建模研究。尽管样条曲面已经成为几何信息存储和交换的工业标准，并广泛应用于计算机辅助设计、数值模拟等领域，然而它在表示任意拓扑的复杂曲面时，仍存在明显的局限性。细分曲面的出现在一定程度上解决了代数样条表示所面临的一些困难。通过一些特定的模式，初始的低分辨率网格能够不断被细分加密，网格序列最终收敛到一张光滑的细分曲面。作为连接连续曲面和离散曲面的桥梁，细分曲面为诸多几何问题提供了一个有效的解决方案，例如，任意拓扑下曲面的表示、曲面表示的统一性、数值求解的稳定性等问题。基于细分网格的离散结构，人们发展了很多相应的分析方法，包括其连续性探讨、曲面拟合和多分辨率层次数值求解等。与此同时，涌现出了许多新的细分模式以提高细分曲面的连续性。细分曲面的另一个关键问题是如何快速绘制曲面，其中最直接的方法是对网格不断地进行递归细分后进行绘制。然而，随着网格单元数量的指数级上升，这种方法最终将面临计算和存储效率的瓶颈。因此，许多工作聚焦于如何对网格进行自适应的动态细分，其核心思想是仅在高曲率的区域进行深层次的细分。围绕加密细分区域的选择标准、不同细分层次区域之间的过渡、顶点坐标的计算方式等核心问题，研究者展开了系统性的研究，使得多分辨率渐进网格处理和绘制成为现实。

三维网格模型的广泛应用对高效的离散几何建模技术和工具提出了迫切的需求，而上述的由点构造线、再由线构造曲面的连续几何建模方法在效率和便捷性上难以令人满意。为此，人们转而寻求直接扫描获取实物模型的三维点云几何数据来高质量重建网格曲面模型，取得了巨大成功。由于扫描设备本身的特性，难以一次扫描就完成对整个物体的采样，因此需要将多次扫描得到的局部点云全局地注册配准形成实物的完整点云描述，进而重建出网格模型。根据应用需求，研究者发明了多种曲面重建方法，大致可分为显式曲面重建与隐式曲面重建两大类。前者大多基于 Delaunay 三角剖分，直接由点云数据构建网格曲面；后者则将重建曲面表示为一个标量函数的零水平集，经离散化得到网格曲面。当然，扫描得到的点云数据往往带有一些噪声，一般需要在点云上或者在重建的网格上进行光顺处理，以提高网格质量。

近年来，借助三维扫描重建和传统几何建模技术和工具，人们构建并积累了大量的三维网格模型。如何高效地重用这些模型，便捷地交互创建出满足用户需求的几何模型，已成为几何处理的核心问题之一。为此，离散网格的高效几何形变和编辑算法应运而生，旨在提供快速、直观的交互手段来获得自然的形变效果。几何形变方法大致可分为线性和非线性两大类。线性形变方法（如梯度域形变、基于旋转不变坐标的形变、Laplace 形变等）计算效率高，但是难以准确处理平移变换或大尺度旋转问题。非线性方法（如尽可能刚性形变等）所生成的形变更自然、视觉效果更逼真，但其计算效率较低。这些方法尽管在严密性、精确性上有一定的不足，但仍有效提高了三维形状表示和构建的复杂性和灵活度。为了获得更丰富逼真的形变效果，人们还赋予网格模型以物理材质属性，提出了高效的弹性形变模拟技术来模拟物体的运动形变效果，以满足虚拟现实、模拟仿真等领域的应用需求。

建模得到的三维网格模型很多时候还需要进一步处理加工才能满足实际应用需求，例如绘制应用希望在网格曲面上进行纹理贴图，以提高模型的视觉逼真度；网格图形应用希望减少网格模型的规模和存储量，以提高几何数据传输和绘制的效率等。因此，涌现了包括网格曲面的参数化、简化、压缩等众多离散几何处理技术。除此之外，有些应用因要在模型上进行偏微分方程的求解，对网格单元的数量、形状等有着特殊的要求，因此需将网格进行重新剖分。而有些建模或者识别相关的应用则关注网格模型整体形态的高层语义而非上述局部的拓扑或纹理等信息，因此需对模型的形状进行分析，以得到其高层语义，由此推动了复杂场景的理解和应用研究。

随着计算机性能的快速提升和相关数学工具的发展，三维几何处理和建模的研究展现出重要的发展趋势，即从经验性的正向逼近走向变分优化式的逆向拟合，从微观局部逐渐走向宏观全局，从单一、静态的形状拓展至与物理耦合的动态行为，从以传统计算几何、微分几何为主要工具走向与机器学习的融合。最近发展迅速的基于机器学习的几何处理技术有效突破了传统几何建模、形变等技术局限，就是一个很好的迹象。本书以当前数字体验、虚拟现实、3D 打印等新兴研究领域中的三维离散几何处理问题为重点，系统全面地介绍作者在网格模型的几何处理、建模、分析及其物理模拟等方面的研究成果，并对每一研究内容，尽量给出相关重要、里程碑式的方法，以揭示技术演化的脉络，便于读者在了解当前研究进展的同时把握未来的发展趋势。

本书系统整合了作者研究团队新世纪以来在几何处理和建模方面的研究成果，方贤忠、陈炯、江腾飞、李鬴旺、张磊、樊鲁斌、胡瑞珍、宋鹏、王睿旻、王伟明、黄一江、叶春阳、夏熙等博士研究生与刘新国、许威威、张举勇等教授参与了相关研究和成果素材的整理和撰写，在此向他们表示衷心的感谢。相关研究工作得到了多项国家自然科学基金、国家 973 计划和国家 863 计划等科研项目的资助。

由于作者水平有限，书中疏漏之处在所难免，恳请读者批评指正。

作　者

2020 年 11 月

目录

第 1 章 几何处理的数学基础

几何学的研究可以上溯至公元前二世纪，经过两千多年的发展，几何学已成为数学的一个极为重要和庞大的分支。计算机辅助设计 (CAD) 和图形学将现代计算机与这一有着悠久历史的学科紧密关联了起来，离散几何处理就是其中的重要环节。

有别于强烈依赖于连续光滑性的传统几何学，离散几何处理深深地打上了计算机离散计算的本质烙印。比如典型的网格、点云、等值面等表示方法，在有限存储、有限计算等条件下，仅能以采样、逼近的方式来表示连续的曲面；在连续条件下易于定义和计算的各种微分、积分方法也需要额外的研究和探索才能适合于计算机处理。这方面的数学原理与数值分析有着密切的联系，然而由于其深刻的几何背景及特色，这些相关研究问题被统称为离散化 (Discretization)。当然不同的离散化表示方法有其特有的优缺点。传统计算机辅助设计领域常用的样条等曲面表示方法使用较为少量的参数来刻画物体形状，精度高但难以高效表达复杂几何细节，物体构造和模拟所涉及的几何物理等操作需要鲁棒执行模型间的大量数学计算。因此，网格、点云等离散化表示方法得到了高度重视和深入研究，涌现出了一系列基本离散算子来逼近各种连续计算方法，构成了离散几何处理的算法基石。大量的几何处理技术都从这些基本离散算子出发来建模刻画应用目标，因此离散算子的性质严重影响着优化函数的数值性质，比如非线性程度、逼近连续解的收敛性等。当然，在求解各种优化问题时，数值方法的选取至关重要。根据优化目标是否有约束条件、是否是一个凸问题、是否连续可导等特性，为了高效率地求解计算，数值方法的选择依赖于对典型数值方法的深刻理解。比如，牛顿法及其各种衍生算法在处理目标函数的 Hessian 矩阵时各有特色，有些算法对 Hessian 矩阵进行精确逼近以换取高收敛率，但计算代价大，且可能出现不定矩阵引发的不稳定现象；而另一些方法则牺牲收敛率来换取快速的鲁棒迭代，以实现高效的数值优化。即便是同一个优化问题，在不同的应用需求中也可能需要使用不同的方法以获得精度、速度、稳定性等指标的平衡。鉴于微分几何和数值优化本身都是很大的研究领域，涉及许多研究内容，本章并不想全面完整地介绍相关知识，而是着重介绍一些常用的典型方法。

1.1 曲面表示

如何在计算机内存中描述和构造出复杂的三维几何形体是计算机辅助设计、图形学以及各种模拟计算方法的基础。几何计算是为解决这一问题而形成的一个研究方向，它在连续数学理论和离散数值计算分析间建立起了沟通的桥梁。各种曲面表示方法各有优缺点。在不同应用，甚至一个算法的不同环节，有时需要选择恰当的表示方法以满足结果质量和计算效率的要求。本节将主要介绍三维空间中三种典型的曲面表示方法。

1.1.1 多边形网格曲面

以样条曲面为代表的连续曲面表示理论以其简洁的数学表达、强大的曲面表达能力和灵活的曲面控制方式得到了深入的研究和广泛的应用，已成为设计与制造工业的主流几何表示方法。然而，由于其高阶连续性和复杂拓扑结构要求，样条曲面表示方法在构造具有精致几何细节的复杂形状时经常会遇到困难。而以多边形网格曲面为代表的离散曲面表示方法则以其简单的表达形式、普适的形状表达能力和直接的图形绘制模式得到了图形学的高度关注，是图形绘制和数值计算分析的核心形状表达方法。

多边形网格曲面一般可以表示为三个集合，即顶点集合 V、边集合 E 和面片集合 F。每条边 $e \in E$ 连接两个顶点 $v_{e,1}, v_{e,2} \in V$。每个 n 边面片 $f \in F$ 包含 n 条连接成环的边 $e_{f,1}, e_{f,2}, \cdots, e_{f,n}$。一般情况下，我们假定网格曲面的所有顶点和边都邻接于至少一个面片。如图 1.1 所示，一张网格曲面的面片可以有不同的边数，也可以由相同边数的多边形构成。全部由三角形构成的网格曲面，因其获取方便、表达简单等特点，已成为数字几何模型的主要表达形式。

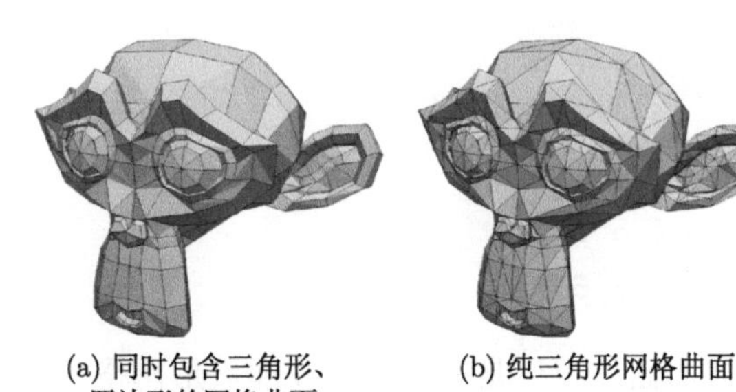

(a) 同时包含三角形、四边形的网格曲面　(b) 纯三角形网格曲面

图 1.1　网格曲面示例

当网格曲面的面片均为同一类多边形时，它可以简单地用一个顶点表和面片表作为数据结构来刻画。顶点表，就是把网格顶点的坐标记录为一个列表，每一行代表一个顶点，其行数等于网格曲面的顶点数。由于面片之间顶点是共享的，因此每个顶点会涉及多个面片。顶点表除了顶点坐标表以外，还可以包含纹理坐标表和顶点法向表。依照惯例，这些坐标都使用右手坐标系。顶点的排列顺序可能会影响到后面面片表的编码。面片表，则是由指向顶点的指针组成。这些指针往往用顶点表的顺序来表示，序号从 1 开始。面片表的每一行代表一个面片，面片表的行数等于面片的个数。一个面片由多个顶点组成，顶点在表中的排列顺序，对应为面片的逆时针方向（沿外法线方向）。下面是一个立方体四边形网格曲面的顶点表和面片表。

```
# 顶点表，v代表顶点，后面的3个数字是顶点的几何坐标(x, y, z)
        v 0.000000 2.000000 2.000000
        v 0.000000 0.000000 2.000000
        v 2.000000 0.000000 2.000000
        v 2.000000 2.000000 2.000000
        v 0.000000 2.000000 0.000000
        v 0.000000 0.000000 0.000000
        v 2.000000 0.000000 0.000000
        v 2.000000 2.000000 0.000000
# 面表，f 代表面片，后面的4个数字就是面片上的顶点在顶点表中的
  序号
        f 1 2 3 4
```

```
f 8 7 6 5
f 4 3 7 8
f 5 1 4 8
f 5 6 2 1
f 2 6 7 3
```

拓扑上，网格曲面还可以是流形网格和非流形网格。简单地说，流形网格是一张流形曲面，其中任何一个点的邻域都拓扑同胚于一个二维圆盘（内部点）或半圆盘（边界点）。具体在网格上表现为：每一条边最多邻接不多于 2 个面片，每一个顶点的邻接面片构成一个闭合或者开放的扇面。图 1.2 展示了几个非流形网格的例子。流形网格可以用半边数据结构进行高效的表达。

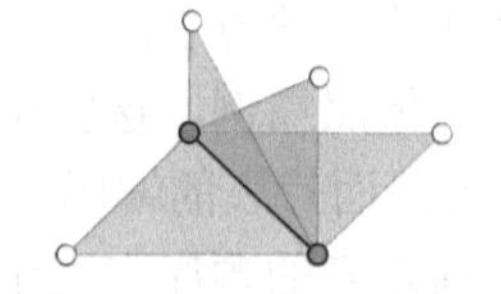
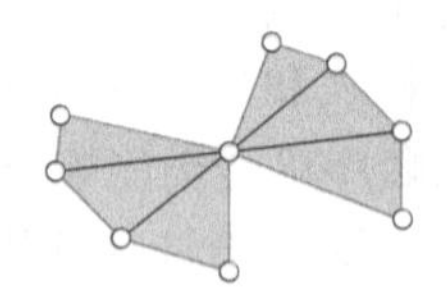
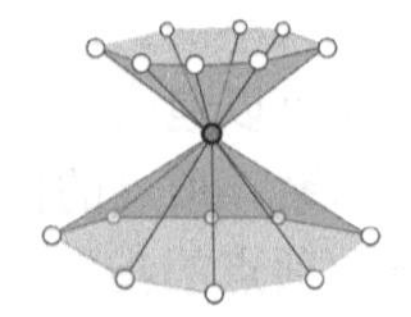

图 1.2 非流形网格的示意图

与面表不同，半边结构将网格的连接关系存储在边上，每条边表达为两条“半边”。每条半边的数据结构包括（如图 1.3 所示）：

(1) 半边起点的指针（图中 3）；

(2) 邻接面的指针（图中 4，如果该半边是网格边界，没有邻接面，则指针为 NULL）；

(3) 半边所在面片的下一条边的指针（图中 5，顺序为顺时针方向）；

(4) 指向同一条边的另一半边的指针。该半边与原来的半边方向相反，位于相邻的面片上（图中 6）；

(5)（可选）半边所在面片的上一条边的指针（图中 7）。

其中半边的“上一条边”不是必需的，因为它可以通过前面的操作组合而得到。此外，在半边数据结构中，每一个顶点，记录了从它出发的半边（图中 1）；每一个面片，则记录了环绕该面片的其中一条半边。

一旦已知这些点、线、面之间的连接关系，我们就可以方便地逆时针遍历一个面片的所有半边，获取它所有的顶点、边，还有邻接的面。对于顶点也是如此，环绕一圈便可以遍历得到其 1-环邻域。

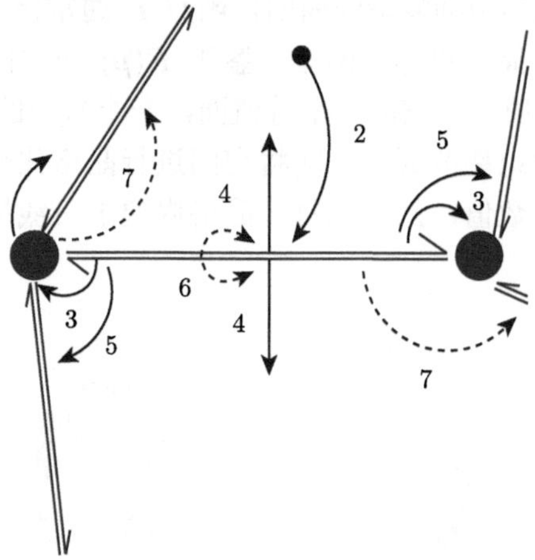

图 1.3 半边结构示意图

网格曲面本质上是一种显式的表示，可直接遍历曲面上所有点。例如，三角形网格曲面上的点 $\boldsymbol{p}$ 可以表达为一个三元组 (f,α,β) 的函数：

$$\boldsymbol{p}(f,\alpha,\beta)=\alpha\boldsymbol{v}_{f,1}+\beta\boldsymbol{v}_{f,2}+(1-\alpha-\beta)\boldsymbol{v}_{f,3}$$

式中，$\boldsymbol{v}_{f,1}$，$\boldsymbol{v}_{f,2}$ 和 $\boldsymbol{v}_{f,3}$ 为三角形 f 的三个顶点。对满足 $f\in F,\alpha,\beta\in[0,1],\alpha+\beta\leqslant 1$ 的所有三元组取值，即可得到该三角形网格上所有的点。

1.1.2 隐式曲面

有别于上述显式方法，隐式曲面表示方法将曲面定义为一个三元函数 $F(\boldsymbol{p}):\mathbb{R}^3\rightarrow\mathbb{R}$ 值为 0 的集合，或者方程 $F(\boldsymbol{p})$ 的零解集（也即代数曲面）：

$$S=\{\boldsymbol{p}|F(\boldsymbol{p})=0,\boldsymbol{p}\in\mathbb{R}^3\}$$

直观地讲，当 $F(\boldsymbol{p})=0$ 时，点 $\boldsymbol{p}$ 就在曲面上，否则它位于曲面外。一般来说，并不是所有函数的零解集均张成一张曲面。例如，函数 $F(\boldsymbol{p})=x^2+y^2+z^2-1$，刻画了一个单位球面，而 $F(\boldsymbol{p})=x^2+y^2+z^2$ 的零解集仅仅是一个点。当 F 连续，且在 $F(\boldsymbol{p})=0$ 处梯度不为 0（即对于处于零解集内的点 $\boldsymbol{p}$ 有 $\nabla F(\boldsymbol{p})\neq 0$）时，其零解集才是一般意义下的二维流形曲面。

通过设计构造复杂的函数 F，可以得到如图 1.4 所展示的高亏格曲面。然而，为了刻画更为精细复杂的曲面，函数 F 通常极为复杂，导致曲面的形状难以控制，其显示也非常困难。鉴于 $F(\boldsymbol{p})$ 在空间中定义了一个数据场，而隐式曲面本质上是它的一个等值面，一个常用的方法是对函数 F 所处的空间进行分片地离散逼近，即将空间进行晶格化剖分，显式地给出每个晶格节点处的函数值，然后在每一晶格内通过三线性插值得到其近似分片三线性函数。

图 1.4　由单个光滑函数构成的复杂隐式曲面

来源：3DXM Surface Gallery.

隐式曲面可以通过 Marching Cubes 算法 (Lorensen et al., 1987) 转化为网格表示。该算法特别适用于抽取连续变化的数据场的等值面，其基本思想和流程如下：基于简单的晶格数据结构（如图 1.5（a）所示），首先将数据场离散采样到每个晶格的顶点上；然后逐个晶格去判断是否和等值面有交，有交的话则从该晶格中抽取若干个三角形面片，近似表达等值面与该晶格相交的部分；所有晶格中获得的三角形面片就构成了对待抽取等值面的近似。由于每个晶格中的求交操作和抽取三角形面片仅涉及局部场值信息，因此该算法很容易并行实现。

晶格和等值面的求交操作比较简单。若三维晶格的八个角点的场值都大于或者都小于待抽取等值面的值，则它们显然无交；反之，则有交，进一步在该晶格中抽取三角形面片。基于等值面的连续变化假设，对于有交的晶格的边（即其两个顶点的值不都大于或不都小于待抽取等值面的场值），

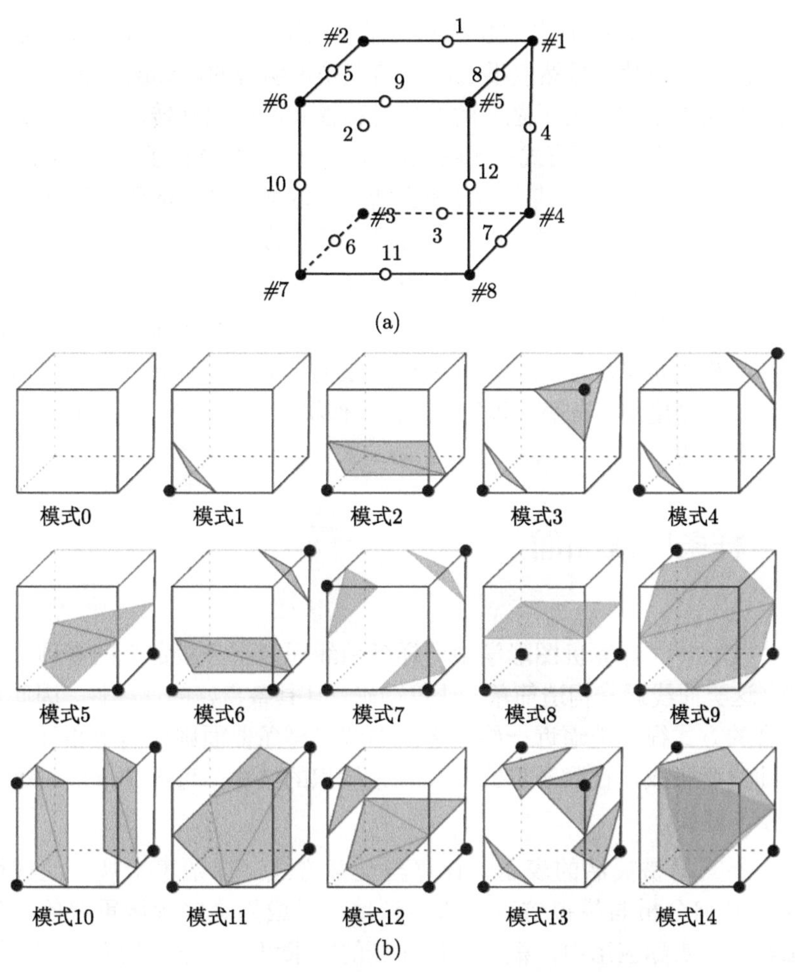

图 1.5 晶格与等值面的求交计算：(a) 晶格数据结构；(b) 256 种模式简化成 15 种模式

该边和等值面有且仅有一个交点，可以通过简单的线性插值近似得到其相交位置坐标。一旦得到该晶格与等值面的所有交点，即可以根据该晶格与等值面相交的模式连接形成若干个三角形面片。由于晶格和等值面相交的模式是由晶格顶点的场值确定（例如，如果晶格中只有一个顶点的场值大于等值面的场值，其余都小于等值面的场值，那么只会生成一个三角形来局部逼近该等值面），而顶点的值有两种状态（大于和不大于），因此共有

$2^8 = 256$ 种模式。由于这 256 种模式需要预先枚举，才能将求得交点正确连接成三角形面片，显然枚举 256 种情况是不明智的。Marching Cubes 算法充分利用大于和不大于之间的补偿对称性和晶格的旋转对称性将 256 种模式缩减表示为 15 种模式，如图 1.5（b）所示，并进行了有效的编码，其中模式 0 是无交状态，其余都是相交情形。这样通过晶格顶点的场值分布，即可确定交点的连接方式，进而高效得到对应的三角形面片。

传统的 Marching Cubes 算法也存在一些不足，后续得到了许多的改进和完善。例如，消除了某些模式的三角形面片连接不唯一的问题，利用八叉树晶格表示减轻了均匀晶格采样带来的巨大内存耗费问题，等值面特征细节的高精度逼近问题，等等。这些工作极大促进了 Marching Cubes 算法的普及应用。

1.2 样条曲线曲面

在 CAD 与计算机图形学中，样条曲线通常指分段定义的多项式参数曲线。这类曲线通常构造简单、计算准确，且具备良好的连续性，因此可通过拟合的方式很好地逼近一些复杂的曲线。样条曲面则由两组相互正交的样条曲线所张成，在数学形式上具有张量积的结构，可用作一般二维曲面的表示与建模。

由于其简易灵活的表示、计算与交互方式，样条表示被广泛应用于 CAD、几何分析与模拟仿真等诸多领域，已成为这些领域重要的几何处理工具。在实际应用中，根据具体问题的需求可以由不同的多项式和边界条件生成不同类型的样条。本节将介绍一些经典样条表示方法。

1.2.1 三次样条

三次样条通过三次多项式来插值给定的若干控制点，所得到的曲线经过所有这些控制点。相比于高阶样条，三次样条在计算与存储上更加高效；相比低阶样条，它拥有更好的表达能力来构建任意复杂曲线。因此，三次样条在计算速度与灵活程度之间提供了一个很好的平衡。

在数学上，当给定 $n+1$ 个控制点位置 $\{\boldsymbol{p}_k = (x_k, y_k, z_k) | k = 0, 1, \cdots, n\}$

后，每一对节点 $\boldsymbol{p}_k$ 和 $\boldsymbol{p}_{k+1}$ 之间的拟合参数曲线都应满足如下方程：

$$\begin{aligned} x(u) &= a_x u^3 + b_x u^2 + c_x u + d_x \\ y(u) &= a_y u^3 + b_y u^2 + c_y u + d_y \qquad (0 \leqslant u \leqslant 1) \\ z(u) &= a_z u^3 + b_z u^2 + c_z u + d_z \end{aligned} \tag{1.1}$$

其中对于每对节点之间的方程组（式（1.1）），$\boldsymbol{a}(a_x, a_y, a_z)$、$\boldsymbol{b}(b_x, b_y, b_z)$、$\boldsymbol{c}(c_x, c_y, c_z)$ 和 $\boldsymbol{d}(d_x, d_y, d_z)$ 四组未知系数需要求解确定。一旦 n 个节点区间的三次函数都得以确定，就得到了三次样条的分段表达，进而可以获得参数曲线上任意一点的取值。

三次样条具有 C^2 连续性，即相邻两段三次曲线在边界的交点处具有相同的一阶和二阶导数。对于有 $n+1$ 个节点的曲线，n 个曲线区间一共会产生 $4n$ 个未知变量。每一个曲线区间要求两端满足插值条件，贡献了 $2n$ 个约束方程。而相邻的曲线在每个内部控制点处需要有相同的一阶和二阶导数，因此 $n-1$ 个内部控制点总共贡献 $2n-2$ 个约束。但是，所有方程的未知数超过了约束方程个数，因此需要引入一些额外的边界条件，以保证解的唯一性。不同的边界条件将产生不同性质的三次样条。比如自然边界条件要求首末两个控制点 $\boldsymbol{p}_0$ 和 $\boldsymbol{p}_n$ 处二阶导数为零。一旦提供了必要的边界条件，所有分段多项式的系数将被完全确定。通过这种方式得到的三次样条具有良好的插值性和光滑性，但其缺点也是显而易见的。当任意一个控制点被移动之后，所有的系数需要重新求解。因此，三次样条缺乏局部控制能力，任意的局部变化都会影响到整条曲线的形态。

和三次样条不同，埃尔米特 (Hermite) 样条能够支持局部修改。通过指定曲线区间控制点上的切方向，每段曲线的拟合则完全由它自身控制点上的约束所确定。若令 $\boldsymbol{p}(u)$ 代表节点 $\boldsymbol{p}_k$ 与 $\boldsymbol{p}_{k+1}$ 之间的三次参数曲线，则埃尔米特样条的边界条件可表示为：

$$\boldsymbol{p}(0) = \boldsymbol{p}_k,\ \boldsymbol{p}(1) = \boldsymbol{p}_{k+1},\ \boldsymbol{p}'(0) = \mathrm{d}\boldsymbol{p}_k,\ \boldsymbol{p}'(1) = \mathrm{d}\boldsymbol{p}_{k+1} \tag{1.2}$$

式中，$\mathrm{d}\boldsymbol{p}_k$ 和 $\mathrm{d}\boldsymbol{p}_{k+1}$ 分别为参数曲线在 $\boldsymbol{p}_k$ 和 $\boldsymbol{p}_{k+1}$ 处预设的导数。考虑到三次曲线的具体形式（式（1.1）），约束条件（式（1.2））可以转化为关于 $\boldsymbol{a}, \boldsymbol{b}, \boldsymbol{c}, \boldsymbol{d}$ 的线性方程组。通过求解该方程组，满足边界约束的三次埃尔米

特样条将具有如下形式：

$$\begin{aligned}\boldsymbol{p}(u) &= \boldsymbol{p}_k(2u^3-3u^2+1)+\boldsymbol{p}_{k+1}(-2u^3+3u^2)-\mathrm{d}\boldsymbol{p}_k(u^3-2u^2+u)\\&\quad+\mathrm{d}\boldsymbol{p}_{k+1}(u^3-u^2)\\&=\boldsymbol{p}_kH_0(u)+\boldsymbol{p}_{k+1}H_1(u)+\mathrm{d}\boldsymbol{p}_kH_2(u)+\mathrm{d}\boldsymbol{p}_{k+1}H_3(u)\end{aligned} \tag{1.3}$$

式中，$H_k(u)$ $(k=0,1,2,3)$ 被称作埃尔米特插值多项式。由于求解是完全局部化的，所以埃尔米特样条能够通过修改控制点进行灵活的更新。然而，对于一些实际问题来说，曲线的局部斜率并不容易事先获知，这无疑给埃尔米特样条的应用带来了一些限制。

1.2.2 Bézier 样条

Bézier 样条最初由法国工程师 Pierre Bézier 发明。Bézier 样条的一些性质让它能够简单方便地处理曲线与曲面的设计问题，因此广泛地应用于 CAD 系统中，并集成进一些开源的图形软件包（如 OpenGL）。

在理论上，Bézier 曲线可用来拟合任意数量的控制点。控制点的数量与相对位置将决定着 Bézier 多项式的形式。当给定 $n+1$ 个控制点 $\{\boldsymbol{p}_k|k=0,1,\cdots,n\}$ 后，参数曲线 $\boldsymbol{p}(u)$ 可以通过 $\boldsymbol{p}_0$ 与 $\boldsymbol{p}_n$ 之间的 Bézier 多项式来表示，即：

$$\boldsymbol{p}(u)=\sum_{k=0}^{n}\boldsymbol{p}_k\mathrm{B}_{k,n}(u),\quad 0\leqslant u\leqslant 1 \tag{1.4}$$

式中，插值函数 $\mathrm{B}_{k,n}(u)$ 是伯恩斯坦多项式，表示为：

$$\mathrm{B}_{k,n}(u)=C(n,k)u^k(1-u)^{n-k} \tag{1.5}$$

式中，$C(n,k)$ 是二项分布系数，取值为 $n!/(k!(n-k)!)$。伯恩斯坦多项式还可以通过以下递归的方式进行定义：

$$\mathrm{B}_{k,n}(u)=(1-u)\mathrm{B}_{k,n-1}(u)+u\mathrm{B}_{k-1,n-1}(u),\quad n>k\geqslant 1 \tag{1.6}$$

式中，$\mathrm{B}_{k,k}=u^k,\mathrm{B}_{0,k}=(1-u)^k$。

由定义可知，Bézier 曲线的多项式系数总是比控制点的个数少 1。因此三个控制点可以决定一条抛物线，而四个点将得到一条三次曲线。Bézier

曲线还拥有一些良好的性质。首先，Bézier 曲线总是会经过第一个和最后一个控制点，即满足：

$$\boldsymbol{p}(0)=\boldsymbol{p}_0,\quad \boldsymbol{p}(1)=\boldsymbol{p}_n \tag{1.7}$$

其次，通过计算 $u=0$ 和 $u=1$ 处的导数可得：

$$\boldsymbol{p}'(0)=-n\boldsymbol{p}_0+n\boldsymbol{p}_1,\quad \boldsymbol{p}'(1)=-n\boldsymbol{p}_{n-1}+n\boldsymbol{p}_n \tag{1.8}$$

即曲线头尾处的切方向分别与最开始的两个控制点与最末端的两个控制点的连线方向一致。类似地，参数曲线端点处的二阶导数也可由下式得到：

$$\begin{aligned}\boldsymbol{p}''(0)&=n(n-1)[(\boldsymbol{p}_2-\boldsymbol{p}_1)-(\boldsymbol{p}_1-\boldsymbol{p}_0)]\\ \boldsymbol{p}''(1)&=n(n-1)[(\boldsymbol{p}_{n-2}-\boldsymbol{p}_{n-1})-(\boldsymbol{p}_{n-1}-\boldsymbol{p}_n)]\end{aligned} \tag{1.9}$$

此外，Bézier 样条另一个重要的性质是参数曲线总是落在控制点形成的多边形凸包内。这样的性质来自于伯恩斯坦多项式的值总是大于 0，且满足：

$$\sum_{k=0}^{n}\mathrm{B}_{k,n}(u)=1 \tag{1.10}$$

所以曲线上的每一个点都是控制点的加权平均。这种凸包封闭性在一定程度上保证了 Bézier 曲线对于控制点的光滑变化，避免了一些不确定的大幅振荡。

在二维情况下，曲面的控制与设计可以通过两组互相正交的 Bézier 曲线来实现，即表示为两条 Bézier 曲线的张量积：

$$\boldsymbol{p}(u,v)=\sum_{j=0}^{m}\sum_{k=0}^{n}\boldsymbol{p}_{j,k}\mathrm{B}_{j,m}(v)\mathrm{B}_{k,n}(u),\quad 0\leqslant u,v\leqslant 1 \tag{1.11}$$

式中，$\boldsymbol{p}_{j,k}$ 为曲面的控制点，一共有 $(m+1)\times(n+1)$ 个。图 1.6 展示了一张 Bézier 样条曲面，曲面上的网格线表示 Bézier 曲面的 uv 等参线。Bézier 样条曲面和 Bézier 样条曲线有着相似的性质，可方便地用于曲面的交互设计。在实际应用中，可事先将待构建的复杂曲面划分为若干区块，并对每个区块构建 Bézier 样条，块与块之间的曲面拼接可通过恰当的一些边界连续性条件实现。在这些条件的约束下，控制点将得到适当的调整，使得相邻的 Bézier 曲面之间能够形成光滑的过渡。

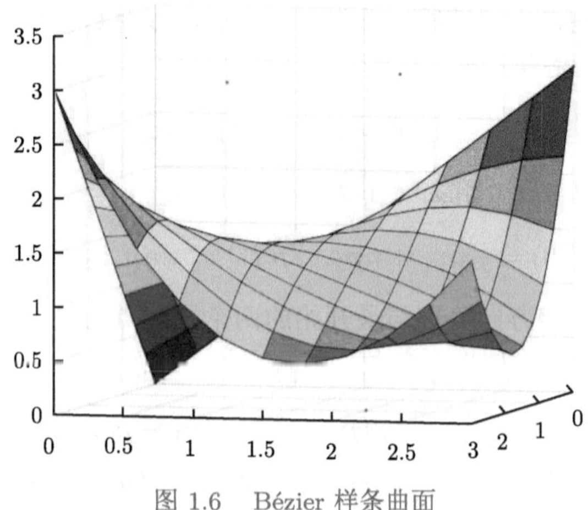

图 1.6　Bézier 样条曲面

1.2.3　B-样条

B-样条是应用最为广泛的一类样条。和 Bézier 样条相比，B-样条有两个明显的特点。首先，B-样条的多项式次数可以不受控制点数量的影响；其次，B-样条允许对曲线或曲面进行局部控制。这两个特点使得 B-样条的表示形式比 Bézier 样条复杂一些。

B-样条曲线的参数化形式可以表达为：

$$\boldsymbol{p}(u)=\sum_{k=0}^{n}\boldsymbol{p}_k\mathrm{B}_{k,d}(u),\quad u_{\min}\leqslant u\leqslant u_{\max},\quad 2\leqslant d\leqslant n+1 \tag{1.12}$$

式中，$\boldsymbol{p}_k$ 为 $n+1$ 个控制点。B-样条和 Bézier 样条在形式上有着许多不同。首先，参数坐标 u 的取值范围会受到 B-样条参数的影响；其次，插值函数 $B_{k,d}$ 是一个 $d-1$ 次的多项式，而 d 可以选择为从 2 到 $n+1$ 之间的任意整数；最后，B-样条可以通过在子区间定义插值函数的方式获得局部的可控性。在 B-样条表示中，插值函数可通过 Cox-deBoor 递归公式来定义：

$$\begin{aligned}&\mathrm{B}_{k,1}(u)=\begin{cases}1, & \text{如果}u_k\leqslant u<u_{k+1}\\ 0, & \text{其他}\end{cases}\\ &\mathrm{B}_{k,d}(u)=\frac{u-u_k}{u_{k+d-1}-u_k}\mathrm{B}_{k,d-1}(u)+\frac{u_{k+d}-u}{u_{k+d}-u_{k+1}}\mathrm{B}_{k+1,d-1}(u)\end{aligned} \tag{1.13}$$

每一个插值函数都定义在整个区间的某一子区间上，所有子区间端点 u_j 的集合称为节点向量。任意满足 $u_j \leqslant u_{j+1}$ 的实数序列都可以作为有效的区间端点。在局部控制方面，B-样条可以在不改变多项式次数的前提下利用控制点的增删或修改来进行曲线的设计。当然，节点向量中的区间端点也可以相应细化来适应建模的需要。由于节点向量的长度与控制点相关，所以增加区间的同时控制点的数量也需要进行一定的适应性变化。

总体来说，B-样条曲线具备如下一些性质：

(1) 在 u 所处的整个区间上，$d-1$ 次的多项式曲线具有 C^{d-2} 的连续性；

(2) 具有 $n+1$ 个控制点的 B-样条由 $n+1$ 个插值函数共同决定；

(3) 每一个插值函数 $\mathrm{B}_{k,d}$ 定义在以节点 u_k 开始的 d 段子区间上；

(4) 整个区间由 $n+d+1$ 个端点值分割为 $n+d$ 个子区间；

(5) 每段样条曲线受到 d 个控制点的影响；

(6) 每一个控制点最多影响到 d 段曲线区间。

此外，与 Bézier 曲线类似，B-样条曲线也同样落在控制点形成的凸包内。对于节点 u_{d-1} 到 u_{n+1} 内的任意一点 u 都满足：

$$\sum_{k=0}^{n} \mathrm{B}_{k,d}(u) = 1 \tag{1.14}$$

当给定控制点位置与参数 d 后，为了获得对应的 B-样条曲线，需要恰当地定义节点向量。根据节点向量分布特性，B-样条可分为均匀 B-样条、端点开放的均匀 B-样条和非均匀 B-样条三类。

同样，利用张量积构造方式，可定义 B-样条曲面：

$$\boldsymbol{p}(u,v) = \sum_{j=0}^{m}\sum_{k=0}^{n} \boldsymbol{p}_{j,k}\mathrm{B}_{j,d_v}(v)\mathrm{B}_{k,d_u}(u) \tag{1.15}$$

式中，$u_{\min} \leqslant u \leqslant u_{\max}$，$v_{\min} \leqslant v \leqslant v_{\max}$，$2 \leqslant d_v \leqslant m+1, 2 \leqslant d_u \leqslant n+1$。

1.2.4　有理样条

有理样条，是指以有理多项式为基函数的样条曲线，其本质是四维多项式曲线在三维的齐次变换投影。例如，有理 B-样条的定义为：

$$
\boldsymbol{p}(u)=\frac{\sum_{k=0}^{n}\omega_k\boldsymbol{p}_k\mathrm{B}_{k,d}(u)}{\sum_{k=0}^{n}\omega_k\mathrm{B}_{k,d}(u)} \tag{1.16}
$$

式中，$\{\boldsymbol{p}_k|k=0,1,\cdots,n\}$ 是 $n+1$ 个控制点，参数 ω_k 是每个控制点上的权重。ω_k 的取值越大，则曲线的走向就会更加靠近相应的控制点 $\boldsymbol{p}_k$。当所有的权重都取为 1 时，此时有理 B-样条退化为标准的 B-样条。

和非有理样条相比，有理样条有着两个重要的优势。首先，有理样条能够精确表示各种圆锥曲线（例如圆和椭圆），而多项式形式的非有理样条只能够在一定程度上逼近圆锥曲线。这一性质使得样条曲线的表示得到了统一，在完成各种建模任务时，不必再考虑多种样条之间的选择取舍。其次，有理样条曲线能够在投影变换下保持不变。当通过一定的投影变换对控制点进行移动之后，相应生成的有理样条曲线也能够保持正确的投影变换，而非有理曲线往往难以做到这一点。在实际应用中，有理样条曲线曲面的构造大多以包含非均匀节点向量的 B-样条为基础，这样的样条曲线曲面就是著名的非均匀有理 B-样条 (Non-Uniform Rational B-Spline, NURBS) 曲线曲面。

1.3 微分几何基础

离散几何处理的理论基础是微分几何学 (Differential Geometry)。鉴于微分几何学的内容非常广博，本节仅介绍简单曲面几何的内容，尤其是最常见的三维空间中二维流形曲面相关的基础知识，以使读者快速了解连续和离散流形曲面的基本知识。

1.3.1 连续光滑的二维流形曲面

微分几何学主要以各种微分性质来刻画曲面的局部性态，因此，一般都假设曲面具备必要的连续性和光滑性。虽然在离散计算过程中，这些连续性和光滑性不一定都能保证，仅能近似地满足，但为了研究各种逼近方法的优劣，如精度、收敛性等，将离散与连续情形的性态进行比对必不可少。为此，在介绍离散算法之前，我们首先介绍连续光滑流形曲面的基本知识，如切平面和法向、主曲率和主曲率方向、平均曲率法向和高斯曲率等。

记 S 为一张嵌入到 $\mathbb{R}^3$ 的光滑曲面（二维流形），则在曲面 S 上过一点 $P \in S$ 的曲线有无数多条，每一条曲线在点 P 处都有一条切线，这些切线位于同一个平面。这样在曲面 S 上过点 P 的所有曲线在点 P 处的切向量组成一个二维线性切空间。这个切空间称为曲面 S 在点 P 处的切平面，垂直于该切平面的向量称为曲面 S 在点 P 处的法向。对于曲面 S 上的每一点，我们可以使用在该点处的切平面局部地刻画这个曲面（如图 1.7 所示）。

图 1.7　绿色平面为蓝色曲面过其表面一点的切平面，而黑色箭头为该点的法向

曲面的局部弯曲程度可以由曲率来衡量。在曲面 S 上的任一点处，均可以找到一条垂直于曲面 S 的法线。过这条法线的平面（法平面）与曲面 S 相交形成一条曲线（法截线），其曲率（法曲率）定义为该曲线的密切圆半径的倒数。显然对于大多数曲面上的大部分点，不同的法截线拥有不同的曲率。这些曲率的极大值和极小值称为 S 与该点处的主曲率，分别记为 κ_1 和 κ_2。当 κ_1 和 κ_2 不相等时，具有这两个曲率值的法截线所在的法平面相互垂直。这两个法平面的方向称为主曲率方向。

事实上，在曲面 S 上的一点处，给定切平面的一组单位正交基 $\{\boldsymbol{T}_1, \boldsymbol{T}_2\}$，则由单位切向量 $\boldsymbol{T} = t_1\boldsymbol{T}_1 + t_2\boldsymbol{T}_2$ 和法向确定的法平面上的法截线曲率为：

$$\kappa(\boldsymbol{T}) = \begin{pmatrix} t_1 & t_2 \end{pmatrix} \begin{pmatrix} \kappa^{11} & \kappa^{12} \\ \kappa^{21} & \kappa^{22} \end{pmatrix} \begin{pmatrix} t_1 \\ t_2 \end{pmatrix}$$

式中，$\kappa^{11} = \kappa(\boldsymbol{T}_1)$，$\kappa^{22} = \kappa(\boldsymbol{T}_2)$，且 $\kappa^{12} = \kappa^{21}$。当 $\{\boldsymbol{T}_1, \boldsymbol{T}_2\}$ 取为该点处的

主曲率方向，即 κ^{11} 和 κ^{22} 取为主曲率时，$\kappa^{12}=\kappa^{21}=0$。

对于曲面 S 上的一点及其切平面上的每一个单位向量 $\boldsymbol{e}_\theta$，记 $\boldsymbol{e}_\theta$ 和其法向 $\boldsymbol{n}$ 所张成的法平面上的法截线曲率为 $\kappa^N(\theta)$，则该点处的平均曲率 κ_H（即法曲率的平均值）可定义为：

$$\kappa_H=\frac{1}{2\pi}\int_0^{2\pi}\kappa^N(\theta)\mathrm{d}\theta$$

根据欧拉定理，我们可以用主曲率来刻画法曲率：$\kappa^N(\theta)=\kappa_1\cos^2(\theta)+\kappa_2\sin^2(\theta)$，从而得到平均曲率的常见定义：$\kappa_H=(\kappa_1+\kappa_2)/2$。而高斯曲率 κ_G 则定义为两个主曲率的乘积：

$$\kappa_G=\kappa_1\kappa_2$$

平均曲率和高斯曲率体现了一张曲面重要的局部特性。自从拉格朗日发现了 κ_H 与曲面面积最小化的关系，涌现出了许多关于极小曲面的研究工作。一张曲面是极小曲面当且仅当其处处平均曲率为 0。这一发现提供了曲面面积最小化和平均曲率流之间的直接联系：

$$2\kappa_H\boldsymbol{n}=\lim_{\mathrm{diam}(\mathcal{A})\to 0}\frac{\nabla\mathcal{A}}{\mathcal{A}}$$

式中，$\mathcal{A}$ 是曲面上一点 P 周围的一个极小区域，$\mathrm{diam}(\mathcal{A})$ 是其直径，∇ 是 P 点处的坐标梯度。为方便起见，我们将 $\kappa_H\boldsymbol{n}$ 扩展定义为平均曲率法向，并使用 $\boldsymbol{K}$ 表示将曲面上的一个点 P 映射为一个向量 $\boldsymbol{K}(P)=2\kappa_H(P)\boldsymbol{n}(P)$ 的算子，即 Laplace-Beltrami 算子。在后文中，我们不再区别一个算子和这个算子在一点处的值，读者可以根据上下文进行理解。

高斯曲率可以用来区分曲面的局部形状。若 $\kappa_G>0$，则称该曲面有一个椭圆点；若 $\kappa_G<0$，则该曲面有一个双曲点或鞍点；若 $\kappa_G=0$，则该曲面有一个抛物点。高斯曲率的一个重要特点是它在曲面的等度量变换下保持不变（绝妙定理）。高斯曲率的另一个重要作用体现在高斯-博内（Gauss-Bonnet）定理中：

$$\int_S\kappa_G\mathrm{d}A+\int_{\partial S}\kappa_g\mathrm{d}s=2\pi\mathcal{X}(S)$$

式中，∂S 是曲面 S 的边界，κ_g 是 ∂S 的测地曲率，$\mathrm{d}A$ 是曲面 S 的面元，$\mathrm{d}s$ 是边界 ∂S 的线元，$\mathcal{X}(S)$ 是曲面 S 的欧拉示性数。高斯-博内定理将曲

面上高斯曲率的曲面积分（称之为总曲率）和它的欧拉示性数联系起来，从而将其局部几何性质和全局拓扑性质有机地关联起来。

1.3.2　离散表示和计算

在离散计算过程中，网格曲面的连续性和光滑性不一定都能保证计算要求，仅能近似地满足。一般来说，我们假设网格曲面仅在面片内连续可导。如何在分片可导的网格曲面上恰当地计算上述各种微分量是众多几何处理问题的关键。Meyer 等 (2003) 对此给出了大量细致的分析和讨论。本小节将主要参照其思路来介绍相关的典型离散表示和计算方法。

实际处理时，通常将一张网格曲面视为一光滑曲面的分片逼近，并将网格曲面在某顶点处的几何属性定义为在该点邻近空间内相应属性的平均。如果这些平均值能够保持一致性，则在其非退化等假设下，顶点处的几何属性就能随局部采样密度的增大收敛到连续定义。因此，利用这些平均概念，我们即可将曲率和法向等几何属性的定义从连续情形拓展到离散网格。鉴于无需对曲面的连续性做出要求，我们可简单地选取顶点周围的一个有限面积区域 $\mathcal{A}$ 作为平均计算的邻近空间。一般来说，这个区域的边界是分段线性的，且穿过网格边的中点。这个区域 $\mathcal{A}$ 可以是 Voronoi 元胞，也可以是重心元胞。如图 1.8 所示，前者的边界边垂直穿过网格边的中点，而后者的角点处于所在三角形的重心。这样我们就可以计算网格曲面上各顶点处的几何属性。例如，顶点 P 处的离散高斯曲率定义为：

$$\widehat{\kappa}_G = \frac{1}{\mathcal{A}} \iint_{\mathcal{A}} \kappa_G \mathrm{d}A$$

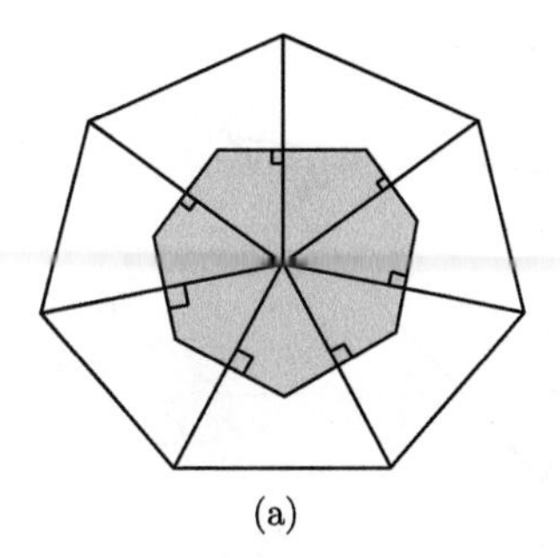
(a)

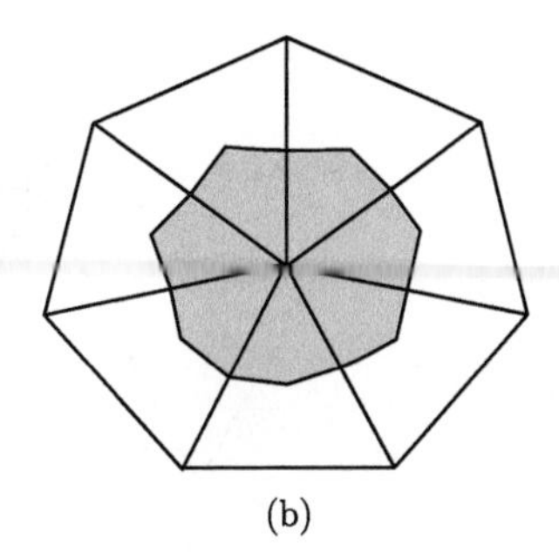
(b)

图 1.8　三角形网格曲面上的有限面积区域：(a) Voronoi 元胞；(b) 重心元胞

除非有可能引起歧义，下文将不再区分连续定义和（离散）空间平均的符号。

接下来，我们将逐一分析平均曲率、法向、高斯曲率、主曲率和主曲率方向这几个微分量的离散表示和计算方法。

选定一个取平均的空间区域 $\mathcal{A}_M$，现在要计算平均曲率法向在区域 $\mathcal{A}_M$ 上的积分。本质上，平均曲率算子（Laplace-Beltrami 算子）是由平面一般化到流形的 Laplace 算子。因此，可以先计算曲面关于共形空间参数 u 和 v 的 Laplace 算子，进而使用离散化网格作为共形参数空间来进行计算。对于网格曲面的每一个三角形，三角形本身定义了局部的曲面度量。使用这样的度量，Laplace-Beltrami 算子简单地转化为一个 Laplace 算子 $\Delta_{u,v}\boldsymbol{x} = \boldsymbol{x}_{uu} + \boldsymbol{x}_{vv}$：

$$\iint_{\mathcal{A}_M} \boldsymbol{K}(\boldsymbol{x})\mathrm{d}A = -\iint_{\mathcal{A}_M} \Delta_{u,v}\boldsymbol{x}\mathrm{d}u\mathrm{d}v$$

利用高斯定理，上式可以简化为如下形式：

$$\iint_{\mathcal{A}_M} \boldsymbol{K}(\boldsymbol{x})\mathrm{d}A = \frac{1}{2}\sum_{j\in N_1(i)}(\cot\alpha_{ij} + \cot\beta_{ij})(\boldsymbol{x}_i - \boldsymbol{x}_j)$$

式中，α_{ij} 和 β_{ij} 是边 $\boldsymbol{x}_i\boldsymbol{x}_j$ 在共享它的两个三角形中的对顶角（如图 1.9 所示），$N_1(i)$ 是顶点 i 的 1-环邻接顶点集合。上式右边即整个 1-环邻域曲面面积的梯度，因此我们可以将上式表示成如下一般性的公式：

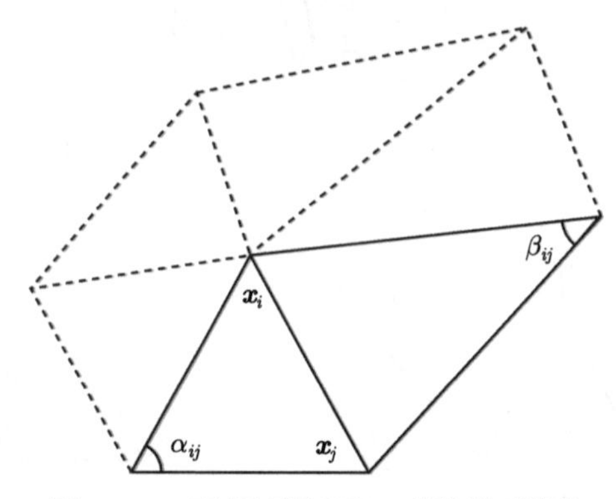

图 1.9　1-环邻接顶点和一条边的对顶角

$$\iint_{\mathcal{A}_M} \boldsymbol{K}(x)\mathrm{d}A = \nabla \mathcal{A}_1$$

式中，$\mathcal{A}_1$ 为顶点 P 的 1-环邻域的面积，∇ 是关于点 P 坐标 (x, y, z) 的梯度。综上，平均曲率法向算子 $\boldsymbol{K}$ 可表示为：

$$\boldsymbol{K}(\boldsymbol{x}_i) = \frac{1}{2\mathcal{A}_M} \sum_{j \in N_1(i)} (\cot \alpha_{ij} + \cot \beta_{ij})(\boldsymbol{x}_i - \boldsymbol{x}_j)$$

类似地，应用于所选取的局部有限面积区域，高斯-博内定理可表示为：

$$\iint_{\mathcal{A}_M} \kappa_G \mathrm{d}A = 2\pi - \sum_j \epsilon_j = 2\pi - \sum_{j=1}^{\#f} \theta_j$$

式中，ϵ_j 是边界的外角，θ_j 是第 j 个面片在顶点 $\boldsymbol{x}_i$ 的顶角（如图 1.10 所示），$\#f$ 表示围绕该顶点的面片个数。该式对 1-环邻域中满足边界与边交于边中点的任意曲面片 $\mathcal{A}_M$ 均成立。因此，高斯曲率离散算子可以表示为：

$$\kappa_G(\boldsymbol{x}_i) = \left(2\pi - \sum_{j=1}^{\#f} \theta_j\right) \bigg/ \mathcal{A}_M$$

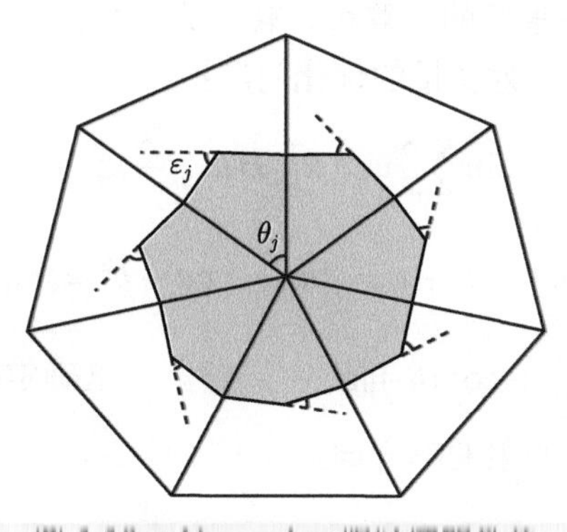

图 1.10　Voronoi 元胞区域的外角

如前所述，平均曲率和高斯曲率可以简单地用两个主曲率 κ_1 和 κ_2 表示，因此我们也可以使用如上计算的 κ_H 和 κ_G 定义离散的主曲率：

$$\kappa_1(\boldsymbol{x}_i) = \kappa_H(\boldsymbol{x}_i) + \sqrt{\Delta(\boldsymbol{x}_i)}$$

$$\kappa_2(\boldsymbol{x}_i) = \kappa_H(\boldsymbol{x}_i) - \sqrt{\Delta(\boldsymbol{x}_i)}$$

式中，$\Delta(\boldsymbol{x}_i) = \kappa_H^2(\boldsymbol{x}_i) - \kappa_G(\boldsymbol{x}_i)$，$\kappa_H(\boldsymbol{x}_i) = \dfrac{1}{2}\|\boldsymbol{K}(\boldsymbol{x}_i)\|$。

注意到平均曲率可以视为法曲率采样积分：

$$\kappa_H(\boldsymbol{x}_i) = \frac{1}{2}\boldsymbol{K}(\boldsymbol{x}_i) \cdot \boldsymbol{n} = \frac{1}{\mathcal{A}_M} \sum_{j \in N_1(i)} \left[\frac{1}{8}(\cot\alpha_{ij} + \cot\beta_{ij})\|\boldsymbol{x}_i - \boldsymbol{x}_j\|^2\right] \kappa_{ij}^N$$

式中，$\kappa_{ij}^N = 2\dfrac{(\boldsymbol{x}_i - \boldsymbol{x}_j) \cdot \boldsymbol{n}}{\|\boldsymbol{x}_i - \boldsymbol{x}_j\|}$ 是边 $\boldsymbol{x}_i\boldsymbol{x}_j$ 方向上的近似法曲率。同时，由 a, b, c 三个标量所定义的对称曲率张量 $\boldsymbol{B}$ 也刻画了切平面上所有方向的法曲率，即：

$$\boldsymbol{B} = \begin{pmatrix} a & b \\ b & c \end{pmatrix}$$

若使用 1-环邻域的边方向，就有：

$$\boldsymbol{d}_{i,j}^{\top} \boldsymbol{B} \boldsymbol{d}_{i,j} = \kappa_{i,j}^N$$

式中，$\boldsymbol{d}_{i,j} = \dfrac{(\boldsymbol{x}_i - \boldsymbol{x}_j) - [(\boldsymbol{x}_i - \boldsymbol{x}_j) \cdot \boldsymbol{n}]\boldsymbol{n}}{\|(\boldsymbol{x}_i - \boldsymbol{x}_j) - [(\boldsymbol{x}_i - \boldsymbol{x}_j) \cdot \boldsymbol{n}]\boldsymbol{n}\|}$ 是边 $\boldsymbol{x}_i\boldsymbol{x}_j$ 在切平面上的投影。对比上述两式，曲率张量的计算可以转化为对各边方向法曲率的加权拟合问题，即下述以 a, b, c 为变量的优化问题：

$$\min \sum_j w_j \left(\boldsymbol{d}_{i,j}^{\top} \boldsymbol{B} \boldsymbol{d}_{i,j} - \kappa_{i,j}^N\right)^2 \tag{1.17}$$

$$\text{s.t.} \quad a + c = 2\kappa_H, \quad ac - b^2 = \kappa_G \tag{1.18}$$

式中，$w_j = \dfrac{1}{8}(\cot\alpha_{ij} + \cot\beta_{ij})\|\boldsymbol{x}_i - \boldsymbol{x}_j\|^2$。一旦确定曲率张量，其特征向量就是两个单位正交的主曲率方向。

1.4 计算几何基础

与微分几何主要研究几何对象的微观属性不同，计算几何 (Computational Geometry) 主要研究几何图形之间的关系。距离计算、求交、裁剪是计算几何的基础问题。本节将介绍两个重要的计算方法。

1.4.1 Hausdorff 距离计算

在几何处理中，经常需要对处理的结果进行比较，因此就需要各种各样的度量标准来高效分析评估处理结果。例如欧几里得距离、Hausdorff 距离、Frechet 距离等，其中 Hausdorff 距离在比较几何处理前后的差异中最为常用。为此，本小节将专门介绍 Hausdorff 距离的概念与计算方法。

首先，我们来定义 Hausdorff 距离。Hausdorff 距离用来衡量两个模型之间的最大距离，可以用下式来定义：

$$h(A,B) \equiv \max_{a\in A}\{\min_{b\in B} d(a,b)\} \tag{1.19}$$

式中，A 和 B 是三维空间中的两个模型，$d(\cdot,\cdot)$ 表示两点之间的欧几里得距离。Hausdorff 距离并不是对称的，即 $h(A,B) \neq h(B,A)$。为了解决这个问题，可以定义一个对称的双向 Hausdorff 距离：

$$H(A,B) = \max\{h(A,B), h(B,A)\} \tag{1.20}$$

一般来说，不同的模型表达方式对应不同的 Hausdorff 距离计算方法。对于点云模型，我们可以简单地遍历 A 与 B 上的所有顶点，直接计算得到结果，并在遍历的过程中，通过记录当前的最大距离来进行遍历过程的裁剪，减少无用的计算。对于网格曲面模型，由于模型包含有无穷多的点，我们无法照搬点云的计算方法，简单遍历模型上的所有点来进行计算。一个常用的思路是通过在网格曲面上撒点采样，将网格曲面间的 Hausdorff 距离计算问题近似为点云到点云的 Hausdorff 距离计算问题。此类方法易于理解和实现，但由于撒点采样仅取到原模型的一个子集，其计算误差难以控制。为此，Tang 等 (2009) 基于 Hausdorff 距离上下界的估计，通过网格细分的方式逐渐收紧上下界来实现 Hausdorff 距离计算的误差控制。

由式（1.19），可以得到不等式关系：

$$h(A',B) \leqslant h(A,B) \leqslant h(A,B') \tag{1.21}$$

式中，$A' \subset A$、$B' \subset B$。因此，任取 A 的子集 A' 就可以用来计算 $h(A,B)$ 的下界，任取 B 的子集 B' 可以用来计算 $h(A,B)$ 的上界。对于 A 中的每

一个三角形 $\triangle^A$，由式（1.21），$h(\triangle^A, B)$ 的上下界可估计为：

$$\begin{aligned} h(\triangle^A, B) &\leqslant \min_{\triangle^B \in B} h(\triangle^A, \triangle^B) \\ h(\triangle^A, B) &\geqslant \max_{a \in \triangle^A} d(a, B) \end{aligned} \tag{1.22}$$

式中，a 为 $\triangle^A$ 的顶点，$h(\triangle^A, \triangle^B)$ 可由下式计算：

$$h(\triangle^A, \triangle^B) = \max_{a \in \triangle^A} d(a, \triangle^B) \tag{1.23}$$

一旦估计出每个三角形到 B 的 Hausdorff 距离的上下界，即可得到 $h(A, B)$ 的上下界：

$$\begin{aligned} h(A, B) &\leqslant \max_{\triangle^A \in A} \min_{\triangle^B \in B} h(\triangle^A, \triangle^B) \\ h(A, B) &\geqslant \max_{\triangle^A \in A} \max_{a \in \triangle^A} d(a, B) \end{aligned} \tag{1.24}$$

若获得的上下界太宽，没有满足用户的要求，则可以通过将三角形细分来获得更紧致的逼近。

在式（1.24）的计算中，不仅需要遍历模型 A 的所有三角形，且对每个所遍历的三角形，还需要遍历 B，因此这是一个复杂度为 $O(nm)$ 的操作，其中 n 和 m 分别为模型 A 和 B 的三角形数量。为了加速计算过程，可构建空间加速结构，尽可能消除不必要的遍历操作。在空间加速结构中，不论采用何种几何体作为包围盒，都可以通过以下规则来避免一些遍历：

$$\begin{aligned} \overline{h}(A', B) &\leqslant \underline{h}(A, B) \\ \underline{h}(A, B') &\geqslant \overline{h}(A, B) \end{aligned} \tag{1.25}$$

式中，$\underline{h}$ 和 $\overline{h}$ 分别表示当前的上界和下界，A' 和 B' 则表示被包围盒包含的模型子集。

在实际使用中，上述解法的主要计算开销在于上界的估计，因为估计上界需要遍历模型 B 的每个三角形。虽然空间加速可以避免一些不必要的计算，但依然会有很大的计算开销。因此，设计更好的上界估计方法是高效计算的关键。所谓的“更好”需要同时兼顾估计的精度和效率，即在同样的估计精度下，能够更快地计算出上界。

1.4.2 网格求交裁剪

网格模型的求交和切割是计算几何的基础问题之一。问题的本质是针对输入的点、线、面、体等若干几何元素，输出求交和切割后的几何元素以及它们的拓扑连接关系。这就需要知道这些几何元素之间的精确几何关系（如点和面的位置关系）。几何处理算法涉及许多基本的几何计算过程，这些不鲁棒和不准确的计算可能导致整个算法的崩溃。

在许多情形中，几何计算的鲁棒性问题本质上可以归结为精确几何判断，即计算结果的符号判断。例如，可用如下的函数判断点和平面关系：

$$\mathrm{ORIENT3D}(a,b,c,d)=\begin{vmatrix} a_x & a_y & a_z & 1 \\ b_x & b_y & b_z & 1 \\ c_x & c_y & c_z & 1 \\ d_x & d_y & d_z & 1 \end{vmatrix}$$

式中，$a(a_x,a_y,a_z)$、$b(b_x,b_y,b_z)$、$c(c_x,c_y,c_z)$ 和 $d(d_x,d_y,d_z)$ 是三维空间中的 4 个点，(b,c,d) 表示三维空间的一个平面。当点 a 位于平面上时，上式取值为 0；当点位于平面的两侧时，上式取值的符号为正或者负。计算机中一般使用有限精度的浮点数来表示 (a,b,c,d)，如果直接使用浮点数计算上式，往往会引入截断误差。尤其当点 a 逐渐靠近平面时，浮点计算的数值误差问题越来越严重，从而导致错误的判断结果。

为了提高计算几何算法的鲁棒性，往往希望计算结果是精确的，相应的几何判断是严格正确的。为了实现精确的几何判断，可以使用高精度浮点数或有理数来表示几何对象进行几何计算。虽然这样的表示能做到绝对的精确，但计算代价很高。Shewchuk (1997) 提出了一种高效的自适应扩展浮点数表示法，并给出了一些原子操作来实现准确的几何判断，在保证结果精确的情况下有效降低了符号判断的计算代价。自适应浮点数表示方法将计算对象表示为 n 个浮点数分量之和：

$$x=\sum_{i=1}^{n}x_i$$

这些分量按递增的顺序排列，所有分量在浮点数表示上是分离的，即二进制表示相互不重叠。这样的表示具有一个良好的性质：$\sum\limits_{i=1}^{n-1}x_i<x_n$，故

x 的符号仅与最后的分量相关，即：

$$\text{sign}(x) = \text{sign}(x_n)$$

若每个计算对象都拥有上述扩展表示，则采用下面的四个原子操作，就可进行精确的浮点计算：

(1) 计算两个浮点数的和，得到有两个分量的结果：two_sum(double, double)；

(2) 计算一个浮点数和一个有 k 个分量的扩展浮点数之和，得到有 $k+1$ 个分量的结果：grow_expansion(double,(k)expansion)；

(3) 计算两个扩展浮点数的和，它们分别有 m 和 n 个分量，得到有 $m+n$ 个分量的结果：expansion_sum((m)expansion,(n)expansion)；

(4) 计算浮点数与有 k 个分量的扩展浮点数之乘积，得到有 $2k$ 个分量的结果：scale_expansion(double,(k)expansion)。

由于这四个原子操作表示上是相互分离的，所得到的结果均是扩展浮点数。ORIENT3D 中涉及的浮点计算理论上可通过组合以上四种原子操作来实现，由此可以精确高效地得到最终结果的符号和准确值。

网格曲面求交和切割算法涉及大量的几何计算，精确的几何计算和几何判断可以保证算法的鲁棒性和结果的正确性。这里介绍一种网格曲面求交和切割算法的典型应用，即三维晶格体生成，它涉及切割平面和三角形面片的求交及交点的拓扑连接关系的确定。最近 Tao 等 (2019) 提出了一种鲁棒的晶格体生成算法，它根据输入的三角形网格和若干切割面（即输出晶格体的晶格面），将三维空间剖分成若干大小均匀的晶格体和与表面相连的非晶格部分。整个算法流程如下：

(1) 计算晶格体的顶点。顶点共有四类，即输入网格的原始顶点，切割面与输入网格边的交点，切割面的交线与三角形面片的交点，切割面之间的交点，通过求交公式得到交点。

(2) 计算晶格体的边。边由点构成，根据交点所在的交线以及交点在交线的位置得到所有的边。

(3) 计算晶格体的面。面由边构成，针对每个三角形面片和切割面，对该面上每个交点的一环邻边进行排序，构建边的相邻关系，从而得到切割面。

(4) 构建晶格体。体单元由面构成，针对每条晶格体的边，对该边的一环邻面进行排序，构建面的相邻关系，从而得到切割体，即晶格体单元和与表面相邻的非晶格体单元。

该算法能高效地处理流形和非流形网格，但是有些计算环节仍直接采用浮点计算，导致最终切割得到的网格会出现拓扑错误甚至无法生成切割后的网格。如果在该算法的基础上，将所涉及的浮点计算转化为精确几何判断问题，并使用精确几何判断方法，可以在保证计算效率的情况下，确保算法的鲁棒性和正确性。

1.5　数值优化基础

通俗地讲，数值优化是求解函数极值方法的统称。除了待优化的目标函数之外，数值优化问题往往还伴有一些关于函数自变量的约束，其一般形式可定义为：

$$
\begin{aligned}
\min_{\boldsymbol{x}\in\mathbb{R}^n} \quad & f(\boldsymbol{x}) \\
\text{s.t.} \quad & c_i(\boldsymbol{x}) = 0, \quad i \in \mathcal{E} \\
& c_i(\boldsymbol{x}) \geqslant 0, \quad i \in \mathcal{I}
\end{aligned}
\tag{1.26}
$$

式中，f 和 c 都是关于 $\boldsymbol{x}$ 的标量值函数，$\mathcal{E}$ 和 $\mathcal{I}$ 分别是约束的编号集合。

1.5.1　无约束优化

当式（1.26）的约束集合为空集时，相应的优化问题即为无约束优化问题。一般来说，优化问题的求解都需要一个初值（记为 $\boldsymbol{x}_0$），优化算法从 $\boldsymbol{x}_0$ 开始，不断进行迭代生成序列 $\{\boldsymbol{x}_k\}_{k=0}^{\infty}$，直到算法收敛。

上述优化计算的迭代过程本质上就是求解新的搜索方向 $\boldsymbol{p}_k$ 和步长 α_k 的过程，由此即可更新得到当前优化变量 $\boldsymbol{x}_{k+1} = \boldsymbol{x}_k + \alpha_k \boldsymbol{p}_k$。线搜索和信赖域方法是两种基本的优化策略，但在求解优化方向和前进步长上的顺序有所不同。线搜索首先固定搜索方向 $\boldsymbol{p}_k$，然后找到一个合适的前进步长 α_k。而信赖域方法则给定信赖域半径，然后在这个半径范围内求解前进方向与步长，使得目标函数值最大限度地得到优化。当优化效果不够理想，信赖域半径将适当缩小，并重复上述过程。下面将分别简介这两种策略以及典型的搜索方向确定方法。

我们首先介绍线搜索法。在线搜索方法中，每次迭代需要估算搜索方向和沿该方向的移动距离。因此线搜索方法的效果取决于搜索方向 $\boldsymbol{p}_k$ 和步长 α_k 的选择。大多数线搜索算法要求 $\boldsymbol{p}_k$ 是一个函数值下降的方向，满足 $\boldsymbol{p}_k^\top \nabla f_k < 0$，以保证函数 f 可以沿着这个方向递减。搜索方向通常具有以下形式：

$$\boldsymbol{p}_k = -\boldsymbol{B}_k^{-1} \nabla f_k \tag{1.27}$$

式中，$\boldsymbol{B}_k$ 是对称的非奇异矩阵。最速下降法中选取 $\boldsymbol{B}_k$ 为单位矩阵 $\boldsymbol{I}$；牛顿法选取 $\boldsymbol{B}_k$ 为 $\nabla^2 f(\boldsymbol{x}_k)$；拟牛顿方法则选取 $\boldsymbol{B}_k$ 为每次迭代更新的 Hessian 矩阵的近似。当 $\boldsymbol{p}_k$ 由式（1.27）定义且 $\boldsymbol{B}_k$ 是正定矩阵时，则有 $\boldsymbol{p}_k^\top \nabla f_k = -\nabla f_k^\top \boldsymbol{B}_k^{-1} \nabla f_k < 0$，这样 $\boldsymbol{p}_k$ 就是一个下降方向。

在确定下降方向之后，需要进一步估算恰当的步长，使得目标函数值下降得“足够多”。目前已有许多实用的衡量目标函数下降程度的准则，其中最为著名的是 Wolfe 准则：

$$f(\boldsymbol{x}_k + \alpha \boldsymbol{p}_k) \leqslant f(\boldsymbol{x}_k) + c_1 \alpha \nabla f_k^\top \boldsymbol{p}_k, \quad c_1 \in (0,1) \tag{1.28}$$

$$\nabla f(\boldsymbol{x}_k + \alpha_k \boldsymbol{p}_k)^\top \boldsymbol{p}_k \geqslant c_2 \nabla f_k^\top \boldsymbol{p}_k, \quad c_2 \in (c_1, 1) \tag{1.29}$$

式中，c_1, c_2 为常数。式（1.28）说明了目标函数值的下降程度与步长和方向导数成正比；式（1.29）则度量了目标函数的局部弯曲情况。Wolfe 准则在广义上是尺度不变的，即将目标函数乘以一个常数或者对变量进行仿射变换并不会改变这些条件。因此，它们可以应用于大多数线搜索方法，这对拟牛顿方法的实现尤为重要。实际执行时，可使用所谓的回溯法来迭代选择候选步长，算法 1.1 给出了最基本的回溯方法。它可以确保所选步长 α_k 足够短以满足足够的降低条件。

算法 1.1: 回溯法

设 $\overline{\alpha} > 0, \quad \rho, c \in (0,1)$;
do
  $\alpha \leftarrow \rho\alpha$;
while $f(\boldsymbol{x}_k + \alpha \boldsymbol{p}_k) \leqslant f(\boldsymbol{x}_k) + c\alpha \nabla f_k^\top \boldsymbol{p}_k$;
$\alpha_k = \alpha$;

下面介绍信赖域法。信赖域方法先定义一个以当前位置 $\boldsymbol{x}_k$ 为中心的搜索区域，并相应地构造一个局部的二次模型 $m_k(\boldsymbol{p}) = f_k + \nabla f^\top \boldsymbol{p} + \frac{1}{2}\boldsymbol{p}^\top \boldsymbol{B}_k \boldsymbol{p}$ 来近似目标函数，借此确定迭代步长和方向。通常，每当信赖区域的大小发生改变时，步进方向也会改变。信赖区域的大小对每一步的有效性至关重要。如果这个区域太小，则影响算法的收敛速率；如果过大，二次模型的逼近效果可能变得很差，则算法在接下来的迭代中需要缩小区域，然后重新尝试。实际执行时，可根据算法之前的迭代情况来选择区域的大小。一个常用的信赖域半径选择策略是利用模型函数 m_k 和目标函数 f 在前一次迭代中的一致性来确定，即：

$$\rho = \frac{f\left(\boldsymbol{x}_k\right) - f\left(\boldsymbol{x}_k + \boldsymbol{p}_k\right)}{m_k\left(\boldsymbol{0}\right) - m_k\left(\boldsymbol{p}_k\right)} \tag{1.30}$$

式中，$\boldsymbol{p}_k$ 为搜索方向，ρ 为估算的信赖域半径。式（1.30）的分子是目标函数值的减少量，分母是利用二次模型预测的减少量。需要注意的是，由于步长 $\boldsymbol{p}_k$ 通过最小化 $\boldsymbol{p} = \boldsymbol{0}$ 处的 m_k 而得到，所以预测的减少量总是非负的。因此，如果 ρ 为负值，则新的目标值 $f\left(\boldsymbol{x}_k + \boldsymbol{p}_k\right)$ 大于当前值 $f\left(\boldsymbol{x}_k\right)$，该步长必须被抛弃。另一方面，如果 ρ 接近于 1，那么模型 m_k 和函数 f 在这一步之间有很好的一致性，所以下一次迭代的信赖域可以适当扩大。如果 ρ 是正的但不接近 1，则不改变信赖域；如果它接近零或为负，则缩小信赖域。

在确定信赖域的半径之后，算法需要找到一个前进方向，使得目标函数值能够沿着该方向充分下降。在所有可能的选择中，最直观的便是让优化算法沿着能量最速下降的方向行进。假设全局最小值点落在当前信赖域内，那么算法直接步进到该最小值点即可，否则需要使其沿着该方向行进到信赖域的边界。这种策略最终达到的点被称为柯西点。然而在实际应用中，这种沿着最速下降方向步进的策略往往收敛缓慢。而为了得到一个高效的优化算法，考察解空间的局部性态并加以利用就显得尤为重要。因此，信赖域法同样可以选择式（1.27）给出的牛顿步作为行进方向，借此来提高信赖域方法的收敛速度。此外，考虑到迭代收敛的最优轨迹在信赖域内可能是弯曲的，可采用折线法来确定前进方向，该方法以柯西点和牛顿点作为控制点，在它们之间构造出一条参数化折线，以此来更准确地逼近最优收敛路径，从而让算法获得一个更好的行进方向。

1.5.2 带约束优化

在实际应用中，式（1.26）中约束不为空的情况也很常见。本节主要介绍等式或不等式约束下的优化方法，主要有拉格朗日乘子法、交替方向乘子法和基于简化梯度投影的改进调配方法等。

拉格朗日乘子法将带等式约束的优化等价转化为如下形式：

$$\mathcal{L}(\boldsymbol{x}, \boldsymbol{\lambda}) = f(\boldsymbol{x}) - \sum_i \lambda_i c_i(\boldsymbol{x}) \tag{1.31}$$

式中，$\boldsymbol{\lambda}$ 为新引入的未知变量，则由多变量微分理论可知，其最优解 $(\boldsymbol{x}^*, \boldsymbol{\lambda}^*)$ 需要满足以下条件：

$$\begin{aligned} \nabla_{\boldsymbol{x}} \mathcal{L}\left(\boldsymbol{x}^*, \boldsymbol{\lambda}^*\right) &= 0 \\ c_i\left(\boldsymbol{x}^*\right) &= 0 \\ c_i\left(\boldsymbol{x}^*\right) &\leqslant 0 \\ \lambda_i^* &\leqslant 0 \\ \lambda_i^* c_i^*\left(\boldsymbol{x}^*\right) &= 0 \end{aligned} \tag{1.32}$$

式（1.32）是最优解的必要条件，只有当原问题是凸时，该条件才会变成解的充分条件。因此，当问题非凸时，需要使用迭代方法求解，通常非常耗时。

当约束方程为线性等式时，交替方向乘子法 (Alternating Direction Method of Multipliers, ADMM) 成功实现对偶上升法和乘子法的融合，其一般求解形式为：

$$\min f(\boldsymbol{x}) + g(\boldsymbol{y}) \quad \text{s.t.} \quad \boldsymbol{Ax} + \boldsymbol{By} = \boldsymbol{c} \tag{1.33}$$

转化为增广拉格朗日形式，则有：

$$\mathcal{L}_\rho(\boldsymbol{x}, \boldsymbol{y}, \boldsymbol{\lambda}) = f(\boldsymbol{x}) + g(\boldsymbol{y}) + \boldsymbol{\lambda}^\top(\boldsymbol{Ax} + \boldsymbol{By} - \boldsymbol{c}) + \left(\frac{\rho}{2}\right) \|\boldsymbol{Ax} + \boldsymbol{By} - \boldsymbol{c}\|_2^2 \tag{1.34}$$

进而可使用以下迭代方式来求解：

$$\boldsymbol{x}^{k+1} = \arg\min_{\boldsymbol{x}} \mathcal{L}_p\left(\boldsymbol{x}, \boldsymbol{y}^k, \boldsymbol{\lambda}^k\right)$$

$$\boldsymbol{y}^{k+1}=\arg\min_{\boldsymbol{y}}\mathcal{L}_p\left(\boldsymbol{x}^{k+1},\boldsymbol{y},\boldsymbol{\lambda}^k\right) \tag{1.35}$$
$$\boldsymbol{\lambda}^{k+1}=\boldsymbol{\lambda}^k+\rho\left(\boldsymbol{A}\boldsymbol{x}^{k+1}+\boldsymbol{B}\boldsymbol{y}^{k+1}-\boldsymbol{c}\right)$$

在碰撞处理等优化计算中，不仅涉及等式约束，还存在不等式约束。基于简化梯度投影的改进调配算法 (Modified Proportioning with Reduced Gradient Projection, MPRGP) 是求解此类问题的一种典型方法 (Dostál, 2009)，主要用于求解如下带边界约束的二次规划问题：

$$\min_{\boldsymbol{x}}\ \frac{1}{2}\boldsymbol{x}^\top\boldsymbol{A}\boldsymbol{x}-\boldsymbol{x}^\top\boldsymbol{b}\quad \text{s.t.}\quad \boldsymbol{x}\geqslant\boldsymbol{L} \tag{1.36}$$

式中，矩阵 $\boldsymbol{A}$ 具有对称正定性，向量 $\boldsymbol{L}$ 定义了变量 $\boldsymbol{x}$ 的最小取值边界。

在求解过程中，给定一个可行点 $\boldsymbol{x}\geqslant\boldsymbol{L}$，MPRGP 算法首先将目标函数的梯度 $\boldsymbol{g}(\boldsymbol{x})=\boldsymbol{A}\boldsymbol{x}-\boldsymbol{b}$ 分解为两个部分：自由梯度 $\boldsymbol{\phi}(\boldsymbol{x})$ 和截断梯度 $\boldsymbol{\beta}(\boldsymbol{x})$，即：

$$\phi_i(\boldsymbol{x})=\begin{cases} g_i(\boldsymbol{x}), & i\in\mathcal{F}(\boldsymbol{x})\\ 0, & i\in\mathcal{A}(\boldsymbol{x})\end{cases} \tag{1.37}$$

$$\beta_i(\boldsymbol{x})=\begin{cases} 0, & i\in\mathcal{F}(\boldsymbol{x})\\ \min(g_i(\boldsymbol{x}),0), & i\in\mathcal{A}(\boldsymbol{x})\end{cases} \tag{1.38}$$

式中，$\mathcal{F}(\boldsymbol{x})=\{i|x_i>L_i\}$ 和 $\mathcal{A}(\boldsymbol{x})=\{i|x_i=L_i\}$ 分别表示自由变量集合和被约束变量集合。经过该分解后，如果自由梯度的模长比截断梯度的模长大，则认为该梯度以无约束的自由梯度为主，称该可行点 $\boldsymbol{x}$ 严格满足比例条件 (Dostál, 2009)。MPRGP 解法就是通过分析分解后梯度的这一个性质来决定下一步迭代的前进方向。

一旦完成目标函数的梯度分解，MPRGP 算法将在三种不同的步骤中选择一种来完成一步迭代，这三个步骤分别为共轭梯度步 (Conjugate Gradient)、展开步 (Expansion) 和调配步 (Proportioning)。其中采用共轭梯度步和调配步的计算过程与传统的共轭梯度算法类似，区别仅在于 MPRGP 算法分别采用自由梯度 $\boldsymbol{\phi}(\boldsymbol{x})$ 和截断梯度 $\boldsymbol{\beta}(\boldsymbol{x})$ 替换目标函数的梯度 $\boldsymbol{g}(\boldsymbol{x})$ 来求解共轭梯度方向，而展开步将共轭梯度迭代的结果投影到可行域 Ω_B 中。整个算法的框架如算法 1.2 所示。

算法 1.2: MPRGP

给定一个对称正定矩阵 $\boldsymbol{A}$，向量 $\boldsymbol{b}$、$\boldsymbol{L}$，初值 $\boldsymbol{x}_0 \in \Omega_B$;
设 $k = 0$;
while 迭代未收敛 **do**
  if $\boldsymbol{x}^k$ 严格满足 Proportional 条件 **then**
    采用共轭梯度法生成 $\boldsymbol{x}^{k+1}$;
    if $\boldsymbol{x}^{k+1} \notin \Omega_B$ **then**
      采用 Expansion 方法生成 $\boldsymbol{x}^{k+1}$;
  else
    采用 Proportioning 方法生成 $\boldsymbol{x}^{k+1}$;
  end
  $k = k + 1$;
end

1.6 小结

本章简单介绍了几何处理的一些数学基础，主要包括几何背景知识与数值计算方法两大部分，为后续章节的叙述奠定了基础。

离散化和数值方法是几何处理领域的重要研究课题。如何经济地表示几何实体、如何高效地进行几何实体相关的计算一直以来都是几何处理的核心问题，许多工作都围绕这两个问题展开。这些研究不仅丰富了离散几何处理的理论和方法，也孕育出了许多重要的应用技术。

第 2 章 点云曲面重建和光顺

传统由点构建曲线、再构建曲面的交互建模方式，人工成本高、效率低。虽然这样的方法对于从无到有地创建数字三维形体仍是不可或缺的技术手段，但对于逆向工程、虚拟现实、场景智能理解等需要快速得到现实物体三维数字几何模型的应用来说明显不适用。一个自然的想法是直接采样实物表面，快速重建得到数字几何模型。随着各类应用的蓬勃发展，该技术得到了高度重视和发展。为了得到实物的数字化表达，首先需要借助三维扫描仪或高清相机对其表面进行扫描测量，得到离散的三维点云数据（如图 2.1（a）所示），进而重建出其三维模型（如图 2.1（b）所示）。

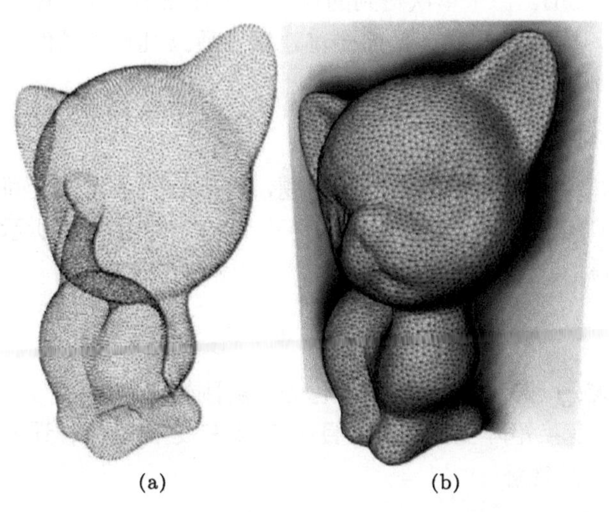

图 2.1　点云曲面重建：（a）三维点云；（b）重建的三维模型

点云曲面重建研究的是如何基于输入的点云数据重建出更加光滑紧凑的曲面。由于扫描测量的误差，点云数据可能存在着一些缺陷（如噪声、游离点、空洞等），曲面重建的质量、自动化和鲁棒性一直是个极具挑战的问题。迄今为止，研究人员针对点云曲面重建的核心环节，提出了许多有效的算法。首先，针对采集点云的不完整、平移错位和旋转错位等问题，通过点云配准实现多片点云的准确拼合。其次，不同的应用需要由点云重建出不同类型的曲面，显式三角形网格直接对采样点进行插值或逼近，隐式函数的零等值面则可自动弥补点云数据的缺省，形成正确的拓扑。此外，因扫描设备的精度误差和相关的测量计算误差而引发的曲面噪声，可通过曲面光顺来去除。

本章将围绕点云配准、重建和光顺三大核心问题，介绍相关的研究进展和前沿算法。借助这些算法，用户可以高效地重建出实物的三维网格模型。

2.1 点云配准

在不同视角下采集或计算得到的物体局部点云数据需要统一变换到同一个坐标系下，准确拼合形成更为完整的点云数据，这个过程称为点云配准 (Registration)。由于单次得到的点云往往存在不完整、刚性错位和形变错位等问题，因此点云配准是曲面重建以及后续几何处理的基础，是非常重要的处理环节。

2.1.1 点云刚性配准

首先考虑刚性物体的点云配准问题，即求解两个点云之间的刚性变换 $\boldsymbol{H}=(\boldsymbol{R},\boldsymbol{T})$（$\boldsymbol{R}$ 为旋转变换，$\boldsymbol{T}$ 为平移变换）。如图 2.2 所示，将源点云 $\boldsymbol{X}$ 变换到目标点云 $\boldsymbol{Y}$ 所在的坐标系，即求解 $(\boldsymbol{R},\boldsymbol{T})$ 使得

$$\boldsymbol{y}=\boldsymbol{R}\cdot\boldsymbol{x}+\boldsymbol{T} \tag{2.1}$$

式中，$\boldsymbol{x}\in\boldsymbol{X},\boldsymbol{y}\in\boldsymbol{Y}$。该问题可转化为求解刚性变换矩阵 $(\boldsymbol{R},\boldsymbol{T})$，使得源点云 $\boldsymbol{X}$ 经过变换矩阵变换后，与目标点云 $\boldsymbol{Y}$ 之间的某种误差最小，即求解满足下式的最优解：

$$\min_{\boldsymbol{R},\boldsymbol{T}} f(\boldsymbol{R},\boldsymbol{T}) \tag{2.2}$$

式中，$f(\boldsymbol{R},\boldsymbol{T})$ 为度量两个点云在对应刚性变换下的差异程度的目标函数。在实际中，我们常采用欧氏距离作为目标函数，即：

$$f(\boldsymbol{R},\boldsymbol{T})=\sum_{i=1}^{N}||\boldsymbol{y}_i-\boldsymbol{R}\boldsymbol{x}_i-\boldsymbol{T}||_2^2 \tag{2.3}$$

式中，N 为 $\boldsymbol{X}$、$\boldsymbol{Y}$ 中所对应的点对数。

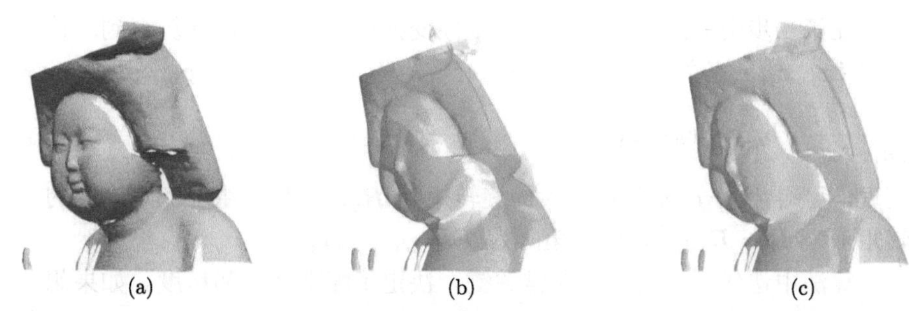

图 2.2 点云配准问题：(a) 三维物体；(b) 三维物体在不同视角下的两片点云；(c) 配准后的点云

为提高配准效率，点云配准通常分两个步骤执行：首先进行一个粗配准 (Coarse Registration)，然后基于粗配准进行精配准 (Fine Registration)。粗配准用于求解两个位置关系完全未知的点云之间的近似旋转平移矩阵；精配准则是在已知一个较为准确的旋转平移初值矩阵之后，进一步计算求解更加精确的旋转平移矩阵；至今，研究者已提出了大量的点云配准方法，详细可参考相关综述论文 (Tam et al., 2013；Bellekens et al., 2015)。

2.1.1.1 点云粗配准

点云粗配准的研究追溯到 20 世纪 80 年代，至今已有许多研究成果。这里主要介绍随机采样一致性法 (Random Sample Consensus, RANSAC) (Chen et al., 2002) 和四点匹配法 (4-Points Congruent Sets, 4PCS)(Aiger et al., 2008) 两种粗配准算法。

1. RANSAC 粗配准算法

RANSAC 算法的思想很简单。首先采用较小的数据采样集合估计相关参数，然后扩大数据采样集，迭代产生最大一致性数据集，最后运用最大一致性数据集估算参数。RANSAC 算法应用于点云配准的算法流程如下：

(1) 从 $\boldsymbol{X}$ 中随机选取不共线的三个点 $\{\boldsymbol{x}_i, \boldsymbol{x}_j, \boldsymbol{x}_k\}$，在 $\boldsymbol{Y}$ 中搜索对应的三个点 $\{\boldsymbol{y}_i, \boldsymbol{y}_j, \boldsymbol{y}_k\}$；

(2) 利用 $\{\boldsymbol{x}_i, \boldsymbol{x}_j, \boldsymbol{x}_k\}$ 和 $\{\boldsymbol{y}_i, \boldsymbol{y}_j, \boldsymbol{y}_k\}$ 计算刚性变换矩阵；

(3) 用目标函数度量数据集的一致程度；

(4) 从 $\boldsymbol{X}$ 中多次采样不同的三个点，筛选出 $\boldsymbol{X}$ 和 $\boldsymbol{Y}$ 对应一致性程度最高的刚性变换矩阵。

在第二步中三组对应点之间的刚性变换矩阵可方便地计算得到。首先构建 $\{\boldsymbol{x}_i, \boldsymbol{x}_j, \boldsymbol{x}_k\}$ 关于参考坐标系的旋转矩阵 $\boldsymbol{R}_x = [\boldsymbol{a}_x, \boldsymbol{b}_x, \boldsymbol{c}_x]$，其中 $\boldsymbol{a}_x = \dfrac{\boldsymbol{x}_j - \boldsymbol{x}_i}{|\boldsymbol{x}_j - \boldsymbol{x}_i|}$，$\boldsymbol{b}_x = (\boldsymbol{x}_k - \boldsymbol{x}_i) - [(\boldsymbol{x}_k - \boldsymbol{x}_i) \cdot \boldsymbol{a}_x]\, \boldsymbol{a}_x$，$\boldsymbol{b}_x = \dfrac{\boldsymbol{b}_x}{|\boldsymbol{b}_x|}$，　$\boldsymbol{c}_x = \boldsymbol{a}_x \times \boldsymbol{b}_x$；同理，可得 $\{\boldsymbol{y}_i, \boldsymbol{y}_j, \boldsymbol{y}_k\}$ 所对应的旋转矩阵 $\boldsymbol{R}_y$；这样三组对应点之间的旋转矩阵为 $\boldsymbol{R} = \boldsymbol{R}_y \boldsymbol{R}_x^{\top}$，平移矩阵为 $\boldsymbol{T} = \boldsymbol{y}_i - \boldsymbol{R}\boldsymbol{x}_i$。

算法中迭代次数的选择非常关键，决定了配准速度和精度。如果想要找到最佳的刚体变换矩阵，当 $\boldsymbol{X}$ 和 $\boldsymbol{Y}$ 大概各自包含 n 个点时，时间复杂度为 $O(n^3)$，配准效率较低。如果迭代次数过小的话，则难以选择出一个好的样本。实际执行时，需交互选择恰当的迭代次数。

2. 四点粗配准算法

上述 RANSAC 算法需要遍历 $\boldsymbol{Y}$ 中任意的三点组合，因此其计算复杂度为 $O(n^3)$，难以应用于相对较大的数据集。四点粗配准法有效解决了这一问题。尽管每次计算变换矩阵需要四个点，看起来其计算复杂度是 $O(n^4)$，但由于预先使用仿射不变性去除了无法对齐匹配的采样，实际上其复杂度仅为 $O(n^2)$。

四点粗配准法的基本原理是利用共面四点的仿射不变性来提高配准效率，算法流程如下：

(1) 在 $\boldsymbol{X}$ 中选择一个近似共面四点集 $\boldsymbol{B}$；

(2) 从 $\boldsymbol{Y}$ 中提取出在一定范围内与 $\boldsymbol{B}$ 相一致的近似共面四点集 $\boldsymbol{U}$；

(3) 计算对应的最佳刚性变换矩阵 $\boldsymbol{H}$；

(4) 多次采样不同的 $\boldsymbol{B}$，采用重合度最高的 $\boldsymbol{H}$ 作为最后的刚性变换矩阵。

在第一步选择共面四点的时候，先随机选择三个点，再选择能够与这三个点在一定范围构成共面的另外一个点作为第四个点。若第四个点与其他三个点相距较远，可以使得结果更精确，但如果选择得过远，可能导致该点不在两个点云数据集的重叠部分中。

第二步是算法中最重要的部分。如图 2.3 所示，设 $\boldsymbol{B}=\{\boldsymbol{a},\boldsymbol{b},\boldsymbol{c},\boldsymbol{d}\}$ 为从 $\boldsymbol{X}$ 中选出的一组共面四点，刚性变换能够保证共面四点的长度 $\boldsymbol{d}_1=||\boldsymbol{a}-\boldsymbol{b}||,\boldsymbol{d}_2=||\boldsymbol{c}-\boldsymbol{d}||$ 以及线段 $\boldsymbol{ab}$ 和 $\boldsymbol{cd}$ 的夹角 α 不变。此外，$\boldsymbol{ab}$ 和 $\boldsymbol{cd}$ 相交于点 $\boldsymbol{e}$，计算 $r_1=\dfrac{||\boldsymbol{a}-\boldsymbol{e}||}{||\boldsymbol{a}-\boldsymbol{b}||}$ 和 $r_2=\dfrac{||\boldsymbol{c}-\boldsymbol{e}||}{||\boldsymbol{c}-\boldsymbol{d}||}$，这两个比例值在刚性变换中是不变且唯一的。

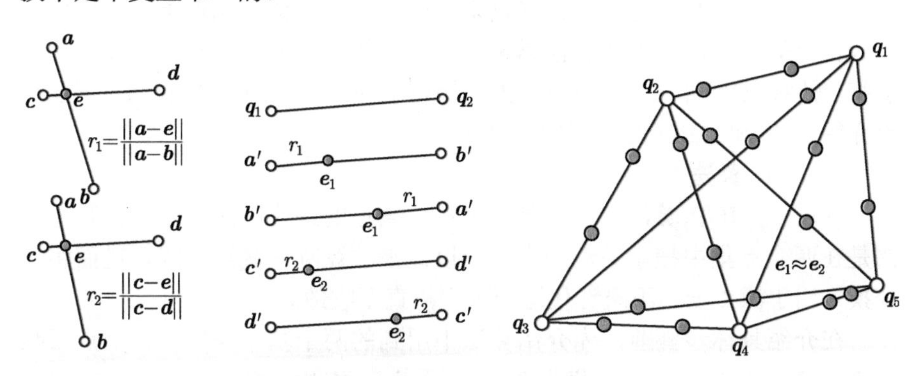

图 2.3　四点粗配准算法构造对应共面四点对 (Aiger et al., 2008)

先对点集 $\boldsymbol{Y}$ 的点对进行筛选，由于共面四点对长度 $\boldsymbol{d}_1,\boldsymbol{d}_2$ 不变，故选取点对 $\boldsymbol{q}_1,\boldsymbol{q}_2$ 满足 $||\boldsymbol{q}_1-\boldsymbol{q}_2||\in[\boldsymbol{d}_1-\delta,\boldsymbol{d}_1+\delta]\cup[\boldsymbol{d}_2-\delta,\boldsymbol{d}_2+\delta]$。在这一步中，仅需对 $\boldsymbol{Y}$ 执行计算复杂度为 $O(n^2)$ 的 $\boldsymbol{q}_1,\boldsymbol{q}_2$ 点对采样，而非计算复杂度为 $O(n^4)$ 的四点采样。

根据上一步中确定的点对 $\boldsymbol{q}_1,\boldsymbol{q}_2$ 以及由 $\boldsymbol{X}$ 确定得到的比例 r_1,r_2，计算点对间的中间点 $\boldsymbol{e}_1=\boldsymbol{q}_1+r_1(\boldsymbol{q}_2-\boldsymbol{q}_1)$ 和 $\boldsymbol{e}_2=\boldsymbol{q}_1+r_2(\boldsymbol{q}_2-\boldsymbol{q}_1)$。若任意两对这样的点，一对由 r_1 计算得到的中间点和另一对由 r_2 计算得到的中间点的误差在允许范围之内，那么这四个点即可作为对应的共面四点集 $\boldsymbol{U}$。又由于刚性变换保角，再对上一步得到的共面四点集 $\boldsymbol{U}$ 进行一个筛选即可。

在第三步中，在得到一些备选的共面四点集后，为了得到唯一的 $\boldsymbol{H}$，我们计算变换后的 $\boldsymbol{X}$ 与 $\boldsymbol{Y}$ 的重合度，并且利用近似最近邻 (Approximated Nearest Neighbors, ANN) 算法来提高效率。具体地，先对 $\boldsymbol{X}$ 点集中部分

点检验与 $\boldsymbol{Y}$ 的重合度，如果重合度达到一定要求，便继续对余下点进行检验，选出整体重合度最高的刚性变换矩阵 $\boldsymbol{H}$。

最后只要多次选取不同的 $\boldsymbol{B}$，筛选出最优的刚性变换矩阵 $\boldsymbol{H}$ 即可。

2.1.1.2 点云精配准

最经典的精配准方法是迭代最近点算法 (Iterative Closest Point，ICP) (Besl et al., 1992; Chen et al., 1992)。其优点在于执行简单、算法鲁棒、精度高，且容易和其他算法结合。当然，ICP 算法也存在一定的局限性，如需较多的迭代次数，这使得计算复杂度较高，要求待匹配点集的初始位置比较接近等。因此，ICP 算法常常被用来对粗配准的结果作进一步的精细调整。针对 ICP 算法的局限性，人们提出了许多改进的 ICP 算法。下面重点介绍 ICP 和 CPD 两种精配准算法。

1. ICP 算法

本质上，ICP 算法是一个基于最小二乘法的最优匹配算法。其基本思想是在两个点集中搜索最近的点对，以此来估算刚性变换矩阵，进而将该变换作用于源点云，不断迭代这一过程，直至收敛。

在介绍具体步骤前，先介绍算法中用到的两个基本操作。记源点云数据集为 $\boldsymbol{X}$，目标点云数据集为 $\boldsymbol{Y}$，对源点云 $\boldsymbol{X}$ 中的每一个点 $\boldsymbol{x}$，在目标点云 $\boldsymbol{Y}$ 中找到与该点距离最近的点 $\boldsymbol{c}$，组成对应点集 $\boldsymbol{C}$，记这个对应操作为 $\mathcal{C}$：

$$\boldsymbol{C} = \mathcal{C}(\boldsymbol{X}, \boldsymbol{Y})$$

其中，$\boldsymbol{C}$ 中含有 N 个点 $\boldsymbol{c}_i$。若求解出使得下述目标函数最小的刚体变换矩阵 $\boldsymbol{H} = (\boldsymbol{R}, \boldsymbol{T})$：

$$f(\boldsymbol{H}) = \frac{1}{N}\sum_{i=1}^{N} ||\boldsymbol{c}_i - \boldsymbol{R}\boldsymbol{x}_i - \boldsymbol{T}||_2^2$$

则记这个刚性变换和误差度量操作 $\mathcal{Q}$ 为 $(\boldsymbol{H}, e) = \mathcal{Q}(\boldsymbol{X}, \boldsymbol{C})$,其中 $e = f(\boldsymbol{H})$ 为对应的均方误差值。基于这两个操作，ICP 算法的迭代过程可描述为（其中 $\boldsymbol{X}_0 = \boldsymbol{X}$）：

(1) 计算最近点集，即基于 $\boldsymbol{X}_k$ 和 $\boldsymbol{Y}$ 计算 $\boldsymbol{C}_k = \mathcal{C}(\boldsymbol{X}_k, \boldsymbol{Y})$；

(2) 配准参数估计，即基于 $\boldsymbol{X}_k$ 和 $\boldsymbol{C}_k$ 计算刚性变换矩阵 $\boldsymbol{H}_k$ 和误差 e_k，$(\boldsymbol{H}_k, e_k) = \mathcal{Q}(\boldsymbol{X}_k, \boldsymbol{C}_k)$；

(3) 更新源点集，即用变换矩阵 $\boldsymbol{H}_k$ 对当前源点集 $\boldsymbol{X}_k$ 进行更新，得到 $\boldsymbol{X}_{k+1}=\boldsymbol{H}_k(\boldsymbol{X}_k)=\boldsymbol{R}_k\boldsymbol{X}_k+\boldsymbol{T}_k$；

(4) 重复上述步骤，直至两次迭代之间的误差变化小于某一阈值 δ，即 $|e_k-e_{k+1}|<\delta$。最后的变换矩阵 $\boldsymbol{H}_k$ 即为所求的刚性变换矩阵 $\boldsymbol{H}$。

显然，ICP 算法求得的解未必能够保证全局最优，但在欧氏度量下，它能够单调收敛到局部最小。

上述算法在点云较为密集时结果较为理想，而当点云稀疏时，配准的结果容易受到点云采样的影响，误差较大。为此，Chen 等 (1992) 修改了对应点的选取和距离度量的计算策略。

对源点云 $\boldsymbol{X}$ 上的任意一点 $\boldsymbol{x}_i$，将该点的法向量与目标点云 $\boldsymbol{Y}$ 的交点作为对应点 $\boldsymbol{c}$。而目标函数 $f(\boldsymbol{H})$ 中的距离度量定义为 $\boldsymbol{R}\boldsymbol{x}_i+\boldsymbol{T}$ 点到 $\boldsymbol{c}$ 点处切平面 P_i 的距离 d，则有：

$$f(\boldsymbol{H})=\frac{1}{N}\sum_{i=1}^{N}d^2\left(\boldsymbol{R}\boldsymbol{x}_i+\boldsymbol{T},P_i\right)$$

与标准 ICP 算法相比，该算法所需的迭代次数较少，受非重叠区域的影响也较小，但计算复杂度更高，且需要给定法向信息。

2. CPD 算法

ICP 算法在衡量每个点的配准误差上相对简单，计算效率高，但逐点独立计算使得配准误差对点云数据的噪声、缺损较为敏感。为克服这一缺陷，Myronenko 等 (2010) 提出了相干点漂移 (Coherent Point Drift, CPD) 算法，将点云配准问题转化为高斯混合模型 (Gaussian Mixture Model, GMM) 概率密度函数的参数估计问题。

设两个数据点集 $\boldsymbol{X},\boldsymbol{Y}$ 的点数分别为 N,M；$\theta=(a,\boldsymbol{R},\boldsymbol{T})$ 为 GMM 的参数。若将 $\boldsymbol{X}$ 作为数据点集，将 $\boldsymbol{Y}$ 作为高斯混合模 GMM 的中心点集，则变换矩阵的求解就可转化为 GMM 参数 θ 的估计。

在中心点 $\boldsymbol{y}_m$ 下生成数据点 $\boldsymbol{x}_n$ 的最大概率值（基于距离）为：

$$p(\boldsymbol{x}_n)=\sum_{m=1}^{M}P(m)p(\boldsymbol{x}_n|m),\quad p(\boldsymbol{x}_n|m)=\frac{1}{(2\pi\sigma^2)^{\frac{3}{2}}}\mathrm{e}^{-\frac{||\boldsymbol{x}_n-\boldsymbol{y}_m||^2}{2\sigma^2}} \tag{2.4}$$

式中，$P(m)$ 表示每个高斯模型的概率密度函数。为了同时考虑噪声，添加

一个类似噪声的分布：$p(\boldsymbol{x}_n|M+1)=\dfrac{1}{N}$，并假设噪声权重比为 ω，则高斯混合模型的概率密度函数变为：

$$p(\boldsymbol{x})=\omega\frac{1}{N}+(1-\omega)\sum_{m=1}^{M}P(m)p(\boldsymbol{x}|m) \tag{2.5}$$

CPD 算法所做的便是不断更新高斯函数的位置，即修改高斯函数的参数 $\theta=(a,\boldsymbol{R},\boldsymbol{T})$，逐渐最大化上面的概率密度函数。为了便于计算，取对数，去掉无关信息后，转化成下面的形式：

$$E(\theta,\sigma^2)=-\sum_{n=1}^{N}\ln\sum_{m=1}^{M+1}P(m)p(\boldsymbol{x}_n|m) \tag{2.6}$$

若定义 $\boldsymbol{y}_m$ 和 $\boldsymbol{x}_n$ 对应概率为 GMM 的后验概率：

$$P(m|\boldsymbol{x}_n)=\frac{P(m)p(\boldsymbol{x}_n|m)}{p(\boldsymbol{x}_n)} \tag{2.7}$$

则可利用 EM 算法来求解 θ,σ^2。首先，利用旧的参数来计算后验分布 P^{old}：

$$P^{\text{old}}(m|\boldsymbol{x}_n)=\frac{\mathrm{e}^{-\frac{1}{2(\sigma^{\text{old}})^2}||\boldsymbol{x}_n-a^{\text{old}}\boldsymbol{R}^{\text{old}}\boldsymbol{y}_m-\boldsymbol{T}^{\text{old}}||^2}}{\sum\limits_{k=1}^{M}\mathrm{e}^{-\frac{1}{2(\sigma^{\text{old}})^2}||\boldsymbol{x}_n-a^{\text{old}}\boldsymbol{R}^{\text{old}}\boldsymbol{y}_k-\boldsymbol{T}^{\text{old}}||^2}+(2\pi\sigma^2)^{\frac{3}{2}}\dfrac{\omega}{1-\omega}\dfrac{M}{N}} \tag{2.8}$$

然后，利用最小化对数似然函数来求解新的参数：

$$Q=-\sum_{n=1}^{N}\sum_{m=1}^{M+1}P^{\text{old}}(m|\boldsymbol{x}_n)\ln(P^{\text{new}}(m)p^{\text{new}}(\boldsymbol{x}_n|m)) \tag{2.9}$$

去掉无关信息之后，将目标函数 Q 简化为：

$$Q(\theta,\sigma^2)=\frac{1}{2\sigma^2}\sum_{n=1}^{N}\sum_{m=1}^{M}P^{\text{old}}(m|\boldsymbol{x}_n)||\boldsymbol{x}_n-a\boldsymbol{R}\boldsymbol{y}_m-\boldsymbol{T}||^2+\frac{3N_p}{2}\ln\sigma^2 \tag{2.10}$$

式中，$N_p=\sum\limits_{n=1}^{N}\sum\limits_{m=1}^{M}P^{\text{old}}(m|\boldsymbol{x}_n)$，求解使得目标函数 Q 最小的参数 θ，并计算对应的误差 σ^2。

为了最小化目标函数 Q，我们先来估计参数 $\boldsymbol{T}$。由 Q 对 $\boldsymbol{T}$ 的偏导等于 0 可得：

$$\boldsymbol{T}=\frac{1}{N_P}\boldsymbol{X}^\top\boldsymbol{P}^\top\mathbf{1}-a\boldsymbol{R}\frac{1}{N_P}\boldsymbol{Y}^\top\boldsymbol{P}\,\mathbf{1} \tag{2.11}$$

式中，$\mathbf{1}$ 为元素全为 1 的列向量，矩阵 $\boldsymbol{P}$ 的元素 $\boldsymbol{P}_{mn}$ 为 $P^{\text{old}}(m|x_n)$。然后对参数 $\boldsymbol{R}$ 进行估计，将 $\boldsymbol{T}$ 代回 Q 得：

$$\begin{aligned}Q=&\frac{1}{2\sigma^2}\Big[\text{tr}(\widehat{\boldsymbol{X}}^\top\text{diag}(\boldsymbol{P}^\top\mathbf{1})\widehat{\boldsymbol{X}})-2a\text{tr}(\widehat{\boldsymbol{X}}^\top\boldsymbol{P}^\top\widehat{\boldsymbol{Y}}\boldsymbol{R}^\top)\\&+a^2\text{tr}(\widehat{\boldsymbol{Y}}^\top\text{diag}(\boldsymbol{P}\,\mathbf{1})\widehat{\boldsymbol{Y}})\Big]+\frac{3N_p}{2}\ln\sigma^2\end{aligned} \tag{2.12}$$

式中，$\widehat{\boldsymbol{X}}=\boldsymbol{X}-\mathbf{1}\mu_x^\top,\widehat{\boldsymbol{Y}}=\boldsymbol{Y}-\mathbf{1}\mu_y^\top,\mu_x=\dfrac{1}{N_P}\boldsymbol{X}^\top\boldsymbol{P}^\top\mathbf{1},\mu_y=\dfrac{1}{N_P}\boldsymbol{Y}^\top\boldsymbol{P}\,\mathbf{1}$。其简化后表示为：

$$Q=-c_1\text{tr}((\widehat{\boldsymbol{X}}^\top\boldsymbol{P}^\top\widehat{\boldsymbol{Y}})^\top\boldsymbol{R})+c_2 \tag{2.13}$$

式中，c_1,c_2 为常数，且 $c_1>0$。所以问题从求解目标函数 Q 的最小值转化为求解：

$$\max\,\text{tr}(\boldsymbol{A}^\top\boldsymbol{R}),\quad \boldsymbol{A}=\widehat{\boldsymbol{X}}^\top\boldsymbol{P}^\top\widehat{\boldsymbol{Y}} \tag{2.14}$$

若对最小二乘矩阵 $\boldsymbol{A}$ 做 SVD 分解：$\boldsymbol{A}=\boldsymbol{USV}^\top$，则使得 $\text{tr}(\boldsymbol{A}^\top\boldsymbol{R})$ 最大的旋转矩阵为 $\boldsymbol{R}=\boldsymbol{UCV}^\top$，其中 $\boldsymbol{C}=\text{diag}(1,\cdots,1,\det(\boldsymbol{UV}^\top))$。

以下是 CPD 算法的计算流程：

(1) 初始化参数：$\boldsymbol{R}=\boldsymbol{I},\boldsymbol{T}=\mathbf{0},a=1$,

$$\sigma^2=\frac{1}{3NM}\sum_{n=1}^{N}\sum_{m=1}^{M}||\boldsymbol{x}_n-\boldsymbol{y}_m||^2 \tag{2.15}$$

(2) EM 迭代求解，直至 σ^2 变化小于阈值。

(a) 步骤 E，利用旧的参数来计算 $\boldsymbol{P}$：

$$\boldsymbol{P}_{mn}=\frac{\text{e}^{-\frac{1}{2\sigma^2}||\boldsymbol{x}_n-a\boldsymbol{R}\boldsymbol{y}_m-\boldsymbol{T}||^2}}{\displaystyle\sum_{k=1}^{M}\text{e}^{-\frac{1}{2\sigma^2}||\boldsymbol{x}_n-a\boldsymbol{R}\boldsymbol{y}_k-\boldsymbol{T}||^2}+(2\pi\sigma^2)^{\frac{3}{2}}\frac{\omega}{1-\omega}\frac{M}{N}} \tag{2.16}$$

(b) 步骤 M，求解 $\theta=(a,\boldsymbol{R},\boldsymbol{T}),\sigma^2$：

$$N_p = \mathbf{1}^\top \boldsymbol{P}\mathbf{1}, \mu_x = \frac{1}{N_P}\boldsymbol{X}^\top \boldsymbol{P}^\top \mathbf{1}, \mu_y = \frac{1}{N_P}\boldsymbol{Y}^\top \boldsymbol{P}\,\mathbf{1};$$

$$\widehat{\boldsymbol{X}} = \boldsymbol{X} - \mathbf{1}\mu_x^\top, \widehat{\boldsymbol{Y}} = \boldsymbol{Y} - \mathbf{1}\mu_y^\top;$$

$\boldsymbol{A} = \widehat{\boldsymbol{X}}^\top \boldsymbol{P}^\top \widehat{\boldsymbol{Y}}$，对 $\boldsymbol{A}$ 进行 SVD 分解 $\boldsymbol{A} = \boldsymbol{USV}^\top$；

$$a = \frac{\mathrm{tr}(\boldsymbol{A}^\top \boldsymbol{R})}{\mathrm{tr}\left(\widehat{\boldsymbol{Y}}^\top \mathrm{diag}(\boldsymbol{P}\mathbf{1})\widehat{\boldsymbol{Y}}\right)};$$

$\boldsymbol{R} = \boldsymbol{UCV}^\top$，式中 $\boldsymbol{C} = \mathrm{diag}(1, \cdots, 1, \det(\boldsymbol{UV}^\top))$；

$$\boldsymbol{T} = \mu_x - a\boldsymbol{R}\mu_y;$$

$$\sigma^2 = \frac{1}{3N_p}\left[\mathrm{tr}\left(\widehat{\boldsymbol{X}}^\top \mathrm{diag}(\boldsymbol{P}^\top \mathbf{1})\widehat{\boldsymbol{X}}\right) - a\mathrm{tr}\left(\boldsymbol{A}^\top \boldsymbol{R}\right)\right];$$

(3) $\theta = (a, \boldsymbol{R}, \boldsymbol{T})$ 即为所求的变换矩阵，其中点云 $\boldsymbol{X}$ 和变换后的 $\boldsymbol{Y}$ 对应概率矩阵为 P，其元素 $\boldsymbol{P}_{mn}$ 为 $\boldsymbol{x}_n$ 和 $\boldsymbol{y}_m$ 成为对应点的概率。

CPD 算法的适用性强，对刚性或非刚性变换点云配准均适用，且对点云噪声和缺失有较强的鲁棒性。但是由于采用了 EM 算法框架，该算法对初值的选取非常敏感。

2.1.2 点云非刚性配准

非刚性配准在静态三维重建和动态三维重建中起着重要作用。考虑从不同角度获得的一个静态物体的两组点云，尽管它们之间存在大量重合，理论上能够实现精准的刚体配准，但是由于系统性测量误差的原因，导致所获得的点云与真实物体之间存在形变，使得刚体配准难以完全实现。因此，对这类点云模型进行高精度配准需要对源模型进行适当的形变，即非刚性配准。此外，动态几何重建时，也常常需要将一个标准化的几何模型与时变的点云数据进行非刚性配准。

在非刚性配准中，变换函数 f 不再是一个刚体变换，而是非刚性变换。如何对形变函数进行表示和度量是实现非刚性配准的关键。本小节将介绍非刚性配准的三种典型形变函数表示和度量方法。

2.1.2.1 基于薄板样条的非刚性配准

薄板样条 (Thin Plate Spline, TPS) 是一类薄板能量最小的插值函数。考虑 D 维空间上的一个函数 $f:\mathbb{R}^D\rightarrow\mathbb{R}$，它的薄板能量定义如下：

$$J=\int\sum_{ij}f_{x_ix_j}^2\mathrm{d}x_1\cdots\mathrm{d}x_D$$

薄板能量反映了函数 f 的弯曲程度，所以薄板样条是一类弯曲程度最小的插值函数。

假设 $\{(\boldsymbol{x}_i,\boldsymbol{y}_i)\}_{i=1}^m$ 是一组型值点，那么经过这些型值点的薄板函数具有如下形式：

$$f(\boldsymbol{x})=c+\boldsymbol{a}^\top\boldsymbol{x}+\boldsymbol{W}^\top\boldsymbol{K}(\boldsymbol{x}) \tag{2.17}$$

式中，$\boldsymbol{K}(\boldsymbol{x})=(G(\|\boldsymbol{x}-\boldsymbol{x}_1\|),\cdots,G(\|\boldsymbol{x}-\boldsymbol{x}_m\|))^\top$，$c\in\mathbb{R}$，$\boldsymbol{a}\in\mathbb{R}^D$，$\boldsymbol{W}\in\mathbb{R}^M$ 为插值系数，$G(r)$ 是 D 维空间 $\mathbb{R}^D$ 的格林函数：

$$G(r)=\begin{cases}\alpha r^{4-D}\ln r, & D=2,4\\ \alpha r^{4-D}, & \text{否则}\end{cases}$$

式中，α 是一个常数系数。因此，采用薄板样条的插值问题可以描述如下：

$$\begin{aligned}&\min_{c,\boldsymbol{a},W}\quad J\\ &\text{s.t.}\begin{cases}f(\boldsymbol{x}_1)=y_1\\ \quad\cdots\\ f(\boldsymbol{x}_m)=y_m\end{cases}\end{aligned}$$

令 $\boldsymbol{P}=[\bar{\boldsymbol{x}}_1,\cdots,\bar{\boldsymbol{x}}_m]\in\mathbb{R}^{3\times m}$ 为所有采样点 $\boldsymbol{x}_i$ 的齐次坐标 $\bar{\boldsymbol{x}}_i$，$\boldsymbol{A}=[\boldsymbol{a}^\top,c]^\top$，$\boldsymbol{K}=[G(\|\boldsymbol{x}_i-\boldsymbol{x}_j\|)]_{m\times m}\in\mathbb{R}^{m\times m}$，那么有：

$$\begin{pmatrix}\boldsymbol{K} & \boldsymbol{P}^\top\\ \boldsymbol{P} & \boldsymbol{0}\end{pmatrix}\begin{pmatrix}\boldsymbol{W}\\ \boldsymbol{A}\end{pmatrix}=\begin{pmatrix}\boldsymbol{Y}\\ \boldsymbol{0}\end{pmatrix} \tag{2.18}$$

求解上述线性方程组，即可得到插值问题的解。

另一方面，考虑到型值点存在噪声等因素，采用薄板样条的拟合问题可以描述如下：

$$\min_{c,\boldsymbol{a},W}\quad\frac{1}{m}\sum_{i=1}^m\|y_i-f(\boldsymbol{x}_i)\|^2+\lambda J \tag{2.19}$$

式中，λ 是薄板能量 J 的权重系数。采用插值情形的矩阵表示，我们有：

$$\begin{pmatrix} \boldsymbol{K}+m\lambda\boldsymbol{I} & \boldsymbol{P}^\top \\ \boldsymbol{P} & 0 \end{pmatrix}\begin{pmatrix} \boldsymbol{W} \\ \boldsymbol{A} \end{pmatrix}=\begin{pmatrix} \boldsymbol{Y} \\ 0 \end{pmatrix} \tag{2.20}$$

当然，薄板样条还可以处理向量值函数 $f(\boldsymbol{x})=(f_1(\boldsymbol{x}),\cdots,f_m(\boldsymbol{x}))$。由于薄板能量的可分离特性，只需对每一个函数分量进行独立优化求解。

由于薄板样条函数不但具有插值与拟合功能，且具有最小弯曲的性质，因此可以用来解决几何配准问题。几何配准本质上是一个函数插值/拟合问题，即寻找一个变换函数，将源模型上的采样点映射到目标模型上的对应点。Brown 等 (2004) 假设源模型和目标模型已经通过 ICP 算法进行了初始刚体配准，执行非刚性配准的目的是对源模型进行适当的光滑形变，实现与目标模型更佳的配准，以降低配准误差。非刚性配准流程主要分三个步骤：

（1）首先进行刚体配准，随机选取一组采样点及其目标模型上的对应点；

（2）运用薄板样条拟合算法，在采样点上求解变换函数；

（3）应用变换函数对源模型进行变换，实现与目标模型的配准。

值得指出的是，第一步确定的采样点对应非常重要，对应误差容易传导到变换函数中，导致配准错误。为了获得正确的对应关系，可先执行刚体 ICP，然后将源模型沿着尺寸最大的方向一分为二，对分割产生的两个部分分别进行刚体 ICP 操作。一直细分下去，直到刚体匹配误差足够小（小于给定的阈值），或者不能获得稳定的刚体 ICP 操作为止（分割片段与目标模型没有足够多的对应点）。这样源模型被分割为多个部分，虽然实现了与目标模型的配准，但是不同部分具有不同的刚体变换，其不连续的问题可在薄板样条拟合阶段处理。

2.1.2.2 基于局部仿射变换的非刚性配准

如果将变换函数看作是定义在源模型几何空间上的信号，那么它可以近似地表示为一些离散采样点处的局部变换函数的并。在源模型的离散采样点集合上考虑变换函数 f，若记源模型采样点 $\boldsymbol{x}_i$ 处的局部变换函数为 f_i，那么变换函数 f 可以近似地表示为

$$f=[f_1,\cdots,f_m] \tag{2.21}$$

对任意的采样点 $\boldsymbol{x}_i$，有 $f(\boldsymbol{x}_i)=f_i(\boldsymbol{x}_i)$。Allen 等 (2003) 首先采用这种表示，提出了一个非刚性配准算法，实现了一个模型模板与点云数据的对应和配准。他们将所有的局部变换表示为仿射变换形式：

$$f_i(\boldsymbol{x}_i)=\boldsymbol{A}_i\bar{\boldsymbol{x}}_i \tag{2.22}$$

式中，$\boldsymbol{A}_i\in\mathbb{R}^{3\times4}$ 是仿射变换矩阵，$\bar{\boldsymbol{x}}_i$ 是 $\boldsymbol{x}_i$ 的齐次坐标。这样，每一个顶点上有 12 个待定参数表示整个变换函数 f。一方面，由于源模型上采样点的数目多，参数的总数量非常庞大；另一方面，这些参数不是相互独立的，相邻采样点上的局部变换具有一定的连续性。例如，在两个点云的配准过程中，点云之间的形变大体上是平缓变化的，其局部高频细节一般保持不变。因此，需要对变换函数增加光滑性约束，控制相邻采样点上局部变换之间的差别。令 $\mathcal{N}_i$ 为顶点 $\boldsymbol{x}_i$ 的相邻采样点的下标集：$\mathcal{N}_i=\{j|\boldsymbol{x}_j$ 是 $\boldsymbol{x}_i$ 在源模型上的邻近点 $\}$。如果变换函数 f 在采样点 $\boldsymbol{x}_i$ 的邻域内是连续的，那么有：$\boldsymbol{A}_i=\boldsymbol{A}_j,\ j\in\mathcal{N}_i$。于是，可以定义下面的能量函数来度量变换函数的光滑性：

$$E_{\text{smooth}}=\sum_i\sum_{j\in\mathcal{N}_i}\|\boldsymbol{A}_i-\boldsymbol{A}_j\|_F^2 \tag{2.23}$$

式中，$\|\cdot\|_F$ 为 Frobenius 范数，定义为矩阵中所有元素平方和的平方根。将新的变换函数代入，即可得到非刚性配准的误差函数：

$$E_{\text{dist}}=\sum_i w_i\,|d(\boldsymbol{A}_i\bar{\boldsymbol{x}}_i,\boldsymbol{Y})|^2 \tag{2.24}$$

另外，为实现全局最优配准，可在源模型上事先标记若干锚点，对形变进行约束。假设 $\boldsymbol{x}_{j_1},\cdots,\boldsymbol{x}_{j_c}$ 是源模型上的一组锚点，其在目标模型上的对应点为 $\boldsymbol{y}_{j_1},\cdots,\boldsymbol{y}_{j_c}$，则锚点误差能量项定义如下：

$$E_{\text{marker}}=\sum_{i=1}^{c}\|\boldsymbol{A}_i\bar{\boldsymbol{x}}_{j_i}-\boldsymbol{y}_{j_i}\|^2 \tag{2.25}$$

综合上述三方面的因素，基于局部仿射变换的非刚性配准优化问题可表述为：

$$\min_{A_1,\cdots,A_m}\quad \alpha E_{\text{dist}}+\beta E_{\text{smooth}}+\gamma E_{\text{marker}} \tag{2.26}$$

式中，α，β，γ 是三个加权系数。其求解过程分三步迭代执行：

(1) 取 $\alpha=0$，$\beta=1$，$\gamma=10$，在不考虑配准误差的情况下，利用锚点对模型进行预变形；

(2) 取 $\alpha=1$，$\beta=1$，$\gamma=10$，在考虑配准误差的情况下，进行非刚性配准；

(3) 取 $\alpha=1$，$\beta=1$，$\gamma=1$，降低锚点约束权重，对配准进行微调。

每一步的求解过程类似于刚体配准，需要在计算对应点和求解最佳变换之间多次交叉迭代。第（3）步的目的是为了避免锚点指定不够精确引进人为的配准误差（若不然，可以省略）。

2.1.2.3 基于拟刚体变形的非刚性配准

基于拟刚体变形（分块刚性变换）的非刚性配准方法是通过局部的刚体变换来表达变换函数 f，即：

$$f_i(\boldsymbol{x}_i)=\boldsymbol{R}_i\boldsymbol{x}_i+\boldsymbol{T}_i \tag{2.27}$$

式中，$\boldsymbol{R}_i$ 是旋转变换矩阵，$\boldsymbol{T}_i$ 是平移变换向量。

令 $\boldsymbol{X}=\{\boldsymbol{x}_i\}$ 为源模型的采样点，$\boldsymbol{Z}=f(\boldsymbol{X})=\{\boldsymbol{z}_i\}$ 为源模型变换后的形状。考虑顶点 $\boldsymbol{x}_i$ 的局部形状，它由 $\boldsymbol{x}_i$ 一些相邻采样点 $\{\boldsymbol{x}_j\}_{j\in\mathcal{N}_i}$ 组成。如果该局部区域所经历的变换是一个刚体变换，那么有：$\boldsymbol{z}_i-\boldsymbol{z}_j=\boldsymbol{R}_i(\boldsymbol{x}_i-\boldsymbol{x}_j)$。因此，我们可以定义下面的拟刚体误差度量函数：

$$E_{\text{arap}}=\sum_i\sum_{j\in\mathcal{N}_i}\|(\boldsymbol{z}_i-\boldsymbol{z}_j)-\boldsymbol{R}_i(\boldsymbol{x}_i-\boldsymbol{x}_j)\|_F^2 \tag{2.28}$$

通过最小化上述能量函数，使得约束源模型在每一个局部区域尽可能保持刚性 (As-Rigid-As-Possible, ARAP)。

如果源模型的变形幅度较小，整体上非常接近于一个刚体，那么在配准过程中可以施加全局刚体软约束。令 $[\boldsymbol{R}|\boldsymbol{T}]$ 表示整体刚体变换矩阵，其中 $\boldsymbol{R}$ 是旋转矩阵，$\boldsymbol{T}$ 为平移向量，则可以定义如下全局刚体软约束能量函数：

$$E_{\text{rigid}}=\sum_{i=1}^{m}\|\boldsymbol{z}_i-(\boldsymbol{R}\boldsymbol{x}_i+\boldsymbol{T})\|^2$$

综合上述能量函数和几何配准误差函数（式（2.24）），可得基于拟刚体变形的几何配准优化总能量：

$$E_{\text{total}} = w_1 E_{\text{dist}} + w_2 E_{\text{rigid}} + w_3 E_{\text{arap}} \tag{2.29}$$

式中，w_1, w_2, w_3 为加权系数。

求解上面的能量优化问题涉及旋转矩阵的表示和运算问题。若用三个欧拉角表示旋转矩阵，需要执行三角函数变换，增加了能量函数的非线性性。为此，可以采用迭代求解方法，即在每一步迭代中，求解一个旋转增量。在小角度假设下，旋转增量矩阵可以线性地近似为：

$$\tilde{\boldsymbol{R}}(\alpha,\beta,\gamma) \approx \begin{bmatrix} 1 & -\gamma & \beta \\ \gamma & 1 & -\alpha \\ -\beta & \alpha & 1 \end{bmatrix}$$

式中，α，β，γ 为旋转欧拉角增量。

基于旋转增量表示，拟刚体配准问题就可按以下步骤迭代优化求解：

(1) 初始化：$\boldsymbol{z}_i \leftarrow \boldsymbol{x}_i$, $\boldsymbol{R}_i \leftarrow \boldsymbol{I}$, $\tilde{\boldsymbol{R}}_i \leftarrow \boldsymbol{I}$, $\boldsymbol{R} \leftarrow \boldsymbol{I}$, $\boldsymbol{T} = 0$

(2) 计算对应点对：$\hat{\boldsymbol{y}}_i = \arg\min_{\boldsymbol{y}\in\boldsymbol{Y}} |d(\boldsymbol{z}_i, \boldsymbol{Y})|$

(3) 优化配准总能量：

$$\min_{\{\boldsymbol{z}_i,\tilde{\boldsymbol{R}}_i\}_{i=1}^m,\tilde{\boldsymbol{R}},\tilde{\boldsymbol{T}}} \quad \sum_{i=1}^{m} w_1 \left|d\left(\boldsymbol{z}_i, \hat{\boldsymbol{y}}_i\right)\right|^2 + w_2 \left\|\boldsymbol{z}_i - \left(\tilde{\boldsymbol{R}}\left(\boldsymbol{R}\boldsymbol{x}_i + \boldsymbol{T}\right) + \tilde{\boldsymbol{T}}\right)\right\|^2 + w_3 \sum_{j\in\mathcal{N}_i} \left\|\left(\boldsymbol{z}_j - \boldsymbol{z}_i\right) - \tilde{\boldsymbol{R}}_i \boldsymbol{R}_i \left(\boldsymbol{x}_j - \boldsymbol{x}_i\right)\right\|^2$$

(4) 更新变换矩阵：

$$\boldsymbol{R} \leftarrow \tilde{\boldsymbol{R}}\boldsymbol{R}, \quad \boldsymbol{T} \leftarrow \tilde{\boldsymbol{R}}\boldsymbol{T} + \tilde{\boldsymbol{T}}, \quad \boldsymbol{R}_i \leftarrow \tilde{\boldsymbol{R}}_i \boldsymbol{R}_i$$

若源模型的形状位于一个已知的形状空间中，那么就能够大大加快非刚性几何配准的收敛速度。例如，源模型 $\boldsymbol{X}$ 位于一个由若干个形状基所构成的线性空间中，即它可以通过一组形状基的线性组合得到：

$$f(\boldsymbol{X}) = (\boldsymbol{B}\boldsymbol{p} + \boldsymbol{m})\boldsymbol{X}$$

式中，$\boldsymbol{B}$ 为形状基形成的矩阵，$\boldsymbol{p}$ 为线性组合系数向量，$\boldsymbol{m}$ 为平均形状。因此，先验能量可定义为：

$$E_{\text{prior}} = \|\boldsymbol{Z} - \boldsymbol{R}(\boldsymbol{B}\boldsymbol{p} + \boldsymbol{m})\boldsymbol{X} - \boldsymbol{T}\|^2$$

式中，$\boldsymbol{R}$ 和 $\boldsymbol{T}$ 为整体旋转矩阵和平移变换向量。于是可以得到以下拟刚体配准总能量：

$$E_{\text{total}} = w_1 E_{\text{dist}} + w_2 E_{\text{rigid}} + w_3 E_{\text{arap}} + w_4 E_{\text{prior}} \tag{2.30}$$

该能量极小化问题依然可采用之前的优化方法进行迭代求解。

2.2 显式曲面重建

由三维点云重建得到的曲面可以采用不同的表示方式，如离散型的三角形网格（分片线性函数）表示和连续型的隐式函数表示。相应地，点云曲面重建方法可粗略分为两类，即显式重建方法和隐式重建方法。显式重建方法直接给出重建曲面的三角形网格表达，插值或逼近给定的点云。而隐式重建方法则将重建的曲面表示为一个三维函数的零等值面。

与隐式重建方法相比，显式重建方法能处理没有任何附加信息（比如法向量）的点云数据，它主要基于点集的 Delaunay 三角剖分理论，首先通过 Voronoi 图和 Delaunay 三角剖分得到三角形集合，然后按照一定的规则选取其子集作为重建的曲面。本节首先介绍一些重要的基本概念，然后给出几个典型的显式曲面重构算法。

2.2.1 Voronoi 图与 Delaunay 三角剖分

各种不同的显式重建方法虽然在算法细节上迥异，但大都基于 Voronoi 图与 Delaunay 三角剖分这两个基本的计算几何概念及其派生算法。

给定平面样本点集 $P = \{p_1, p_2, \cdots, p_n\}$（$p_i \neq p_j, i \neq j$），由该点集定义的 Voronoi 图是平面上的 n 个区域，每个样本点定义了一个区域，称为 Voronoi 单元。一个样本点的 Voronoi 单元是空间中比其他任何样本点更接近它的点的集合，即点 p_i 的 Voronoi 单元可表述为

$$V_{p_i} = \{x \big| \|x - p_i\|_2 \leqslant \|x - p_j\|_2, \forall i \neq j\}$$

$V(P) = \cup V_{p_i}$ 称为点集 P 的 Voronoi 图。这里的度量使用 ℓ_2 范数，当然也可以采用其他的距离度量。

点集 P 的 Delaunay 三角剖分 $D(P)$ 是其 Voronoi 图 $V(P)$ 的对偶图，即为连接 $V(P)$ 的每一相邻 Voronoi 单元的采样点而形成的图。由于 Voronoi 图 $V(P)$ 的每个节点的入度是 3，因此其对偶图 $D(P)$ 构成了点集的一个三角剖分。容易发现，Delaunay 三角剖分具有以下特性：

(1) 二维点集的 Delaunay 三角剖分结果唯一（如果不出现四点共圆的情况）；

(2) Delaunay 三角剖分所得到的三角形的外边界为点集的凸包；

(3) Delaunay 三角剖分所得到的三角形内部不含点集中的任何点；

(4) Delaunay 三角剖分中的每个三角形的外接圆内不含点集中的任何点；

(5) Delaunay 三角剖分得到的结果满足最小角最大化，即得到的三角形最接近正三角形。

一个三维形状 S 的中轴定义为其内部的一些点的集合，其中每个点到 S 的表面至少有 2 个相等距离的最近点。换句话说，以 S 中轴上任意一点为球心，该点到 S 表面最短距离为半径的球与表面至少相切于 2 个点（如图 2.4 所示）。

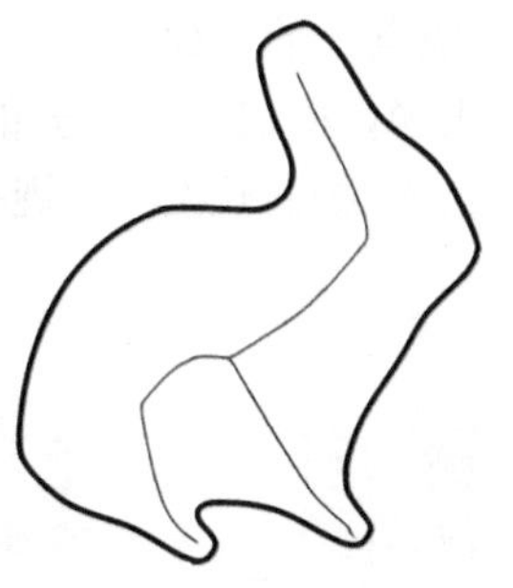

图 2.4　二维形状（左）和三维形状（右）的中轴

在二维空间中，曲线上稠密采样点集的 Voronoi 图的顶点接近曲线的中轴。但是，该性质在三维空间并不成立，即总存在采样点集的 Voronoi 图的顶点远离曲面的中轴，无论曲面的采样有多么稠密。另一方面，当采样密集时，总可以找到 Voronoi 图顶点的一个子集，使其接近曲面的中轴。

点集 P 的 α-形 (α-shape) 是一种直观展示 P 中 n 个点的“形状”的模型。直观地看，想象 R^d 空间中充满了冰淇淋，点集 P 中的点看作为巧克力，使用半径为 α 的球形勺子尽可能地挖掉冰激凌，而不碰到任何巧克力，留下的部分就是这些点集构成的“形状”。

假设点集 P 中任意 4 个点不共平面，任意 5 个点不在同一球面上。对于 $0<\lambda<\infty$，定义 λ 球为半径 λ 的开球，定义 0 球是空间中的一个点，∞ 球是一个开放的半空间。某个 λ 球 b（在给定位置）被称为是空的，如果 $b \cap P = \emptyset$。d 维空间中，任意集合 $T \subset P$，$|T| = k+1 \leqslant d+1$，由 T 构成的凸多面体 $\triangle_T$ 是 k 维的，称之为 k-单形 (k-simplex)。一个 k-单形 $\triangle_T$ 被称作 α-exposed，如果存在空 α 的球 b 满足 $T = \partial b \cap P$，其中 ∂b 是球的表面（$d=3$ 时）或者圆（$d=2$ 时）边界。

点集 P 的 α-形的边界 ∂P_α 定义为：

$$\partial P_\alpha = \{\triangle_T | T \subset P, |T| \leqslant d, \triangle_T\text{是}\alpha\text{-exposed}\}$$

点集 P 的 α-形 P_α 是具有边界 ∂P_α 的多面体（不一定是凸的，甚至可能包含孔）。我们可以使用 α-形来定义点集的 Delaunay 三角剖分，对于任意 $\alpha \in [0, +\infty]$，α-形的边界 ∂P_α 是 P 的 Delaunay 三角剖分的子集。事实上，可以使用点云的 α-形的边界 ∂P_α 来近似点云的重建曲面，合理的 α 值将得到合适的效果（如图 2.5 所示）。一般来说，构造一个点云的 α-形的计算量很大，而且必须提前指定 α 的值，因此该方法不适用大规模点云曲面的重建。

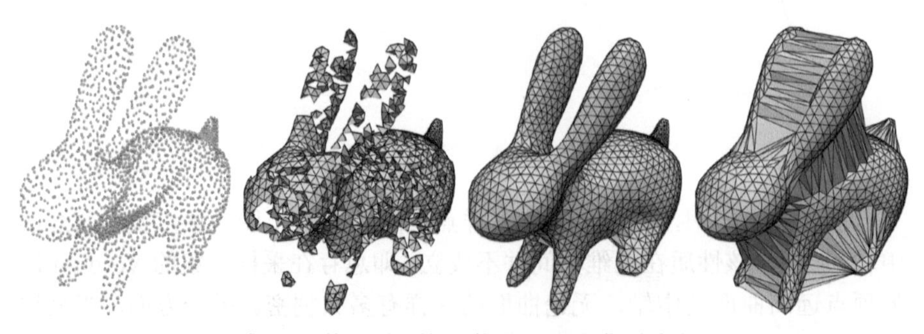

图 2.5　使用不同的 α 值进行 α-形曲面重建

2.2.2 Crust 算法

Crust 算法是一种基于三维 Voronoi 图与 Delaunay 三角剖分来生成点云三角形网格的曲面重建算法 (Amenta, 1998)，由二维 Crust 算法演化而来。对于一组给定的二维采样点 P，首先计算 P 的 Voronoi 图及其顶点的集合 V，由此得到 $P \cup V$ 的 Delaunay 三角剖分。所谓的“Crust”就是由其顶点来自 P 的 Delaunay 边组成（这些边的外接圆不含 $P \cup V$ 中的点）的结构。显然，“Crust”是输入点集的 Delaunay 三角剖分的一个子集。上述过程相当于通过添加一些 Voronoi 图顶点，从原来的 Delaunay 三角剖分中滤除不需要的边。我们称之为 Voronoi 滤波技术。

三维情况相对二维情况比较复杂，需要对上述二维算法进行修正，即在 Voronoi 滤波步骤中，对于每个样本点 $p \in P$，不再使用所有的 Voronoi 顶点，仅使用其 Voronoi 单元 V_p 中距离 p 最远且分别位于表面 S 两侧的两个顶点（称这两个点为 p 的极点，分别表示为 p^+ 和 p^-）。具体算法如下：

(1) 计算采样点集 P 的 Voronoi 图。

(2) 对于每一个采样点 p:

(a) 如果 p 不位于凸包上，则取 p^+ 为 V_p 中距离 p 最远的 Voronoi 顶点，设 $\boldsymbol{n}^+ = pp^+$；

(b) 如果 p 位于凸包上，取 $\boldsymbol{n}^+$ 为相邻三角形外法向的平均值；

(c) 取 p^- 为 V_p 的 Voronoi 顶点中 pp^- 点积 $\boldsymbol{n}^+$ 为负且距离 p 最远的点；

(3) 设 P^v 为所有极点 p^+ 和 p^- 的集合，计算 $P \cup P^v$ 的 Delaunay 三角剖分。

(4) 仅保留 Delaunay 三角剖分中三个顶点都属于 P 的三角形。

与二维情形不同，三维情形需要额外的法向滤波操作来产生一个与曲面 S 同胚的分段线性流形，并确保输出的法向在采样密度增加时收敛于真实的表面法向。由 Voronoi 图的性质，可以保证算法得到的采样点到极点的矢量 $\boldsymbol{n}^+ = pp^+$ 和 $\boldsymbol{n}^- = pp^-$ 几乎垂直于 p 处的表面。鉴于偏移角度误差关于点云相对曲面的误差是线性的，因此可以使用这些向量进行一个额外的法向滤波，舍弃那些面法向与对应的 $\boldsymbol{n}^+$ 或 $\boldsymbol{n}^-$ 差距很大的三角形。这样，随着采样密度的增加，所输出三角形的法向逐渐接近表面法向。需要注意的是，在边界和尖锐边缘处，法向的滤波可能会出现问题。此时 $\boldsymbol{n}^+$

和 $\boldsymbol{n}^-$ 的方向几乎不与任何附近的切平面垂直，可能会过度删除一些需要的三角形。经法向滤波后，除了一些锐边，所有剩余的三角形大致平行于表面。所谓锐边是指那些只在通过边的平面一侧与三角形相邻，并且大致垂直于表面的边（一度的边被视为锐边）。持续地删除这些锐边，递归直到不存在这样的三角形为止。每个连接部件上剩余三角形的外表面（分片线性曲面）即为最终的重建结果。

Crust 算法直接使用 Voronoi 图与 Delaunay 图进行曲面重建，不需要点云的任何信息，适用范围广。不过算法有时会误删一些需要的三角形，尤其在尖锐特征处重建曲面有时会出现孔洞，而且处理噪声的能力也相对较弱。由于算法的实现需要执行复杂的三维 Delaunay 三角化，其时间复杂度较高，计算效率仍然难以满足许多应用的要求。这个缺陷阻碍了该算法的普及应用。

2.2.3 Power Crust 算法

如前所述，我们无法保证三维空间中的 Voronoi 顶点接近中轴，但仍然可以通过中轴来重建曲面。Power Crust 算法借鉴 α-形的思想，使用加权的 Voronoi 图来近似计算中轴，从而得到物体表面的重建结果 (Amenta et al., 2001)。

Power 图是一个基于原始点集数据的加权 Voronoi 图。记 $B_{c,\rho}$ 为中心为 c 半径为 ρ 的球, 定义非权值点 $x \in \mathbb{R}^3$ 到 $B_{c,\rho}$ 的 Power 距离为:

$$d_{\text{pow}}(x, B_{c,\rho}) = d^2(c, x) - \rho^2$$

式中，d 为欧氏距离函数。当点 x 位于球 $B_{c,\rho}$ 内部时，d_{pow} 为负，当点 x 位于球 $B_{c,\rho}$ 外部时，d_{pow} 为正。基于这一定义，即可定义 Power 图。Power 图将空间分割为一系列单元，每个单元包含与特定 Voronoi 图顶点的 Power 距离最小的所有空间点。

定义采样点 $p \in P$ 的极点为其 Voronoi 单元在曲面 S 内部和外部的顶点（注：与 Crust 算法不同），包含内部极点和外部极点的 Power 图单元的边界称为 Power Crust，连接极点所形成的逼近中轴的单纯形称为 Power Shape。算法如下：

(1) 计算采样点集 P 的 Voronoi 图；

(2) 计算每个采样点的极点；

(3) 计算极点的 Power 图单元；

(4) 判断确定极点位于内部还是外部；

(5) 输出包含内外部极点的 Power 图单元的边，即 Power Crust；

(6) 输出连接内部极点的 Voronoi 边，即为中轴。

Power Crust 算法是当前显式曲面重建算法的主流算法之一，它利用点集的 Voronoi 图定义了 Power 图，由空间单元标记算法标定 Power 图中空间单元的内外部特性，内外部空间单元的交界即是物体的表面。算法具有严密的理论依据，几乎适用于所有输入，能够处理空洞、高噪声与尖锐物体，且能获得原物体的偏移表面及中轴。

2.2.4 Cocone 算法

Cocone 算法引入了 Cocone 锥体，避免了 Crust 算法的法向滤波操作。回顾 Crust 算法，每个采样点 $p \in P$ 的法向可由极点来估计。对于每个 Voronoi 单元 V_p，离采样点 p 最远的 Voronoi 顶点被视为极点。通过 p 和极点的直线几乎与曲面 S 正交，即为 p 点的估计法向。样本点 p 处角度为 θ 的 Cocone 锥体定义为该点处与其估计法向形成 $\pi/2-\theta$ 角的双锥体（如图 2.6 所示）。

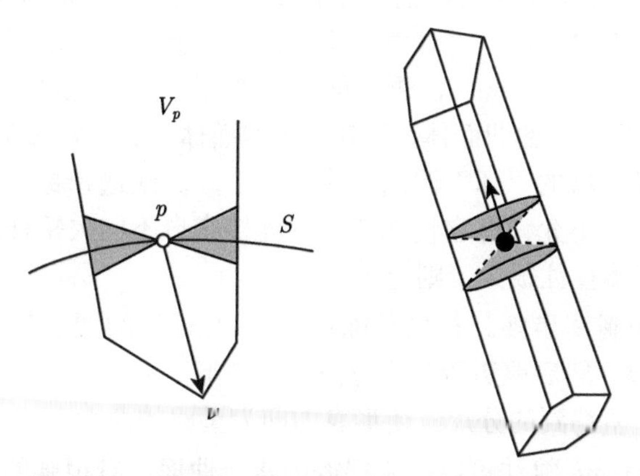

图 2.6　二维（左）和三维（右）的 Cocone 锥体

算法首先确定 V_p 中与 p 的 Cocone 相交的 Voronoi 边集。对于每个采样点 p，这些 Voronoi 边的对偶三角形全体构成候选集 T。一般来说，只

要 θ 足够小，例如 $\theta=\pi/8$，这些三角形就能满足算法的要求。然后，在候选集合中，使用 Crust 算法的最后一步（即处理锐边步骤）从 T 中提取分片线性流形。这一步执行时需先删除所有锐边上的三角形（这里锐边定义为其相邻的两个三角形之间的角度大于 $3\pi/2$ 或仅具有单个相邻三角形的边）。最后，通过深度优先遍历其余三角形的邻接图直至整个网格的外边界，即为期望得到的重建曲面。

针对 Cocone 算法可能在欠采样区域产生孔洞和伪像的问题，一种称为 Tight Cocone 的改进算法 (Dey et al., 2003) 通过重建更好的水密表面 (Water-Tight Surface) 来实现点云曲面重构。该水密表面为嵌入在 $\mathbb{R}^3$ 中的 2-复形，其底层空间与 $\mathbb{R}^3$ 中的闭合三维流形的边界相同。其主要思想是根据表面的初始近似值将由输入样本计算得到的 Delaunay 四面体标记为内或外，然后剥离掉所有标记为外的四面体，留下的内部四面体与边界的并集作为水密表面输出，即为所期望的重建结果。算法的具体执行步骤如下：

第一步为标记步骤。根据 Cocone 算法，经曲面重建，大部分点与它邻接的表面三角形形成一个拓扑圆盘，我们称这些点是“好”的，其余则被称为“坏”的。一个“好”点邻接的表面三角形为一个伞型区域，可以通过遍历 Delaunay 三角形来完成标记。对于每一个“好”的顶点，将对应的无限大四面体标记为“out”；并计算其伞型区域，其中与无限四面体在同一侧的四面体也被标记为“out”，否则标记为“in”。在标记过程中，会遇到所有顶点都是“坏”点的四面体，称其为坏四面体。由于局部性原理，顶点位于单个欠采样区域的“坏”四面体往往很小。算法选择标记它们，在之后的第二步过程中不允许将它们剥离。而连接来自不同欠采样区域顶点的其他“坏”四面体往往很大，则无需标记它。

第二步为剥离步骤。首先移除标记为“out”的四面体并保留标记为“in”的四面体；然后遍历所有凸包内的三角形，保留有标记为“out”的三角形并输出，所得到的分片三角形表面即为重建的曲面。

Tight Cocone 算法可以产生很好的水密曲面，有很强的理论保证。但由于它仍然基于 Delaunay 三角化方法，计算复杂度依然很高，尤其面对严重噪声与欠采样情形，重建的结果可能不是很好。

显式曲面重建方法直接构造三角形网格来插值或拟合输入点云，为保证三角形网格的质量，大都依赖点云的 Delaunay 三角剖分结果。这类方法重建得到的网格曲面能很好地逼近输入点云或其采样，且在一定的采样下，能够从理论上保证重建结果的正确性。当然，该方法也存在一些不足。一是输入点如果存在误差或者噪声，则难以得到好的重建结果；二是由于遮挡或者扫描不足，点云数据可能存在部分缺失，导致重建得到的结果可能不是封闭或水密性的曲面；三是如果点云规模较大，则其 Delaunay 三角剖分需要较大的计算开销，导致算法不够高效。总的来说，对于采样比较好（比如高采样密度、低噪声等）的点云，适合采用显式重建方法来重建曲面。而对于具有较大噪声或部分缺失的点云（比如深度数据），则不太适合采用显式重建方法。

2.3 隐式曲面重建

点云的隐式曲面重建的基本思想是将曲面表示为一个标量函数（标量场）的零水平集，即构建一个三维空间函数，使其在输入点云的重建曲面上取值为 0，在其他地方取值为非 0，这样点云就位于该函数的零等值面上。抽取该函数的零等值面即可得到重建的曲面，所得到的曲面是封闭的。

本质上，点云的隐式重建问题可以定义为一个数据点集 $\{p_i(x_i, y_i, z_i)|i = 1, 2, \cdots, N\}$ 的插值或拟合问题，即寻求一个函数 f 使得：

$$
\begin{aligned}
&f(x_i, y_i, z_i) = 0, && i = 1, \cdots, n \quad \text{（曲面上的点）} \\
&f(x_i, y_i, z_i) = d_i \neq 0, && i = n+1, \cdots, N \quad \text{（曲面外的点）}
\end{aligned}
$$

执行时，用户需给定位于曲面上的一些采样点，并预先确定所使用的函数类型，如符号距离场函数、径向基函数 (Radial Basis Function, RBF)、Poisson 函数、多层单元剖分 (Multilevel Partition of Unity, MPU) 函数或样条函数等。一般来说，不同的函数表达形式需采用不同的重建方法。由于所给定的点云不足以有效刻画函数零等值面的形状，因此点云的隐式重建往往需要一些额外的约束，即位于曲面外的点的信息。点云的法向信息是最为常用的约束信息，它隐含确定了重建曲面的内部和外部（函数在曲面内的值与在曲面外的值须异号）。可以说，获得正确的点云法向是隐式曲面重建的一个重要环节。

为了获得采样点 p_i 处的法向量，首先需要估计该点的局部切平面 T_i，它可由中心点 c_i 和单位法向量 $\boldsymbol{n_i}$ 所确定。若记 ρ 和 ϵ 分别表示点云密度和噪声，距离点 p_i 不超过 $\rho+\epsilon$ 的点组成的邻近点集为 $N_\rho(p_i)$，则取 p_i 处切平面的中心点 c_i 为点 p_i 邻近点集的质心，单位法向量 $\boldsymbol{n_i}$ 则通过最小化能量 $\sum_{p\in N_\rho(p_i)}(\boldsymbol{n_i}\cdot(p-c_i))^2$ 得到。通过主成分分析法 (Principal Component Analysis, PCA)，点 p_i 邻近点的协方差矩阵为：

$$C_v = \sum_{p\in N_\rho(p_i)} (p-p_i)\times(p-c_i)^\top$$

不妨设协方差矩阵 C_v 的特征值分别为 $\lambda_1\leqslant\lambda_2\leqslant\lambda_3$，所对应的特征向量为 $\boldsymbol{v}_1,\boldsymbol{v}_2,\boldsymbol{v}_3$，则法向量 $\boldsymbol{n}_i$ 即为 $\boldsymbol{v}_3$ 或 $-\boldsymbol{v}_3$。

上述方法得到的点云法向量的方向可能并不一致，有些指向曲面的内部，有些指向外部。因此，需要对法向方向进行调整以保证其全局一致性。理想情况下，采样点密集而均匀，且表面平坦光滑，当点 p_i 和 p_j 比较近时，其切平面 T_i 和 T_j 几乎相互平行，因此可以使用 $\boldsymbol{n}_i\cdot\boldsymbol{n}_j$ 的值来判断法向是否一致。该问题可转化为图的优化问题。具体地，每个切平面 T_i 表示为图的节点 v_i，用边 $e(i,j)$ 连接节点 v_i 和 v_j，用点积 $\boldsymbol{n}_i\cdot\boldsymbol{n}_j$ 表示边 $e(i,j)$ 的权。这样，问题转化为选择每个切平面的法向以使整个图的权值最大化。具体过程这里不再赘述。

2.3.1 符号距离场重建

符号距离场重建方法 (Hoppe et al., 1992) 是最早的点云隐式重建方法之一。该方法采用符号距离函数 $\Phi:\mathbb{R}^3\to\mathbb{R}$ 来表达点到目标曲面的带符号几何距离，即对任意 $x\in\mathbb{R}^3$，计算其到点云上与该点最近点 p_i 处的切平面的带符号投影距离（如图 2.7 所示）：

$$\Phi(x) = (x-p_i)\cdot\boldsymbol{n_i} \tag{2.31}$$

这里的点云全局法向场必须定向，以获得有效的符号距离场估计值。该函数的零等值面即为所重建的曲面。

符号距离场方法虽然实现简单，实际使用时，该方法有较大的缺陷。首先它对估计的法向非常敏感，细微法向噪声可能导致不准确的符号距离估计；其次，当点云分布的非均匀程度较高时，选择最接近的切平面来计算带符号的投影距离可能导致错误的重建结果。

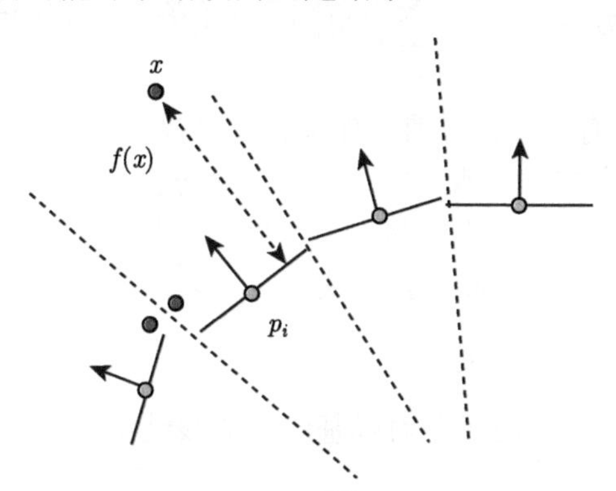

图 2.7　法向一致的符号距离

容易发现，问题的关键在于最近点 p_i 的优化选择及其切平面的鲁棒估计。移动最小二乘 (Moving Least Square, MLS) 方法是解决这个问题的有效手段。该方法利用 p_i 的邻近点集构造 MLS 曲面的局部逼近平面，其最佳法向和中心点定义为：

$$\boldsymbol{n}(x) = \frac{\sum_i \omega(||x - p_i||)\boldsymbol{n_i}}{\sum_i \omega(||x - p_i||)} \triangleq \sum_i \omega_i(x)\boldsymbol{n_i}$$

$$p(x) = \sum_i \omega_i(x)p_i$$

据此，即可定义标量场：

$$\Phi(x) = \boldsymbol{n}(x)^\top \cdot (x - p(x)) = \boldsymbol{n}(x)^\top x - \boldsymbol{n}(x)^\top \sum_i \omega_i(x)p_i \tag{2.32}$$

给定权因子函数 $\omega_i(x)$，即可计算得到三维空间的标量场及其零等值面，从而实现鲁棒的点云重建。

本质上，这一改进算法局部使用了最小二乘拟合来逼近点云。为得到更优的计算结果，可以采用更全局的移动最小二乘逼近方法来计算符号几何距离。其核心思想是在 x 处的拟合函数 g_x 为加权的最小二乘逼近，即：

$$g_x = \arg\min_g \sum_i \omega_i(||x - p_i||)(g(p_i) - q_i)^2$$

式中，q_i 是与 p_i 有关的标量值（如某种符号投影距离）。

移动最小二乘法极大地发展了符号距离方法，克服了符号距离场重建方法的法向敏感、重建曲面质量较差等缺点，增强了计算的鲁棒性，使其成为一种良好的曲面表示和重建方法。

2.3.2 径向基函数曲面重建

径向基函数方法使用径向对称基函数的线性组合来表达曲面：

$$\Phi(x) = G(x) + \sum_i \lambda_i \phi(||x - x_i||) \tag{2.33}$$

式中，$G(x)$ 为一个低次多项式，$\phi : \mathbb{R}^+ \to \mathbb{R}$ 是全局支撑的基函数，每个基函数中心定义在采样点 x_i 上。

未知系数 λ_i 可以通过插值约束得到，表面上的采样点 p_i 满足约束 $\Phi(p_i) = 0$；不在表面的约束一般选取 $\Phi(p_i + \alpha \boldsymbol{n_i}) = \alpha$。通过这些约束可联立求解出 λ_i。

若记 $G(x) = \sum_{j=1}^m c_j g_j(x)$，其中 $\{g_1, \cdots, g_m\}$ 是多项式的基函数，则所求隐函数可以表达为：

$$\Phi(p) = \sum_{i=1}^n \lambda_i \phi(||p - p_i||) + \sum_{j=1}^m c_j g_j(p) \tag{2.34}$$

其矩阵形式为：

$$\begin{pmatrix} \boldsymbol{A} & \boldsymbol{P}^\top \\ \boldsymbol{P}^\top & 0 \end{pmatrix} \begin{pmatrix} \lambda \\ c \end{pmatrix} = \begin{pmatrix} \boldsymbol{f} \\ 0 \end{pmatrix}$$

式中，矩阵 $\boldsymbol{A}$ 的元素 $\boldsymbol{A}_{i,j} = \phi(||p_i - p_j||)$, 矩阵 $\boldsymbol{P}$ 的元素 $\boldsymbol{P}_{i,j} = g_j(p_i)$, $\boldsymbol{f} = [f_1, f_2, \cdots, f_n]^\top$ 为 p_i 点处的型值。

通常，RBF 方法将所有输入数据点用作插值的节点，并且作为 RBF 基函数的中心。然而，由于计算矩阵与所有点相关，矩阵是稠密的，尤其当点云规模较大时，存储和计算的耗费将极为巨大。因此，使用较少的中心来构建函数是一个合适的选择。一般可使用贪心算法迭代地选择样本点将 RBF 拟合到期望的重建精度，具体步骤如下：

(1) 从插值样本点集 $\{p_i\}$ 中选择一个子集并仅对这个子集执行 RBF 算法；

(2) 对所有剩余点 p_j，计算误差 $e_j = f_j - \Phi(p_j)$；

(3) 如果 $\max\{e_j\}$ 小于给定精度，则停止执行，$\Phi(x)$ 即为所求；

(4) 否则，在 e_j 较大的地方增加约束点；

(5) 重新计算 RBF 结果并转到第 (2) 步。

对于带噪声的点云，可以使用拟合函数而不是严格插值，即寻找函数满足：

$$\min_{\Phi} \frac{1}{N}\sum(\Phi(p_i) - f_i)^2 + \rho||\Phi||^2$$

式中，ρ 为参数，平衡了数据的不光滑性。

2.3.3 Poisson 曲面重建

Poisson 重建方法使用指示函数 (Indicator Function) 来隐含表达曲面形状 (Kazhdan et al., 2006)（如图 2.8 所示）。在曲面内部，指示函数取值为 1，曲面外部取值为 -1，曲面则为取值为 0 的等值面。在曲面采样点处，指示函数的梯度近似等于曲面的法向，而其他点处的指示函数的梯度则为零向量。

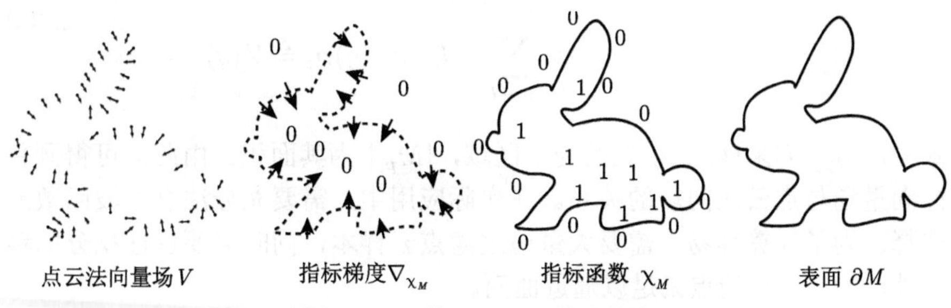

图 2.8 二维 Poisson 重建方法

直接构建指示函数来表示曲面是困难的，Poisson 重建方法转而寻找指示函数 χ，使其梯度最佳地逼近点云的法向量场 V，即最小化：

$$\|\nabla\chi - V\|$$

借助变分方法，指示函数的梯度场可使用散度算子来表达，这样上述优化问题等价于：

$$\triangle\chi = \nabla\cdot\nabla\chi = \nabla\cdot V$$

因此，问题的关键是计算指示函数的梯度场和估计点云曲面的向量场。鉴于指示函数的表示比较特殊，不能直接计算其梯度算子，我们可先利用平滑滤波函数和梯度算子函数进行卷积运算，进而计算得到梯度算子函数的梯度场。具体地，若已知实体 M，其边界为 ∂M，χ_M 是 M 的指示函数，$\boldsymbol{n}_p$ 是 $p\in\partial M$ 点处表面内法向，$F(q)$ 是光滑滤波函数，则滤波后的指数函数的梯度算子与由曲面内法向定义的向量场等价，即

$$\nabla(\chi_M * F)(q_0) = \int_{\partial M} F_p(q_0)\boldsymbol{n}_p \mathrm{d}p \tag{2.35}$$

式中，函数 $F_p(q) \triangleq F(p-q)$。

类似地，该算法也无法直接计算表面法向场的积分，但对相对精确的扫描数据，可以利用这些点云数据近似求解表面的积分。假设点云数据 $P=\{p_i\}$，曲面 ∂M 被采样点划分为一系列互不相交的局部区域，则上式可近似地计算得到：

$$\begin{aligned}\nabla(\chi_M * F)(q) &= \sum_{p_i\in P}\int_{M_{p_i}} F_{p_i}(q)\boldsymbol{n}_{p_i}\mathrm{d}p_i \\ &\approx \sum_{p_i\in P}|M_{p_i}|F_{p_i}(q)\boldsymbol{n}_i \triangleq V(q)\end{aligned} \tag{2.36}$$

式中，M_{p_i} 为采样点 p_i 处的局部区域，$|M_{p_i}|$ 为其面积。由此即可得到目标向量场与点云法向场的关系。在实际应用中，需要充分注意滤波函数的选择。为了计算容易，需要大量地过滤点云样本，同时需要保证积分的精确性，即滤波后的点云足以逼近曲面。

具体执行时，需要将问题离散化。对于均匀采样，可使用自适应八叉树来表示隐函数并求解 Poisson 系统，使得重构曲面附近有隐式函数的精确表示。假设点云数据 $P=\{p_i\}$，给定八叉树的深度 D，该算法构建自适应的八叉树 O，其每一个节点 $o\in O$ 都是三维空间的一个立方体，其中心位置为 $o.c$，宽度为 $o.w$。基于八叉树结构，定义函数 $F:\mathbb{R}^3\rightarrow\mathbb{R}$。对于任

何一个节点 $o \in O$，定义 F_o 是 F 在节点 o 上的“节点函数”，表示式为：

$$F_o(q) = F\left(\frac{q - o.c}{o.w}\right)\frac{1}{o.w^3}$$

我们的目标是将点云中的每个点 p_i 用包含该点的八叉树节点 $o \in O$ 来代替，这样向量场 V 能够非常高效准确地表达为节点函数 $\{F_o\}$ 的线性求和。为了将点云中的每个点 p_i 对应于八叉树节点，我们采用盒式滤波器（box filter）的 n 次卷积来表达函数 F，具体表达式如下：

$$\begin{aligned} F(x,y,z) &= (B(x)B(y)B(z))^{*n} \\ B(t) &= \begin{cases} 1, & \text{若 } |t| < 0.5 \\ 0, & \text{否则} \end{cases} \end{aligned} \tag{2.37}$$

式中，$*n$ 表示做 n 次卷积，多次卷积表示每次用当前结果与函数 $B(x)B(y)B(z)$ 做卷积。

基于八叉树表示和单元基函数，式（2.36）的向量场可近似表达为：

$$V(q) = \sum_{p_i \in P} \sum_{o \in N_D(p_i)} \alpha_{o,p_i} F_o(q) \boldsymbol{n}_i \tag{2.38}$$

式中，$N_D(p_i)$ 是靠近 p_i，树深为 D 的八个节点，α_{o,p_i} 表示 p_i 的插值权重。因此，点云的 Poisson 重建问题可转化为：

$$\min \sum_{o \in O} || < \Delta\chi - \nabla \cdot V,\ F_o > ||^2$$

取 $\chi = \sum_o x_o F_o$（x_o 为未知系数）代入求解得到曲面的指示函数。选择合适的值提取等值面，即可得到重建曲面。图 2.9 展示了一个点云曲面重建的结果。

对于非均匀样本，需在表达向量场时增加权重函数来进行处理：

$$W^D(q) = \sum_{p_i \in P} \sum_{o \in N_D(p_i)} \alpha_{o,p_i} F_o(q)$$

这样，新的向量场的表达式为：

$$V(q) = \sum_{p_i \in P} \frac{1}{W^D(p_i)} \sum_{o \in N_D(p_i)} \alpha_{o,p_i} F_o(q) \boldsymbol{n}_i$$

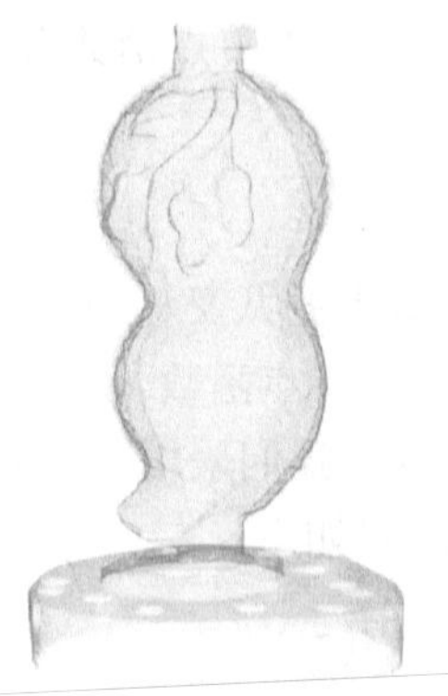

(a) 输入点云　　　　(b) 重建曲面

图 2.9　Poisson 重建的结果展示

Screened Poisson 方法 (Kazhdan et al., 2013) 通过增加点的内插约束扩展了经典 Poisson 重建方法，这个扩展可以由 Screened Poisson 方程来刻画：

$$\min \sum_{p_i \in P} ||\nabla \chi(p_i) - V(p_i)||^2 + \lambda \sum_{p_i \in P} \chi^2(p_i)$$

由于这些修改后的线性系统保留了相同的有限元离散化，稀疏结构不变，依然可以通过求解一个稀疏方程组来重建曲面。此外，后续的研究还提出了几种改进算法，这些改进充分利用算法的性质，有效降低了求解的复杂度，从而实现更快、更高质量的曲面重建。

2.3.4　多层单元剖分曲面重建

多层单元剖分 (Multi-level Partition of Unity, MPU) 方法 (Belyaev et al., 2003) 使用统一的隐式曲面多级剖分表示，可以处理大规模的点云数据。该方法有三个关键要素：① 捕捉表面局部形状，构建分段二次函数；② 将这些局部形状函数混合得到加权函数；③ 通过自适应的八叉树细分方法，增加局部形状的复杂性。

为了创建隐式表示，首先从包含给定点集正方体开始，细分创建一棵八叉树。在八叉树的每个单元格处，构建一个分段二次函数（也称局部形状函数)，用于拟合单元格中的样本点。这些形状函数的作用类似于带符号的距离函数。如果形状函数不能精确地逼近样本点，则将单元格细分，并重复上述过程直到达到期望的精度。整个表面的全局隐式函数由八叉树叶节点上局部形状近似地统一混合表达。

一旦完成细分拟合，即可得到一组局部定义的距离场 $Q_k(x)$，这些局部函数被平滑地混合构成全局定义的隐式表面：

$$\Phi(x) = \frac{\sum_k Q_k(x) w(||x - c_k||/h)}{\sum_k w(||x - c_k||/h)} \tag{2.39}$$

式中，c_k 是八叉树叶子单元的中心，h 是与单元的对角线长度成比例的支撑半径。这种混合要求隐式基函数的符号一致，因此需要定向基函数的法向。重建时缺失的数据可以通过外推和混合空间相邻的形状来解决。实际处理时，一般使用二次 B-样条 $b(t)$ 来生成权函数：

$$w_i(x) = b\left(\frac{3\|x - c_i\|}{2R_i}\right) \tag{2.40}$$

该函数具有中心为 c_i，半径为 R_i 的支撑域。

考虑一个中心为 c，主对角线长度为 d 的单元，定义支撑半径为 $R = \alpha d$，其中 α 值越大，插值或逼近效果越好，相应的计算代价也越大。对于细分中生成的每个单元，使用最小二乘拟合构建局部形状函数 $Q(x)$。当点集的分布不均匀时，对初始设定的 R，半径为 R 的球域内可能没有足够的点来进行精确的 $Q(x)$ 估计。对于这种情况，需要适当增加半径 R，直到可以准确进行估计。

节点细分时，如果在初始半径为 $R = \alpha d$ 的八叉树单元周围的球是空的，计算距离函数的近似值，该单元不再细分。否则，估计如下的局部最大范数近似误差：

$$\epsilon = \max_{|p_i - c| < R} |Q(p_i)|/|\nabla Q(p_i)|$$

如果 ϵ 大于用户指定的阈值 ϵ_0，则细分该单元，并对子单元递归地执行上述过程。

局部拟合策略取决于给定单元球中的点数以及这些点的法向分布。在给定的单元格中，一般使用以下三个局部近似中最恰当的一个：

(1) 三维空间中的一般二次曲面，用于近似较大的表面部分；

(2) 局部坐标系中的二元二次多项式曲面，用于近似局部光滑部分；

(3) 与边缘或拐角相吻合的多片二次曲面，用于重构尖锐特征。

当与局部形状逼近方法一起使用时，MPU 重建方法具有较好的特性：能够由大规模的点数据集创建高质量的隐式曲面，准确重建尖锐特征以及快速简便地访问和调整局部形状。但是由于使用局部拟合方法，该方法难以有效应对噪声。当然，二次函数并不是局部形状函数的唯一选择，如何选取最优的函数来应对不同的问题同样值得重点关注。

2.4 曲面光顺

由于扫描设备的精度误差以及相关的测量计算误差，人们获取的三维点云或重建的曲面模型往往会包含许多噪声。消除三维点云或曲面上的噪声，优化得到光顺 (Smoothing) 的曲面模型，是离散几何处理的一个重要课题。我们称这一几何处理过程为曲面的去噪或光顺。

记 M^* 为输入的带有噪声的曲面，曲面光顺的目的是从当前曲面 $M^* = M + \varepsilon$ 中去除噪声 ε，恢复真实的曲面 M（如图 2.10 所示）。显然，这是一个病态 (Ill-posed) 问题，因为 ε 和 M 都是未知的。因此，在实际曲面光顺算法设计时，通常将噪声作为高频随机信号来处理，以提升后续优化求解的效能。

(a) 输入的噪声曲面

(b) 去噪后得到的曲面

图 2.10 曲面去噪

曲面的光顺本质上是一个滤波问题，它在去除噪声的同时，不可避免地改变曲面的几何细节和形状。因此，问题的关键是如何在剔除噪声的同时保持曲面固有的几何特征。理论上，该问题可以表达为曲面的全局几何优化问题，但其求解非常困难，效率也很低。局部化的几何迭代优化是解决这一问题的主要策略。自 20 世纪 90 年代以来，涌现出了许多优秀的曲面光顺算法，根据驱动顶点修改的模式，大致可分为基于顶点的光顺 (Vertex-based Smoothing) 和基于法向的光顺 (Normal-based Smoothing) 两类方法。前者是早期流行的方法，后者则近些年被广泛研究。本节主要介绍三角形网格曲面的光顺方法，其中的大部分方法也适用点云数据的去噪。

2.4.1　基于顶点的曲面光顺

基于顶点的网格曲面光顺的基本思想是利用顶点的局部几何信息来迭代更新顶点的位置，即每次迭代时根据顶点的局部几何信息，确定其位移向量和位移步长，进而更新顶点位置。经多步迭代，直至满足光顺终止条件。

记曲面顶点集合为 $V=\{v_i|i=1,\cdots,N_v\}$，每个顶点 v_i 的坐标位置为 $\boldsymbol{p}_i$，则基于顶点的光顺过程可描述为：

(1) 计算每个顶点 v_i 的位移向量 $\boldsymbol{t}_i$；

(2) 更新顶点位置，令 $\boldsymbol{p}_i:=\boldsymbol{p}_i+\lambda\boldsymbol{t}_i$；

(3) 重复上述步骤，直到满足某个停止条件。

一般来说，步长系数 λ 和位移向量 $\boldsymbol{t}_i$ 与顶点的局部几何有关。下面重点介绍几种经典的计算方法。

Laplace 光顺是最经典的曲面光顺方法之一。它将曲面光顺建模为一个热传导 (Heat Equation) 方程 (Botsch et al., 2010)：

$$\frac{\partial}{\partial t}\boldsymbol{p}(v_i,t)=\lambda\Delta\boldsymbol{p}(v_i,t),\quad i=1,\cdots,N_v \tag{2.41}$$

等式右边 λ 为步长，$\Delta\boldsymbol{p}(v_i,t)$ 为对顶点 v_i 应用 Laplace 算子：

$$\Delta\boldsymbol{p}=\frac{\partial^2\boldsymbol{p}}{\partial x^2}+\frac{\partial^2\boldsymbol{p}}{\partial y^2}+\frac{\partial^2\boldsymbol{p}}{\partial z^2} \tag{2.42}$$

其局部离散近似形式为：

$$\boldsymbol{L_i}=\frac{1}{|N_i|}\sum_{j\in N_i}\boldsymbol{p}_j-\boldsymbol{p}_i \tag{2.43}$$

式中，N_i 为顶点 v_i 的 1-环邻域点集，$|N_i|$ 为其顶点数。令该顶点处的位移向量 $\boldsymbol{t}_i = \boldsymbol{L_i}$，代入式(2.41)，迭代若干次即可实现曲面的光顺。直观地说，Laplace 光顺将每个顶点沿着其 1-环邻域的重心方向移动。

该方法不但能消除曲面上的高频噪声，还能提升网格的三角形质量。但是，Laplace 光顺会导致曲面发生大尺度的收缩（Shrinkage），容易引发过度光顺，甚至会将曲面的特征区域也一起磨平。

注意到 Laplace 光顺算子过度光顺的原因在于顶点向 $\boldsymbol{L}_i$ 方向移动了太多的距离，一个自然的想法是将其恰当地逆向拉回来一些。遵循这一思路，可采用复合 Laplace 算子来构造光顺算子，其顶点更新方式变为：

$$\boldsymbol{p}_i \triangleq (1-\mu\boldsymbol{L})(1+\lambda\boldsymbol{L})(\boldsymbol{p}_i) = \boldsymbol{p}_i + (\lambda-\mu)\boldsymbol{L}_i - \lambda\mu\boldsymbol{L}_i^2,\quad \mu > \lambda > 0 \tag{2.44}$$

式中，λ 和 μ 为两个控制参数。具体地，算法先对每个顶点做一次 Laplace 光顺处理，进而做一次逆光顺处理，其总位移向量 $\boldsymbol{t}_i = (\lambda-\mu)\boldsymbol{L}_i - \lambda\mu\boldsymbol{L}_i^2$，其中 $\boldsymbol{L}_i^2 = \dfrac{\sum_{j\in N_i} w_j\boldsymbol{L}_j}{\sum_{j\in N_i} w_j} - \boldsymbol{L}_i$ 为二阶 Laplace 算子的局部离散近似（如图 2.11 所示）。

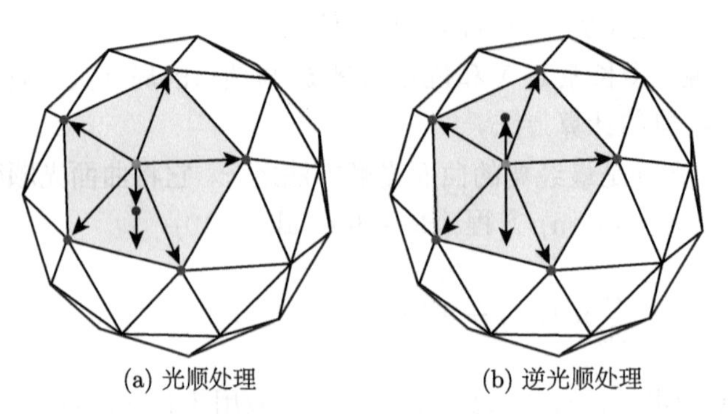

图 2.11　复合 Laplace 光顺方法的两个步骤

总的来说，复合 Laplace 光顺方法能够有效消除高频信号并保持甚至增强低频信号，大大减轻了光顺过程中曲面收缩现象。与 Laplace 光顺方法一样，顶点移动向量 $\boldsymbol{t}_i$ 的切向部分会使得网格三角形趋向正则化。这一性质在某些情况下并不是优点，比如包含曲面重要特征区域的三角形分布往往不是很规则，其正则化过程将使得特征难以保持。

根据平均曲率流 (Mean Curvature Flow) 定理，顶点的平均曲率法向可由以下公式进行估计 (Desbrun et al., 2000)：

$$K_i = \frac{1}{2A_i} \sum_{j \in N_i} (\cot \alpha_{i,j} + \cot \beta_{i,j})(p_j - p_i) \tag{2.45}$$

式中，$\alpha_{i,j}$ 和 $\beta_{i,j}$ 分别表示与边 (i, j) 相对的两个角，A_i 表示顶点 v_i 处的 Voronoi 面积。若取 $\boldsymbol{t}_i = -K_i$，则顶点 v_i 将会沿着近似的法向移动，一方面可减轻顶点在切线方向的无效移动，另一方面可使得曲面的平均曲率逐渐减小。需要注意的是，当 $\alpha_{i,j} + \beta_{i,j} > \pi$ 时，$\cot \alpha_{i,j} + \cot \beta_{i,j}$ 为负值，此时不但不能达到去噪效果，反而会使顶点位置发生畸变，此时可以经验地取 $\alpha_{i,j} = \beta_{i,j} = 60°$。一般来说，平均曲率流方法理论上将原网格曲面逐渐光顺趋向于一张极小曲面（其平均曲率处处为 0）。

2.4.2　基于法向的曲面光顺

不同于上述直接更新顶点位置来光顺曲面，基于法向的曲面光顺方法先对网格的表面法向进行光顺，然后根据法向信息优化计算出顶点的新位置，使得新曲面的法向和光顺后的法向尽可能一致。此类方法不仅可以有效避免曲面的收缩，而且在保持曲面特征方面拥有较大的优势。

记网格曲面的三角形表面集合为 $F = \{f_i | i = 1, \cdots, N_f\}$，$\boldsymbol{n}_i$ 为三角形 f_i 的外（内）法向。基于法向的曲面光顺流程如下：

(1) 计算每个面片 f_i 滤波之后的法向 $\boldsymbol{m}_i$；

(2) 更新顶点位置 p_i，使得新曲面的法向和滤波之后的法向尽可能一致；

(3) 重复上述步骤直到满足光顺条件。

一般来说，不同的法向滤波和顶点更新策略对曲面去噪结果有较大影响。下面首先介绍几种重要的法向滤波，然后介绍两种经典的顶点求解和更新策略。

法向滤波的目的是使曲面光滑区域的表面法向变化尽可能光顺，而在曲面特征区域的表面法向变化却保持其固有的变化。我们将法向的滤波建模为三角形 f_i 的光顺法向是其周围三角形的面法向的线性组合，即：

$$\boldsymbol{m}_i = \sum_{j \in N_i} \omega_j \boldsymbol{n}_j$$

式中，N_i 表示 f_i 的邻域三角形集合，典型的比如和 f_i 共享一条边的三角形集合或者共享一个点的三角形集合。由于 f_i 周围三角形的法向既蕴含需要修正的噪声，也包含需要保持的特征，因此在滤波时需要分别处理，也就是说需要自适应地感知局部的几何形状并各向异性地进行光顺处理。近年来，涌现出了大量的各向异性法向滤波方法。

联合双边滤波方法是目前应用最为广泛的法向滤波方法，其基本思想来源于图像处理领域 (Tomasi et al., 1998)。我们以二维图像为例先说明双边滤波的基本原理。图像像素 $\boldsymbol{p}$ 处的双边滤波结果为：

$$I(\boldsymbol{p}) = \frac{1}{K_p} \sum_{\boldsymbol{q} \in N(\boldsymbol{p})} W_s(\|\boldsymbol{p}-\boldsymbol{q}\|) W_r(I(\boldsymbol{q}) - I(\boldsymbol{p})) I(\boldsymbol{q}) \tag{2.46}$$

式中，$I(\boldsymbol{p})$ 为像素 $\boldsymbol{p}$ 处的颜色向量；$N(\boldsymbol{p})$ 为 $\boldsymbol{p}$ 的邻域像素集合；W_s 和 W_r 为单调递减函数（一般取标准差为 σ_s 和 σ_r 的高斯函数，因此双边滤波可以由 σ_s 和 σ_r 两个参数唯一决定），用来控制两个像素之间位置和颜色的变化；K_p 为归一化项，即 $K_p = \sum_{\boldsymbol{q} \in N(\boldsymbol{p})} W_s(\|\boldsymbol{p}-\boldsymbol{q}\|) W_r(I(\boldsymbol{q}) - I(\boldsymbol{p}))$。如果用另外的图像 J 的对应像素值作为 W_r 的输入，则称为联合双边滤波 (Joint Bilateral Filter)(Wang et al., 2015a)。J 可看作“指导图像”(Guide Image)。当 σ_r 趋于无穷或 J 的像素值相同时，式(2.46)退化为传统的高斯滤波。

虽然联合双边滤波在图像处理中取得了很好的效果，但是它严重依赖指导图像的选取，而这有时并不容易构造。Zhang 等 (2015) 将联合双边滤波方法推广应用于曲面光顺，巧妙构思了有效估计每个面的“指导法向”的方案。首先，将一个三角网格曲面分解成 N_f 个有重叠的小块，每个小块是一个三角形 f 和与它共享一个顶点的三角形组成的集合。然后，在包含 f 的所有小块中寻找法向最一致的小块，将其平均法向作为 f 的指导法向。具体地，衡量小块 P 中三角形法向一致性的标准可定量表示为：

$$H(P) = \Phi(P) \cdot R(P) \tag{2.47}$$

式中，$\Phi(P)$ 定义为 P 中任意两个面片的法向差别的最大值：

$$\Phi(P) = \max_{f_i, f_j \in P} \|\boldsymbol{n}_i - \boldsymbol{n}_j\| \tag{2.48}$$

$R(P)$ 则为 P 中边缘显著性的一个相对度量：

$$R(P)=\frac{\max\limits_{e_j\in E_P}\psi(e_j)}{\varepsilon+\sum\limits_{e_j\in E_P}\psi(e_j)} \tag{2.49}$$

式中，E_P 为关联 P 中两个面片的边的集合，$\psi(e_j)$ 表示 P 中与 e_j 关联的两个面片的法向之差的模长，即 $\psi(e_j)=\|\boldsymbol{n}_{j_1}-\boldsymbol{n}_{j_2}\|$。

基于上述方法获得的指导法向，由联合双边滤波可得到光顺网格曲面的法向量场。这一方法尤其擅长处理含尖锐特征的 CAD 模型，即使模型表面含有非常严重的噪声，也能得到保持特征的光顺结果（如图 2.12 所示）。

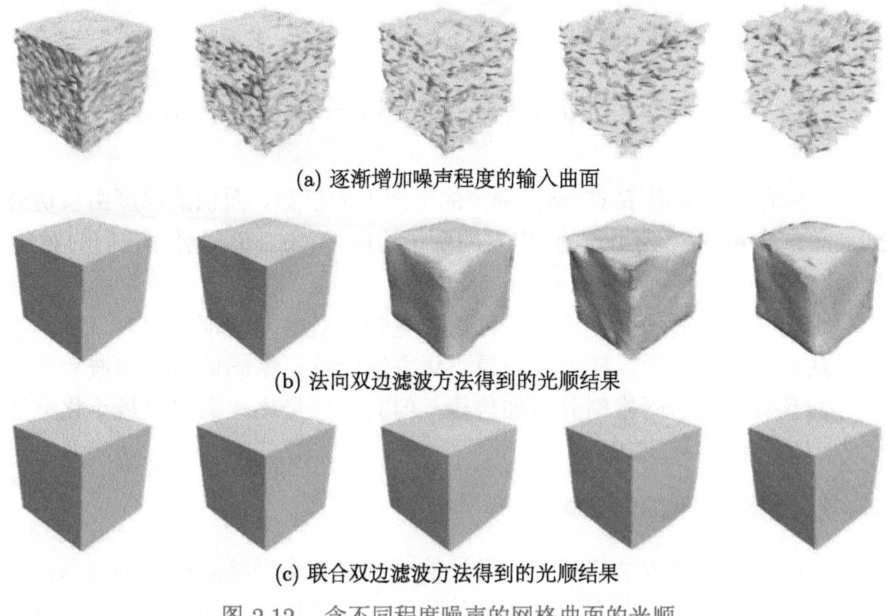

(a) 逐渐增加噪声程度的输入曲面

(b) 法向双边滤波方法得到的光顺结果

(c) 联合双边滤波方法得到的光顺结果

图 2.12 含不同程度噪声的网格曲面的光顺

经法向滤波之后，网格曲面的每个三角形都拥有一个新的法向量，这些法向量形成了一个光顺的法向量场。这样，网格曲面的去噪问题就转化为更新网格曲面的顶点位置，使目标曲面尽可能匹配所得到的光顺法向量场。

目前主要有两类优化方法，即距离误差最小化和梯度误差最小化。记 T_i 为顶点 v_i 的 1-环邻域三角形集，对每个 $R \in T_i$，A_R 和 $\boldsymbol{C}_R$ 分别为 R 的面积和重心，$\boldsymbol{m}_R$ 为其滤波之后的法向。距离误差最小化方法的目标是使得更新后的顶点位置 $\boldsymbol{p}_i$ 距离其 1-环邻域滤波后的三角形尽可能近：

$$\begin{cases} E_d(\boldsymbol{p}_i) = \sum\limits_{R \in T_i} A_R(\boldsymbol{m}_R \cdot (\boldsymbol{p}_i - \boldsymbol{C}_R))^2 \\ \nabla E_d(\boldsymbol{p}_i) = \dfrac{1}{\sum A_S} \sum\limits_{R \in T_i} A_R((\boldsymbol{C}_R - \boldsymbol{p}_i) \cdot \boldsymbol{m}_R)\boldsymbol{m}_R \end{cases} \tag{2.50}$$

梯度误差最小化方法则直接令新三角形的法向与滤波后的法向尽可能接近：

$$\begin{cases} E_n(\boldsymbol{p}_i) = \sum\limits_{R \in T_i} A_R \|\boldsymbol{n}_R - \boldsymbol{m}_R\| \\ \nabla E_n(\boldsymbol{p}_i) = \sum\limits_{R \in T_i} 2(\nabla A_R - \nabla A_S) \end{cases} \tag{2.51}$$

式中，S 为原三角形 R 在 $\boldsymbol{m}_R$ 确定的平面上的投影。面积的梯度由余切公式计算：若 $\boldsymbol{e}_1$，$\boldsymbol{e}_2$ 为由点 $\boldsymbol{p}_i$ 出发的两条边向量，α，β 分别为它们的对角，则有 $-2\nabla A_R = \boldsymbol{e}_1 \cot\alpha + \boldsymbol{e}_2 \cot\beta$。

得到上述能量和梯度后，即可迭代更新网格曲面的顶点位置，直到收敛。从实验结果来看，梯度误差最小化方法能够更精确地匹配滤波后的法向，而且对三角形网格剖分更加鲁棒，但其计算量比距离误差最小化方法稍大 (Centin et al., 2017)。

2.4.3 数据驱动的曲面光顺

传统滤波光顺方法依靠人为设计的滤波算子来去除随机高频信息，以达到消除噪声并保持曲面固有特征的目的，但是这些方法都需要用户调节参数来应对具有不同特征的模型和不同程度的噪声。由于噪声内蕴的统计随机性和曲面特征的内在规律性，一些研究人员尝试使用数据驱动的方法来实现曲面光顺，其中级联式 (Cascaded) 神经网络曲面光顺方法最具代表性 (Wang et al., 2016a)。该方法通过学习机制回归得到法向的滤波算子，其基本思想是引进面法向滤波描述子 (Filtered Facet Normal Descriptor,

FND) 来表征曲面的局部特征，并将其作为神经网络输入，神经网络输出即为滤波之后的法向。

根据基本滤波器的不同，FND 分为两种：双边面法向滤波描述子 (B-FND) 和指导面法向滤波描述子 (G-FND)。前者使用双边滤波器作为基本描述子，擅长描述低级几何信息；后者使用联合双边滤波器作为基本元素，擅长描述高级几何信息。由于双边滤波器和联合双边滤波器都可以由两个参数 σ_s 和 σ_r（见式(2.46)）唯一决定，我们将其分别简记为 $\boldsymbol{n}(\sigma_s,\sigma_r)$ 和 $\boldsymbol{n}_g(\sigma_s,\sigma_r)$，经 k 次迭代后分别得到 $\boldsymbol{n}^k(\sigma_s,\sigma_r)$ 和 $\boldsymbol{n}_g^k(\sigma_s,\sigma_r)$，这样每个面片 f_i 上的 B-FND 可表示为：

$$\begin{aligned}S_i=(&\boldsymbol{n}_i^1(\sigma_{s1},\sigma_{r1}),\cdots,\boldsymbol{n}_i^1(\sigma_{sL},\sigma_{rL}),\boldsymbol{n}_i^2(\sigma_{s1},\sigma_{r1}),\cdots,\boldsymbol{n}_i^2(\sigma_{sL},\sigma_{rL}),\\&\cdots,\boldsymbol{n}_i^K(\sigma_{s1},\sigma_{r1}),\cdots,\boldsymbol{n}_i^K(\sigma_{sL},\sigma_{rL}))\end{aligned} \tag{2.52}$$

每个面片 f_i 上的 G-FND 可表示为：

$$\begin{aligned}S_i^g=(&\boldsymbol{n}_{g,i}^1(\sigma_{s1},\sigma_{r1}),\cdots,\boldsymbol{n}_{g,i}^1(\sigma_{sL},\sigma_{rL}),\boldsymbol{n}_{g,i}^2(\sigma_{s1},\sigma_{r1}),\cdots,\\&\boldsymbol{n}_{g,i}^2(\sigma_{sL},\sigma_{rL}),\cdots,\boldsymbol{n}_{g,i}^K(\sigma_{s1},\sigma_{r1}),\cdots,\boldsymbol{n}_{g,i}^K(\sigma_{sL},\sigma_{rL}))\end{aligned} \tag{2.53}$$

显然，S_i 和 S_i^g 的维数为 $3\times L\times K$。由于 FND 由法向的加权平均组成，所以它具有平移不变性，但不具有旋转不变性。记 FND 的法向元素集合为 $\{\boldsymbol{m}_1,\cdots,\boldsymbol{m}_d\}$，构造了一个法向张量 $\boldsymbol{T}=\sum_{j=1}^{d}\boldsymbol{m}_j\times\boldsymbol{m}_j^\top$，对 $\boldsymbol{T}$ 做特征值分解得到 $\boldsymbol{TR}=\boldsymbol{R\lambda}$，其中 $\boldsymbol{\lambda}$ 为主对角元素依次减小的对角矩阵，$\boldsymbol{R}$ 为正交矩阵，通过对每个法向做旋转变换 $\boldsymbol{R}^{-1}$，即可得到旋转无关 FND。

实验表明，FND 对噪声具有较强的鲁棒性。如图 2.13（a）和（b）所示，首先为 Fandisk 模型添加不同程度的高斯噪声（即每个顶点沿着法向方向的扰动，扰动值服从高斯分布），然后计算其每个三角形的 B-FND 和 G-FND，最后分别对 B-FND 和 G-FND 使用 K-means 算法聚类，其中 $k=4$，每个类采用了不同的颜色表示。可以看出，尽管噪声程度不同，FND 依然能够大体上区分出 Fandisk 模型的特征区域。图 2.13（c）、（d）和（e）、（f）分别展示了使用均匀噪声和伽马噪声的测试结果。为了减轻训练难度，该例子分别对这四类特征训练一个神经网络。对于曲面去噪阶段的 FND，则需先计算其归属的类别，再代入相应的网络进行计算。

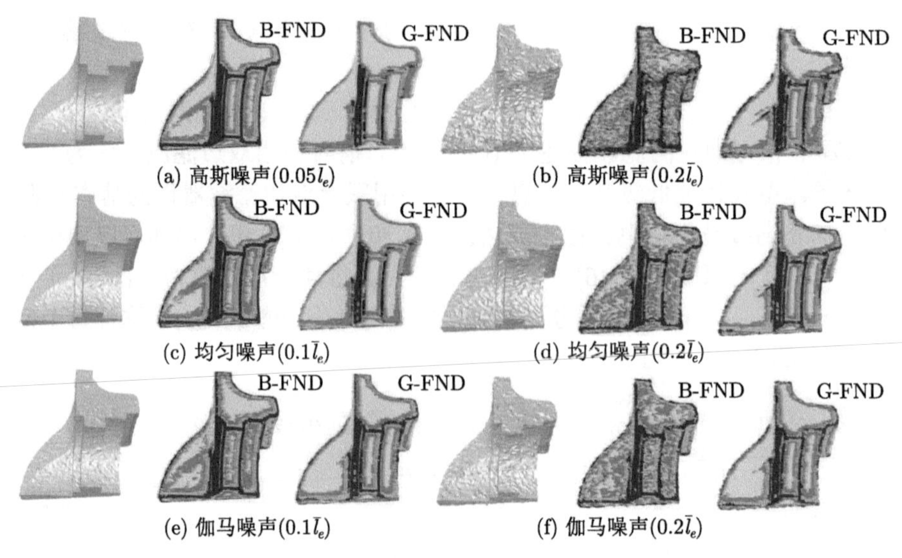

(a) 高斯噪声($0.05\bar{l}_e$) (b) 高斯噪声($0.2\bar{l}_e$)
(c) 均匀噪声($0.1\bar{l}_e$) (d) 均匀噪声($0.2\bar{l}_e$)
(e) 伽马噪声($0.1\bar{l}_e$) (f) 伽马噪声($0.2\bar{l}_e$)

图 2.13 FND 对噪声的鲁棒性 (Wang et al., 2016a)

数据驱动的曲面光顺方法在很多模型上取得了超越其他方法的效果。值得注意的是，该方法同样无法普适地处理好所有噪声模型，需要针对不同噪声的数据源训练得到不同的去噪模型。

2.5 小结

点云作为几何建模、形状识别等众多应用的起点，对其进行有效的处理将为后续几何操作提供一个扎实、可靠的输入，在几何处理领域处于基础性的地位。本章介绍了点云配准、曲面重建和曲面光顺等相关内容，回顾了从点云形成高质量网格的一些常见方法，并对其中的难点与思路进行了详细的讨论。

对于点云曲面重建和网格光顺等问题，其核心难点主要在于复杂的输入噪声、信息缺失与巨大的计算量等方面。大多数方法都基于一定的先验假设来指导点云的高效处理和重建，因此，先验假设的可靠性就成了问题的关键。随着扫描技术的更新与发展，未来研究工作的重点依然是细化不同采集数据的特点，对噪声和缺失进行精准的建模，以此来获得具备良好定义的重建和光顺问题。另一方面，随着采集设备的数据获取能力不断提升，对大规模复杂场景的高效几何处理的需求日益迫切，将已有方法进行恰当的改造，使之适配于 GPU、多机并行等计算架构，并进行可靠高效的工程实现，无疑具有重要的价值。

第3章 网格曲面的参数化和多分辨率表示

网格作为一种重要的三维模型表示方式, 被广泛应用于计算机图形学、虚拟现实和工业设计制造等领域。上一章介绍的点云曲面重建技术就是将点云转化为网格曲面表示。网格曲面便捷地刻画了三维模型的形状，但由于其离散表达形式，如何高效地对网格曲面模型进行处理，以满足各种应用需求，无疑是一个极具挑战性的问题。例如，网格模型的纹理贴图需要将网格曲面展开为二维平面区域；大规模网格模型的传输和绘制则需要对网格曲面做多尺度的简化和压缩处理，以减少带宽、内存的需求，等等。

面对种类繁多的网格曲面处理和编码需求，本章开始将陆续介绍目前重要的离散几何处理研究进展。本章首先从三个不同角度去理解三维网格模型，进而设计出高效的处理方法，具体包括：将网格曲面理解为二维流形，研究其参数化问题；将网格曲面理解为不同频率细节合成，研究其多分辨率表示问题；从网格曲面的几何和拓扑信息熵角度，研究其编码压缩问题。

3.1 网格曲面参数化

参数化指将三维网格曲面映射到一个参数域（比如平面、球面等）上，它是大部分几何处理问题的基础，比如纹理映射与合成、细节迁移、网格编辑和压缩、曲面拟合、重网格化等。近年来，参数化一直是几何计算与处理领域的研究热点 (Sheffer et al., 2006; Hormann et al., 2007; Li et al., 2015b)。

一般地，参数化问题可建模为如下优化问题：

$$\min_{\boldsymbol{u}} E(\boldsymbol{u}),\ \text{s.t. } C_e(\boldsymbol{u}) = 0,\quad C_i(\boldsymbol{u}) > 0 \tag{3.1}$$

式中，$\boldsymbol{u}$ 表示从三维网格到参数区域的映射，目标函数 $E(\boldsymbol{u})$ 刻画了参数化的扭曲度量，等式和不等式约束 $C_e(\boldsymbol{u})$、$C_i(\boldsymbol{u})$ 则描述了参数化的约束条件。对于平面参数化，我们期望参数化是（局部）单射的，即 $|\nabla \boldsymbol{u}| \neq 0$（非退化条件）；另外，我们还要求网格中的三角形在参数域内拥有正的有向面积，以避免出现纹理翻转的结果，即 $|\nabla \boldsymbol{u}| > 0$（无翻转条件）。

在不同的应用场合，设计参数化方法的核心在于构造优化目标函数和约束条件。同时，为了提高计算的效率，针对不同目标函数和约束条件的特定数值性质来设计优化方法，也是重要的内容。

3.1.1　单片与多片参数化

对于一个给定的网格，我们既可以把它整体地映射到一个参数域上，也可以分成多片局部网格区域，每片网格区域单独参数化。这两种策略各有优缺点，前者简单高效，而后者能获得低扭曲的参数化。下面，我们分别介绍这两种策略。

单片网格参数化是最为常见且较为简单的一类方法。此类方法通常将整个开网格曲面映射到一片参数域（如纹理图片）上，以最小化映射的整体形变误差和满足位置约束为目标，即：

$$\min_{\boldsymbol{u}} \sum_{t \in F} e(t(\boldsymbol{u}))S(t(\boldsymbol{u})) + \omega \sum_i ||\boldsymbol{u}_i - \hat{\boldsymbol{u}}_i||^2 \tag{3.2}$$

式中，F 为网格的三角形面片集，$\boldsymbol{u}_i$ 是参数域目标网格的顶点坐标，$\boldsymbol{u} = \{\boldsymbol{u}_i\}$ 是各顶点坐标的集合（即 $\boldsymbol{u} = \{\boldsymbol{u}_i\}$），$\hat{\boldsymbol{u}}_i$ 是位置约束控制点坐标，$e(t)$ 是三角形单元 t 内形变能量密度，$S(t)$ 是 t 的面积（或体积），ω 是描述几何度量能量和位置约束能量比例关系的权重。目标函数的第一项度量参数化扭曲大小，而第二项则以罚函数方式考虑位置约束。

形变能量 $e(t)$ 可以采用多种形式来定义，例如，狄利克雷能量 (Eck et al., 1995)，共形能量 (Haker et al., 2000; Lévy et al., 2002)，伸缩形变能量 (Sander et al., 2001)，格林-拉格朗日能量 (Hormann et al., 2000)，基于角度的平摊能量 (Angle Based Flattening, ABF) (Sheffer et al., 2002) 及

其加强版 (ABF++) (Sheffer et al., 2005)，尽可能保刚性能量 (Liu et al., 2008)，等等。同时，为增加用户的可控性，常常附加各种约束条件，如点位置约束和梯度方向约束 (Lévy, 2001) 等。若形变能量形式是二次的，则式（3.2）可转化为一个线性方程组进行高效求解，如 Dirichlet 和 LSCM 能量 (Lévy et al., 2002)；若是非二次能量，如 MIPS(Hormann et al., 2000) 和 Stretch 能量 (Sander et al., 2001)，则可采用逐顶点优化的思想，或者使用局部到整体的交替迭代方法（如 ARAP 能量）。

单片参数化算法相对简单，计算速度也较快，但存在两个缺陷：① 球面等闭合曲面网格无法无退化地展开到二维平面上（即一定会出现 $|\nabla \boldsymbol{u}| = 0$ 的点）；② 当模型较为弯曲时，尤其是在高斯曲率较大的区域，参数化的扭曲会很大。针对这两个问题，人们提出了针对复杂模型的多片参数化方法。其主要思想是将参数化分片地进行，每一片单独地映射到参数域。

常见的做法是人为地引入分割线，将网格分割成与圆盘拓扑同胚的子区域，并运用上述单片参数化方法计算参数化坐标（如纹理坐标），以尽可能消除大高斯曲率区域引起的大形变误差 (Sander et al., 2001; Lévy et al., 2002; Zhou et al., 2004; Julius et al., 2005; Zhang et al., 2005)（如图 3.1 所示）。同时，在纹理映射等应用中，为使分割线处无缝地拼接起来以避免发生纹理不连续现象，通常需构造片与片之间的转移函数关系 (Tong et al., 2006; Dong et al., 2006)。与单片参数化方法相比，多片参数化方法能处理更复杂的几何模型，且能极大地减小形变误差，在纹理映射等领域有着广泛的应用。

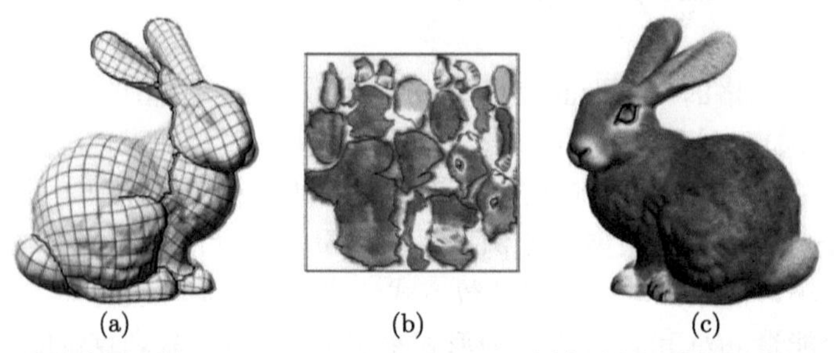

图 3.1　分片纹理映射 (Lévy et al., 2002)：（a）将模型分割成与圆盘同胚的子区域；（b）分片参数化及装配；（c）最终得到形变误差较小的纹理映射结果

除了上述两类方法外，还有一类方法通过构造光滑的二维嵌入函数来

计算参数化。此类方法主要用于解决带点位置约束的纹理映射问题，其结果不仅能满足点位置约束，而且能有效地防止三角形翻转。算法首先利用 Tutte 图嵌入法 (Tutte, 1963) 将网格嵌入到二维纹理空间，然后运用具有解析式的光滑函数（例如径向基函数 (Tang et al., 2003; Yu et al., 2012; Ma et al., 2015)）或路径规划方法 (Kraevoy et al., 2003; Lee et al., 2008) 对初始嵌入结果进行渐进式变形，最后对纹理映射结果进行带约束的光滑优化。图 3.2 展示了基于“Matchmaker”的纹理映射方法流程 (Kraevoy et al., 2003)。该方法先对模型（a）的点位置约束进行松弛（b），将其参数化到二维平面并构造虚拟边界（c），然后利用边界顶点和约束顶点构造 Delaunay 三角化，对网格进行分片，并用路径规划方法将约束点挪到目标位置（d），最后对顶点坐标进行带约束的光滑松弛，得到面片无翻转且满足位置约束的纹理映射结果（f）。

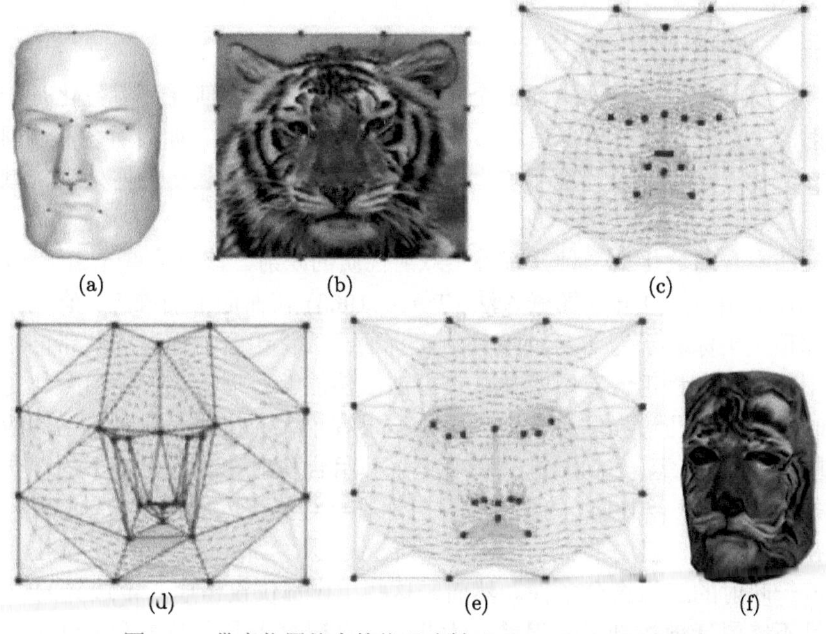

图 3.2　带点位置约束的纹理映射 (Kraevoy et al., 2003)

上述几类方法均是针对整个网格的参数化方法，在一些交互式应用中常采用一些局部参数化方法。这类方法仅对网格的局部区域进行参数化，通常借助指数映射或其扩展方法 (Schmidt et al., 2006; Schmidt, 2013) 在用户指定的区域局部逼近等距映射。图 3.3 为局部参数化方法得到的纹理映射结果。此类方法无需求解方程或优化问题，计算代价较小，通常能达到实时效率，且具有局部保距性质而使其形变误差较小，特别适用于交互应用。

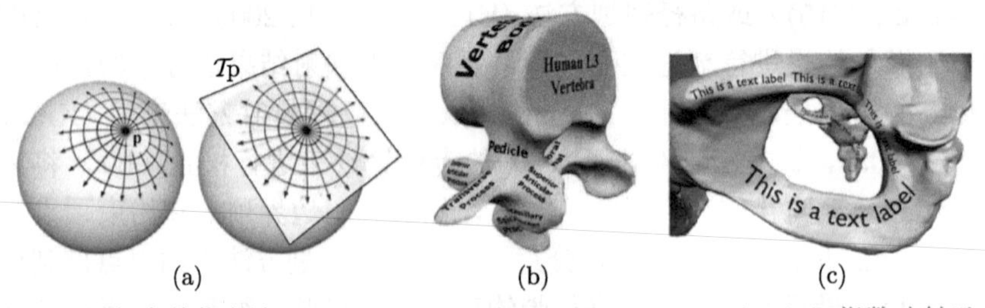

图 3.3　局部参数化方法 (Schmidt et al., 2006; Schmidt, 2013)：（a）指数映射示意图；（b）纹理映射效果；（c）基于画刷式交互的局部参数化

3.1.2　局部防翻转参数化

在各类参数化方法中，一个重要的共性问题是如何保证参数化是一一映射的（双射）或者至少是局部单射的（无局部翻转）。如前所述，该问题对参数化方法本身及其应用均有着重要的意义，是近几年几何处理领域的研究热点。

凸组合参数化是一种具有天然双射性质的映射。该方法首先由 Floater (2003) 提出，是 Tutte 图嵌入法 (Tutte, 1963) 在曲面上的推广。它将网格内部顶点坐标表示为 1-环邻域顶点坐标的凸线性组合，通过求解带凸边界约束的线性方程组计算参数化。该方法虽然能够在理论上保证参数化是一一映射，然而凸边界约束导致参数化结果有较大的扭曲而限制了它的应用范围。Gortler 等 (2006) 进一步研究了凸组合映射在非凸边界下的一一映射条件。Xu 等 (2011b) 给出了一种针对非凸边界嵌入映射的简单算法，能够在嵌入存在时计算得到一个合法的嵌入结果。Lipman (2014) 提出了构造一一映射的三组充分条件。然而，这些工作都仅仅考虑固定边界的约束，并且不能灵活地控制形变误差。为此，许多研究者利用凸组合方法天然拥有的一一映射性质，对一般的防翻转参数化问题进行了深入的研究，采用构造式策略，提出了具有局部无翻转性质的纹理映射 (Kraevoy et al., 2003; Lee et al., 2008)、任意固定边界的参数化 (Weber et al., 2014) 以及交叉参

数化 (Aigerman et al., 2014) 等方法。

基于局部优化的参数化方法是早期常被采用的一类映射构造方法。这类方法首先将曲面网格无翻转地嵌入到平面上，然后采用 Gauss-Seidel 迭代的思想，对每个非约束的网格顶点，运用局部定义的形变能量，在其 1-环邻域内进行优化移动。不同方法的差异主要体现在所用的形变能量形式以及局部优化方法。例如，Hormann 等 (2000) 采用了 MIPS 能量和牛顿法进行优化；Sander 等 (2001) 采用伸缩形变能量并运用随机线搜索方法进行优化；Kraevoy 等 (2003) 采用狄利克雷能量，直接使用调和映射进行计算。局部优化方法的特点是实现简单，能保证无翻转，但其缺点也明显，即约束点必须预先固定，无法处理任意给定的约束。

基于显式约束全局优化的参数化是最近几年出现的一类方法。这类方法显式地将局部防翻转约束条件描述为优化的可行域，并在该可行域上求解全局优化问题。由于具有灵活控制映射形变量与用户约束控制等特点，它成为目前计算局部防翻转参数化问题的主流方法。Lipman (2012) 针对网格参数化和平面形变提出了具有有界共形形变误差的映射方法。他根据由局部防翻转约束与有界共形形变约束构成的非凸空间，构造其最大的凸子空间，将问题巧妙地转化成二次规划问题进行求解。之后，该算法框架被用于具有有界共形形变误差的特征点匹配 (Lipman et al., 2014) 以及无网格的局部防翻转平面形变 (Poranne et al., 2014) 等问题的求解。Aigerman 等 (2013) 提出了一种针对任意维度的有界共形形变映射方法。该方法并不直接优化形变能量，而是迭代地将给定的初始映射投影到一个与它最近的具有局部无翻转及有界形变误差的凸空间，每次迭代需求解一个二次规划问题。该方法虽然理论上没有收敛保证，但实际应用中非常有效，所得到的映射跟初始映射相似，可用于体参数化、体网格质量优化以及体网格变形等。Kovalsky 等 (2014) 同样采用了凸化的思想，不同的是他们考虑更为一般的映射，能够支持控制映射的局部雅可比奇异值大小的约束条件，将其描述成凸的线性矩阵不等式 (Linear Matrix Inequalities)，并运用半定规划方法进行优化求解。凸优化方法能找到全局最优解，但其缺点是不支持非二次的非线性能量，例如 Green-Lagrange 能量 (Hormann et al., 2000)。Schüller 等 (2013) 采用内点法的思想，将防翻转约束定义为以样条函数倒数形式的障碍函数，将带约束的优化问题转化为无约束优化问题，并运用拟牛顿法进行求解。Huang 等 (2014) 采用类似的内点法思想，借助 “log” 障碍函数法来优化求解。内点法的特点是能支持任意形式的形变能量，但由于优化问题是非凸的，往往难以找到全局最优解。此外，还有一些方法回避优化过程，通过显式计算变形函数驱动网格顶点的移动，将约束点逐步移动到目标位置，其中每次移动的步长受限于局部防翻转条件 (Tiddeman et al., 2001; Yu et al., 2012, 2014; Ma et al., 2015; Schneider et al., 2013)。

相对于基于显式约束的优化方法，另一类基于全局优化的参数化方法则隐式地处理局部防翻转约束。这类方法往往通过直接优化某种具有局部防翻转功能的特殊函数来计算参数化，其形变能量通常具有障碍函数项（例如带符号面积的倒数），能够在优化时惩罚退化或者翻转的网格单元。具备这种性质的能量形式主要有 MIPS 能量 (Hormann et al., 2000) 和伸缩形变能量 (Sander et al., 2001) 等。这类方法的特点是利用目标函数本身的特点，无需额外增加约束条件，但是如何有效处理由退化网格单元带来的数值问题是其关键。

由于基于非线性优化的计算代价太大，许多方法转而采用缓解翻转现象发生的策略。Karni 等 (2005) 提出了一种 “凸虚拟边界” 方法，该方法常被用于对带翻转参数化结果进行后续处理，以减少翻转数量。Bommes 等 (2009) 提出了一种称为 “Local Stiffening” 的方法。其思想是在形变能量表达式中加入了自适应的权重，用于惩罚局部形变误差大的能量项。基于 ARAP 的变形和参数化方法 (Irving et al., 2004; Sorkine et al., 2007; Liu et al., 2008; Stomakhin et al., 2012) 则采用局部检测翻转并矫正的思想，该方法通过对形变梯度的奇异值分解 (Single Value Decomposition, SVD) 来计算旋转矩阵，当旋转矩阵的行列式为负数时，对其进行矫正使该行列式为正。Esturo 等 (2014) 考虑了能量的光滑性，提出了一种针对二次能量的正则化方法，可转化成线性方程组快速求解。该方法表现出多种良好的性质，能够有效地降低网格单元翻转数量。虽然这些方法能不同程度地缓解翻转问题，减少网格单元翻转数量，但都无法保证结果完全无翻转。

最后一类方法则是基于重网格化的参数化方法。由于网格的拓扑对顶点的移动产生较大的制约，因此这类方法通常借助重网格化技术，局部修改拓扑连接关系以增加顶点移动的自由度。Fujimura 等 (1998) 提出了一种局部无翻转的二维图像变形方法，在变形过程中，采用 Delaunay 三角化和翻边操作动态地改变网格的三角形连接关系以消除顶点移动过程中出现的翻转现象。Kraevoy 等 (2003) 首先将网格嵌入到平面上，然后为约束点构造 Delaunay 三角形网格，并采用路径规划思想在原网格上构造与之同构的粗网格，这样便可运用凸组合方法将每一区域内的顶点一一映射到三角形参数域中，最后对得到的参数化网格进行带约束的光顺优化（如图 3.2 所示）。该方法随后成功地推广应用于网格曲面间的交叉参数化 (Kraevoy et al., 2004)。但是，由于这些方法均未考虑邻域顺序的一致性，有时可能无法得到理想的参数化结果。为此，Lee 等 (2008) 同样将网格嵌入平面，利用约束顶点构造 Delaunay 网格作为粗网格，通过变形粗网格带动原网格顶点的移动，并借助翻边操作解决约束点移动过程中出现的翻转问题（如图 3.4 所示）。可以证明这种翻边操作必然能得到一个局部无翻转的结果，因此算法的鲁棒性有了很大的提高。除了凸组合映射方法的固有缺点外，这类算法由于引入重网格化增加了变形的自由度，能够处理复杂的位置约束，但是它们不能灵活地控制映射的形变能量以及其他用户约束。

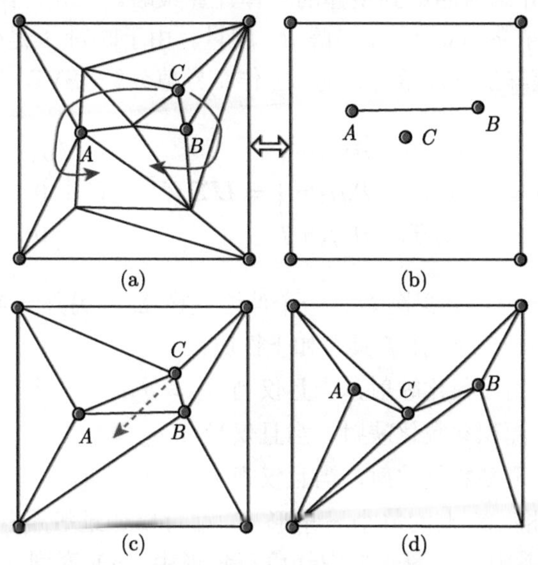

图 3.4 基于翻边操作的局部防翻转映射 (Lee et al., 2008)：(a) 原始网格及其约束顶点；(b) 约束顶点的目标位置；(c) 直接将顶点 C 拉到目标位置将导致三角形翻转；(d) 通过翻边操作避免翻转

3.1.3 从局部到整体的参数化

前面两小节简要介绍了网格曲面参数化中的一些典型问题以及各类方法的特点。本小节，我们将详细介绍从局部到整体的参数化方法 (Liu et al., 2008)。顾名思义，这是一种采用局部到整体策略的参数化方法，针对参数化对几何度量（如角度、面积、形状等度量）扭曲的不同要求，将局部影响作用于三角形上仿射变换的 Jacobian 矩阵，最后整体求解，得到最优的参数化结果。

设三角形网格 $M=(P,T)$ 的顶点集合为 $P=\{\boldsymbol{p}_1,\boldsymbol{p}_2,\cdots,\boldsymbol{p}_n\}$，$\boldsymbol{p}_i=(x_i,y_i,z_i)\in\mathbb{R}^3$，三角形面片集合为 $T=\{T_1,T_2,\cdots,T_m\}$。三角形网格的平面参数化旨在建立平面上的三角形到网格上的三角形之间的一一映射 f。假设 $Q=\{\boldsymbol{q}_1,\boldsymbol{q}_2,\cdots,\boldsymbol{q}_n\}$ 为参数域平面上 P 对应的点集，且 $f(\boldsymbol{q}_i)=\boldsymbol{p}_i$，其中 $\boldsymbol{q}_i=(u_i,v_i)\in\mathbb{R}^2$，则分片线性映射 f 将平面上的三角形 $\boldsymbol{q}_t=\triangle\boldsymbol{q}_t^0\boldsymbol{q}_t^1\boldsymbol{q}_t^2$ 映射为网格上的三角形 $\boldsymbol{T}_t=\triangle\boldsymbol{p}_t^0\boldsymbol{p}_t^1\boldsymbol{p}_t^2$。

我们首先介绍从局部到整体的总体计算策略。三角形网格参数化的扭曲可以用映射 f 的 Jacobian 矩阵 $\boldsymbol{J}_f$ 度量。由于映射 f 是分片线性的，f 的 Jacobian 矩阵呈分片常值。对 $\boldsymbol{J}_f$ 作奇异值分解 (SVD) 可得：

$$\boldsymbol{J}_f=(f_u,f_v)=\begin{pmatrix}\partial x/\partial u & \partial x/\partial v\\ \partial y/\partial u & \partial y/\partial v\\ \partial z/\partial u & \partial z/\partial v\end{pmatrix}=\boldsymbol{U\Sigma V}^\top=\boldsymbol{U}\begin{pmatrix}\sigma_1 & 0\\ 0 & \sigma_2\\ 0 & 0\end{pmatrix}\boldsymbol{V}^\top \tag{3.3}$$

即 $\boldsymbol{J}_f$ 分解为一个正交变换 $\boldsymbol{U}$、一个伸缩变换 $\boldsymbol{\Sigma}$ 及另外一个正交变换 $\boldsymbol{V}^\top$ 的乘积。容易发现，映射 f 具有如下性质：

(1) f 是保角参数化映射，当且仅当 $\sigma_1=\sigma_2$；

(2) f 是保面积参数化映射，当且仅当 $\sigma_1\sigma_2=1$；

(3) f 是保形参数化映射，当且仅当 $\sigma_1=\sigma_2=1$。

三角形网格 M 上的每个三角形 T_t 都可以通过等距映射映射到一个局部平面坐标系中，即图 3.5 中红色三角形由（a）变到（b），此过程无扭曲。不失一般性，仍记局部坐标系上的平面三角形为 T_t，其三个顶点 $\boldsymbol{p}_t^0,\boldsymbol{p}_t^1,\boldsymbol{p}_t^2\in\mathbb{R}^2$，参数化后 T_t 对应于参数域上的三角形 $\boldsymbol{q}_t=\triangle\boldsymbol{q}_t^0\boldsymbol{q}_t^1\boldsymbol{q}_t^2$，则其 Jacobian 矩阵 $\boldsymbol{J}_f$ 可用式（3.3）计算，或者通过协方差矩阵计算：

$$\boldsymbol{J}_t = \boldsymbol{J}_t(\boldsymbol{q}_t) = \sum_{i=0}^{2} \cot(\theta_t^i)(\boldsymbol{q}_t^i - \boldsymbol{q}_t^{i+1})(\boldsymbol{p}_t^i - \boldsymbol{p}_t^{i+1})^\top \tag{3.4}$$

式中，θ_t^i 是三角形 T_t 中与边 $\boldsymbol{p}_t^i\boldsymbol{p}_t^{i+1}$ 相对的角。

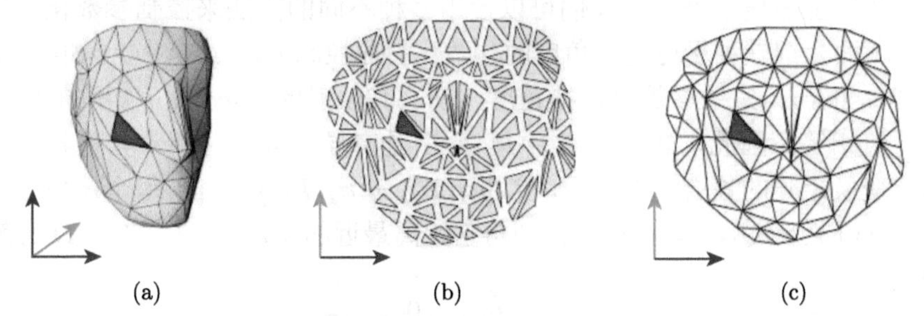

图 3.5　三角形网格从局部到整体的参数化：（a）网格上的三角形；（b）网格上的三角形被无扭曲地分别映射到平面上；（c）通过相应的仿射变换拼接形成最终的参数化

如果 $\boldsymbol{J}_f$ 在特定的变换集合 $L = \{\boldsymbol{L}_t\}$（比如旋转变换、相似变换或保面积变换等）中取值，我们可以得到满足 $\boldsymbol{L}_t$ 映射的三角形，其中 $\boldsymbol{L}_t$ 是在某种度量下，L 中与 $\boldsymbol{J}_f$ 距离最近的矩阵，即：

$$\boldsymbol{L}_t = \arg\min\{\boldsymbol{L}_i | d(\boldsymbol{J}_t, \boldsymbol{L}_i),\ \boldsymbol{L}_i \in L\} \tag{3.5}$$

式中，采用 Frobenius 范数定义两个矩阵的距离：

$$d(\boldsymbol{J}_t, \boldsymbol{L}_t) = \|\boldsymbol{J}_t - \boldsymbol{L}_t\|_F^2 \tag{3.6}$$

上述从局部到整体的平面参数化方法的思想是通过局部调节参数化映射的 Jacobian 矩阵的两个奇异值来控制映射的扭曲。因此，问题的关键在于选取不同的变换集合 L，以满足不同的扭曲度量要求。一旦得到扭曲能量后，算法通过整体优化求解来寻找最佳的参数化结果。

如果对每个三角形 T_t，都指定相应的 Jacobian 矩阵 $\boldsymbol{L}_t$，那么整个网格到平面的参数化就转化为最小化下列能量函数的优化问题：

$$E(Q, L) = \sum_{t=1}^{m} A_t \|\boldsymbol{J}_t - \boldsymbol{L}_t\|_F^2 \tag{3.7}$$

式中，A_t 表示三角形 T_t 的面积。上式等价于下面关于网格顶点参数坐标变量的表达 (Pinkall et al., 1993)：

$$E(Q,L)=\frac{1}{2}\sum_{t=1}^{m}\sum_{i=0}^{2}\cot(\theta_t^i)\|(\boldsymbol{q}_t^i-\boldsymbol{q}_t^{i+1})-\boldsymbol{L}_t(\boldsymbol{p}_t^i-\boldsymbol{p}_t^{i+1})\|^2 \tag{3.8}$$

通过求解该最小二乘问题，可以得到网格顶点集 P 的参数化坐标集 Q。

基于上述技术框架，我们可以使用多种不同的方法来控制参数化的扭曲。下面介绍一种尽可能保角度的参数化扭曲控制方法 ASAP(As-Similar-As-Possible)。如果参数化保持角度，那么其映射的 Jacobian 矩阵的两个奇异值相等。因此，式（3.5）中集合 L 是奇异值分解时两奇异值相等的那类变换矩阵的集合，即 $L=\{\boldsymbol{L}_t|\sigma_1(\boldsymbol{L}_t)=\sigma_2(\boldsymbol{L}_t)\}$。对于每个三角形的 Jacobian 矩阵 $\boldsymbol{J}_t$，可在 L 中找到与它距离最近的 $\boldsymbol{L}_t$。设 $\boldsymbol{J}_t$ 的 SVD 分解为：

$$\boldsymbol{J}_t=\boldsymbol{U}\begin{pmatrix}\sigma_1 & 0\\ 0 & \sigma_2\end{pmatrix}\boldsymbol{V}^\top \tag{3.9}$$

则上述 L 中与 $\boldsymbol{J}_t$ 距离最近的 $\boldsymbol{L}_t$ 是：

$$\boldsymbol{L}_t=\boldsymbol{U}\begin{pmatrix}\sigma & 0\\ 0 & \sigma\end{pmatrix}\boldsymbol{V}^\top \tag{3.10}$$

式中，$\sigma=(\sigma_1+\sigma_2)/2$。此时能量函数式（3.7）变成：

$$E(Q)=\sum_{t=1}^{m}A_t(\sigma_1-\sigma_2)^2 \tag{3.11}$$

这与最小二乘共形映射 (Least-squares Conformal Maps, LSCM)(Lévy et al., 2002) 是等价的，表明 ASAP 参数化能使角度扭曲最小（如图 3.6 所示）。

容易发现，式（3.10）中的 $\boldsymbol{L}_t$ 是一个 $\mathbb{R}^2$ 中的相似变换。因此，它可由 $a_t,b_t\in\mathbb{R}^1$ 两个参数定义：

$$\boldsymbol{L}_t=\begin{pmatrix}a_t & b_t\\ -b_t & a_t\end{pmatrix} \tag{3.12}$$

将式（3.12）代入式（3.8），则能量函数变为：

$$E(Q,\boldsymbol{a},\boldsymbol{b})=\frac{1}{2}\sum_{t=1}^{m}\sum_{i=0}^{2}\cot(\theta_t^i)\|(\boldsymbol{q}_t^i-\boldsymbol{q}_t^{i+1})-\begin{pmatrix}a_t & b_t\\ -b_t & a_t\end{pmatrix}(\boldsymbol{p}_t^i-\boldsymbol{p}_t^{i+1})\|^2 \tag{3.13}$$

这是关于变量 $Q=\{\boldsymbol{q}_1,\boldsymbol{q}_2,\cdots,\boldsymbol{q}_n\}$ 和 $\boldsymbol{a}=\{a_1,a_2,\cdots,a_m\}$,$\boldsymbol{b}=\{b_1,b_2,\cdots,b_m\}$ 的最小二乘问题，相当于求解一个稀疏的线性方程组。

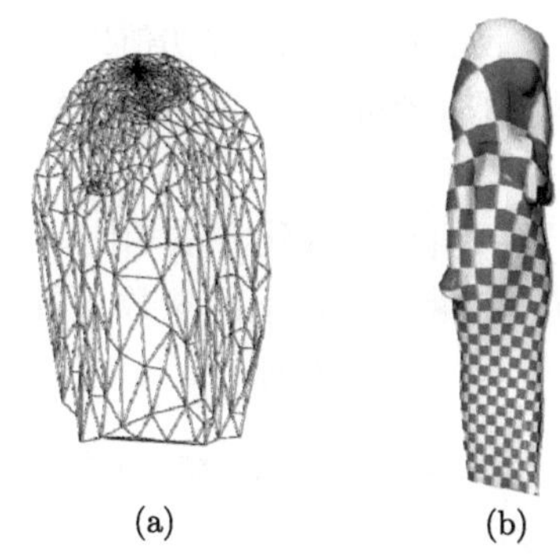

图 3.6　尽可能保角度 (As-Similar-As-Possible) 的参数化：(a) 为网格的参数化结果；(b) 为与参数化对应的纹理映射结果

除了上述刻画参数化中角度变化的方法，我们也可以使用保面积的扭曲度量方式，如尽可能保面积 (As-Authalic-As-Possible, AAAP) 方法。如果参数化保持面积，那么其映射的 Jacobian 矩阵的两个奇异值之积为 1。因此，式 (3.5) 中集合 L 是奇异值分解时两奇异值乘积为 1 的那类变换矩阵的集合，即 $L=\{\boldsymbol{L}_t|\sigma_1(\boldsymbol{L}_t)\sigma_2(\boldsymbol{L}_t)=1\}$。对于每个三角形上的 Jacobian 矩阵 $\boldsymbol{J}_t$，根据 Procrustes 分析 (Gower et al., 2004)，可在上述 L 中找到与它距离最近的 $\boldsymbol{L}_t$：

$$\boldsymbol{L}_t=\boldsymbol{U}\begin{pmatrix}\sigma & 0\\ 0 & 1/\sigma\end{pmatrix}\boldsymbol{V}^\top \tag{3.14}$$

式中，σ 是一元四次方程 $x^4-\sigma_1x^3+\sigma_2x-1=0$ 的根。

进一步，同时保持角度和面积等价于长度保持，也即形状保持，我们也可以尽可能保持形状地构造参数化。尽可能刚性 (As-Rigid-As-Possible, ARAP) 的参数化方法同时约束三角形的角度和面积扭曲，以保持形状。如果参数化保持长度不变，那么其映射的 Jacobian 矩阵的两个奇异值应均为 1。因此，式 (3.5) 中集合 L 是奇异值分解时两奇异值均为 1 的那类变换矩阵的集合，即 $L=\{\boldsymbol{L}_t|\sigma_1(\boldsymbol{L}_t)=\sigma_2(\boldsymbol{L}_t)=1\}$。同理，我们可在上述 L 中找到与它距离最近的 $\boldsymbol{L}_t$，即：

$$\boldsymbol{L}_t=\boldsymbol{U}\begin{pmatrix}1 & 0\\ 0 & 1\end{pmatrix}\boldsymbol{V}^\top \tag{3.15}$$

给定一个初始参数化结果，然后迭代地最小化式 (3.8) 的能量函数，即可得到参数化结果。实验表明，初始值的选取对 ARAP 参数化的最终结果影响不大，一般选用简单快速的方法求解初值即可。另外，每次迭代求解的线性方程组的左端矩阵是不变的，只需做一次矩阵预分解即可，算法运行时间较少。

与单独保角或者单独保面积参数化方法相比，ARAP 参数化能够平衡角度和面积的扭曲。为了定量地比较不同参数化方法的效果，可采用如下定义的度量分别计算角度和面积的扭曲：

$$D^{\text{angle}} = \sum_t \rho_t(\sigma_t^1/\sigma_t^2 + \sigma_t^2/\sigma_t^1) \tag{3.16}$$

$$D^{\text{area}} = \sum_t \rho_t(\sigma_t^1\sigma_t^2 + 1/\sigma_t^1\sigma_t^2) \tag{3.17}$$

式中，权重 $\rho_t = A_t/\sum_t A_t$。图 3.7 比较了不同参数化方法的结果。与 ASAP(等价于 LSCM (Lévy et al., 2002))、ABF++ (Sheffer et al., 2005)、线性 ABF(Linear ABF, LABF) (Zayer et al., 2007)、逆曲率映射 (Inverse Curvature map, IC) (Yang et al., 2008) 以及曲率预设 (Curvature Prescription，CP) (Ben-Chen et al., 2008b) 等方法相比，ARAP 参数化能够兼顾角度和面积的扭曲，从而达到相对最优的参数化。

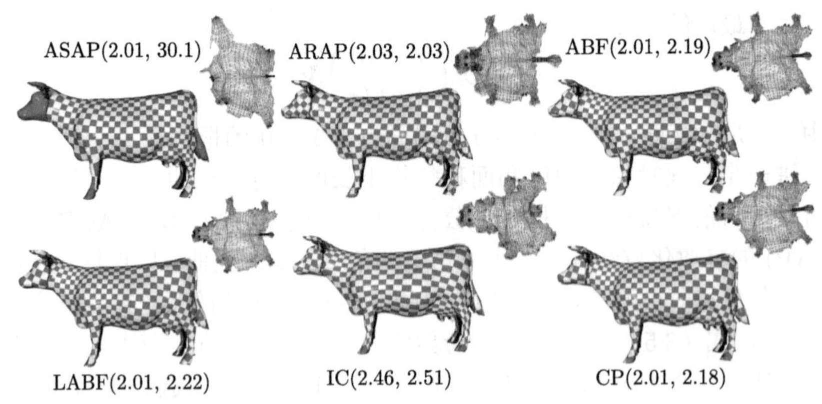

图 3.7　不同参数化方法的比较，括号中数字分别表示 D^{angle} 和 D^{area}

3.1.4　渐进参数化

上节的方法虽然计算效率高，但不能确保参数化无退化无翻转。为此，近些年涌现了一类通过优化能量函数来求解无退化无翻转的参数化方法。

为了保证参数化是无翻转的，一般先使用 Tutte 参数化 (Tutte, 1963) 作为初始解，然后通过恰当的数值优化算法迭代地求解极小化某种无翻转的扭曲能量。然而，此类算法存在两个难点：① 初始参数化的扭曲可能非常高；② 扭曲能量是高度非线性非凸的函数，难以优化。为了克服这两个困难，渐进参数化 (Liu et al., 2018b) 不使用原始网格作为参考，而是对扭曲很大的三角形插值构造了一系列中间参考三角形集，使得参考三角形集与当前参数化结果之间的仿射变换的扭曲有界，同时尽可能接近原始网格，由此有效避免了初始扭曲高的问题。

设同胚于圆盘的原始三角网格为 $M = (V, T)$，其顶点集合为 $V = \{\boldsymbol{v}_1, \boldsymbol{v}_2, \cdots, \boldsymbol{v}_n\}$，三角形集合为 $T = \{T_1, T_2, \cdots, T_m\}$。$M$ 的参数化是一个从 M 到平面网格 $M^p = (V^p, T^p)$ 的分片连续线性映射 $f: M \to M^p$，其中顶点集合为 $V^p = \{\boldsymbol{v}_1^p, \boldsymbol{v}_2^p, \cdots, \boldsymbol{v}_n^p\}$，三角形集合为 $T = \{T_1^p, T_2^p, \cdots, T_m^p\}$。相对应的一对三角形分别用其三个顶点表示为 $T_i = \triangle \boldsymbol{v}_{i,0}\boldsymbol{v}_{i,1}\boldsymbol{v}_{i,2}$ 以及 $T_i^p = \triangle \boldsymbol{v}_{i,0}^p\boldsymbol{v}_{i,1}^p\boldsymbol{v}_{i,2}^p$。

首先，我们引入参考引导的扭曲度量。参数化中优化的能量是加和式函数，每一个分量衡量的是相对应的两个三角形之间的扭曲。记参考三角形为 $T_i^r = \triangle \boldsymbol{v}_{i,0}^r\boldsymbol{v}_{i,1}^r\boldsymbol{v}_{i,2}^r$，其与参数域上相对应的三角形 T_i^p 之间的扭曲记为 $D(T_i^r, T_i^p)$。所有参考三角形的集合记为 $M^r = \{T_1^r, T_2^r, \cdots, T_m^r\}$，注意 M^r 只是一些离散的三角形的集合，并不是一个连续的三角形网格。

若记参考三角形 T_i^r 到参数域三角形 T_i^p 的仿射变换的 Jacobian 矩阵为 $\boldsymbol{J}_i(T_i^r, T_i^p)$，则有：

$$\boldsymbol{J}_i(T_i^r, T_i^p) = [\boldsymbol{v}_{i,1}^p - \boldsymbol{v}_{i,0}^p, \boldsymbol{v}_{i,2}^p - \boldsymbol{v}_{i,0}^p][\boldsymbol{v}_{i,1}^r - \boldsymbol{v}_{i,0}^r, \boldsymbol{v}_{i,2}^r - \boldsymbol{v}_{i,0}^r]^{-1} \tag{3.18}$$

这样，若给定参考三角形 T_i^r，其 $\boldsymbol{J}_i(T_i^r, T_i^p)$ 的每个分量都是关于 $\boldsymbol{v}_{i,0}^p, \boldsymbol{v}_{i,1}^p, \boldsymbol{v}_{i,2}^p$ 的线性函数。

扭曲度量 $D(T_i^r, T_i^p)$ 可表示为 Jacobian 矩阵 $\boldsymbol{J}_i(T_i^r, T_i^p)$ 的函数，一般有许多种定义方式。下面以对称狄利克雷能量 (Smith et al., 2015) 来定义：

$$D(T_i^r, T_i^p) \triangleq D(\boldsymbol{J}_i(T_i^r, T_i^p)) = \begin{cases} \frac{1}{4}(\|\boldsymbol{J}_i\|_F^2 + \|\boldsymbol{J}_i^{-1}\|_F^2), & \text{当 } \det(\boldsymbol{J}_i) > 0 \\ +\infty, & \text{其他} \end{cases} \tag{3.19}$$

对 $\boldsymbol{J}_i$ 作奇异值分解 (SVD)，有：$\boldsymbol{J}_i = \boldsymbol{U}_i \begin{pmatrix} \sigma_{i,1} & 0 \\ 0 & \sigma_{i,2} \end{pmatrix} \boldsymbol{V}_i^\top$，则上式的扭曲度量可以用奇异值重新表示为：

$$D(T_i^r, T_i^p) = \begin{cases} \dfrac{1}{4}(\sigma_{i,1}^2 + \sigma_{i,1}^{-2} + \sigma_{i,2}^2 + \sigma_{i,2}^{-2}), & \text{当 } \det(\boldsymbol{J}_i) > 0 \\ +\infty, & \text{其他} \end{cases} \tag{3.20}$$

注意当 $\sigma_{i,1} = \sigma_{i,2} = 1$ 时，$\boldsymbol{J}_i$ 为旋转矩阵，此时记为 $\boldsymbol{J}_i^0 = \boldsymbol{U}_i \boldsymbol{I} \boldsymbol{V}_i^\top$，$\boldsymbol{I}$ 是单位矩阵，扭曲达到最小值 1。

基于上述推导，参考三角形集 M^r 与参数化结果 M^p 之间的扭曲由各个独立三角形对的扭曲求和得到。因此，优化的目标能量函数可表示为：

$$\begin{aligned} \min_{M^p} \quad & E(M^r, M^p) = \sum_{i=1}^{m} \omega_i D(T_i^r, T_i^p) \\ \text{s.t.} \quad & \det(\boldsymbol{J}_i(T_i^r, T_i^p)) > 0, \quad i = 1, 2, \cdots, m \end{aligned} \tag{3.21}$$

式中，ω_i 为权重，一般取为三角形 T_i 的面积。当式（3.21）的参考三角形集取为原始网格的三角形集时，它即为现有大多数参数化方法所采用的策略，直接针对原始网格进行优化。

这一优化问题有一个非常好的性质，即当每个三角形对的扭曲值都小于一个恰当的 K 时，式（3.21）只需要很少几步迭代就可以达到接近收敛的水平。且当扭曲 $E(M, M^p)$ 较大时，与直接优化原始网格的能量相比，优化式（3.21）一步可以使能量 $E(M, M^p)$ 下降得更多。

构造参考三角形的原则是：对任意对三角形（T_i, T_i^p），找到一个与 T_i 尽可能接近的参考三角形 T_i^r，使得 $D(T_i^r, T_i^p) = D(\boldsymbol{J}_i(t)) \leqslant K$，其中 $\boldsymbol{J}_i(t)$ 为 T_i^r 到 T_i^p 仿射变换的 Jacobian 矩阵，参数 $t \in [0,1]$。特别地，当 $t = 0$ 时，$\boldsymbol{J}_i(0) = \boldsymbol{J}_i^0 = \boldsymbol{U}_i \boldsymbol{I} \boldsymbol{V}_i^\top$；当 $t = 1$ 时，$\boldsymbol{J}_i(1) = \boldsymbol{J}_i = \boldsymbol{U}_i \boldsymbol{\Sigma}_i \boldsymbol{V}_i^\top$。首先，在 $\boldsymbol{J}_i^0$ 和 $\boldsymbol{J}_i$ 插值出 $\boldsymbol{J}_i(t)$，进而可得新的参考三角形 $T_i^r = \triangle \boldsymbol{v}_{i,0}^r \boldsymbol{v}_{i,1}^r \boldsymbol{v}_{i,2}^r$ 的顶点：

$$\boldsymbol{v}_{i,j}^r(t) = \boldsymbol{J}_i^{-1}(t) \boldsymbol{v}_{i,j}^p, \quad j = 0, 1, 2 \tag{3.22}$$

插值的方法有很多，这里选用指数插值计算 $\boldsymbol{J}_i(t)$：

$$\boldsymbol{J}_i(t) = \boldsymbol{U}_i \begin{pmatrix} \sigma_{i,1}^t & 0 \\ 0 & \sigma_{i,2}^t \end{pmatrix} \boldsymbol{V}_i^\top, \quad t \in [0, 1] \tag{3.23}$$

式中，$\sigma_{i,1}$ 和 $\sigma_{i,2}$ 为 $\boldsymbol{\Sigma}_i$ 的两个奇异值。值得注意的是，线性插值 $\boldsymbol{J}_i(t) = t\boldsymbol{J}_i + (1-t)\boldsymbol{J}_i^0$ 并不能得到一个很好的结果。

当 $t \in [0,1]$ 时，$D(\boldsymbol{J}_i(t))$ 关于 t 严格单调递增，因此可以用 Newton-Raphson 方法由下式得到 t_i：

$$\frac{1}{4}(\sigma_{i,1}^{2t_i} + \sigma_{i,1}^{-2t_i} + \sigma_{i,2}^{2t_i} + \sigma_{i,2}^{-2t_i}) = K \tag{3.24}$$

对于扭曲小于 K 的三角形对，令 $t_i = 1$。

为了保证一致性，我们采用统一的参数，即 t_i 中的最小值：

$$t^{\text{com}} = \min_{1 \leqslant i \leqslant m} t_i \tag{3.25}$$

然后使用式（3.23）计算 $\boldsymbol{J}_i(t^{\text{com}})$，由式（3.22）计算每个新的参考三角形。

上述算法的流程保证了参数化结果是无翻转的。首先，初始 Tutte 参数化是无翻转的；其次，对称狄利克雷能量是一种隐式防翻转能量；最后，每次迭代中，均采用 Smith 等 (2015) 方法计算无翻转的最大步长 $\alpha_{\max}$，进而使用 Armijo (Nocedal et al., 2006) 回溯法线搜索确定步长（线搜索的初始步长小于 $\alpha_{\max}$）。因此，该算法本质上是一种内点法，可以保证最终的参数化结果是无翻转的。图 3.8 展示了渐进参数化的算法流程，其中 M_n^p 和 M_n^r 分别表示第 n 次迭代的参数化结果和参考三角形集，（e1）和（e2）展示了最终的纹理映射和参数化结果。

实际执行时，为了求解优化问题式（3.21），可以利用现有的求解器，比如 SLIM (Rabinovich et al., 2017) 或者 CM (Shtengel et al., 2017)。通过重新赋权重的方法，SLIM 扩展了局部到整体参数化方法的 ARAP 能量 (Liu et al., 2008)，以适用于所有旋转不变的能量。局部到整体参数化方法可以高效地惩罚高扭曲，只需要较少的迭代就可以达到接近收敛的水平，但是收敛速度很慢。CM 求解器则通过凹凸分解，采用较好近似于 Hessian 矩阵的对称正定矩阵，是一种二阶方法，因而收敛速度很快，但是在扭曲较高的初始几步迭代中，CM 惩罚扭曲的效果不如 SLIM。因此，渐进参数化采用混合求解器，在开始几步迭代中采用 SLIM 求解器，在能量降到较低水平后，再使用 CM 求解之后的优化。

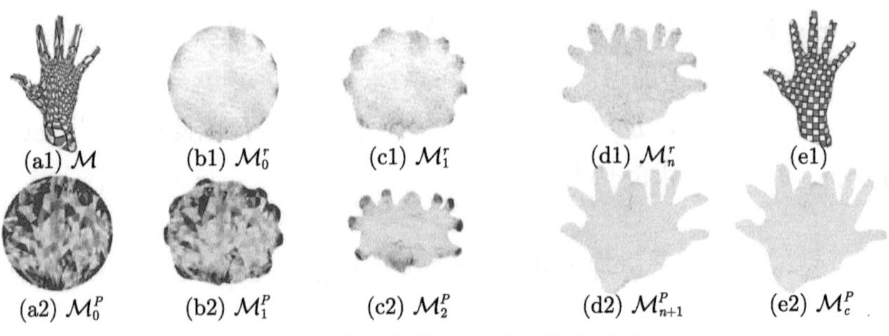

图 3.8　渐进参数化算法的迭代过程

实验结果表明，渐进参数化方法展现出了两个主要的优势。首先，它减少了三角形集优化的迭代次数。每次构造出参考三角形集后，优化问题式（3.21）只进行一步迭代，而不是优化到收敛。当每个三角形对的扭曲都小于 K 时，一步优化迭代即可使得能量下降至接近收敛水平，这体现了该算法的优势。图 3.10 展示了两种策略的对比。其次，现有的方法可以直接使用渐进的思想提高算法表现力，图 3.9 展示了 CM(Shtengel et al., 2017)、SLIM(Rabinovich et al., 2017)、AKVF(Claici et al., 2017) 算法与使用渐进思想改进后的 P-CM，P-SLIM，P-AKVF 算法的对比。最后，我们来看一下效率对比。算法在一个含有 20712 个拓扑同胚于圆盘模型的数据集上测试表现力，该数据集包含三部分：较好切缝的模型、相对糟糕切缝的模型和加入随机扰动的网格质量较差的模型。实验验证渐进参数化稳定而高效，尤其在质量较差模型上的优势更明显。图 3.11 展示了在 Lucy 模型上的参数化效率对比，其中（a）是 Tutte 参数化的纹理效果；（b）～（e）展示的是第 9 次迭代时，各种方法的参数化结果及纹理效果，相对应的运行时间如（g）上圆点所示。综上所述，渐进参数化方法的表现远优于其他三种方法。

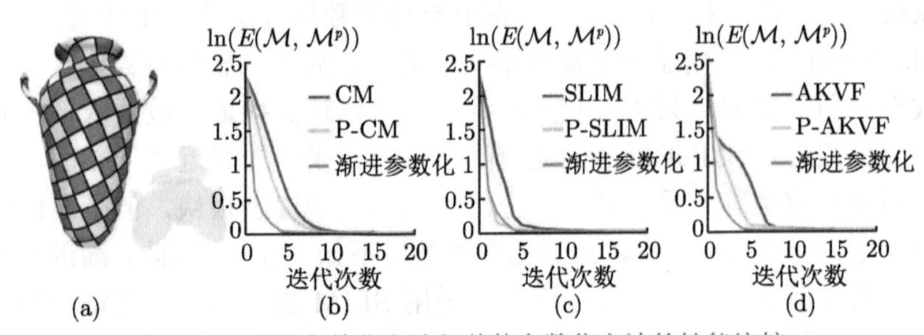

图 3.9　渐进参数化方法与其他参数化方法的性能比较

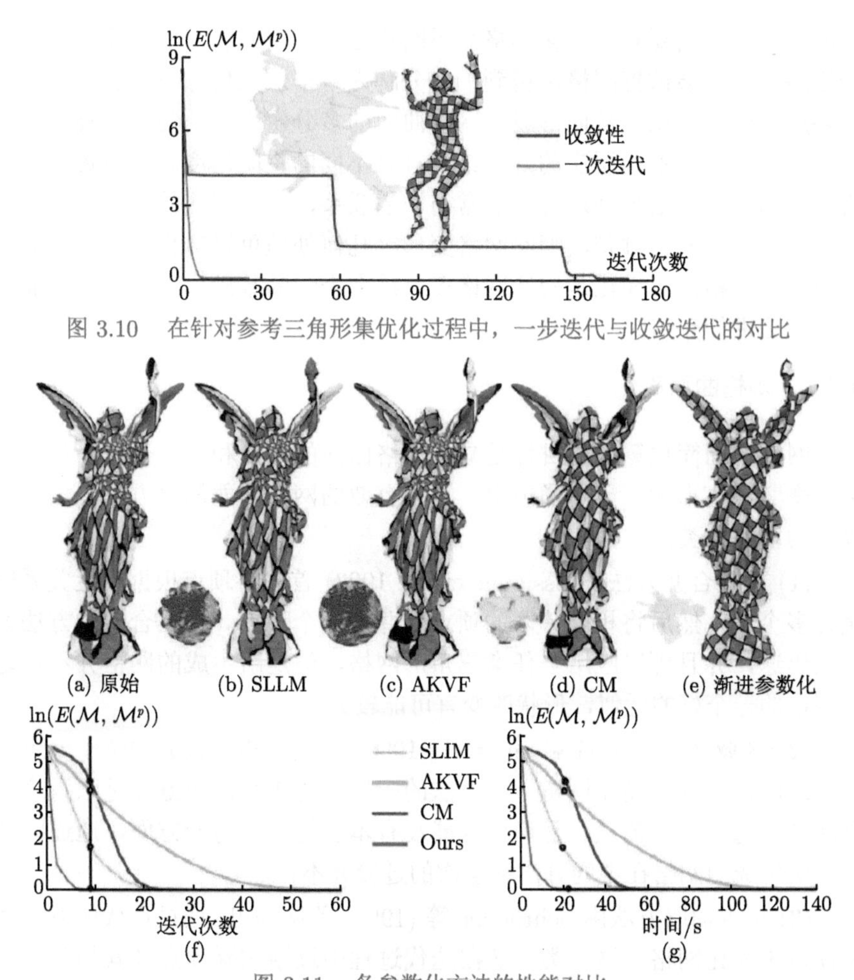

图 3.10 在针对参考三角形集优化过程中，一步迭代与收敛迭代的对比

图 3.11 各参数化方法的性能对比

3.2 网格曲面简化与多分辨率表示

前一节介绍的参数化方法涉及大量的数值优化计算，其变量数大约正比于网格的顶点数。因此，当网格有大量顶点时，虽然可以非常准确细致地表示复杂形状，但给这些数值优化带来了巨大的计算代价。很多几何处理应用都存在类似的问题。一个很自然的想法是对网格进行简化，在顶点数较少的网格上进行高效的数值计算，进而将简化网格上的解优化扩展到

原网格。这就需要知道简化网格与原网格之间的对应和插值关系。基于这一思路，人们尝试把网格由粗到细地分解为若干层几何细节的叠加，并记录各层之间的关系，从而形成了网格曲面的多分辨率表示与构造技术，其中多分辨率意指不同层次的几何细节具有不同的空间尺度。可以说，多分辨率表示方法与信号处理有着非常密切的联系，不同层次的几何细节对应于信号域中不同的频带，因此网格变形等几何处理可以转化为频域上的信号处理。网格曲面简化是构造网格多分辨率表示的基础，下文对网格曲面简化算法进行介绍。

3.2.1 网格曲面简化

网格曲面简化算法的目标是减少网格曲面的顶点和面片数量而尽量少地改变其原有形状。目前涌现出了许多有效的网格曲面简化方法，大致可以分为以下几类：

(1) 顶点合并方法 (Rossignac et al., 1993) 首先将顶点根据临近关系聚类为多个簇，然后将相同簇内的顶点合并为一个顶点。顶点合并的方法大多很迅速，并且可以应用于任意三角形网格，但是所生成的网格并不总是原网格的一个好的近似，形状改变有可能较大。

(2) 区域合并方法 (Kalvin et al., 1996) 通过将相邻且近似位于一个平面上的面片合并来简化网格。该方法的应用相对较少，一方面是因为这类算法实现起来比较烦琐，且简化性能没有本质提升；另一方面，通过区域合并所生成的网格在不同分辨率层次的过渡并不自然。

(3) 顶点抽取方法由 Schröeder 等 (1992) 首次提出，通过迭代的方式抽取顶点来简化网格。这一类方法在迭代过程中逐渐删除顶点及其相关的面片，然后重构附近顶点的拓扑连接关系。经进一步改进 (Schröeder, 1997)，该方法的计算和存储性能有了很大的提升，但在简化过程中，难以保持表面的光滑性。

(4) 边折叠法通过不断将网格边收缩为单个顶点来实现模型简化 (Hoppe, 1996; Garland et al., 1997)。因其拓扑操作简单、易实现、效率高，得到了广泛的应用。这类方法一般紧密结合局部误差估计构造优先队列，贪心地选择对形状改变最小的边折叠作为下一步简化操作。

在上述四类方法中，边折叠方法因其简单、高效、易于得到高质量网格等优点而被诸多网格简化技术所采用。为了确保简化后的网格与原始网格具有很高的几何逼近度，我们需要根据边折叠操作所导致的形状变化程度来排序决定边折叠的次序。针对这一问题，Garland 等 (1997) 提出了二次误差度量 (Quadric Error Metric, QEM)。QEM 定义为折叠后的顶点到该边折叠前的两个顶点所在的所有三角形平面距离的平方和。

简单地说，网格中的顶点可以视作其邻接三角形平面的交点，即到这些平面的距离都为 0。记邻接平面 P_i 的方程为 $a_ix + b_iy + c_iz + d_i = 0$ $(a_i^2 + b_i^2 + c_i^2 = 1)$，则点 $\boldsymbol{p} = (x, y, z)$ 到 P_i 的距离平方可表达为如下的二次函数：

$$\begin{aligned} D_i &= (a_ix + b_iy + c_iz + d_i)^2 = \boldsymbol{v}^\top \boldsymbol{Q}_i \boldsymbol{v} \\ &= \begin{pmatrix} x, & y, & z, & 1 \end{pmatrix} \begin{pmatrix} a_i^2 & a_ib_i & a_ic_i & a_id_i \\ a_ib_i & b_i^2 & b_ic_i & b_id_i \\ a_ic_i & b_ic_i & c_i^2 & c_id_i \\ a_id_i & b_id_i & c_id_i & d_i^2 \end{pmatrix} \begin{pmatrix} x \\ y \\ z \\ 1 \end{pmatrix} \end{aligned} \tag{3.26}$$

式中，$\boldsymbol{v} = (x, y, z, 1)$ 是 $\boldsymbol{p}$ 的齐次坐标，而 $\boldsymbol{Q}_i$ 是系数矩阵。不妨假设网格上顶点为 $\boldsymbol{p}_1$ 和 $\boldsymbol{p}_2$ 的一条边折叠为点 $\boldsymbol{p}$, $N(p_1, p_2)$ 为网格上经过 $\boldsymbol{p}_1$ 和 $\boldsymbol{p}_2$ 的三角形平面集合，则点 $\boldsymbol{p}$ 的 QEM 为 $\sum_{P_i \in N(\boldsymbol{p}_1, \boldsymbol{p}_2)} D_i$。显然 QEM 的值越大，表示边折叠操作所造成的几何误差越大。由于 QEM 是一个二次函数，计算最优的折叠位置（即最小误差下的折叠位置）非常容易。具体地，采用 QEM 作为误差度量的边折叠简化过程可以描述如下：

(1) 初始化。遍历网格上所有的边，为每一条能够折叠的边计算其对应的 QEM，同时将该边加入按照 QEM 值递增排列的优先队列中。

(2) 从优先队列中选择 QEM 值最小的边，检查其是否满足折叠条件，如果条件满足，就对该边进行折叠，并更新其 1-环邻域内所有边的 QEM 值，然后在优先队列中移除这条边。

(3) 重复步骤 (2)，直到达到简化目标或者优先队列为空。

QEM 方法能够高效地计算和更新边折叠后的顶点位置，从而广泛地用于虚拟现实和三维游戏等应用的网格简化中。除了几何形状之外，此类应用还会关注纹理、颜色、材质等信息，因此出现了一系列的研究工作来度量边折叠操作对于表面纹理、颜色、材质等的视觉影响。其大体思路都遵循上述过程，只是衡量每次边折叠带来的误差时考虑了更多的相关因素。此外，在模拟计算相关的网格简化应用中，一般要求三角形的形状比较规则，这是 QEM 边折叠等简化方法难以做到的，因此需要更为先进和复杂的重网格化技术。

3.2.2 多分辨率模型

多分辨率表示的思想最早可以追溯到 Clark (1976) 的工作。在现代应用的驱动下，这方面的研究一直得到广泛的关注，并不断发展。一般来说，多分辨率网格模型具有以下优点。

(1) 压缩与简化表示：一个多分辨率网格可以动态移除细节网格上的高频信息来实现网格压缩与简化表示。压缩与简化带来的误差由各种阈值来控制。

(2) 递进表示与传输：对一些复杂网格模型，如果先从低分辨率的网格开始处理，然后渐进地添加细节，逐步增加网格的复杂度，就可以充分利用存储空间或网络带宽来实现高效处理。多分辨率网格表示是解决此类问题的重要方法。

(3) 高效率的模型绘制：实时图形绘制系统常常使用分层次的细节控制，通过判断观察者与物体的距离，调整物体的显现细节。这个特性与多分辨率网格的特点天然契合。当然，但观察者移动时，需要渐进性地从低分辨率网格过渡到高分辨率网格，以避免不同分辨率切换时产生视觉不连续。

(4) 多分辨率编辑：通过在不同分辨率网格曲面上编辑网格曲面，结合几何外插和光顺等方法，可以高效实现对精细网格曲面的多尺度处理和形状操控。

早期的多分辨率网格处理方法大都需要网格具有细分结构。Eck 等 (1995) 提出了一种在任意网格上构造多分辨率细分结构的方法，Zorin 等 (1997) 由此实现了一个多分辨率网格处理系统。Taubin (1995) 则应用小波分析，通过低通滤波进行多尺度的网格光顺。然而，许多情况下，输入网格本身不具备细分结构，因此需要发展适用于任意拓扑网格的多分辨率处理技术。Kobbelt 等 (1998) 对任意拓扑的网格进行简化、光顺操作首次构造了一般网格的多分辨率层次结构，并被拓展应用于三维网格序列 (Kircher et al., 2006)。

创建多分辨率网格模型的最简单方法是生成一组越来越简单的近似模型，形成离散的多分辨率表示。这种离散表示方法并不提供不同层级模型之间的对应关系，使用时简单地在不同层级模型之间直接切换。例如，图形绘制时，绘制引擎根据环境条件选择恰当分辨率的模型予以绘制，这样不同分辨率模型间的切换耗费几乎可以忽略不计。然而，这种简单的替换可能会产生明显的视觉跳变或伪像，这是由于不同分辨率的模型所拥有的三角形往往差异很大，导致输出的图像显著突变。为了减少视觉跳变，可以在不同分辨率模型之间平滑地插值得到连续的视觉效果 (Max, 1983)。当然这种处理并不能增加模型的表面细节，若要呈现中间层次细节的模型，需重新添加生成该层级的模型。

不同于离散多分辨率表示，连续多分辨率模型能够实现不同层级模型间的平滑过渡，甚至能够在模型的不同局部使用不同的分辨率。一般来说，连续多分辨率网格表示方法包含分解和重建两个步骤。分解是指从原始网格 $\mathcal{M}_0$ 开始，通过一系列的简化、细分或光顺操作得到网格序列 $\mathcal{M}_1, \mathcal{M}_2, \cdots, \mathcal{M}_n$，其中第 i 层的信号由相邻两个网格 $\mathcal{M}_i$ 和 $\mathcal{M}_{i-1}$ 的差 D_i（或增量）在 $\mathcal{M}_i$ 的局部坐标系中编码表示。重建则是分解的逆过程，即从某一层 $\mathcal{M}_i$ 开始，逐层累加相应的 D_i，直到恢复出原网格 $\mathcal{M}_0$。

渐进网格 (Progressive Meshes) 是最经典的连续多分辨率网格表示方法 (Hoppe, 1996)。该算法借助边折叠操作，不断地减少顶点和面片数量，生成一个网格序列。在这一过程中，如图 3.12 所示的边折叠操作以及其逆操作（顶点分裂）被记录在数据流中。第 i 步的边折叠操作 ecol_i 可以记录为一对顶点 v_a, v_b 的编号 s, t 以及合并后顶点的坐标 v_c，而顶点 v_c 对应的顶点分裂操作 vsplit_i 所包含的信息则是 v_a, v_b 顶点的坐标。如果网格本身还有颜色、纹理坐标等更多的信息，也类似地记录在这一数据流中。从最终的简化网格出发，不断执行数据流中的边分裂操作即可恢复重构出原网格。在这一技术方案中，相邻网格之间的差别 D_i 编码为对应的边折叠 ecol_i 和顶点分裂 vsplit_i 操作。

上述渐进网格方法提供了一个非常有用的多分辨率结构，但它有一定的局限性，即只能重建在初始简化过程中产生的模型。这是因为模型简化总是按照生成的顺序进行，重建时只能从最简化网格开始逐步还原。容易发现，边折叠 ecol_i 和顶点分裂 vsplit_i 操作是非常局部的，边折叠操作将两个子顶点合并成一个父顶点，而顶点分裂则相反。利用这样的层次结构，整个网格序列中的顶点可以被映射表示为一个包含多个二叉树的森林 (Forest) 结构。该森林结构刻画了顶点集合内的偏序关系。选择一个该森林的切割，即可重构出一个新的网格，而该网格在简化过程中可能从未出现过。此类技术 (Hoppe, 1997; Luebke et al., 1997; Xia et al., 1996) 极大地提高了多分辨率重构的灵活性和实用性，例如在绘制过程中，根据视点位置，在远处使用低分辨率的网格（更为靠近森林的根节点），而在近处则使用高分辨率的网格（更为靠近森林的叶节点）。

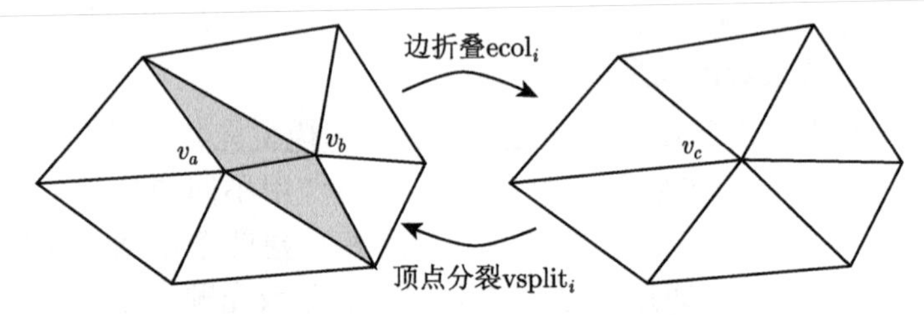

图 3.12　边折叠及其逆操作顶点分裂

与网格简化方法类似，若要求渐进网格的三角形形状比较规则，可通过重网格化方法来构造简化模型，进而结合局部细分策略构造多分辨率层次结构。这种方式构造的多分辨率网格不仅具有上述渐进、多层级的特点，还拥有良好的数值性质，所设计的层次求解算法（如多重网格算法）可有效提高计算效率。

3.3　网格压缩编码

网格模型为复杂形体提供了一种简单直接的离散表示。要精细地刻画物体的几何细节，进而制造出复杂的实物或合成高质量的画面，往往需要稠密且拓扑复杂的网格模型，从而导致模型的几何数据规模和复杂性急剧增长。如何实时有效地处理这些日益增多和日渐复杂的三维几何模型已成为计算机辅助设计和图形学的一个极具挑战性的问题。例如，图形处理器 GPU 无法完全装载复杂的模型，或受限于数据传输瓶颈而不能充分地发挥其图形处理的性能；在三维几何处理和建模系统中，大规模复杂模型占用巨大的存储空间，又难以高效计算。

为了解决上述问题，我们可以通过升级和提高图形处理器的性能，增加内存、网络带宽等硬件条件来达到目的。显然，仅仅这样是不够的，还需要从软件和算法方面采取措施，提升效能，具体包括：

(1) 在下载和绘制几何模型的时候，选择性地处理那些潜在可见的部分。

(2) 在适当的时候使用图像代替复杂的几何模型。

(3) 对远距离处的物体使用低分辨率的简化几何模型，当物体慢慢靠近时，渐进式地增加几何细节。

(4) 设计网格模型的紧致表示和几何压缩算法，减少它的存储空间和传输时间，使得它适合于利用硬件进行快速绘制。

经过多年的努力，涌现出了许多优秀的方法，如基于图像的建模和绘制 (Image Based Modeling and Rendering)、层次细节 (Level of Detail) 和几何压缩 (Geometry Compression) 等方法。其中几何压缩的研究可以追溯到 1995 年 Deering 的开创性研究工作 (Deering, 1995) ，通过压缩几何数据，减少 CPU 和 GPU 之间的数据传输，从而加快图形处理的速度。该方法引入一个网格缓存器来存储 16 个曾经使用过的顶点，通过重用缓存器中的顶点来避免顶点的重复传输。此外，该方法还可以对顶点几何数据进行量化和增量编码，从而实现压缩。随后，人们提出了多种网格模型编码技术，有效解决了复杂几何模型的储存开销问题。这些方法可以分为单网格压缩编码、网格序列压缩编码和渐进式网格压缩编码三类。

3.3.1　三角形条带

虽然几何压缩的概念直到 1995 年才由 Deering 正式提出，但是人们在很早的时候就已经注意到这个问题。OpenGL 等三维图形库广泛采用的三角形条带就是一个典型的例子。这些三角形条带可以表达为一个包含顶点数据的数组，该数组可以直接输送到图形管道进行绘制。绘制三角形网格模型的最简单方法是对每一个三角形输入它的三个顶点，但由于这些三角形并不是彼此孤立的，相互之间有许多公共的顶点，因此这种简单绘制方法需要重复输入许多顶点，大大增加了图形管道的负载，直接影响了 GPU 的处理效率。为了减少应用程序和图形管道之间的数据传输，人们将网格模型的三角形组织成三角形条带结构进行绘制。在绘制三角形条带时，前后相继绘制的两个三角形具有一些共享的顶点，通过在图形处理器中设置一个顶点缓存器，对这些共享顶点数据进行临时保存和重用。通常顶点缓存器大小为 2，即可以暂时存储两个顶点的数据。常见的三角形条带有以下三种：

(1) 星形三角形条带 (Star Triangle Strip)。

(2) 锯齿三角形条带 (Zig-zag Triangle Strip)。

(3) 广义三角形条带 (Generalized Triangle Strip)。

如图 3.13 (a) 所示，首先输入三角形条带中的第 1 号和第 2 号顶点，将它们依次存入顶点缓存器中。此后每输入一个新的顶点都和缓存器中两个顶点一起共同定义一个新的三角形，并且这个新输入的顶点也存放入顶点缓存器中，覆盖缓存器中较晚存入的那个顶点。在这个过程中，显然最先输入的那个顶点一直都在顶点缓存器中，所以它出现在所有三角形上。这些三角形构成一个星形结构，称之为星形三角形条带。

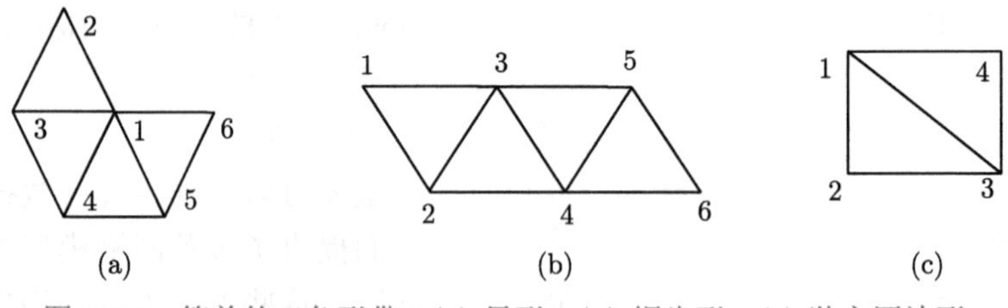

图 3.13 简单的三角形带：(a) 星形；(b) 锯齿形；(c) 独立四边形

锯齿形三角形带是目前使用最为广泛的一种简单三角形带。如图 3.13 (b) 所示，首先输入第 1 号和第 2 号顶点，将它们依次存入顶点缓存器中。此后的每一个新的顶点都和缓存器中的两个顶点一起共同定义一个新三角形，并且这个新输入的顶点也存放入顶点缓存器中，覆盖缓存器中较早存入的那个顶点。由此可见，实现这种三角条形带和实现星形三角形条带的唯一区别在于缓存器中的顶点覆盖策略不一样。在星形三角形条带中，总是覆盖较晚缓存的那个顶点，而在锯齿三角形条带中总是覆盖较早缓存的那个顶点。虽然通过重用，上述两种三角形条带可以减少对同一个顶点的重复传输，从而加快三角形网格模型的绘制速度。但是这种方法要求我们必须事先生成这些三角形带，而生成一个三角形条带表示并不是一件容易的事情。因此一些商业软件经常采用一种更加简单的三角形条带——独立四边形。如图 3.13 (c) 所示，一个独立四边形由 4 个顶点构成，定义了 1,2,3 号顶点和 1,3,4 号顶点组成的两个三角形。

广义三角形带是一种复杂的三角形条带，既拥有像锯齿三角形条带那样的结构，也拥有像星形三角形条带那样的结构（如图 3.14 所示）。另外，它还可以构造不共享边或顶点的三角形，或改变三角形的顶点排列顺序。只需在每个顶点的前面加上一个 2 比特的控制字来维护顶点缓存器，就可高效编码广义三角形条带。实际执行时，广义三角形条带采用 4 个顶点控制字，它们是：

(1) Restart：重新开始一个新的三角形带。

(2) Reset Reverse：改变三角形的顶点顺序。

(3) Replace Oldest：取代顶点缓存中第一个顶点。

(4) Replace Middle：取代顶点缓存中第二个顶点。

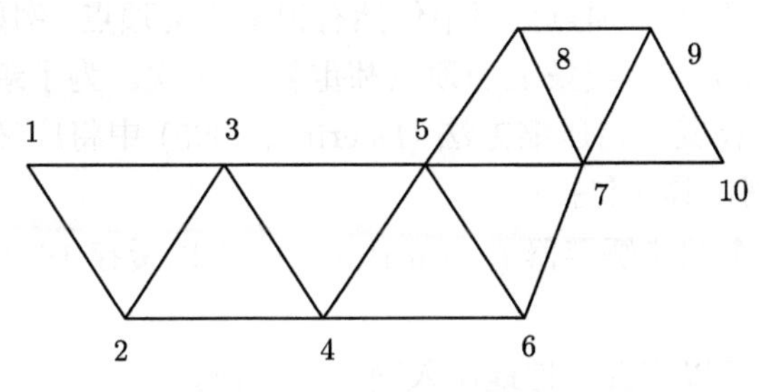

图 3.14　广义三角形带

使用顶点控制字的好处是可以生成更长的三角形条带。实际测试表明，锯齿三角形条带的平均长度为 4 到 8 个三角形，而广义三角形条带的平均长度可以达到 14 ~ 30 个三角形。上述几种三角形条带都可以用一个顶点数组来存储。

3.3.2　广义三角形网

在前面介绍的三种三角形条带中，通过 $N+2$ 个顶点可以生成 N 个三角形，因此三角形条带的绘制代价是每个三角形 $(N+2)/N$ 个顶点。当三角形条带变得越来越长，即 N 趋向无穷大时，绘制代价将趋向 1 。然而，实际应用时很难用一个三角形条带完全覆盖一个复杂的几何模型，通常需要构造很多个三角形带才能达到目的，其中所需的三角形带数目与网格的内蕴结构以及所使用的三角形带的种类有关。所构造的三角形带越长，那么绘制的代价越小。锯齿三角形带的平均长度是 $4 \sim 8$ 个三角形，则其平均绘制代价是每个三角形 $1.5 \sim 1.2$ 个顶点。星形三角形带的平均长度比锯齿形三角形带的要短，其平均绘制代价是每个三角形 $1.7 \sim 1.4$ 个顶点。独立四边形可以看作是一个包含两个三角形的锯齿（或星形）三角形带，需要 4 个顶点，所以其绘制代价是每个三角形 2 个顶点。

理论上讲，类似于前述的三角形带，一个无限长的广义三角形带编码每个三角形所需的顶点控制字为 1 。由于实际可以为网格模型构造较长的广义三角形带，所以其平均代价要小于前述三角形带。如果忽略顶点控制字所占用的比特数据，那么广义三角形带的绘制代价一般为每个三角形 $1.3 \sim 1.1$ 个顶点。

从上面对三角形带的代价分析可见，最好的三角形带是广义三角形带。然而这种广义三角形带顶点数组中仍然有很多重复顶点，例如在图 3.15 (a) 的广义三角形带中，粗线条上的顶点都重复了 2 次。为了避免这些顶点的重复，Deering 在其几何压缩方法 (Deering, 1995) 中将广义三角形带扩展为广义三角形网，具体包括：

(1) 增加一个网格缓存器 (Mesh Buffer)，用以缓存 16 个以前曾经使用过的顶点。

(2) 新顶点可以有选择性地压入网格缓存器。

(3) 需要的时候可以重用网格缓存器中的任何一个曾经使用过的顶点来构造新的三角形。

容易发现，广义三角形网的基本思想是加大顶点缓冲器来减少代价。为了灵活控制顶点替换和重用，广义三角形网不但继承了广义三角形带的 4 个顶点控制字，而且还在顶点控制字上外加一个比特表明顶点是否需要压入网格缓存器。此外，为了能够重用网格缓存器中的顶点，广义三角形网增加了一个新的重用指令，该指令使用 4 个比特索引所需要的顶点。如图 3.15(b) 所示，用广义三角形网表示同样三角形网格时没有重复的顶点。理论上讲，如果网格缓存足够大，那么广义三角形网编码每个三角形所需要的顶点数是 0.5 。网格缓存越大，每个三角形的平均顶点数越少。对于 16 个顶点的网格缓存，每个三角形所需的顶点数的理论值是 0.55，经验值是 $0.7 \sim 0.8$ 之间。这里同样也没有考虑每个顶点的控制字的数据。实验表明，

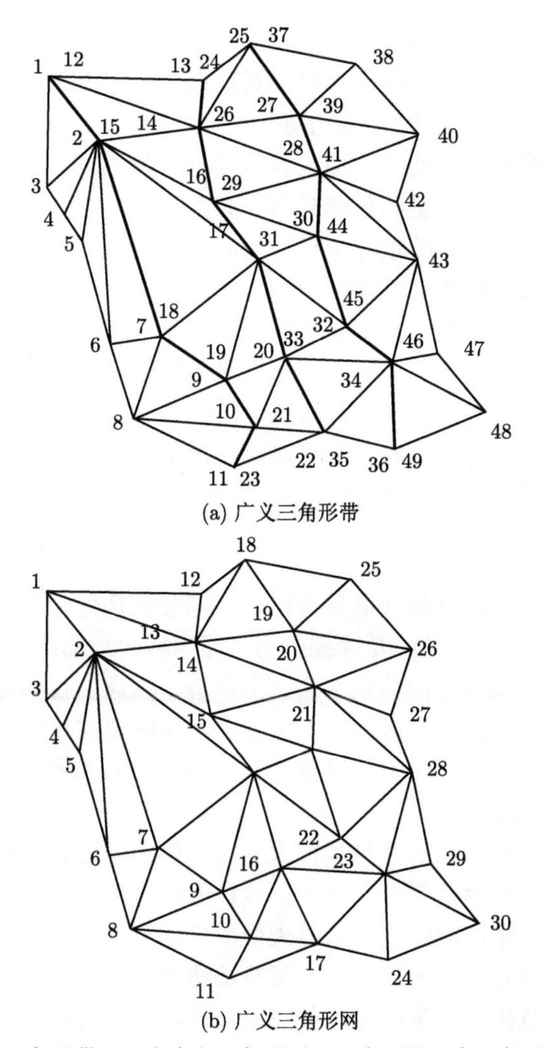

(a) 广义三角形带

(b) 广义三角形网

图 3.15　用广义三角形带 (a) 和广义三角形网 (b) 表示同一个三角形网格所用的顶点数组长度分别是 48 和 30，顶点旁边的数字标注它在顶点数组中的次序。广义三角形带中，粗体线上的顶点都重复了 2 次，而在广义三角形网中则没有重复的顶点

使用这样的一个网格缓存器可以达到 94% 的顶点重用目标。16 个顶点的网格缓存器并不算大，这使得广义三角形网非常适合于硬件实现。当然，因为增加了一个网格缓存器，使得顶点重用策略变得复杂，即当网格缓存器

已满（一般都是满的，因为一个三角形网格模型的顶点常常有成百上千乃至几万个）而又要加入新的顶点时，新顶点是否应该压入网格缓存器？因此构造广义三角形网的算法比较复杂。

广义三角形网的目的一方面是减少 CPU 和 GPU 间的数据传输，另一方面是降低它的存储量和传输时间。如前所述，在表示一个三角形网格模型时，除了要记录它的顶点坐标、法向、颜色等几何数据之外，还要记录顶点和三角形面片之间的连接结构，即网格模型的拓扑信息。例如，在 Wavefront OBJ 三维场景文件格式中，对于每一个顶点，按照它在文件中的出现顺序隐式地赋予一个整数下标；对于每一个三角形面片，都用一些整数下标指明其所有顶点。由此可见，拓扑信息和顶点几何信息在网格模型中紧密耦合在一起。因此，如何对网格模型的拓扑和几何信息进行有效编码是几何压缩的核心所在。

3.3.3 单网格压缩编码

一个网格模型由两部分信息决定：一部分是几何信息，包含网格所有顶点的空间坐标; 另一部分是连接信息（即网格的结构或拓扑信息），包含网格相邻单元之间的连接关系。相比于声音、图像、视频等传统多媒体数据的压缩，网格的结构可能并不是规则的，编码器在压缩之前无法知道网格的拓扑连接信息，所以除了网格的几何信息，编码器还需要对网格的拓扑连接信息进行编码。

拓扑信息压缩的基本思想是依次遍历网格单元进行编码，即在遍历过程中根据当前状态为单元进行标记。这样的遍历重新定义了与输入索引不同的单元编号，生成的编号将以哈夫曼编码或算术编码的形式被进一步处理，从而达到拓扑压缩的目的。一类算法迭代地在网格上根据三角形面片的相邻关系构造出一棵生成树，并在迭代过程中通过局部区域增长来编码网格单元。EdgeBreaker 算法 (Rossignac, 1999) 通过不断合并掉一些单元面片来对三角形网格的拓扑连接关系进行编码。当遍历到一个新的面片时，图 3.16 所示的五种局部区块状态将会被编码，当前的面片则被移除。图中，v 是区块中心，x 是当前遍历到的三角形面片，蓝色的边被称为活动边。C：v 周围一圈有一个完整的三角形扇面。L：活动边的左边有缺失的三角形。R: 活动边的右边有缺失的三角形。E: v 只和 x 邻接。S: 除了左右之外活动边的其他地方有缺失的三角形。另一类算法尝试利用顶点的连接关系来进行拓扑压缩，其基本思想是借助流形三角形网格的顶点数通常比面片数少两倍的特性，通过尝试插入更多新的顶点，并为每个顶点分配一个标记来刻画其局部的拓扑连接。这种做法要比遍历所有三角形面片产生更少的标记。其中一种描述顶点连接的代表性方法是编码顶点的入度。Touma 等 (2000) 通过不断地向一个初始三角形的边界上插入新的邻接点来扩展其边界，其拓扑信息就由这些插入顶点的入度决定，所生成的顶点入度列表由熵编码器进行有效的压缩。

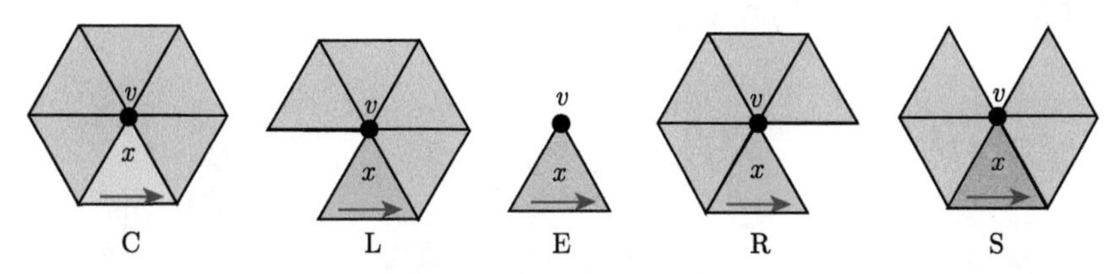

图 3.16　EdgeBreaker 算法中的五种局部区块状态

几何信息编码压缩的代表性方法是通过对顶点坐标的有效预测来减少需要存储的数据量。预测越准确，预测值与真实值之间的误差越小，编码器就能够使用比原始数据更少的比特数来量化误差。因此，预测模式的准确与否直接影响几何信息压缩的效率。Taubin 等 (1998) 提出了一种线性预测器，其基本思路是将要编码的顶点坐标表示为顶点生成树上前面 K 个顶点坐标的线性组合，即

$$p(\lambda, v_{n-1}, \cdots, v_{n-K}) = \sum_{i=1}^{K} \lambda_i v_{n-i} \tag{3.27}$$

式中，$\lambda = (\lambda_1, \cdots, \lambda_K)$ 代表顶点 v_{n-1} 到顶点 v_{n-K} 的权重，可通过优化预测的平方误差 $\|v_n - p(\lambda, v_{n-1}, \cdots, v_{n-K})\|^2$ 得到。这些权重将被存储和压缩，由解码器读入解码即可恢复原网格的顶点位置。Touma 等 (2000) 则提出了著名的平行四边形预测模式，这一模式因其简单高效而被很多方法加以拓展。给定一个顶点为 v_1, v_2, v_3 的三角形，我们可以沿着某一条边，例如 v_1, v_2，按照 $v_1 + v_2 - v_3$ 的方式引入一个新的顶点 p 作为下一个三角形顶点的预测点，此时 p 与 v_1, v_2, v_3 构成一个平行四边形 (如图 3.17 (a) 所

示)。Sim 等 (2003) 的对偶平行四边形预测法则使用两个平行四边形预测的均值作为预测值（如图 3.17 (b) 所示)，该方法比直接的平行四边形预测方法在压缩效率上有小幅的提升。后来，Freelence 编码器 (Kälberer et al., 2005) 对平行四边形预测做了进一步的改进。它通过三个平行四边形预测值的平均来做出预测：两个标准的平行四边形预测和一个基于虚拟三角形的平行四边形预测（如图 3.17 (c) 所示)。最近，Vasa 等 (2013) 则提出一种加权的平行四边形法则预测模式，相关权重由顶点的入度计算得到。尽管所采用的三种权重计算方式会带来一些额外的计算代价，但是获得的残差能够减少高达 20% 的数据量。

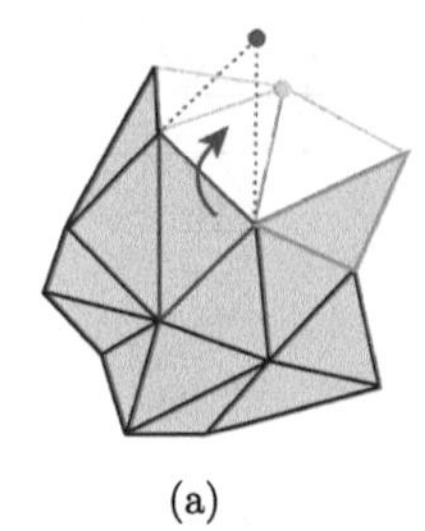
(a)

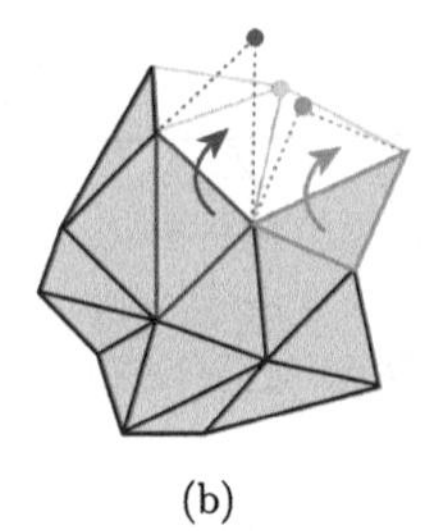
(b)

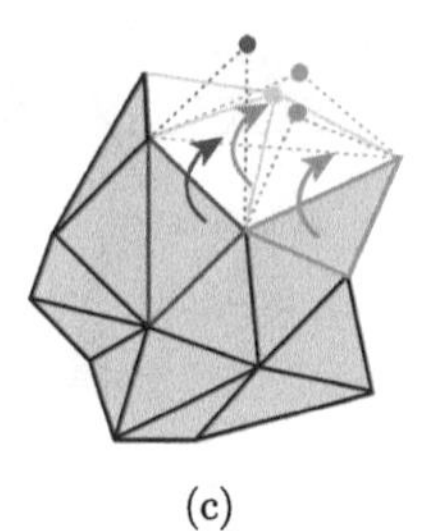
(c)

图 3.17　平行四边形预测法，其中已编码的部分由灰色标记：(a) 平行四边形预测；(b) 对偶平行四边形预测，预测位置是两个平行四边形预测的平均值；(c) Freelence 预测，预测位置是三个平行四边形预测的平均值

3.3.4　渐进网格压缩编码

几何数据一般存储在文件服务器上通过网络进行交换。为了减少存储空间和传输时间，我们需要对几何模型进行压缩。在很多情况下，传输几何模型的一个理想模式是渐进式传输，即先传输一个简化的几何模型，然后逐渐把几何细节传输过去，直至所有细节全部传输完毕。实现渐进式传输的通常方法是先建立网格模型的多分辨率表示模型，然后依次传输基础模型（Base Model）和各层次的细节。在渐进式传输过程中，接收端可以很快接收到一个简单的网格模型进行显示、交互等操作，无需长久等待。此后随着细节的不断传输，接收到的细节越来越丰富，所重建的模型越来越接近原始模型。虽然前面章节中介绍的压缩算法可以减少存储空间，但是压缩的结果并不适合于渐进式传输。为此，人们提出了一些多分辨率几何压缩和渐进式几何传输方法。一般来说，渐进式传输机制特别适合于传送

大规模的几何模型。

前一节提到的渐进网格 (Progressive Mesh) 是一种连续多分辨率表示方法 (Hoppe, 1996)，它可表示为一个基础网格和一系列顶点分裂操作：

$$M_0 \xrightarrow{\text{vsplit}_0} M_1 \xrightarrow{\text{vsplit}_1} M_2 \quad \cdots \quad \xrightarrow{\text{vsplit}_{N-1}} M_N$$

式中，M_0 为基础网格，$\text{vsplit}_i(i=1,\cdots,N-1)$ 表示顶点分裂操作，M_N 即为原始网格。一个顶点分裂操作 vsplit_i 可以用一个三顶点组 (s_i, l_i, r_i) 来表示，其中 s_i 为被分裂的顶点，l_i 和 r_i 是 s_i 的两个相邻顶点，指明分裂 s_i 时所分裂的两条入射边。s_i 可以表示为一个长度为 $\log_2 N$ 比特的整数，而 l_i 和 r_i 因为是 s_i 的相邻顶点，所以平均可以用 5 个比特表示（假设网格上顶点的平均入度为 6)。基于边折叠的简化方法可以方便地构建任意三角形网格的渐进网格模型，而且简化到最后的基础网格非常简单。若基础网格简单到可以忽略不计，则渐进网格对网格拓扑信息的编码代价是：平均每个顶点 $\log_2 N+5$ 比特。虽然渐进网格的压缩效率不如前面所介绍的单分辨率几何压缩算法，但是渐进网格是连续的多分辨率表示，特别适合于渐进式的几何传输。

类似于渐进网格表示，Li 等 (1998) 采用顶点删除的简化算法把几何模型表示为一个基础网格和一系列顶点插入操作。顶点插入是顶点删除的逆操作，可以用原网格上的一个多边形区域来指定。在一个多边形区域插入一个新顶点之后，该区域需要重新三角化。该方法通过总结 231 种可能的区域三角化模式，并建立起模式查找表，将一个顶点插入操作编码为插入区域上的起始三角形的标号和该区域模式的索引。实验结果表明，每一个顶点插入操作平均需要 $\log_2 N+6$ 比特。

3.3.5　渐进式森林分裂

与渐进式网格类似，渐进式森林分裂算法 (Progressive Forest Split) 亦将一个三角形网格表示为一个基础网格和一系列森林分裂操作。每一个森林分裂操作将增加 50% ~ 70% 的顶点和三角形。分裂操作中被分裂的边称为森林边。森林分裂包含两个基本的步骤：

(1) 沿着森林边将三角形网格剪开。这在网格上产生许多空洞，每一个空洞都是一个简单多边形；

(2) 对空洞多边形进行三角化，形成新的三角形网格。

由此可见，森林分裂操作中必须记录森林边和多边形三角化的信息。对于森林边，可以为网格上每一条边设置一个比特指明它是不是森林边。该想法和着色技术类似。对于简单多边形的三角化，可以使用与 Taubin 等 (1998) 中相同的编码方法，每一个三角形需要 2 个比特。

一般地，三角形网格中边的数量大约是三角形数量的 1.5 倍。假设分裂操作所增加的三角形数量为 $\Delta T = \alpha \cdot T$，其中 T 为分裂前三角形的个数，那么平均每增加一个三角形需要的比特数约为：

$$\frac{1.5T + 2\Delta T}{\Delta T} = 2 + \frac{1.5}{\alpha}$$

当 $\alpha = 75\%$ 时，平均比特数为 4；当 $\alpha = 50\%$ 时，平均比特数为 5。由此可见，森林分裂法的存储量比渐进网格小得多。究其原因，这得益于森林分裂法将需要分裂的元素集中进行批量处理。在渐进网格中，因为每一个顶点分裂都是单独编码，所以需要 $\log_2 N$ 个比特存储被分裂的顶点。而在森林分裂中，每一条边只需要一个比特指明它是否需要分裂，这实际上是一种着色技术，因此可以获得更高的效率。

3.3.6 网格序列压缩编码

随着三维重建与计算机动画等技术的发展，网格数据通常会形成一个庞大的序列进行存储、传输与显示。相比于单网格，动态网格序列通常包含更多的时空冗余信息，因此相比于把单网格压缩方法应用到网格序列中的每一帧模型，更多地发掘网格序列在时域与空域上的冗余性将会有效提升压缩效率。在网格序列中，除了几何信息，每一帧网格的拓扑连接有可能也在变化，这使得网格序列中的时空冗余更加难以发掘。因此，大多数算法都假设所处理的网格序列具有相同拓扑连接。

与基于预测的单网格压缩算法类似，有效的预测也将使网格序列所包含的信息大大减少。除了单网格压缩算法中的空间预测，网格序列还包含大量时域上的冗余信息，所以根据某个时间点附近或者之前的顶点位置信息进行内插或外插预测能够在一定程度上反映出该序列包含的运动在时间轴上的某些特性，如局部运动近似刚性等。这些方法通常利用局部的相关性进行编码压缩，并不考察全局的特性，因此往往在计算上较为简单。

Ibarria 等 (2003) 提出了两种时间-空间预测器，即拓展的 Lorenzo 预测器和 REPLICA 预测器。

拓展的 Lorenzo 预测器考虑了前一帧的顶点坐标并结合平行四边形法则对当前帧的顶点坐标进行预测。如图 3.18 (a) 所示，令三角形一内角为 c，在选定的固定顺序下，其前一个角为 $c.p$，后一个角为 $c.n$，对面相邻三角形中与 c 相对的角为 $c.o$。对于角 x，记其顶点为 $x.v$，$x.v.g(f)$ 为顶点 $x.v$ 在第 f 帧的坐标。如 $c.p.v.g(f-1)$ 为角 c 在其所处三角形内的前一个角 $f-1$ 帧时的坐标。采用前述符号，顶点 $c.v$ 在当前帧 f 的预测值 $\text{predict}(c,f)$ 为：

$$\begin{aligned}\text{predict}(c,f) =& c.n.v.g(f)+c.p.v.g(f)-c.o.v.g(f)+c.v.g(f-1)\\ &-c.n.v.g(f-1)-c.p.v.g(f-1)+c.o.v.g(f-1)\end{aligned} \tag{3.28}$$

REPLICA 预测器建立了一个原点在 $c.o.v.g$，以 $\boldsymbol{A}=c.p.v.g-c.o.v.g$，$\boldsymbol{B}=c.n.v.g-c.o.v.g$ 和 $\boldsymbol{C}=(\boldsymbol{A}\times\boldsymbol{B})/\sqrt{\|\boldsymbol{A}\times\boldsymbol{B}\|}$ 为坐标轴的仿射坐标系，将顶点位置表示在该局部坐标系内，形成一个具有仿射不变性的预测器。记该局部坐标系三个坐标轴在第 $f-1$ 帧为 $\boldsymbol{A},\boldsymbol{B},\boldsymbol{C}$（即使用 $c.o.v.g(f-1)$ 等计算），则与顶点 $c.o.v$ 相对的顶点 $c.v$ 在该局部坐标系下具有坐标值 (a,b,c)：

$$\begin{aligned}&\boldsymbol{D}=c.v.g(f-1)-c.o.v.g(f-1)\\ &a=\frac{(\boldsymbol{A}\cdot\boldsymbol{D})(\boldsymbol{B}\cdot\boldsymbol{B})-(\boldsymbol{B}\cdot\boldsymbol{D})(\boldsymbol{A}\cdot\boldsymbol{B})}{(\boldsymbol{A}\cdot\boldsymbol{A})(\boldsymbol{B}\cdot\boldsymbol{B})-(\boldsymbol{A}\cdot\boldsymbol{B})(\boldsymbol{A}\cdot\boldsymbol{B})}\\ &b=\frac{(\boldsymbol{A}\cdot\boldsymbol{D})(\boldsymbol{A}\cdot\boldsymbol{B})-(\boldsymbol{B}\cdot\boldsymbol{D})(\boldsymbol{A}\cdot\boldsymbol{A})}{(\boldsymbol{A}\cdot\boldsymbol{B})(\boldsymbol{A}\cdot\boldsymbol{B})-(\boldsymbol{B}\cdot\boldsymbol{B})(\boldsymbol{A}\cdot\boldsymbol{A})}\\ &c=\boldsymbol{D}\cdot\boldsymbol{C}\end{aligned} \tag{3.29}$$

如图 3.18 (b) 所示，REPLICA 预测顶点 $c.v$ 在第 f 帧中的位置为：

$$\text{predict}(c,f)=c.o.v.g(f)+a\boldsymbol{A}'+b\boldsymbol{B}'+c\boldsymbol{C}' \tag{3.30}$$

式中，$\boldsymbol{A}',\boldsymbol{B}',\boldsymbol{C}'$ 为第 f 帧局部坐标系的三个轴（即使用 $c.o.v.g(f)$ 等计算）。

在此基础上，Stefanoski 等 (2007) 将网格在空间上进行分层，并利用空间相邻层与时间相邻帧来估计当前顶点的运动，从而利用时间与空间上

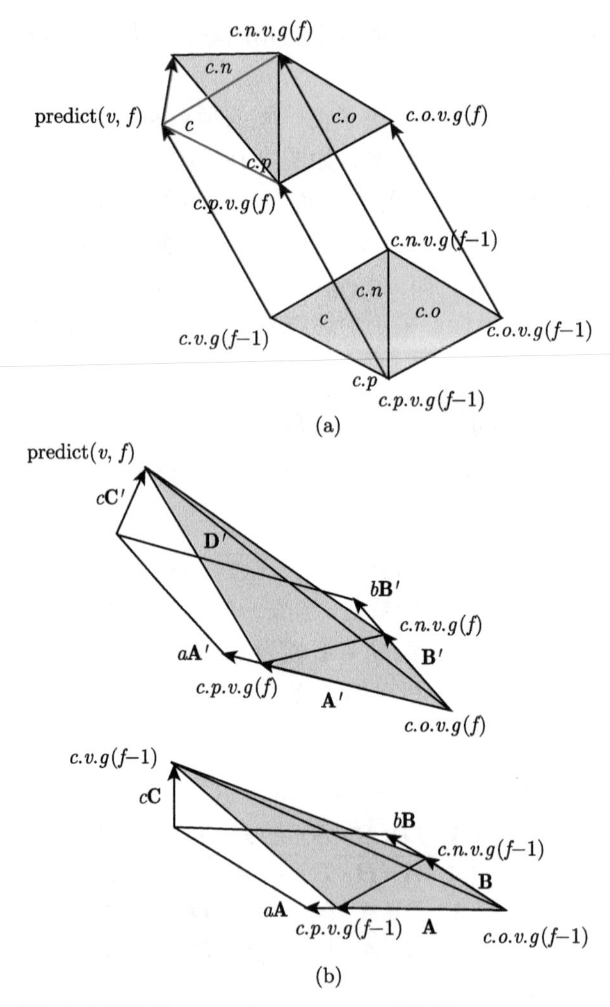

图 3.18　时间-空间预测器：（a）拓展 Lorenzo 预测器；（b）REPLICA 预测器

的冗余依赖关系来完成序列模型的编码压缩。他们后续所提出的预测编码器 (Scalable Predictive Coder, SPC)，同时在空间域和时间域上分层，并建立一个旋转不变坐标系来参数化局部刚性运动，较好支持了网格序列的时空伸缩性，获得了出色的压缩率。然而，上述方法所获得的高压缩率都以局部近似刚性运动作为假设，在布料模拟等应用中，其不可拉伸但易于弯曲的力学特性使得布料的局部运动在一些外界条件下变得十分复杂，从而破坏局部刚性运动的假设。Chen 等 (2017) 基于布料的不可拉伸特性，将网格顶点的欧氏坐标参数化到一个局部的圆柱坐标内（如图 3.19 所示），从而获得顶点的三个局部圆柱坐标分量：角度、长度与高度。由于布料近似不可拉伸的特性，局部圆柱坐标中的长度与高度分量在整个序列中基本上在一个比较小的范围内变化，而由于布料的易弯曲特性角度分量则在一个较大范围内变化。因此，编码器可以根据不同分量的浮动范围为每个分量分配不同的量化比特数，从而在允许的误差范围内达到最优的压缩率。该方法给出了三个局部圆柱坐标分量最优量化位数配比的近似公式：

$$b_{rh} = b_\theta - \lfloor 0.5 - \log_2(\sigma) \rfloor \tag{3.31}$$

式中，b_θ 和 b_{rh} 分别是角度和其他两个分量的量化位数，σ 是长度和高度分量近似范围的最大值。

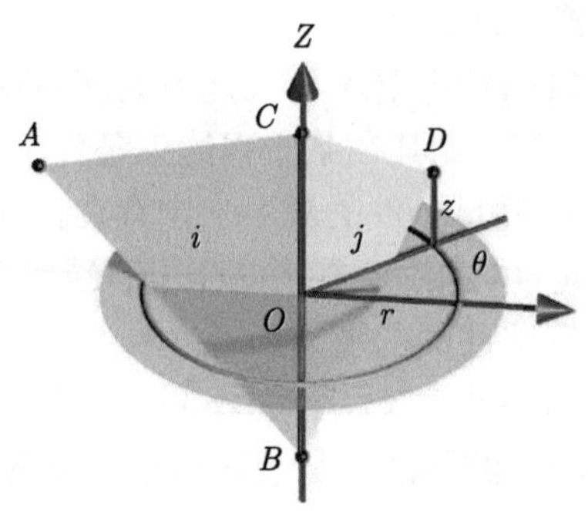

图 3.19　局部圆柱坐标，顶点 D 的欧氏坐标被参数化为角度 θ、长度 r、高度 z 三个分量

除了基于局部预测的网格序列压缩方法，另一类广泛应用的方法是基于频域的主成分分析方法。Alexa 等 (2000) 首次将 PCA 方法应用到网格序列压缩上，其基本原理是将每一帧网格表示为主成分基向量的线性组合，这些基向量由网格序列顶点坐标矩阵的奇异值分解得到（如图 3.20 所示）。如果整个网格序列的运动足够光滑，那么该序列就可以被嵌入到一个维度较低的子空间中，所留下来的少数基向量与每一帧网格对应的系数使得整个序列的数据量比原始数据大为减少，从而实现高效的压缩。和顶点坐标类似，PCA 系数同样可以利用预测的方式进行编码压缩，从而进一步提高压缩率。

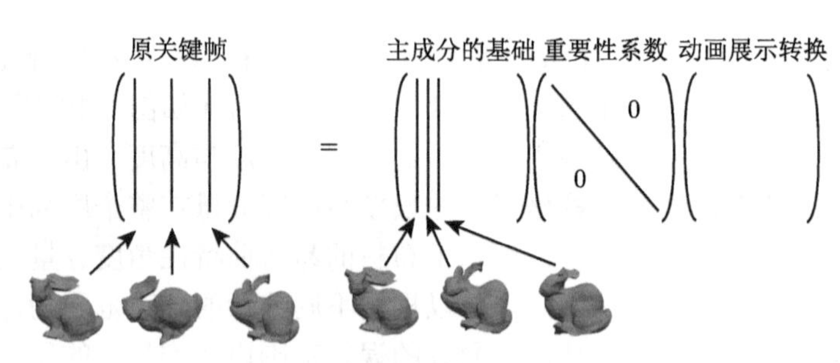

图 3.20　动画序列的主成分分析

3.4　小结

本章主要介绍了网格曲面的参数化、多分辨率表示和几何压缩等方法，为复杂网格模型的降维处理、储存传输和高效绘制等应用提供了解决方案。如何将应用算法对网格的特定要求纳入几何处理算法的质量评估和约束条件是推进后续研究的关键。尤其在某些强约束条件下（比如参数化无翻、简化和压缩误差有界等），满足条件的解不一定存在，或者非常难以鲁棒求解，会严重影响算法的稳定性。此外，随着 5G、云-端融合计算、机器人等新兴技术的发展，人们对算法性能的要求日益多样。合理地拆分算法步骤，通过高速网络部署到恰当的计算架构，在不同的计算设备和计算应用中寻求精度和速度更加合理均衡的算法都是潜在的重要研究课题。

第4章 网格模型的重网格化

网格曲面处理方法一般不改变网格的顶点数量、顶点连接关系等拓扑信息。然而，同样的一个几何模型在不同的应用需求下，人们往往期望使用不同特性的网格来进行表示。例如，在精度需求高的场合，使用顶点数更多的网格；而在性能更为重要的情况下，则采用顶点数较少的网格。实际上，不同的应用对网格模型的形状误差、单元形状、单元数量、拓扑结构的具体需求各不相同，故不存在“最好的网格”。因此，将给定的网格模型重网格化为满足指定要求的新网格是一个重要的使能技术。

4.1 重网格化需求

重网格化的主要研究目标是寻找自动、高效的网格重构方法，可靠地生成能灵活满足不同需求的网格。大多数重网格化的典型要求包括：

(1) 形状误差小，即很好地逼近原网格的形状，尤其是保持其关键几何特征；

(2) 单元质量高，即单元的形状比较规则，接近于正三角形、正方形或立方体，有些特定应用还要求四边形的四个顶点共面；

(3) 单元数量尽可能少。

显然，这些要求之间相互制约，存在矛盾。例如，简单采用尺寸小的单元虽然可以很好地保持模型的几何形状和特征，但单元数量过于庞大，往往给后续的计算处理带来巨大的计算耗费；反之，如果网格单元数量过少，则难以有效保持模型的形状和特征。

三角形网格和四面体网格作为一种显式几何形体表示方法，因其简单、易获取的特性得到了广泛的应用，已成为几何形体的常用离散化表达形式。三角形和四面体网格的重网格化可在曲面上或体内撒点并借助 Delaunay 剖分来实现，与第 3 章介绍的点云曲面重建方法非常类似，只是对给定网格的顶点进行了细致的控制。由于三角形和四面体网格拓扑连接灵活，Delaunay 三角化的理论完备，此类重网格化技术的成熟度相对较高。然而，三角形和四面体网格在对精度敏感的应用中（如有限元计算），难以高效实现收敛速度和精度的平衡。与此相对应，四边形和六面体网格在整体结构和单元性质方面具有天然的优势，因此四边形和六面体重网格化具有非常直接的应用需求，也是本章的重点。

四边形和六面体重网格化中的“重”指的是将对象本身已经由某种网格（如三角形网格、四面体网格）所表示的几何形体“再次”剖分为满足特定需求的四边形或六面体网格。虽然简单地通过对偶细分操作即可把三角形/四面体网格重网格化为四边形/六面体网格，但实际应用对四边形和六面体网格有着许多苛刻的要求，比如要求网格有良好的拓扑结构，仅含有少量的奇异点/奇异边。在四边形网格中，一般会存在少量顶点邻接单元的数量不是 4，这些顶点称为奇异顶点 (Singular Vertex) 或不规则顶点 (Irregular Vertex)。跟踪延伸所有奇异顶点的邻接边，可以将四边形网格分割为若干子块，每块拓扑上都是一个矩形晶格（称为子晶格）。类似地，在六面体网格中，邻接单元不为 4 的边称为奇异边，由其延伸拓展出的面也将网格体分成若干三维子晶格。一般来说，良好的网格拓扑结构可有效降低后续几何计算的复杂性和难度。例如奇异点/奇异边处往往存在连续性问题，减少奇异点/奇异边的数量有助于减少由于不连续性问题带来的计算精度损失。

近年来，四边形和六面体重网格化方法得到了快速的发展。受益于二维流形上高斯-波涅 (Gauss-Bonnet) 定理，研究人员成功解决了二维标架场导引的四边形重网格化的鲁棒性和可控性问题。相反，六面体重网格化由于缺乏三维空间的高斯-波涅定理，无法保证无退化的拓扑结构，其重网格化难度远远大于四边形重网格化，目前六面体重网格化的研究工作主要集中在三维标架场的表达和构造、网格的鲁棒提取以及一些特定条件下网格的自动生成等方面。

4.2 四边形重网格化

早期的四边形重网格化方法大多较为形象直观。Alliez 等 (2003) 直接跟踪互相垂直的主曲率线，将曲面划分为以四边形为主的网格。尽管这一方法被进一步改进，提高了其曲率线跟踪和平坦区域（曲率方向不定的区域）重网格化的鲁棒性，但由于这种方法难以确保得到纯四边形结构（如图 4.1 所示），也难以生成满足不同需求的网格，因此后续的工作大都从全局参数化的视角来展开研究 (黄劲 等, 2015)。下面，我们将介绍相关方法的基本原理和实现方法。

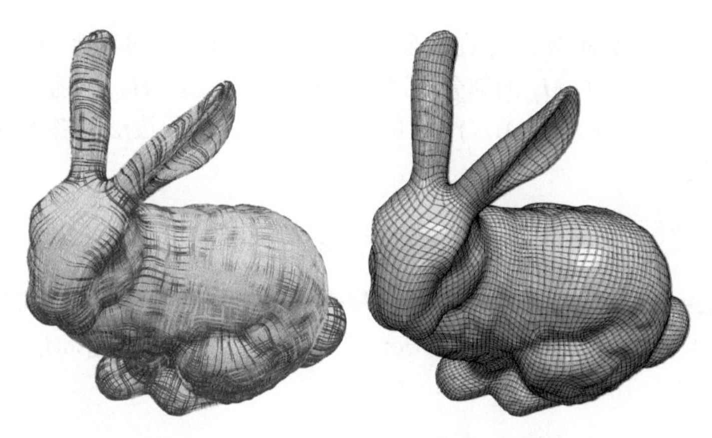

图 4.1　基于主曲率方向控制的四边形化

简单地说，从全局参数化 (Kälberer et al., 2007) 的视角来看，重网格化等同于将原流形网格曲面 $\mathcal{M}$ 剖分为若干互相连接或重叠的子部分（子流形）$M_i(i=1,2,\cdots,m)$，然后将晶格局部映射到每个部分上。对于第 i 个子部分 M_i，重网格化首先求解其到二维平面（整数）晶格某个局部区域 Ω_i 的映射（即参数化）：

$$\varphi_i=(u_i,v_i)^\top : M_i \to \Omega_i \subset \mathbb{R}^2$$

然后把二维晶格中的顶点、边和面通过 $\psi_i=\varphi_i^{-1}$ 映射至原网格曲面上，或等价地抽取 φ_i 的整数等参线作为 M_i 中四边形网格的边，进而构造 M_i 四边形网格剖分（如图 4.2 所示）。

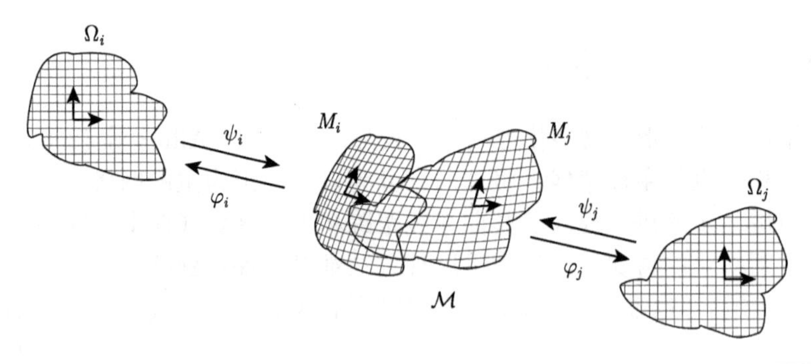

图 4.2 基于全局参数化的四边形化

为确保邻接的 M_i, M_j 在其公共部分四边形剖分的相容性，通常需要保证 Ω_i 中对应 $M_i \cap M_j$ 的部分通过 90° 整数倍的旋转 $\boldsymbol{R}_{90}^{r_{ij}}$ 和整数平移 $\boldsymbol{T}_{ij}$ 能够等同于 Ω_j 中对应 $M_i \cap M_j$ 的部分。因此，纯四边形网格化的一个必要条件是：

$$\varphi_j(p) = \boldsymbol{R}_{90}^{r_{ij}} \varphi_i(p) + \boldsymbol{T}_{ij} \triangleq \tau_{ij} \circ \varphi_i(p),\ \forall p \in M_i \cap M_j \tag{4.1}$$

式中，$r_{ij} \in \mathbb{Z}$（$\mathbb{Z}$ 为整数集），$\boldsymbol{T}_{ij} \in \mathbb{Z}^2$，$\tau_{ij} = (\boldsymbol{R}_{90}^{r_{ij}}, \boldsymbol{T}_{ij})$ 称为从子部分 M_i 到子部分 M_j 的转移函数（Transition Function）。令 p 为 $M_{i_1}, M_{i_2}, \cdots, M_{i_n}$ 交集内一点，由式（4.1）可知

$$\begin{aligned} \varphi_{i_1}(p) &= \tau_{i_n i_1} \circ \tau_{r_{i_{n-1} i_n}} \circ \cdots \circ \tau_{i_1 i_2} \circ \varphi_{i_1}(p) \\ &\triangleq \boldsymbol{R}_{90}^{i_1 i_2 \cdots i_n i_1} \varphi_{i_1}(p) + \boldsymbol{T}_{i_1 i_2 \cdots i_n i_1} \end{aligned} \tag{4.2}$$

由 $\boldsymbol{R}_{90}^{i_1 i_2 \cdots i_n i_1} \neq \boldsymbol{I}$，可证 $\nabla \varphi_{i_1}(p) = 0$，即这些子部分的公共区域只能映射至晶格上的同一个点。为避免由此导致的退化，公共区域必须仅包含一个 p 点。这种点在纯四边形化网格中必须落在某一网格顶点上（即其参数化坐标必须是整数 $\varphi(p) \in \mathbb{Z}^2$）。与四边形网格中大多数的顶点不同，这种顶点就是邻接四边形的数量不为 4 的奇异顶点，它们在四边形重网格化中对整体拓扑结构起着决定性的作用。

四边形重网格化的关键难题在于恰当地在原网格曲面上放置邻接四边形数不为 4 的顶点（即奇异点），这些奇异点决定了所得到的四边形网格的整体拓扑结构。虽然这些节点可以交互地人为放置，然而为了摆脱人工交

互的高昂代价，自动生成这些节点具有巨大的吸引力。下面将介绍求解这一问题的典型方法，即基于方向场和基于莫尔斯-斯梅尔复形 (Morse-Smale Complex, MSC) 的四边形重网格化方法，以及融合了这两种方法优点的基于周期四维向量场方法。与此同时，考虑到四边形重网格化对于可控性的要求，将穿插介绍正交方向场以及广义方向场的生成方法。

4.2.1 方向场驱动的四边形重网格化

四边形重网格化有一个基本的要求，即需灵活全局地控制网格单元的排布方向以及网格单元大小，以满足用户的多样需求。参数化是解决这类问题的一个重要手段。

典型的参数化方法首先局部求解每个子部分 M_i 上四边形网格的排布方向 $\boldsymbol{d}_{u,i}, \boldsymbol{d}_{v,i}$ 及其边长大小 $s_{u,i}, s_{v,i}$。其中矢量 $\boldsymbol{d}_{u,i}, \boldsymbol{d}_{v,i}$ 可以等价地定义在曲面切平面上，即可以由切平面两个二维向量来表示。如前所述，因 ψ_i 将参数化域中的单位晶格映射至曲面，因此 $\nabla\psi_i = (s_{u,i}\boldsymbol{d}_{u,i}, s_{v,i}\boldsymbol{d}_{v,i})$。由 φ_i 与 ψ_i 的互逆映射关系，有：

$$\nabla\varphi_i = (\nabla u_i, \nabla v_i)^\top = (s_{u,i}\boldsymbol{d}_{u,i}, s_{v,i}\boldsymbol{d}_{v,i})^{-1} \triangleq (\boldsymbol{U}_i, \boldsymbol{V}_i)^\top \tag{4.3}$$

也即 $\nabla u_i = \boldsymbol{U}_i, \nabla v_i = \boldsymbol{V}_i$，最后通过求解下述 Poisson 方程从方向场（梯度）$\boldsymbol{U}_i, \boldsymbol{V}_i$ 积分得到 $\varphi_i = (u_i, v_i)$，并提取等值线：

$$\min_{u_i, v_i} \int_{M_i} \|\nabla u_i - \boldsymbol{U}_i\|^2 + \|\nabla v_i - \boldsymbol{V}_i\|^2 \tag{4.4}$$

这一做法实质上分步求解了转移函数 τ 中的旋转部分和整数平移部分。首先，在式（4.1）两侧执行梯度操作得到相邻子部分之间梯度方向的关系：

$$\nabla\varphi_j = \boldsymbol{R}_{90}^{r_{ij}} \nabla\varphi_i \tag{4.5}$$

去除了整数平移变量 $\boldsymbol{T}_{ij}$ 后，优化计算所有 M_i 上光滑且满足特征对齐等约束条件的梯度方向场 $\boldsymbol{U}_i, \boldsymbol{V}_i$，即可等价地获得四边形排布方向场 $s_{u,i}\boldsymbol{d}_{u,i}$, $s_{v,i}\boldsymbol{d}_{v,i}$ 以及转移函数 τ_{ij} 中的旋转部分。然后，在整个曲面上全局优化式（4.4）时，考虑包含整数平移 $\boldsymbol{T}_{ij}$（式（4.1））以及其他约束条件，通过求解一个混合整数问题得到转移函数 τ 中的平移部分以及最终的参数化。

在上述计算框架中，最为重要的一个问题是方向场的生成。一旦给定方向场，即可在其导引下优化得到期望的四边形网格（很好地控制网格单元的排布和大小）。为满足不同的应用需求，我们需要有效地构造出恰当的单位正交方向场或非正交各向异性方向场。为度量方向场的光滑性，不可避免地要对不同子部分内的方向场进行比较，其中就涉及未知的 $\boldsymbol{R}_{90}^{r_{ij}}$。图 4.3 所示的四组 $(\boldsymbol{U},\boldsymbol{V})$ 方向（广义情况下，$\boldsymbol{U},\boldsymbol{V}$ 可不互相垂直）都不相同，然而选取恰当的 $r_{ij}\in\mathbb{Z}$，即在 4-旋转对称变换下，它们互相等价。因此，在计算两个对称方向之间的差异性时，需在所有对称情况中选择其中差别最小的一种。下面将介绍正交与非正交方向场的表示及其生成。

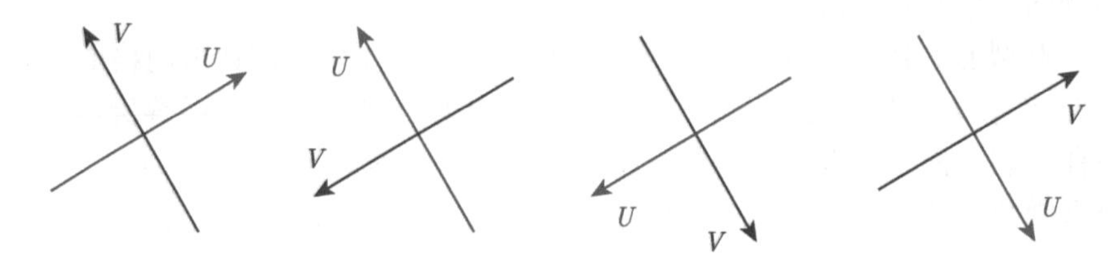

图 4.3　4-旋转对称标架

首先，我们介绍正交方向场的表示与构造。当 $\boldsymbol{U},\boldsymbol{V}$ 相互正交且等长时，它刻画了一个蕴含 4 个方向的正交标架，本质上只有一个自由度 θ：

$$\left(\cos\left(\theta+k\frac{\pi}{2}\right),\sin\left(\theta+k\frac{\pi}{2}\right)\right),\quad k\in\mathbb{Z} \tag{4.6}$$

围绕旋转角度 θ，人们提出了正交方向场的不同代数表示，衍生出了不同的求解策略。一种简单方法是通过贪心策略和整数优化 (Bommes et al., 2009) 得到所需的方向场。根据式（4.5）和式（4.6），对称方向场的光滑性度量可用角度表示：

$$E_s=\sum_{e_{ij}\in E}\left(\theta_i+\kappa_{ij}+\frac{\pi}{2}k_{ij}-\theta_j\right)^2 \tag{4.7}$$

式中，θ_i 和 θ_j 分别为位于相邻三角形上的两个方向在各自局部标架下的角度；κ_{ij} 描述了两个局部标架之间的角度差异；k_{ij} 是一整数，表示当跨越边 e_{ij} 时，所发生的角度跳变数（$\pi/2$ 的倍数）。从上述光顺能量定义可以看出，方向场的优化能量是关于 θ,k 的函数。据此，Bommes 等 (2009) 将四边形重网格化转化为混合整数规划问题，提出了一种有效的贪心优化策略。其求解过程分为两步，首先将整数变量视作连续变量，把问题还原成二次规划问题来求解；然后逐个将最接近整数值的整数变量固定，迭代优化剩余变量。实验表明，相比一次性固定所有整数值，采用迭代凑整的策略能得到更光顺（奇异点更少）的方向场。

另一种典型表示方法充分利用三角函数的周期性，将式（4.6）中三角函数内的角度乘以 4，可以去除变量 k，从而把正交方向的 4 种对称形式统一表示为一个以角度 θ 为参数的二维单位向量：

$$(\cos(4\theta), \sin(4\theta)) \tag{4.8}$$

这一表示方法巧妙地避免了整数变量，基于该表示的方向场优化方程可表示为：

$$\begin{aligned} \min_{\Theta} \quad & \int_{\mathcal{M}} \|\nabla\Theta\|^2 \\ \text{s.t.} \quad & \|\Theta\| = 1 \end{aligned} \tag{4.9}$$

式中，$\Theta = (\cos(4\theta), \sin(4\theta))$。优化得到 Θ 后即可简单地得到正交方向场的其中一个方向 $(\cos\theta, \sin\theta)$。

可控性是四边形重网格化算法的一大重要需求，其核心是实现网格单元的排布方向和大小的灵活多样化控制，比如各向异性、非正交、特征线对齐、密度控制等。如此多样化的约束调控显然是正交方向场无法企及的，因此需要借助广义的方向场（即各向异性非正交方向场）来导引参数化，以灵活可控地生成四边形网格。

基于正交方向场的四边形重网格化方法假定 $(\boldsymbol{d}_u, \boldsymbol{d}_v)$ 互相垂直且各向同性 $(s_u = s_v)$，即期望用正方形单元来对曲面进行网格剖分，因此网格单元形状不够灵活，容易引发矛盾冲突导致参数化失败或特征无法保持。Panozzo 等 (2014) 引入用户可控的度量来构造非正交各向异性的方向场，实现了多样可控的四边形重网格化。随后，Jiang 等 (2015) 提出了可灵活组合的复杂约束下的最优度量场自动构造方法。这些度量相关方法的基本思路是在曲面上重定义内积，将通常的曲面重网格化转化为黎曼流形 (Riemannian Manifold) 上的重网格化问题，从而拥有更多的自由度（度量场），以在更为广泛的解空间中容纳各种可能的约束条件之间的矛盾冲突。由于在优化计算方向场时全面考虑了单元大小的约束，此类方法有效克服了大多数重网格化方法难以自由控制单元密度的缺陷。

具体执行时，首先根据用户的约束优化得到黎曼度量场，由此计算得到该度量场下的正交方向场，然后通过合成这两个正交场和度量场构造出最终的各向异性方向场。下面简述该方法的关键步骤。

二维流形上的黎曼度量是一个对称正定的张量场 $\boldsymbol{g}$，它定义了切空间中两个向量 $\boldsymbol{u}_1$，$\boldsymbol{u}_2$ 的内积 $\boldsymbol{u}_1^\top \boldsymbol{g} \boldsymbol{u}_2$。对于任意非零向量 $\boldsymbol{u}$，都有 $\boldsymbol{u}^\top \boldsymbol{g} \boldsymbol{u} > 0$。黎曼度量在二维方向场设计过程中有非常重要的意义。在设计方向场时，人们往往需要设定它的方向、大小、角度或组合形式的约束。这些约束都可以通过度量张量 $\boldsymbol{g}$ 来表达，即：

(1) 夹角约束。如果两个方向性约束施加在同一个三角形面片 t 上，两个单位方向 $\boldsymbol{d}_1$ 和 $\boldsymbol{d}_2$ 完全决定了标架 $\boldsymbol{F}_t$ 的方向。由于标架 $\boldsymbol{F}_t$ 在度量 $\boldsymbol{g}_t$ 下是正交的，因此三角形面片 t 上的度量需满足：

$$\boldsymbol{d}_1^\top \boldsymbol{g}_t \boldsymbol{d}_2 = 0 \tag{4.10}$$

这种夹角约束特别适用于指定模型折角处的标架（如图 4.4（b）所示）。

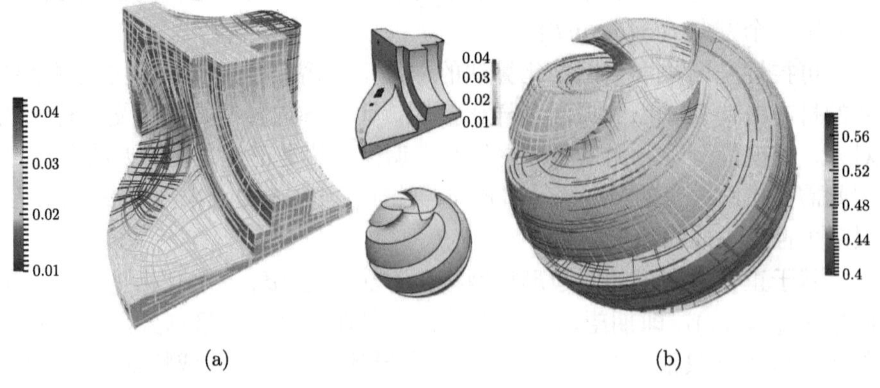

图 4.4　稀疏约束：(a) 在着色的面片上定义了均匀缩放约束；(b) 在特征线相交处定义了夹角约束

(2) 均匀缩放。在三角形面片 t 上定义的均匀缩放要求局部的度量必须保角，因此当缩放系数为 s^2 时，有：

$$\boldsymbol{g}_t = \frac{1}{s^2}\boldsymbol{I} \tag{4.11}$$

这类约束在四边形重网格化中非常有用，尤其是当需要不同大小的正方形面元时（如图 4.4（a）和图 4.5 所示）。

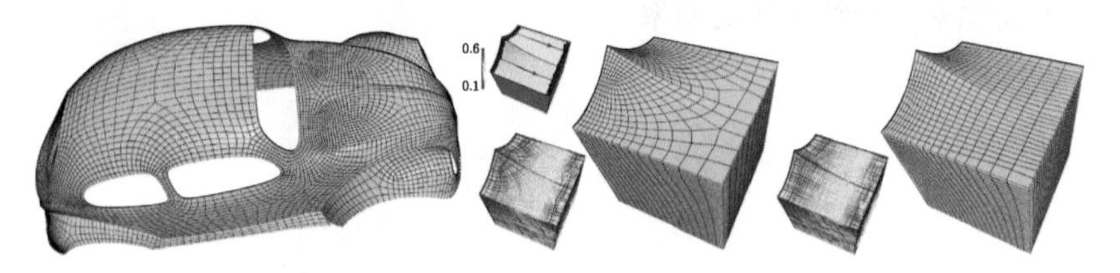

图 4.5 非均匀度量优化下的四边形重网格化

(3) 方向性长度约束。在给定方向 $\boldsymbol{d}$ 上约束网格边长为 l，通过度量可以表示为：

$$\boldsymbol{d}^\top \boldsymbol{g}_t \boldsymbol{d} = \frac{1}{l^2} \tag{4.12}$$

该方向性长度约束可以直接用来确保沿着特征线的单元大小很好地适应特征，由此避免较大的离散误差。尤其当需要让标架场适应主曲率方向和曲率大小时，使用这种长度约束比较方便（如图 4.6~图 4.9 所示）。

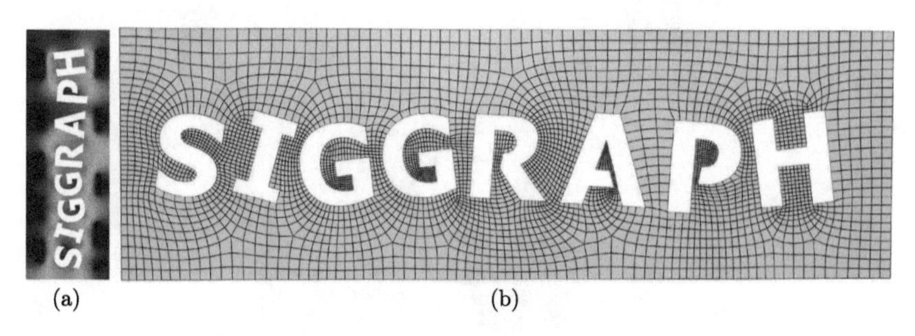

图 4.6 边界线上的大小约束

(4) 测地线。特征线往往需要在参数域内映射成为一条直线，这意味着特征线在度量 $\boldsymbol{g}$ 下应该成为一条测地线。如果 $\boldsymbol{n}$ 是曲率为 κ 的特征线的法向 ($\boldsymbol{n}^\top \boldsymbol{d}=0$)，下式刻画了这一要求（如图 4.10 所示）：

$$\frac{1}{2}\bar{\nabla}_{\boldsymbol{n}}\left(\ln(\boldsymbol{d}^\top \boldsymbol{g}\boldsymbol{d})\right) = \kappa \tag{4.13}$$

式中，$\bar{\nabla}_{\boldsymbol{n}}$ 表示沿着法向 $\boldsymbol{n}$ 的导数，上式可以直观地理解为：当该特征线为度量 $\boldsymbol{g}$ 下的测地线时，沿着特征线的向量 $\boldsymbol{d}$，在度量 $\boldsymbol{g}$ 下长度的对数沿法向的变化率等于特征线的曲率。

图 4.7　适应主曲率方向以及曲率大小的标架场

图 4.8　标架场引导下的四边形化结果

当把所有的标架场约束转变成度量约束后，我们需求解一个满足约束的最优度量，它离散定义在每个三角形面片的局部坐标系中。在每个三角形上黎曼度量 $\boldsymbol{g}$ 可以表示为：

$$
\boldsymbol{g}=\begin{pmatrix} g_{11} & g_{12} \\ g_{21} & g_{22} \end{pmatrix}
$$

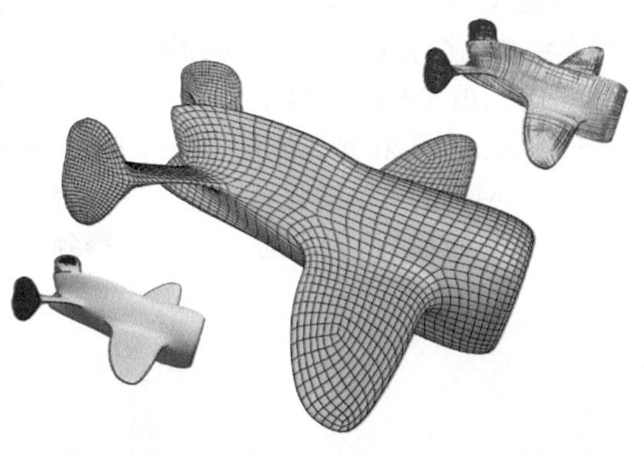

图 4.9　特征线和曲率对齐。红色曲线要求特征对齐, 对齐局部主方向。Aircraft 模型上，蓝色三角形面片处是用户自定义的大小约束，通过这些约束生成标架场导引的四边形网格（中）

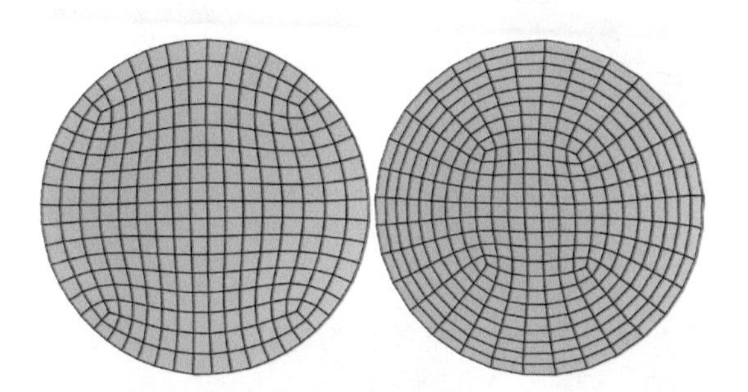

图 4.10　在圆盘上施加特征对齐和测地曲率相关的大小约束。施加测地曲率约束后，四边形网格的奇异点分布更加集中于圆盘中心（右）

由于 $\boldsymbol{g}$ 必须是对称正定矩阵, 所以它需要满足 $g_{21}=g_{12}$，$\det(\boldsymbol{g})=g_{11}g_{22}-g_{12}^2>0$ 和 $\operatorname{tr}(\boldsymbol{g})=g_{11}+g_{22}>0$。可以将 $\boldsymbol{g}$ 在对数矩阵空间中转变成 $\boldsymbol{G}=\ln\boldsymbol{g}$ 来隐含去除这些不等式约束。事实上，对于任意对称矩阵 $\boldsymbol{G}$，矩阵指数 $\boldsymbol{g}=\exp(\boldsymbol{G})$ 是对称正定的。因此，可以将度量定制化过程转化为无不等式约束的优化问题，即寻找满足用户约束的最光顺的度量：

$$
\begin{aligned}
\min_{\boldsymbol{G}} \quad & \int_{\mathcal{M}} \lambda\|\bar{\nabla}\boldsymbol{G}\|^2 + (1-\lambda)\|\bar{\nabla}^2\boldsymbol{G}\|^2\mathrm{d}s \\
\text{s.t.} \quad & \text{所有度量约束}
\end{aligned} \tag{4.14}
$$

这里同时使用协变导数 $\bar{\nabla}$ 和 Laplace 算子 $\bar{\nabla}^2$ 来评估对数空间中度量场的光滑程度。第一项是经典的微分算子，当 $\boldsymbol{g}$ 共形时，它是共形变换的狄利克雷 (Dirichlet) 能量。第二项 $\bar{\nabla}^2\boldsymbol{G}$ 是 $\boldsymbol{G}$ 的双调和能量。系数 λ 提供了在度量的薄膜 (Membrane Energy) 和薄壳能量 (Thin Shell Energy) 之间的调节：小的 λ 能使四边形网格的大小变化范围更大，会得到更多奇异点来适应四边形面元大小的快速变化；而较大的 λ 值则能得到更光滑的度量（如图 4.11 所示）。

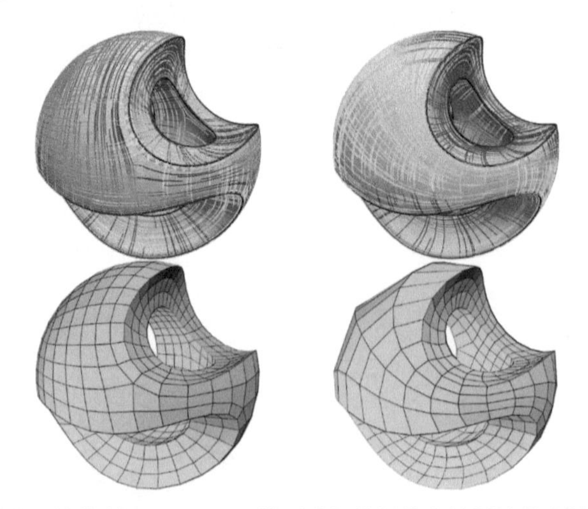

图 4.11 度量光滑性控制。Sculpture 模型施加特征线上的测地曲率约束，减小 λ 会增强标架场的光滑性，同时使得四边形面片的大小变化更剧烈，左侧 $\lambda=1$，右侧 $\lambda=0.6$

通过优化计算得到度量 $\boldsymbol{g}$ 后，借助该度量下二维微分联络，可以得到相邻三角形 t_i, t_j 之间局部坐标之间的变换关系 $\boldsymbol{R}_{t_i,t_j}$，进而在三角形网格上得到满足度量要求的正交方向场：

$$
\begin{aligned}
\min_{\boldsymbol{\Theta}} \quad & \sum_{t_i \cap t_j \in \mathcal{E}} \|\boldsymbol{\Theta}_{t_i} - \boldsymbol{R}_{t_i,t_j}\boldsymbol{\Theta}_{t_j}\|^2 \\
\text{s.t.} \quad & \|\boldsymbol{\Theta}\|^2 = 1
\end{aligned}
$$

式中，$\mathcal{E}$ 表示输入表面三角形网格的边集合，$\mathbf{\Theta} = (\cos(4\theta), \sin(4\theta))$ 为正交方向场的 4 对称表示。最后合并正交场和度量场，即可得到各向异性方向场：

$$\boldsymbol{F} = \boldsymbol{g}^{-1/2} \begin{pmatrix} \cos(\theta + k\frac{\pi}{2}) \\ \sin(\theta + k\frac{\pi}{2}) \end{pmatrix}, \quad k \in \mathbb{Z} \tag{4.15}$$

4.2.2 基于莫尔斯-斯梅尔复形的四边形重网格化

前述基于方向场的方法在最后的参数化步骤中存在鲁棒性问题。在复杂特征约束下，特征约束和方向场之间可能存在拓扑矛盾，使得方向场导引的参数化退化，从而无法抽取得到四边形网格。如何有保障地获得无退化的参数化是实现鲁棒四边形重网格化的关键。基于莫尔斯-斯梅尔复形 (MSC) 的四边形重网格化方法就是此类鲁棒解法的代表（如图 4.12 所示）。

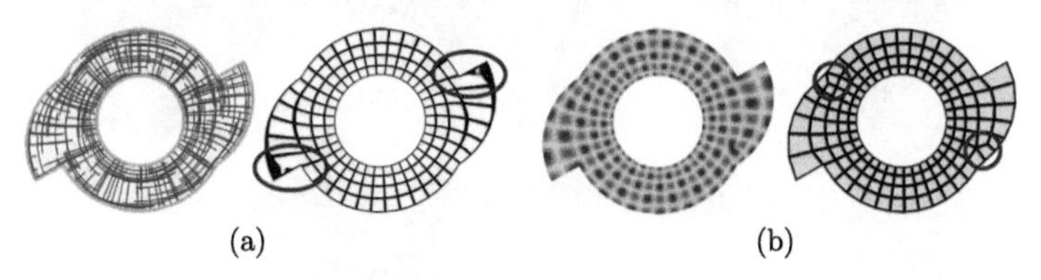

(a) (b)

图 4.12 两种四边形重网格化方法的比较：（a）基于参数化的方法在鲁棒性上无理论保证；（b）基于莫尔斯-斯梅尔复形的方法能保证得到四边形网格

Morse 理论告诉我们，以特定的方式连接二维流形曲面上莫尔斯函数（一种标量函数）$f : \mathcal{M} \to \mathbb{R}$ 的关键点（Critical Points，即极大、极小和鞍点）而构成的莫尔斯-斯梅尔复形，能将该曲面划分为纯四边形结构 (Edelsbrunner et al., 2001)。基于这一理论，四边形重网格化就转化为寻找合适的莫尔斯函数 (Morse Function) 问题。为了获得高质量的四边形网格，该莫尔斯函数需要一个关键点均匀周期分布的标量场。

Dong 等 (2006) 发现网格曲面的 Laplace 矩阵的某些特征向量能基本满足上述要求，可以作为恰当的莫尔斯函数来构造四边形网格，如图 4.13 所示。该方法的唯一可控参数是特征函数的选择，但由于特征函数的选择自由度很少，所生成的四边形网格往往不能很好地满足特征对齐、单元朝向和密度分布等要求。注意到 Laplace 矩阵的特征函数在网格曲面上局部可由二维离散余弦变换的基函数来近似 (Huang et al., 2008)：

$$f(x, y) \approx A_x \cos(w_x x + \theta_x) A_y \cos(w_y y + \theta_y) \tag{4.16}$$

式中，(x, y) 为曲面一点的局部坐标，w_x, w_y 分别刻画了四边形网格在 x, y 方向的密度。基于这一近似表示，在四边形仅为正方形单元（$w_x = w_y$）的假设下，Huang 等 (2008) 给出了四边形网格特征对齐、单元朝向和密度分布与莫尔斯函数 f 之间的对应关系，通过适当修改特征向量为四边形网格化提供了一定程度的控制（如图 4.14 所示）。为进一步提高其可靠性，Ling 等 (2014) 提出利用 f 的二阶导数条件来增强特征对齐的约束，并通过均衡化 x, y 两个方向上 f 的变化（即要求 $A_x \approx A_y$），有效避免了 f 的关键点退化。

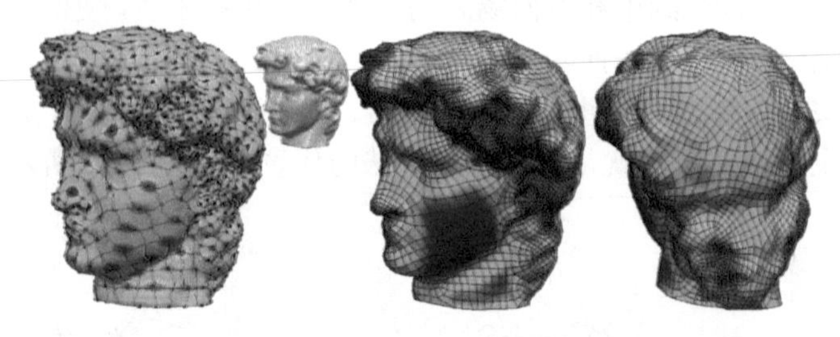

图 4.13　基于特征函数的四边形化

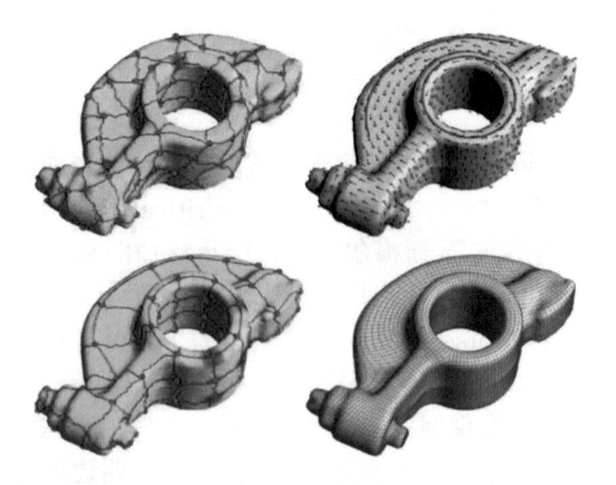

图 4.14　特征、朝向、密度控制下的四边形化

此类方法使用正方形单元进行网格剖分，因此灵活性较差，尤其在复杂特征约束下难以获得高质量的结果。此外，由于莫尔斯-斯梅尔复形隐含地同时优化了转移函数、奇异点分布、整数约束等问题，其计算的非线性程度很高，结果严重依赖参考特征向量的选择，因此在计算性能和结果的

可控性方面仍有较大缺陷。尽管如此，相比于方向场驱动方法，此类方法通过莫尔斯-斯梅尔复形为算法的鲁棒性提供了保证。

为了进一步提高上述方法的可控性，Zhang 等 (2010b) 将方向场与莫尔斯-斯梅尔复形有机融合，使用更为广泛的一类周期函数作为莫尔斯函数，解除了仅能使用正方形单元的限制，使得单元剖分更为灵活，各种约束之间的矛盾冲突大为减少。此外，式（4.4）隐含了参数化 φ 必须在 $\mathcal{M}$ 上可积的条件，即单元排布方向与单元边长之间存在可积性的约束条件。Zhang 等 (2010b) 在四边形排布方向 $\boldsymbol{d}_u$ 和 $\boldsymbol{d}_v$ 大致已知的前提下，优化计算各向异性的四边形大小（即 s_u 和 s_v）来减小旋度，极大提高了结果网格的质量（如图 4.15 所示）。虽然该方法也应用了莫尔斯-斯梅尔复形，因其结果由方向场所主导，因此它更像方向场参数化驱动的重网格化框架。其周期函数表示的策略有效避免了求解混合整数优化问题，一定程度上优化了奇异点的分布，但该方法需要较密的网格来表示莫尔斯函数，计算量依然较大。

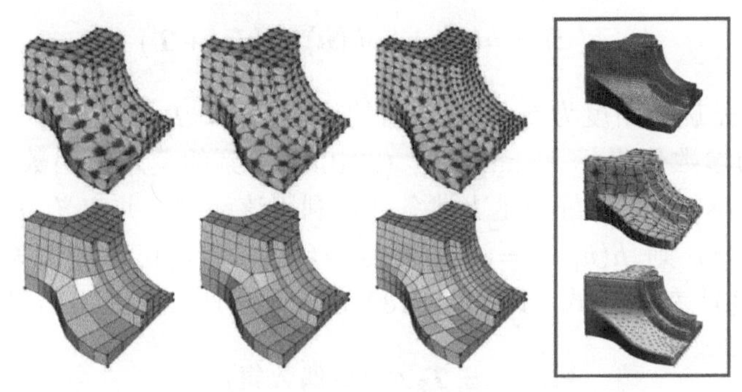

图 4.15　相比于仅使用正方形单元（红框内的结果），使用灵活的单元形状明显提高了网格的质量

4.2.3　基于周期四维向量场的四边形重网格化

基于方向场参数化和基于莫尔斯-斯梅尔复形的四边形重网格化方法，各有优缺点。前者通过度量场的引入能够很好地控制四边形的大小和排布方向，但由于方向场与约束之间可能存在矛盾，无法从理论上保证得到纯四边形网格。后者则有纯四边形重网格化的理论保证，但约束控制的灵活性和算法的性能有不足。因此，很自然的一个问题是能否将这两类方法结合起来，在满足各种用户约束的情况下，高效而又能从理论上保证得到纯

四边形网格？答案是肯定的。Fang 等 (2018) 提出的基于周期四维向量场的混合四边形重网格化方法很好地解决了这一问题。其关键思想是建立参数化与莫尔斯函数之间的双向映射，在适合使用参数化方法提供灵活控制和高效计算的区域使用参数化方法，而在存在拓扑矛盾的区域则使用具有理论保证的莫尔斯-斯梅尔复形方法。下面将介绍该方法。

4.2.3.1 周期四维向量场的定义

从参数化 φ 到莫尔斯函数 f 的变换可以通过光滑函数 $h\colon \mathbb{R}^2 \to \mathbb{R}$ 定义，即：$f = h \circ \varphi_i$，其中 $\varphi_i\colon M_i \to \mathbb{R}^2$，$M_i$ 为网格曲面流形 $\mathcal{M}$ 的子流形。在子流形相交的区域 $M_i \cap M_j$，连续函数 f 需满足 $h \circ \varphi_i = h \circ \varphi_j$，即：

$$h(\varphi_i) = h(R^{k_{ij}\frac{\pi}{2}}\varphi_j + \boldsymbol{T}_{ij}) \tag{4.17}$$

函数 h 满足上式的充分条件是：

$$h(\boldsymbol{u}) = h(\boldsymbol{R}\boldsymbol{u}), \quad h(\boldsymbol{u}) = h(\boldsymbol{u} + \boldsymbol{T}) \tag{4.18}$$

式中，$\boldsymbol{R}$ 是旋转角度为 $\pi/2$ 整数倍的旋转矩阵，$\boldsymbol{T}$ 是整数平移量，$\boldsymbol{u} = (u, v)^\top$ 为参数化坐标。Zhang 等 (2010b) 用到的莫尔斯函数 $h(x, y) = \cos(w_x x)\cos(w_y y)$ 恰好满足上述条件。利用该函数，并定义 $u = w_x x/\pi$，$v = w_y y/\pi$，则 $h(u, v) = \cos(\pi u)\cos(\pi v)$，进而可以导出关于平移量 $\boldsymbol{T} = (\boldsymbol{T}_1, \boldsymbol{T}_2)^\top$ 的关系式，即式（4.18）的充要条件（如图 4.16 所示）：

$$\boldsymbol{T}_1 \pm \boldsymbol{T}_2 \in 2\mathbb{Z}(\text{偶数集}) \tag{4.19}$$

然而上述方法不能直接提供从莫尔斯函数到参数化的映射，也即 h 不可逆。为了解决这个问题，Fang 等 (2018) 通过一个四元组的周期函数来建立参数化和莫尔斯函数之间的关系：

$$\Psi = \psi(u, v) = (cc(u, v), sc(u, v), cs(u, v), ss(u, v))^\top \tag{4.20}$$

式中，$\Psi^0 \triangleq cc(u, v) = \cos(\pi u)\cos(\pi v)$，$\Psi^1 \triangleq sc(u, v) = \sin(\pi u)\cos(\pi v)$，$\Psi^2 \triangleq cs(u, v) = \cos(\pi u)\sin(\pi v)$，$\Psi^3 \triangleq ss(u, v) = \sin(\pi u)\sin(\pi v)$。这样，在二维流形 $\mathcal{M}$ 上就定义了一个四维向量场 $\Psi = (\Psi^0, \Psi^1, \Psi^2, \Psi^3)$。该四维向量场需要满足：$\|\Psi\|_2 = 1$ 和 $\Psi^0\Psi^3 = \Psi^1\Psi^2$，它可以通过参数化变换而

来：$\Psi(p) = \psi \circ \varphi(p),\ \forall p \in \mathcal{M}$。该四元组中第一个分量与旋转无关，之后将被用作为莫尔斯函数。而其他三个分量与旋转相关，在该方法的最后一步，即四边形网格生成时，用来帮助从莫尔斯函数计算出参数化。

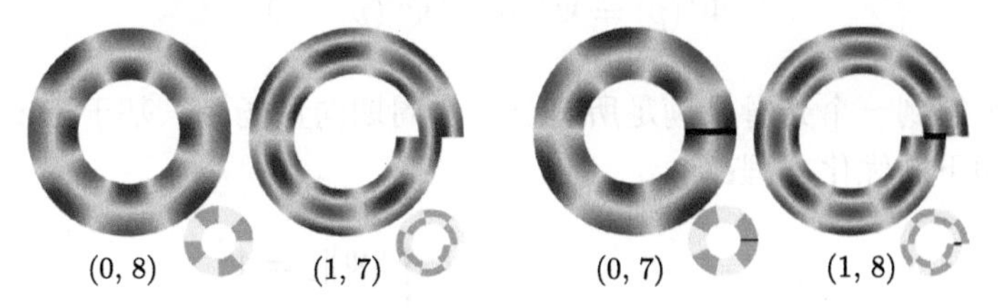

图 4.16 周期性莫尔斯函数：左边两者满足平移量条件，是合理的莫尔斯函数，右边两者则不是

光滑性的度量对于优化方向场是不可或缺的。容易发现，该四维向量场具有性质 $\mathrm{d}\psi = \pi \boldsymbol{W}(\mathrm{d}u, \mathrm{d}v)\, \psi$，其中 $\boldsymbol{W}(\mathrm{d}u, \mathrm{d}v)$ 是一个矩阵，表示为：

$$\boldsymbol{W}(\mathrm{d}u, \mathrm{d}v) = \begin{bmatrix} 0 & -\mathrm{d}u & -\mathrm{d}v & 0 \\ \mathrm{d}u & 0 & 0 & -\mathrm{d}v \\ \mathrm{d}v & 0 & 0 & -\mathrm{d}u \\ 0 & \mathrm{d}v & \mathrm{d}u & 0 \end{bmatrix} \tag{4.21}$$

利用链式法则，可得到：

$$\frac{\partial \Psi}{\partial p} - \pi\, \boldsymbol{W}\left(\frac{\partial u}{\partial p}, \frac{\partial v}{\partial p}\right)\, \Psi = 0$$

因为参数化 $\varphi(p) = (u, v)$ 受控于输入标架场 $\boldsymbol{F}$，即 $\nabla\varphi = \left(\frac{\partial u}{\partial p}, \frac{\partial v}{\partial p}\right)^{\top}$ 和 $\boldsymbol{F}^{-1}$ 对齐，所以对于任意的切向量 $\boldsymbol{v}$，四维向量丛的协变微分可定义为：

$$\hat{\nabla}_{\boldsymbol{v}} \Psi = \frac{\partial \Psi}{\partial p}\boldsymbol{v} - \pi \boldsymbol{W}(\boldsymbol{F}^{-1}\boldsymbol{v})\Psi \tag{4.22}$$

这样，就得到了标架场导引下四维向量场的光滑性度量。

类似于 Zhang 等 (2010b) 的方法，特征和边界对齐可通过考虑简单的关于 Ψ 的线性约束而得到：

(1) 对于特征和边界上的任意一点 p，必须满足 $u(p) \in \mathbb{Z}$ 或者 $v(p) \in \mathbb{Z}$，该约束等价于：

$$\Psi^3(p) = ss(u(p), v(p)) = 0 \tag{4.23}$$

(2) 对于任意角点 p，即多条特征线和边界线之间的相交点，需要满足 $u(p)\in\mathbb{Z}$ 且 $v(p)\in\mathbb{Z}$，该约束等价于：

$$\Psi^1(p)=\Psi^2(p)=\Psi^3(p)=0 \tag{4.24}$$

为了得到一个光滑且满足所有要求的周期向量场 Ψ，基于 Dirichlet 能量构造如下的优化方程：

$$\mathcal{E}(\Psi)=\int_{\mathcal{M}}\|\hat{\nabla}\Psi\|^2 \quad \text{s.t.} \begin{cases}\|\Psi\|_2=1\\ \Psi^0\Psi^3=\Psi^1\Psi^2\\ \text{所有特征约束}\end{cases} \tag{4.25}$$

为了求解该优化方程，我们将优化过程分成两步：首先，不考虑非线性约束，并使用变量替换消去线性约束，将优化问题转化为一个最小特征值求解问题。然后，将上一步的结果作为初值，利用 Gauss-Newton 方法，在非线性约束下继续求解，迭代得到最终的向量场 Ψ。

4.2.3.2 周期向量场的优化计算

下面，我们介绍在三角形网格上如何离散表示上述优化问题并进行计算。给定一个分片线性的三角形网格 $\mathcal{M}$，其所有点集为 $\mathcal{V}$，面片集合为 $\mathcal{T}$。用户输入的标架场 $\boldsymbol{F}_t$ 定义在每个面片 $t\in\mathcal{T}$ 上。向量场 Ψ_p 定义在每个顶点 $p\in\mathcal{V}$ 上，这些向量组成一个大的向量 $\boldsymbol{\Psi}$。由于 Ψ_p 依赖于局部标架，这里需要定义 p 点的标架。不失一般性，从 p 点的邻接面片的标架中选取一个标架定义为该点的标架，即 $\boldsymbol{F}_p=\boldsymbol{F}_{t_0}$，其中 t_0 为某个相邻的三角形面片。整个离散和计算过程包含以下四步。

1. 基于半边的离散化

通过对半边的能量项求和，将积分能量 $\|\hat{\nabla}\Psi\|^2$ 进行离散化。对于每条半边 $\boldsymbol{e}_{pq}$，即在三角形面片 t 中从顶点 p 到 q 的半边，利用协变微分 $\hat{\nabla}$，可知向量 Ψ_p 通过该边的平行传输量是 $\exp\left(\pi\boldsymbol{W}(\boldsymbol{F}_t^{-1}\boldsymbol{e}_{pq})\right)\Psi_p$。因此，每条边对于总能量 $\mathcal{E}(\Psi)=\int_{\mathcal{M}}\|\hat{\nabla}\Psi\|^2$ 的贡献为：

$$\mathcal{E}_{pq}=\frac{|t|}{2|\boldsymbol{e}_{pq}|^2}\|\Psi_{q,t}-\exp\left(\pi\boldsymbol{W}(\boldsymbol{F}_t^{-1}\boldsymbol{e}_{pq})\right)\Psi_{p,t}\|^2 \tag{4.26}$$

式中，$|t|$ 表示三角形面片 t 的面积，$\Psi_{p,t}$ 为 Ψ_p 在面片 t 中的对应值，即 $\Psi_{p,t}=\hat{J}^{k_{pt}}\Psi_p$，$k_{pt}$ 表示 Ψ_p 从点 p 到面片 t 间的旋转量，$\hat{J}$ 定义为：

$$\hat{J}=\begin{pmatrix}1&0&0&0\\0&0&-1&0\\0&1&0&0\\0&0&0&-1\end{pmatrix}$$

这是由于四维向量场在参数化坐标旋转变换下有关系式 $\psi(J\boldsymbol{u})=\hat{J}\psi(\boldsymbol{u})$，其中 J 代表旋转角度为 $\pi/2$ 的旋转变换。式（4.26）中的矩阵指数有如下的解析表达：

$$\exp(\pi\boldsymbol{W})=\begin{bmatrix}cc(\mathrm{d}u,\mathrm{d}v)&-sc(\mathrm{d}u,\mathrm{d}v)&-cs(\mathrm{d}u,\mathrm{d}v)&ss(\mathrm{d}u,\mathrm{d}v)\\sc(\mathrm{d}u,\mathrm{d}v)&cc(\mathrm{d}u,\mathrm{d}v)&-ss(\mathrm{d}u,\mathrm{d}v)&-cs(\mathrm{d}u,\mathrm{d}v)\\cs(\mathrm{d}u,\mathrm{d}v)&-ss(\mathrm{d}u,\mathrm{d}v)&cc(\mathrm{d}u,\mathrm{d}v)&-sc(\mathrm{d}u,\mathrm{d}v)\\ss(\mathrm{d}u,\mathrm{d}v)&cs(\mathrm{d}u,\mathrm{d}v)&sc(\mathrm{d}u,\mathrm{d}v)&cc(\mathrm{d}u,\mathrm{d}v)\end{bmatrix}$$

这样，向量场的优化能量就变为 $\mathcal{E}(\boldsymbol{\Psi})=\sum_{e_{pq}}\mathcal{E}_{pq}$，其优化方程为：

$$\begin{aligned}&\min_{\boldsymbol{\Psi}}\quad \mathcal{E}(\boldsymbol{\Psi})\\&\text{s.t.}\quad \|\Psi_p\|^2=1,\ p\in\mathcal{V};\quad \Psi_p^0\Psi_p^3=\Psi_p^1\Psi_p^2,\quad p\in\mathcal{V}\\&\qquad\ \Psi_p^3=0,\quad p\in\mathcal{V}_b;\quad \Psi_p^1=\Psi_p^2=0,\quad p\in\mathcal{V}_c\end{aligned}\tag{4.27}$$

式中，$\mathcal{V}_b$ 是边界和特征线的点集，$\mathcal{V}_c$ 是角点集合。

2. 标架场对齐

对于输入的任意标架场 $\boldsymbol{F}$，可以计算式（4.26）中的对齐角度。对于每条内部边，有两个相邻的面片 $s,t\in\mathcal{T}$，标架 $\boldsymbol{F}_s$ 和 $\boldsymbol{F}_t$ 之间的最佳对齐角度 $k_{st}\pi/2$ 可通过下式优化得到：

$$k_{st}=\arg\min_{k}\|\boldsymbol{F}_sJ^{(4-k)\pi/2}-\boldsymbol{F}_t\|^2,\ k\in\{0,1,2,3\}$$

对于顶点 p，定义 $k_{pt_0}=0$。如果顶点 p 逆时针顺序的 1-环邻域（三角形面片）为 $t_0,t_1,\cdots,t_m$，则有：

$$k_{pt_j}=\left(\sum_{i=0}^{j-1}k_{t_it_{i+1}}\right)\mod 4$$

3. 特征线约束

如果与输入标架场的度量相比，输入网格过于稀疏，定义在稀疏离散点集 $\mathcal{V}_b$ 上的特征对齐约束将无法保证特征的完全对齐，这是由于约束条件（式（4.23））定义在特征线的所有点上。为了解决这个问题，将特征线周围的三角形面片进行细分，即在阈值 ε_b 的控制下，细分与特征相邻的所有边来得到更密的网格（在度量 $g=(\boldsymbol{F}\boldsymbol{F}^{\top})^{-1}$ 下，细分边长小于 ε_b 的边，一般选择 $\varepsilon_b=0.5$）。通过增加特征线周围的权重可以进一步改善特征线对齐，并提高特征周围四边形的质量。新的控制能量定义如下：

$$\mathcal{E}(\boldsymbol{\Psi})=\frac{1}{W_{\text{sum}}}\sum_{pq\notin\mathcal{N}_{\text{b-f}}}\mathcal{E}_{pq}+\frac{\mu}{W_{\text{sum}}}\sum_{pq\in\mathcal{N}_{\text{b-f}}}\mathcal{E}_{pq}$$
$$W_{\text{sum}}=\sum_{pq\notin\mathcal{N}_{\text{b-f}}}\frac{|t|}{2|\boldsymbol{e}_{pq}|^2}+\mu\sum_{pq\in\mathcal{N}_{\text{b-f}}}\frac{|t|}{2|\boldsymbol{e}_{pq}|^2}$$

式中，$\mathcal{N}_{\text{b-f}}$ 表示与特征和边界相接的所有边，$\mu\geqslant 1$ 用来加强标架对齐的权重。

4. 两步优化策略

式（4.27）中的离散 Dirichlet 能量是二次的，如果不考虑非线性的约束 $\|\Psi_p\|_2=1$ 和 $\Psi_p^0\Psi_p^3=\Psi_p^1\Psi_p^2$，可以得到一个很好的近似解。考虑到 $\|\boldsymbol{\Psi}\|_2=1$，原问题可转化为特征值求解问题。这样就可以通过求解如下问题得到一个近似最优的 $\boldsymbol{\Psi}$：

$$\boldsymbol{H}\boldsymbol{\Psi}=\lambda_{\min}\boldsymbol{\Psi}\tag{4.28}$$

式中，$\boldsymbol{H}$ 是 Dirichlet 能量的二次型对应的矩阵，而线性的特征对齐约束可以通过变量替换消除。这样通过求解 $\boldsymbol{H}$ 的最小特征值就可得到一个向量场的估计值。这个结果可以通过简单的投影操作 $\Psi_p\leftarrow\psi\circ\varphi^*(p)$（式（4.31））将结果投影到优化问题的可行域，然后利用带惩罚项的非线性优化得到最终的向量场：

$$\begin{aligned}&\min_{\boldsymbol{\Psi}}\quad\mathcal{E}(\boldsymbol{\Psi})+\frac{w_r}{|\mathcal{V}|}\sum_{p\in\mathcal{V}}\left((\|\Psi_p\|_2^2-1)^2+\|\Psi_p^0\Psi_p^3-\Psi_p^1\Psi_p^2\|_2^2\right)\\&\text{s.t.}\quad\Psi_p^3=0,\quad p\in\mathcal{V}_b;\quad\Psi_p^1=\Psi_p^2=0,\quad p\in\mathcal{V}_c\end{aligned}\tag{4.29}$$

式中，w_r 是控制惩罚能量的权重，通常取 1。这里通过变量替换将线性约束消去。

4.2.3.3 四边形网格生成

一旦优化得到所需的向量场，由此即可生成四边形网格。给定一个周期向量场 Ψ，对应的参数化 φ 不容易获得，这是由于有无穷多个解 φ 满足 Ψ。如果 φ^* 是对应于 Ψ 的一个参数化，那么下式所定义的也是与之对应的参数化：

$$\varphi(p) = \varphi^*(p) + (a, b)^\top, \quad a \pm b \in 2\mathbb{Z}(\text{偶数集}) \tag{4.30}$$

对于所有可能的解，需要找到一个与输入标架场对齐得最好的参数化，即 $\int_{\mathcal{M}} \|\nabla\varphi - \boldsymbol{F}^{-1}\|^2$ 最小。如果直接优化，需要考虑整数变量，计算量很大；而直接利用 Ψ 的第一分量和莫尔斯理论去抽取四边形网格在稀疏网格上却又不可行。为此，我们利用如下策略得到最终的四边形网格：

(1) 利用 Ψ_p 得到每一点处的局部参数化，基于这些局部参数化贪心地构建一个全局参数化，进而从中抽取大部分的四边形网格；

(2) 在剩下的区域中局部细分网格并重新优化 Ψ，利用 Ψ^0 和准对偶 MSC 抽取这些区域的四边形网格。

这一策略能够保证得到无退化单元且特征严格对齐的四边形网格。

从优化得到的周期向量场中，对于每一个点可以计算得到与之相容的局部参数化坐标 $(u^*(p), v^*(p))^\top = \varphi_p^*$，计算公式如下：

$$\varphi^*(p) = \frac{1}{2\pi}\begin{pmatrix} \operatorname{atan2}(\Psi_p^1 + \Psi_p^2, \Psi_p^0 - \Psi_p^3) - \operatorname{atan2}(\Psi_p^1 - \Psi_p^2, \Psi_p^0 + \Psi_p^3) \\ \operatorname{atan2}(\Psi_p^1 + \Psi_p^2, \Psi_p^0 - \Psi_p^3) + \operatorname{atan2}(\Psi_p^1 - \Psi_p^2, \Psi_p^0 + \Psi_p^3) \end{pmatrix} \tag{4.31}$$

式中，函数 atan2 返回的值属于 $(-\pi, \pi]$。为了满足特征和边界的严格对齐，对于特征线和边界处的点，将其局部坐标挪到最近的整数点处。对于角点 $p \in \mathcal{V}_c$，使 $u^*(p) = \operatorname{round}[u^*(p)]$，$v^*(p) = \operatorname{round}[v^*(p)]$；对于 $p \in \mathcal{V}_b$，取 $u^*(p) = \operatorname{round}[u^*(p)]$ 或 $v^*(p) = \operatorname{round}[v^*(p)]$，这取决于该特征线或边界线与 v 还是 u 轴平行。

为了构建全局参数化，定义每个三角形为一个子流形，面片 t 中每个顶点的参数化坐标表示为 $\varphi_t(p)$。通过构建一棵对偶树将所有子流形连接起来，对偶边两侧三角形面片的参数化坐标在公共边处需相等。式（4.31）给出了每个顶点处参数化坐标的基本解，而式（4.30）给出了坐标的解空间，需要在该解空间中搜索得到尽量优的全局参数化，即和标架场的对齐误差尽量小。这里利用 $\mathcal{E}(\boldsymbol{\Psi})$ 的残差构建生成树。对于输入三角形网格所有的三角形面片，计算它们的能量残差：

$$\mathcal{E}_t = \sum_{e_{pq} \subset t \in \mathcal{T}} (\mathcal{E}_{pq} + \mathcal{E}_{qp}) \tag{4.32}$$

将树的根节点设为 $t_{\min}$，即残差最小的面片，然后选择与当前树中面片相邻且残差最小的面片依次加入到树的结构中。根据能量残差构建得到生成树之后，将所有 $\varphi^*(p)$ $(\forall p \in \mathcal{V})$ 对齐到根节点，然后在解空间中搜索最合适的平移量（式 (4.30)），让每个面片上的参数化梯度和标架尽可能对齐，这样就得到了最终的参数化坐标 $\varphi_t(p) = \varphi^*(p) + (\boldsymbol{T}_1, \boldsymbol{T}_2)^\top$，其中 $\boldsymbol{T}_1 + \boldsymbol{T}_2$ 为偶数。

利用所构建的生成树，即可得到一个全局参数化。若如下三个条件都满足，则该参数化是合理的。

(1) 无缝：任意内部边邻接的两个三角形面片间的转移函数由 $\pi/2$ 整数倍的旋转和整数格平移构成。

(2) 无翻转：每个面片是无翻转的，即 $\det(\nabla\varphi_t) > 0$。

(3) 边界对齐：特征线和边界处的参数坐标与整数等值线对齐。

定义满足上述条件的区域为平凡区域 $\mathcal{M}_R$，即与不满足上述条件的边不相邻的面片集合。在 $\mathcal{M}_R$ 中，通过抽取半整数点和整数点即可得到对应的四边形网格。如果某个半整数点周围的四个整数点不能通过等值线相连接，则不考虑该半整数点。如果某个半整数点周围的四个整数点可通过等值线相连接，但四个整数点所围成区域的内部不满足参数化合理性条件，也不考虑该半整数点。对于每一个满足条件的半整数点，都能得到一个对应的四边形，所有这些四边形构成了一个有空洞的四边形网格 Q_R。

对未被四边形网格 Q_R 覆盖的奇异区域 $\mathcal{M}_S$，则使用莫尔斯-斯梅尔复形来抽取该区域的四边形网格（如图 4.17 所示）。为了得到与输入标架场相匹配的高质量四边形网格，基于莫尔斯-斯梅尔复形的方法需要较稠密的三角形网格作为输入。算法首先细分奇异区域得到较密的三角形网格，然后重新优化奇异区域上的 Ψ。以下两个条件用来保证奇异区域四边形网格与 Q_R 的相容性：

(1) 奇异区域边界上任意相邻的两个点具有不同的莫尔斯函数值；

(2) 奇异区域边界上莫尔斯函数极值点也是奇异区域上极值点。

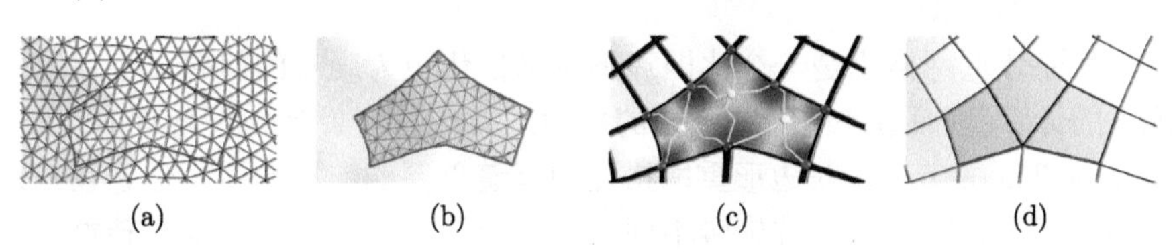

图 4.17　奇异区域：(a) 局部奇异区域的边界；(b) 边对应的等值线切割原网格得到的新的三角网格；(c) 奇异区域的 MSC，蓝色点是最小值，红色点是最大值，白色点是鞍点；(d) 最终的四边形网格

计算时，将 Q_R 在 $\partial\mathcal{M}_S \cap \partial Q_R$ 上的 Ψ^0 值复制到 $\mathcal{M}_S$，从而保证两部分四边形网格在交界处是相同的，这样第一个条件自动满足。第二条件可通过莫尔斯函数 Ψ^0 的局部微调得到保证。由于 $\mathcal{M}_S$ 区域内部点的 Ψ^0 的值属于 $[-1,1]$，故在边界极值点添加微小扰动，即 -1（或 1）调整为 $-(1+\varepsilon)$（或 $1+\varepsilon$），可使第二个条件得到满足。

一旦抽取得到各区域的四边形网格，合并所有区域的四边形网格即得到最终的重网格化结果。整个算法流程如图 4.18 所示。

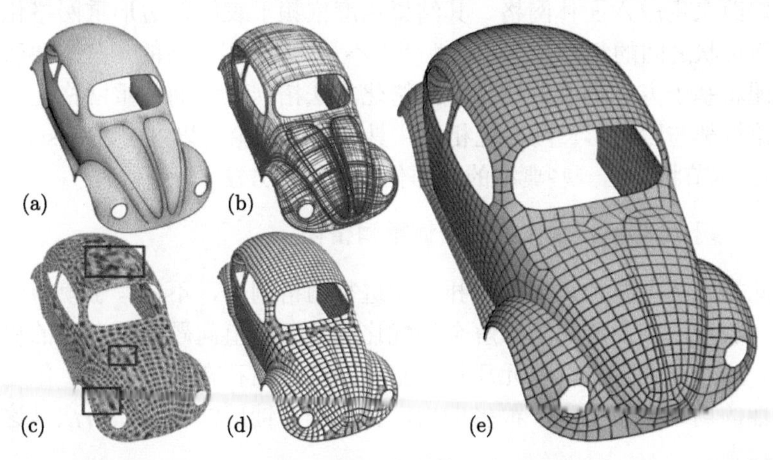

图 4.18　混合四边形化：(a) 输入三角网格和特征线（红色线条）；(b) 输入标架场（蓝色线条）；(c) Ψ 的 cc 分量，红色框所示区域不能通过莫尔斯方法直接得到四边形网格；(d) 平凡区域（纹理表示的区域）和奇异区域（cc 分量表示的区域）；(e) 最终的四边形网格

4.3 六面体重网格化

六面体重网格化是一个比四边形重网格化更为艰难的问题，不仅需要庞大的计算量，而且缺乏一些重要的数学工具。例如，高斯-波涅定理 (Gauss-Bonnet Theorem) 在四边形重网格化中起着重要的支撑作用，但它在三维情形下并不成立；与二维旋转不同，三维旋转不可交换，三维旋转群不是一个阿贝尔群，其代数结构远比二维旋转复杂；三维莫尔斯-斯梅尔复形的胞腔不全为六面体，等等。至今，自动、鲁棒、可控、高质量的六面体网格化仍是一个开放性难题，被誉为重网格化的圣杯难题。

目前工业界常用的六面体网格剖分方法主要有八叉树 (Octree) (Maréchal, 2009)、扫掠体 (Swept Volume) (Wu et al., 2014a) 等剖分方法。这些方法有很大的局限性，往往需要交互地将模型剖分成若干块能够满足各自算法假设的子块。将当前自动的四边形重网格化技术拓展至六面体重网格化是一个极有吸引力的研究课题。Ling 等 (2014) 展示了用莫尔斯-斯梅尔复形来生成六面体的重网格化方法，同样它不能保证所有单元都是六面体。Kremer 等 (2013) 提出以表面四边形网格为边界约束，通过局部拓扑修改来生成六面体网格。其结果极度依赖于表面四边形重网格化与实体几何形状之间的相容性，可靠性严重不足。因此，当前的一些主要研究工作试图将基于方向场的四边形重网格化方法拓展至六面体重网格化，其基本理论框架与四边形重网格化相似，具体数学理论可以参考 (Nieser et al., 2011)。本节将介绍一些典型的六面体重网格化方法。

4.3.1 基于局部拓扑操作的六面体重网格化

此类方法主要依靠局部拓扑操作进行网格剖分，不依赖于模型的全局参数化表示，因此避免了求解全局优化等复杂数值问题及其潜在的鲁棒性风险。尽管此类方法在单元质量、整体结构方面存在诸多问题，但在强调鲁棒性的场合还是得到了很多应用。扫掠法、铺层法以及晶格法是这类方法的代表。

扫掠法将四边形网格经过旋转、扫掠、拉伸等几何操作得到六面体网格，因其执行简单，容易实现，大部分商业软件都集成了这一方法。扫掠法适用于 2.5 维实体，即要求实体沿着扫掠轴剖面的拓扑结构不能改变。该方法一般分两步实现：首先，在源面上生成四边形网格，将该四边形网格沿着连接边扫掠，直到与目标面重合（如图 4.19 所示）；然后，将扫掠所经过的部分沿垂直扫掠方向进行切片，即可得到六面体单元。扫掠法可被拓展处理多个源面和目标面，但算法的本质仍然是将扫掠区域划分为以源面的四边形和目标面的四边形为底的柱体，然后再对柱体进行切割。对于复杂模型，源面、目标面、扫掠体的识别难以做到自动化，需要较多的人工交互。

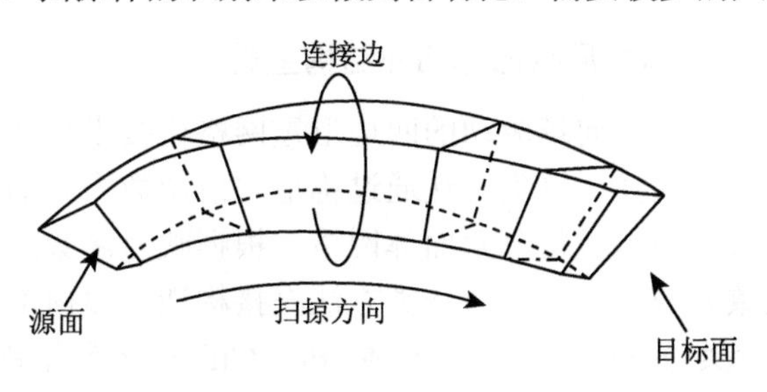

图 4.19　扫掠法示意

铺层法是铺路法 (Blacker et al., 1991) 在三维空间的拓展。在铺层法中，首先要将实体的表面划分为四边形网格，然后将表面四边形逐层向内推进 (Staten et al., 2005)，一层层地生成六面体网格（如图 4.20 所示）。该方法最大的难点是如何解决向内推进过程中单元剖分相互冲突的问题。一种直接的做法是将冲突区域四面体化，再将四面体拆分成六面体 (Meyers et al., 1998)，但这样处理会降低最终生成网格的质量。此外，铺层法中还涉及大量相交计算，以避免表面向内推进过程中发生的自相交。

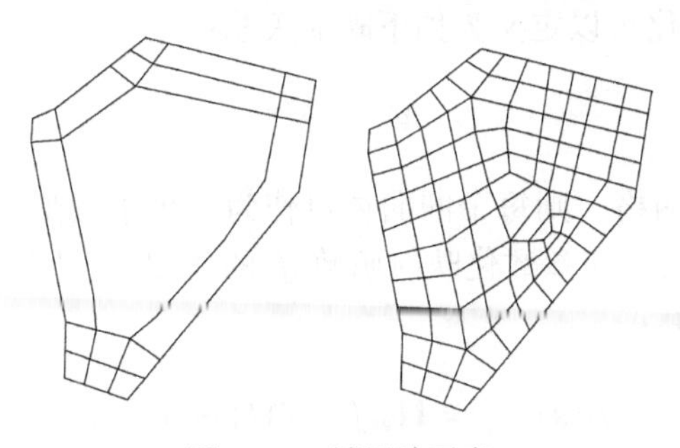

图 4.20　铺层法示意

晶格法将输入模型放置在晶格中，去除落在模型外的晶格，并对边界处的晶格单元进行裁剪和调整，使之成为边界对齐的纯六面体网格。基于晶格的六面网格剖分主要有八叉树分割 (Schneiders., 1997) 和正则网格覆盖等典型方法。正则网格覆盖法使用大小相同的晶格覆盖输入模型，而八叉树分割法则采用不同层次细分的晶格。和正则网格法相比，八叉树分割法能更好地捕捉模型的几何特征，从而有效地平衡网格精度与单元数量之间的矛盾。这类方法共同的缺陷是模型表面附近的单元质量较差。

4.3.2 三维标架场与全局六面体拓扑结构生成

近些年来，随着方向场驱动的四边形重网格化技术快速发展，它们的三维拓展日益受到关注。这类方法通过构造映射函数得到输入模型的体参数化，进而抽取整数格点得到六面体网格。根据映射函数蕴含的奇异结构不同，可以大致分成两类方法：一类方法直接构造内蕴内部奇异结构的参数化映射；另一类方法则构造多立方体 (PolyCube) 参数化映射，其奇异结构仅出现在模型表面。前者所生成的网格拓扑结构更为灵活，能够获得单元形状更优的结果，但鲁棒性较差；后者正好相反。本小节首先从体参数化和三维标架场出发介绍第一类方法，重点分析奇异结构所引发的鲁棒性问题；然后介绍第二类方法。

4.3.2.1 体参数化及其奇异结构

Nieser 等 (2011) 率先提出 CubeCover 方法来构造体参数域，该方法建立起了标架场导引的六面体重网格化的技术框架。

首先回顾一下体参数化的定义。对于三维空间一个几何体（三维流形）$V \subset \mathbb{R}^3$，体参数化可以定义为如下映射关系：

$$f : V \to \mathbb{R}^3 \tag{4.33}$$

若输入为四面体网格，则每个四面体可作为一个子流形，对于相邻的两个四面体单元 s 和 t，在参数化映射函数 f 的作用下，它们的公共区域的参数域满足如下关系：

$$f_t(s \cap t) = \mathbf{\Pi}_{st} f_s(s \cap t) + \boldsymbol{g}_{st} \tag{4.34}$$

上述等式关系称为转移函数，其中 $\mathbf{\Pi}_{st}$ 和 $\boldsymbol{g}_{st}$ 分别表示 $f_t(s \cap t)$ 和 $f_s(s \cap t)$ 之间转换所需的旋转及平移分量（如图 4.21 所示）。

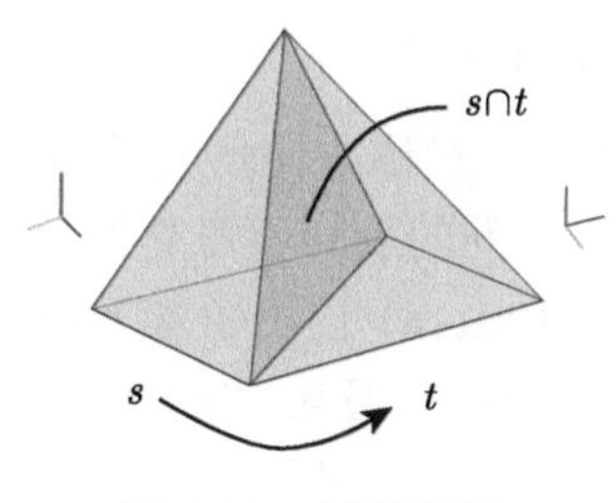

图 4.21　转移关系

在生成六面体网格的体参数化中，旋转 $\mathbf{\Pi}_{st}$ 与平移 $\boldsymbol{g}_{st}$ 有额外的要求，即 $\mathbf{\Pi}_{st}$ 是八面体对称群（包含立方体的 24 种对称变换）中的元素，s 和 t 在参数域中的平移量 $\boldsymbol{g}_{st}$ 的三个分量均为整数。

基于以上定义，可以推导出两个非常重要的结论。首先是奇异线的刻画。对于输入的四面体网格内（非表面）的某一条边 e，环绕着 e 存在一个四面体序列 $\{t_0, t_1, \cdots, t_k\}$，则以四面体 t_0 的局部标架为参考，可以定义该边的奇异类型如下：

$$\text{type}(e, t_0) = \mathbf{\Pi}_{t_k,t_0} \circ \mathbf{\Pi}_{t_{k-1},t_k} \circ \ldots \circ \mathbf{\Pi}_{t_0,t_1} \tag{4.35}$$

从上式可以看出，边的奇异类型也是 24 种旋转之一。由奇异边定义可以推导出第二个结论：对于四面体网格内部的任意一条边 e，若在参数域中的长度不为 0，则该边的奇异类型为单位阵或仅绕单轴旋转的矩阵。不满足这个条件的奇异边类型将导致参数化的退化。Jiang 等 (2014) 将奇异边类型定义从四面体网格的内部推广到四面体网格的表面，实现了奇异边类型在整个定义域上的一致定义。注意到以上讨论基于一个前提，即转移函数中的旋转 $\mathbf{\Pi}_{st}$ 已知。事实上，获取定义在离散四面体网格上的标架场，并从中确定转移函数，并非显而易见，不同方法有不同的处理方式。CubeCover 方法的基本思想是在输入的四面体网格上人工构造元网格 (Meta Mesh)。元网格是一个稀疏的六面体网格，它定义了输入模型内部的转移函数，并确定了输入模型内部的奇异结构。由于需要用户手动构造元网格来确定体内的转移函数，该方法通常耗时耗力，对用户有很高的专业要求。近年来，研究者转而构造三维单位正交标架场来导引体参数化的生成 (Li et al., 2012; Jiang et al., 2014)。

4.3.2.2 三维标架场的表达和生成

在四边形重网格化中，4 对称方向场的计算基于二维旋转的阿贝尔群（可交换群）结构，但三维空间的旋转不可交换，因此该方法无法拓展至三维情形。为此，Huang 等 (2011a) 提出了基于对称球面调和函数的三维标架场表示方法，将 24 种不同朝向但互相等价的三维标架（如图 4.22 所示）映射至 9 维向量空间，成功刻画了对称标架场的代数拓扑结构。

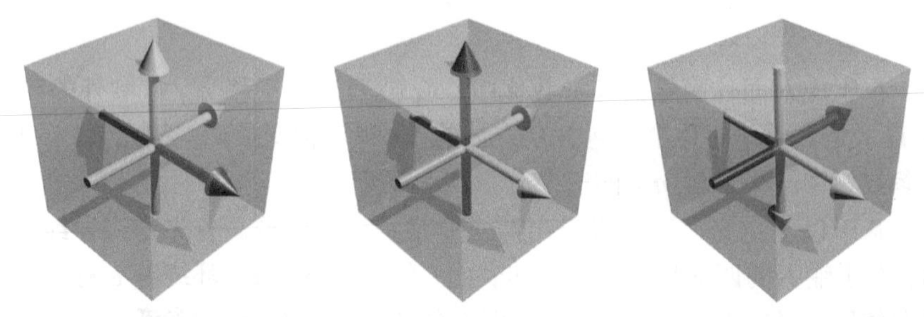

图 4.22 一个立方体对称标架对应有 24 个等效但朝向不同的标架，图中三个标架的坐标轴方向不同，但实质上对应于同样的立方体排布指引

容易发现，包含旋转 $\boldsymbol{R}$ 的对称标架 $[\boldsymbol{R}]$ 可与一球面对称函数建立一一对应关系：

$$f_{[\boldsymbol{R}]}(\boldsymbol{s}) = h(\boldsymbol{R}^\top \boldsymbol{s}) \tag{4.36}$$

式中，$\boldsymbol{s} = (x, y, z)$ 为球面上的点，$h(\boldsymbol{s}) = x^2y^2 + y^2z^2 + z^2x^2$ 为球面 S^2 上的对称函数（如图 4.23 所示）。

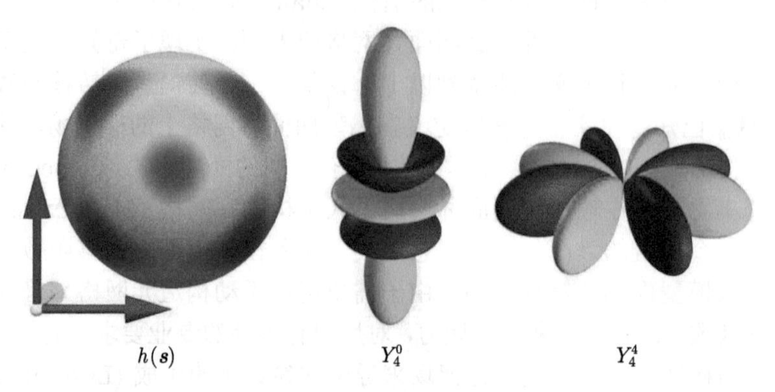

图 4.23 球面对称函数 $h(s)$ 及其球面调和分析的基函数 Y_4^0 与 Y_4^4

分别包含旋转 $\boldsymbol{R}_a, \boldsymbol{R}_b$ 的两个对称标架 $[\boldsymbol{R}_a], [\boldsymbol{R}_b]$ 对应有不同的球面对称函数 $f_{[\boldsymbol{R}_a]}$、$f_{[\boldsymbol{R}_b]}$。这两个对称标架之间的差异可以刻画为：

$$\int_{S^2} \left(f_{[\boldsymbol{R}_a]}(\boldsymbol{s}) - f_{[\boldsymbol{R}_b]}(\boldsymbol{s})\right)^2 \mathrm{d}\boldsymbol{s} \tag{4.37}$$

借助于球面调和分析，上式中的积分计算可以简化为向量空间内两点间的距离。类似于常见的傅里叶分析，以球面上的标准调和函数 $Y_4^l : S^2 \to \mathbb{R}$ 为基（图 4.23 展示了 Y_4^0, Y_4^4）（$l = -4, -3, \cdots, 3, 4$），可以将球面对称函数表示为球面调和基函数的线性加权组合：

$$f_{[\boldsymbol{R}]}(\boldsymbol{s}) = \sum_{l=-4}^{4} \hat{f}_{\boldsymbol{R}}^l Y_4^l(\boldsymbol{s})$$

式中，$\hat{f}_{\boldsymbol{R}}^l$ 是对称标架为 $[\boldsymbol{R}]$ 时的系数，总计 9 个。通过上式可以将这些球面函数 f 表示为 9 维向量空间的点 $\hat{f}_{\boldsymbol{R}} \in \mathbb{R}^9$。由球面调和基函数 Y_4^l 的单位正交性可知，上式中的积分在该 9 维向量空间中可以简单地表示为 $\hat{f}_{\boldsymbol{R}_a}$ 与 $\hat{f}_{\boldsymbol{R}_b}$ 之间的距离，即式（4.37）可转化为：

$$\int_{S^2} \left(\sum_{l=-4}^{4} (\hat{f}_{\boldsymbol{R}_a}^l - \hat{f}_{\boldsymbol{R}_b}^l) Y_4^l(\boldsymbol{s})\right)^2 \mathrm{d}\boldsymbol{s} = \sum_{l=-4}^{4} \left(\hat{f}_{\boldsymbol{R}_a}^l - \hat{f}_{\boldsymbol{R}_b}^l\right)^2 = \left\|\hat{f}_{\boldsymbol{R}_a} - \hat{f}_{\boldsymbol{R}_b}\right\|_2^2$$

进一步地，我们还可利用下面的球面调和函数特点，将 $\hat{f}_{\boldsymbol{R}}$ 与 $\hat{h} = \hat{f}_{\boldsymbol{I}} = \begin{pmatrix}0 & 0 & 0 & 0 & \sqrt{7} & 0 & 0 & 0 & \sqrt{5}\end{pmatrix}^\top$ 线性地联系起来，以简化 $\hat{f}_{\boldsymbol{R}}$ 的计算。给定一个以 ZYZ 欧拉角度表示的旋转 $\boldsymbol{R}(\alpha, \beta, \gamma) = \boldsymbol{R}_Z^\gamma \boldsymbol{R}_Y^\beta \boldsymbol{R}_X^\alpha$，球面调和表示下的球面函数具有一个特别的性质：

$$\hat{f}_{\boldsymbol{R}} = \hat{\boldsymbol{R}}(\alpha, \beta, \gamma) \hat{f}_{\boldsymbol{I}}$$

也即通过 $\boldsymbol{R}(\alpha, \beta, \gamma)$ 旋转球面函数等价于通过 $\hat{\boldsymbol{R}}(\alpha, \beta, \gamma)$ 旋转其球面调和函数的系数。$\hat{\boldsymbol{R}}(\alpha, \beta, \gamma)$ 称为球面调和表示下的 $\boldsymbol{R}(\alpha, \beta, \gamma)$，具有如下形式：

$$\hat{\boldsymbol{R}}(\alpha, \beta, \gamma) = \hat{\boldsymbol{R}}_Z^\gamma \hat{\boldsymbol{R}}_X^{-\pi/2} \hat{\boldsymbol{R}}_Z^\beta \hat{\boldsymbol{R}}_X^{\pi/2} \hat{\boldsymbol{R}}_Z^\alpha \tag{4.38}$$

式中，$\hat{\boldsymbol{R}}_X^{\pi/2}$、$\hat{\boldsymbol{R}}_X^{-\pi/2}$、$\hat{\boldsymbol{R}}_Z^\alpha$、$\hat{\boldsymbol{R}}_Z^\beta$ 和 $\hat{\boldsymbol{R}}_Z^\gamma$ 均为 9×9 矩阵 (Green, 2003)，$\hat{\boldsymbol{R}}_X^{\pi/2}$ 和 $\hat{\boldsymbol{R}}_Z^\alpha$ 的具体形式如下所示：

$$\hat{\boldsymbol{R}}_X^{\pi/2}=\begin{bmatrix}0&0&0&0&0&-\frac{\sqrt{7}}{2^{\frac{3}{2}}}&0&\frac{1}{2^{\frac{3}{2}}}&0\\0&-\frac{3}{4}&0&\frac{\sqrt{7}}{4}&0&0&0&0&0\\0&0&0&0&0&-\frac{1}{2^{\frac{3}{2}}}&0&-\frac{\sqrt{7}}{2^{\frac{3}{2}}}&0\\0&\frac{\sqrt{7}}{4}&0&\frac{3}{4}&0&0&0&0&0\\0&0&0&0&\frac{3}{8}&0&\frac{\sqrt{5}}{4}&0&\frac{\sqrt{5}\sqrt{7}}{8}\\\frac{\sqrt{7}}{2^{\frac{3}{2}}}&0&\frac{1}{2^{\frac{3}{2}}}&0&0&0&0&0&0\\0&0&0&0&\frac{\sqrt{5}}{4}&0&\frac{1}{2}&0&-\frac{\sqrt{7}}{4}\\-\frac{1}{2^{\frac{3}{2}}}&0&\frac{\sqrt{7}}{2^{\frac{3}{2}}}&0&0&0&0&0&0\\0&0&0&0&\frac{\sqrt{5}\sqrt{7}}{8}&0&-\frac{\sqrt{7}}{4}&0&\frac{1}{8}\end{bmatrix}$$

$$\hat{\boldsymbol{R}}_Z^{\alpha}=\begin{bmatrix}\cos(4\alpha)&0&0&0&0&0&0&0&\sin(4\alpha)\\0&\cos(3\alpha)&0&0&0&0&0&\sin(3\alpha)&0\\0&0&\cos(2\alpha)&0&0&0&\sin(2\alpha)&0&0\\0&0&0&\cos(\alpha)&0&\sin(\alpha)&0&0&0\\0&0&0&0&1&0&0&0&0\\0&0&0&-\sin(\alpha)&0&\cos(\alpha)&0&0&0\\0&0&-\sin(2\alpha)&0&0&0&\cos(2\alpha)&0&0\\0&-\sin(3\alpha)&0&0&0&0&0&\cos(3\alpha)&0\\-\sin(4\alpha)&0&0&0&0&0&0&0&\cos(4\alpha)\end{bmatrix}$$

$\hat{\boldsymbol{R}}_Z^\beta$ 和 $\hat{\boldsymbol{R}}_Z^\gamma$ 的具体形式可由 $\hat{\boldsymbol{R}}_Z^\alpha$ 的计算公式得到，$\hat{\boldsymbol{R}}_X^{-\pi/2} = (\hat{\boldsymbol{R}}_X^{-\pi/2})^\top$。

综上所述，对称标架之间的差异可由下式计算：

$$D(\boldsymbol{R}_a, \boldsymbol{R}_b) = \left\| \hat{\boldsymbol{R}}_a \hat{h} - \hat{\boldsymbol{R}}_b \hat{h} \right\|_2^2 \tag{4.39}$$

式中，$\hat{\boldsymbol{R}}_a$ 和 $\hat{\boldsymbol{R}}_a$ 分别为球面调和表示下的 $\boldsymbol{R}_a$ 和 $\boldsymbol{R}_b$。

式（4.39）为对称标架提供了 9 维空间中距离的度量，使得我们可以用 $\mathbb{R}^9$ 空间内的向量来表示对称标架，进而可以便捷地描述对称方向场的光顺性。这种方法仅以模型表面的法向作为方向场优化的约束，避免了对表面四边形重网格化或人工交互设计方向场的要求，能够自动生成边界一致的光顺三维标架场（如图 4.24 所示）。随后，Li 等 (2012) 基于普通矩阵形式，也构造出了面向六面体重网格化的光滑对称方向场。这种基于矩阵形式的方法能直观地关联奇异结构，但不能刻画对称场内在的对称结构，需要人工辅助提供较好的初值才能得到理想的结果。

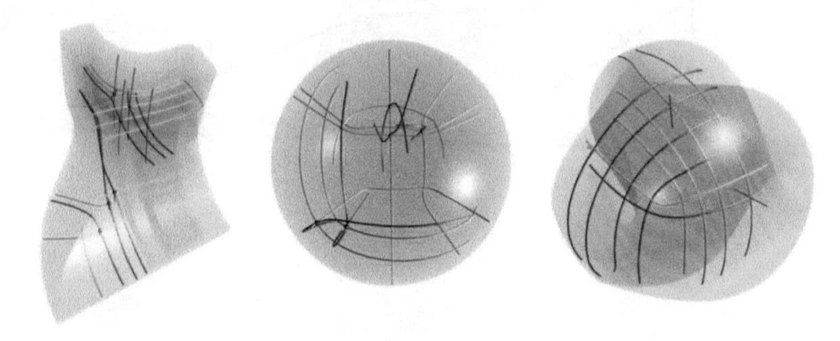

图 4.24 全自动生成的三维对称正交标架场

4.3.2.3 标架场奇异结构的定义

一旦生成了正交标架场，转移函数的旋转分量就可局部地进行估算。估算的直接方法是找到最佳的旋转矩阵使得两个标架 $\boldsymbol{F}_t, \boldsymbol{F}_s$ 对齐误差最小：

$$D(\boldsymbol{F}_t, \boldsymbol{F}_s) = \|\boldsymbol{F}_t - \boldsymbol{F}_s \boldsymbol{\Pi}_{st}\| \tag{4.40}$$

$$D(\boldsymbol{F}_t, n_a) = \|(\boldsymbol{F}_t \boldsymbol{\Pi}_{ta})(1,0,0)^\top - \boldsymbol{n}_a\| \tag{4.41}$$

式中，$\boldsymbol{n}_a$ 表示三角形面片 a 的法向。因此利用 $\boldsymbol{\Pi}_{st}$ 并根据式（4.35），可以计算得到内部边的奇异类型，从而得到标架场的内部奇异线。

上述奇异边的定义可以很自然地推广到物体表面上。与体内奇异线的定义类似，对于一条表面的有向边 e，创建一个小的逆时针包围环，穿过 $(a, t_0, \cdots, t_k, b, x, a)$（如图 4.25 所示），这些面片共享 e、a 和 b，分别是四面体 t_0 和 t_k 上相邻的面片，其中 x 代表四面体网格外的一个点，则该边的奇异类型可以定义为：

$$\mathbf{type}(e, a) = \mathbf{\Pi}_{ba}\mathbf{\Pi}_{t_k b}\mathbf{\Pi}_{t_{k-1}t_k}\cdots\mathbf{\Pi}_{t_0t_1}\mathbf{\Pi}_{at_0} \tag{4.42}$$

式中，$\mathbf{\Pi}_{ba}$ 最小化了如下能量：

$$\|\boldsymbol{R}_e(n_a, n_b)\boldsymbol{F}_{t_0}\mathbf{\Pi}_{t_0a}\mathbf{\Pi}_{ab} - \boldsymbol{F}_{t_k}\mathbf{\Pi}_{t_kb}\|$$

式中，$\boldsymbol{R}_e(n_a, n_b)$ 为绕着 e 的旋转矩阵，将 $\boldsymbol{n}_a$（a 的法向）对齐 $\boldsymbol{n}_b$（b 的法向），摊平两个三角形面片之间的折角。

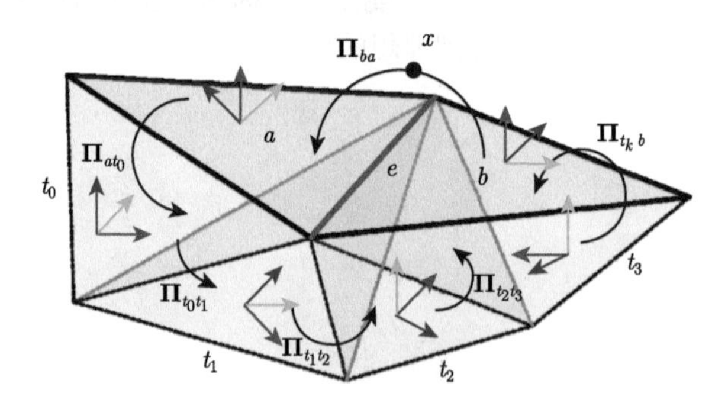

图 4.25　表面奇异边

所有奇异类型不是单位阵的边都是奇异边，构成了标架场奇异结构，这在六面体重网格化中扮演着重要角色。

4.3.2.4　标架场局部拓扑修复和优化

自动化地构造正交标架场，并通过比较相邻两个标架的差异来估算转移函数虽然简单，但得到的奇异结构往往含有大量的矛盾冲突，导致参数域退化而无法得到纯六面体网格。Li 等 (2012) 针对标架场中奇异边图所存在的矛盾，提出边塌缩方法来处理退化奇异边（如图 4.26 所示），而 Jiang 等 (2014) 则认为退化奇异边由多个绕单轴旋转的奇异边复合而成，并通过边分裂策略来处理复合奇异边，其核心是复合奇异边的局部调整。

整个奇异边图 (Singularity Graph) G 由内部和表面奇异边以及相连的顶点构成。下面两种情况将导致奇异边图对应的参数化退化，必须调整清除：

(1) 锯齿奇异边，即在一个四面体上有两条相连且具有相同类型的边。记两条边为 e_0 和 e_1，四面体为 t，则 $\mathbf{type}(e_0, t) = \mathbf{type}(e_1, t)$。这样的边在参数域中因被映射成一条直边而导致退化。

(2) 复合奇异边，即非单轴旋转的边。该边在参数域中因被映射为一个点而导致退化。此外，绕着单轴旋转 π 也被认为是一条复合奇异边，因为该边邻接 8 个相邻六面体，将导致极大的形变。

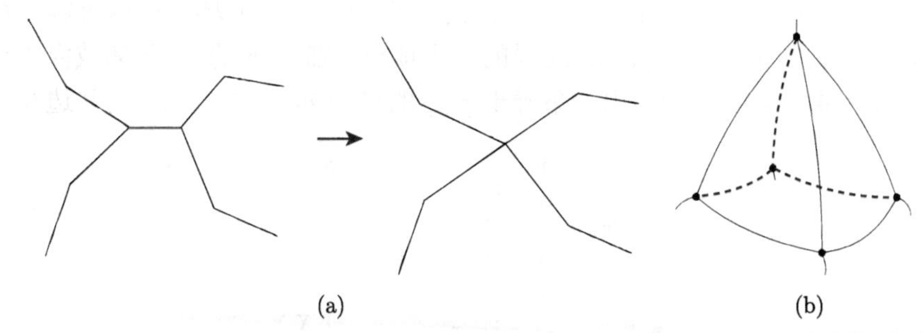

图 4.26　局部退化可被可靠地检测和修正，全局退化难以解决：(a) 局部退化情形；(b) 全局退化情形

这两类奇异边统称为不可容许奇异边。

从逼近论的视角来看，上述问题的根源在于光滑标架场不恰当的离散化。锯齿边的形成可以看作是四面体的边没有恰当地离散光滑标架场中的奇异线，而复合奇异边则可以被看成是多条相近的奇异线被融合到了同一条边。这样的问题在自动生成的标架场中大量存在，从而造成参数化的退化。基于以上分析，可以分两步来调整初始转移函数中的旋转来修复上述问题：首先“拉直”锯齿奇异边，然后将复合奇异边拆分成不会导致参数化退化的正常奇异边。具体操作如下：

(1) 去除锯齿边。如图 4.27 所示，在四面体 s 和 t 之间的三角形面片含有一条锯齿边 $\overline{pxq}$，类型 **type** 值为 $\boldsymbol{X}$。其旋转矩阵从 $\boldsymbol{\Pi}_{st}$ 改成 $\boldsymbol{\Pi}_{st}\boldsymbol{X}^{-1}$ 可以将 $\overline{px}, \overline{xq}$ 修改成非奇异边，同时第三条边 $\overline{pq}$ 的类型 **type** 值则由 $\boldsymbol{Y}$ 变成 $\boldsymbol{XY}$。这个操作可以形象地看成将奇异边 $\overline{px}, \overline{xq}$ 拉直为 $\overline{pq}$，并将它们

的类型叠加到 $\overline{pq}$ 上。如果 $\overline{pq}$ 的初始类型不是 $\boldsymbol{I}$，那么它可能会变成一条复合边，这在下一步的处理中将被分解成两条可容许边。容易发现，去除锯齿边有可能会引入新的锯齿边。不断重复上述过程，直至收敛。我们可以证明其收敛性，由于每一次操作后锯齿边总数呈单调下降，因此上述处理过程一定收敛。

(2) 拆分复合边。当去除奇异边图中所有的锯齿边后，剩下的不可容许奇异边就只剩下复合边了。为了去除它们，可以在复合边的 1-环邻域内将其拆分开来，既不影响其他奇异边，也不引入新的锯齿边。如图 4.28 所示，算法递归地寻找当前复合边的一个开端点 x（即仅连接一条复合边的顶点）。记其邻接的复合边上的顶点 q 以及在顶点 x 的 1-环邻域内可容许奇异边上的顶点 p，则对 p,x,q 这样的三个顶点，细分 x 的 1 -环邻域内的每个三角形面片，以便构造出一条异于 $\overline{pxq}$ 的路径 $\overline{py_1y_2\cdots y_nq}$。这些边和顶

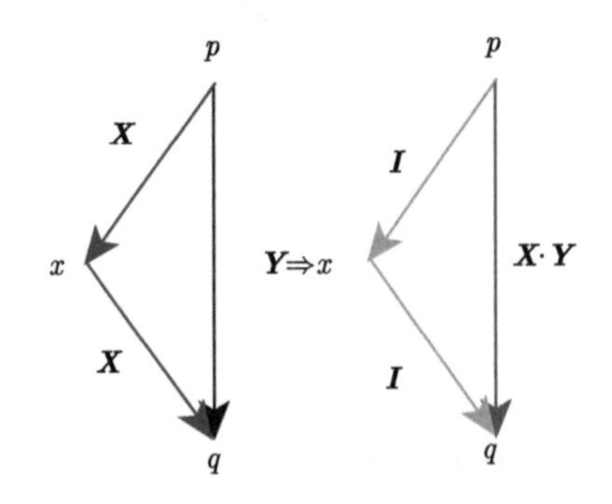

图 4.27　去除锯齿边

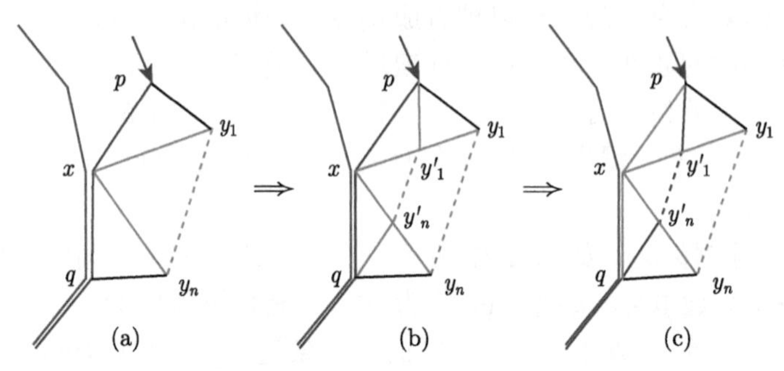

图 4.28　拆分一条复合边 $\overline{xq}$。灰色的边是非奇异边，黑色的是奇异边

点 x 构成了一个三角形面片带，其中每条边 $\overline{xy_i}$ 都是奇异边。为了避免在拆分复合边的过程中重新引入锯齿边，我们在每条边 $\overline{xy_i}$ 上插入中点来进一步细分该三角形带。这样获得的路径 $\overline{py'_1y'_2\cdots y'_nq}$ 完全在初始 1-环邻域内，且每条边类型都被初始化成非奇异边。用边 $\overline{px}$ 类型的逆矩阵乘上三角形面片带上所有面片转移函数中的旋转矩阵，即可将 $\overline{px}$ 转变成非奇异边，同时路径 $\overline{py'_1y'_2\cdots y'_nq}$ 变成可容许奇异边，其类型和 $\overline{px}$ 一样。这样的操作本质上是先拆分，然后平移奇异边线段 $\overline{pxq}$ 到新的路径。如果存在环状复合边，那么这种方法就会失败，这是由于环状边中不存在起止点。Jiang 等 (2014) 做了大量实验，尚未遇到这种情况。类似地，复合边调整的单调递减性保证了该处理方法最后可以收敛。

图 4.29 展示了真实数据中，奇异边调整的几种典型情况。为了让细节更容易被看清楚，用特写框来展示奇异边，其中紫色框代表锯齿边 $\overline{pxq}$，蓝色框代表复合奇异边 $\overline{pq}$。

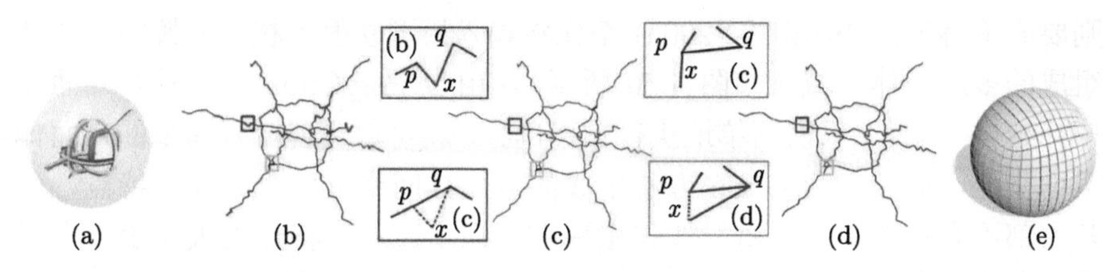

图 4.29　去除不可容许奇异边的例子：(a) 通过流线展示了标架场；(b) 初始奇异边图，含有很多不容许奇异边；(c) 红色为锯齿边，黑色为复合边；(d) 复合边的处理；(e) 经过奇异边校正所得到的六面体网格

上述奇异边调节方法通过修改转移函数的方式去除锯齿边和复合边，避免了后续参数化的退化，但同时增大了标架场的对齐误差，导致所得到的参数化容易扭曲过大。针对这一问题，我们可以最小化标架场 $\boldsymbol{F}$ 的对齐误差，优化更新转移函数，进而得到新的标架场 $\boldsymbol{F}$。这是一个非线性优化过程，为了提高计算的鲁棒性，首先忽略约束 $\boldsymbol{F} \in SO(3)$，求解一个线性系统来获取初值；然后将 $\boldsymbol{F}$ 上的正交性用软约束的方式引入非线性的罚函数 $w\|\boldsymbol{F}^\top\boldsymbol{F} - \boldsymbol{I}\|^2$，并在高斯-牛顿迭代中将其权重逐渐增加。迭代结束后，将所求得的解转化成最接近的 ZYZ 欧拉角表示，并用该表示再次最小化对齐误差。最后，把该解转换成 3×3 矩阵表示，使之严格满足旋转矩阵的

性质 $\boldsymbol{F} \in SO(3)$。

虽然局部的拓扑矛盾已被可证明地解决 (Jiang et al., 2014)，但仍无法从理论上保证得到无退化的奇异结构，其关键的因素来自于全局的拓扑矛盾（如图 4.26 所示）。值得注意的是，Mitchell (1996) 从六面体网格对偶结构出发讨论了局部和全局拓扑的退化问题，尽管相关结论主要适合于表面四边形网格驱动的六面体重网格化，对偶结构对研究普适的六面体重网格化的拓扑退化具有重要的参考意义。由于六面体网格的对偶结构能方便地刻画全局拓扑结构，这一方法也被应用于六面体网格的优化当中 (Gao et al., 2015)。遗憾的是，目前并没有方法将对偶结构与方向场生成方法有机结合起来。

4.3.3 基于多立方体结构的六面体重网格化

奇异线的全局退化是当前全自动六面体重网格化的一个关键难点。然而，对于具有多立方体 (PolyCube) 参数域的六面体网格，解决其退化问题则要简单得多。Tarini 等 (2004) 率先将输入模型映射为相互连接的长方体组成的多立方体区域（如图 4.30 所示）。由于 PolyCube 天然具有六面体拓扑结构，因此，只需简单地执行晶格剖分，就可以实现输入模型的六面体重网格化。通过 PolyCube 方法生成的六面体网格有一个重要的特点，即其内部不存在奇异线，奇异线仅出现在表面上。这个特点大大减少了全局拓扑矛盾冲突的可能性。

图 4.30　多立方体结构

早期的多立方结构需要较多的人工交互 (Tarini et al., 2004)，以确定其拓扑分割。Lin 等 (2008) 用启发式策略将模型分割为若干可用长方体逼近的形状来构造多立方体结构，但对于复杂模型其可靠性不佳。Gregson 等 (2011) 则通过极小化表面法向与最近轴方向的差异，逐步将模型形变为一个多立方体结构，有效降低了人工交互的工作量并提高了可靠性，但仍需事先将模型调整到一个合适的初始摆放位置，而且所得到的六面体网格质量也不够理想。Livesu 等 (2013) 基于图分割的离散优化策略，探寻模型表面每个三角形面片法向与六个轴向的最优对齐关系。虽然该方法在构造多立方体结构的同时考虑了六面体单元的质量，但它严重依赖于搜索策略，有时需要多次试错才能获得拓扑结构较优、单元质量较高的结果。Huang 等 (2014) 基于 ℓ_1 范数来优化构造多立方体结构，通过表面法向与轴方向对齐的对称表示，构造了可连续优化的变分问题，很好地解决了上述难题。此外，该方法还提供多样的拓扑和扭曲控制，能在简单控制参数下平衡六面体网格的拓扑复杂度和单元质量（如图 4.31 所示），是目前最先进的基于多立方体的六面体重网格化方法之一。

图 4.31　基于 ℓ_1 范数的多立方体结构生成

对于三角形面片的单位法向 $\boldsymbol{n}$，可以简单地利用 ℓ_1 范数 $\|\boldsymbol{n}\|_1 = |\boldsymbol{n}_x| + |\boldsymbol{n}_y| + |\boldsymbol{n}_z|$ 刻画其轴对齐的误差，即 $\|\boldsymbol{n}\|_1 - 1$。这样通过积分定义在三角形面片 b_i 上的正值偏差就可以度量当前的形状距离多立方体结构（PolyCube）有多远，即：

$$\sum_{b_i} \mathcal{A}(b_i, X)\|\boldsymbol{n}(b_i, X)\|_1 - \sum_{b_i} \mathcal{A}(b_i, X) \tag{4.43}$$

式中，$\mathcal{A}(b_i, X)$ 代表三角形面片 b_i 在坐标集 X 下的面积。容易发现，这个能量表示为三角形面片顶点坐标的函数，当模型变成 PolyCube 时达到最小值 0。然而当所有点塌缩成一点时，这个最小值同样也能达到。为了排除这样的平凡解，可增加一个等式约束来要求模型的表面积不变，因此，PolyCube 求解问题转变成：

$$\begin{aligned} \min_{X} \quad & \sum_{b_i} \mathcal{A}(b_i, X) \|\boldsymbol{n}(b_i, X)\|_1 \\ \text{s.t.} \quad & \sum_{b_i} \mathcal{A}(b_i, X) - \sum_{b_i} \mathcal{A}(b_i, \bar{X}) = 0 \end{aligned} \tag{4.44}$$

式中，$\bar{X}$ 为输入网格的初始顶点坐标集。这一非线性优化问题可迭代求解，其初值与模型的初始朝向密切相关。直观地，好的初始朝向应让尽可能多的三角形法向与坐标轴对齐。对于复杂模型来说，使用包围盒或主成分分析方法 (PCA) 预先调整输入网格的朝向，并不总能得到最优结果。为此，依然可以使用 ℓ_1 范数的思想，优化计算最佳旋转矩阵 $\boldsymbol{R}$:

$$\min_{\boldsymbol{R}} \frac{\sum_{b_i} \mathcal{A}(b_i, X) \|\boldsymbol{R}\boldsymbol{n}(b_i, X)\|_1}{\sum_{b_i} \mathcal{A}(b_i, X)} + \|\boldsymbol{R}^\top \boldsymbol{R} - \boldsymbol{I}\|_2^2 \tag{4.45}$$

这个目标函数同样含有 ℓ_1 范数, 但它的维度很低（$\boldsymbol{R}$ 是个 3×3 矩阵），所以很容易求解。在优化式（4.44）之前，以上式优化得到的旋转来变换输入网格，并以此为初值，能让结果扭曲更小。

有了能量函数的定义后，接下来就要考虑如何高效求解。有很多数值求解方法可用来求解 ℓ_1 范数问题。其中大部分方法通过寻找一个欠定线性系统的稀疏解，将原问题转化为一个凸优化问题。但由于式（4.44）中的 ℓ_1 范数非线性关联于优化变量 X 的法向，因此这些方法在此处并不适用。Huang 等 (2014) 采用 El-Attar 等 (1979) 的 ℓ_1 范数光滑逼近方法等效求解了上述优化问题。给定归一化法向的一个分量 $c \in [-1, 1]$，将绝对值 $|c|$ 替换为：

$$\tilde{c} = \sqrt{c^2 + \varepsilon} \tag{4.46}$$

式中，$\varepsilon \geqslant 0$ 是一个正则化参数，用来调节光滑性和精确度。较小的 ε 能更好地捕捉靠近 0 点处的快速变化，而较大的 ε 值则能得到更光滑地过渡，但收敛速度变慢。实际优化执行时，可从相对较大的 ε 出发，逐步减小。这一光滑近似方法在数值上比简单地将边界法向“贴附”到最近的坐标轴要好，它在保持能量光滑性的同时，能较好地保持 ℓ_1 范数的性质。

这个绝对值近似的梯度可用下式计算：

$$\nabla\tilde{c} = \frac{c}{\tilde{c}}\,\nabla c \tag{4.47}$$

其 Hessian 矩阵 $\nabla^2\tilde{c}$ 则由两部分构成：

$$\frac{\varepsilon}{\tilde{c}^3}\nabla c\nabla c^\top + \frac{c}{\tilde{c}}\nabla^2 c \tag{4.48}$$

式中，第二项并不一定是半正定的。为了得到半正定的 Hessian 矩阵以提高数值计算的稳定性，第二项可以用最接近的对称正定矩阵 (Symmetric Positive Definite matrix, SPD) 来近似。

值得注意的是，多立方体结构仅是内部无奇异线的六面体网格结构之一，尤其在亏格大于 0 的情况下，仅用多立方体结构往往难以获得单元质量最优的六面体网格。对于高亏格的模型，使用多立方体结构得到的六面体网格往往存在很大的扭曲形变和过多的角点，有时甚至无法满足模型上的关键特征约束。拓展多立方体结构到任意内部无奇异线的六面体拓扑结构，既不会增加解决全局拓扑退化的困难，又能明显提高六面体网格的质量，因此是一个非常值得研究的课题。

4.3.4 基于闭形式多立方体结构的六面体重网格化

三维标架场导引的 ℓ_1 多立方体方法生成的六面体网格集合仅是所有内部无奇异线的六面体网格集合的一个子集。例如，对于一个圆环体，上述方法得到的多立方体结构有 16 个角点，即最终得到的六面体网格模型表面有 16 个奇异点；如果考虑圆环体的拓扑结构，六面体网格在表面可以没有任何奇异点。实际上，这个全集可用闭形式（即恰当形式的超集）描述。基于闭形式多立方体的六面体生成方法所得到的六面体网格涵盖了所有内部无奇异结构的六面体网格 (Fang et al., 2016)。该方法基于内部无奇异线的三维标架场，并在该三维标架场的引导下去生成一个闭形式多立方体。前述的多立方体构造方法仅根据原始模型局部法向的朝向决定其参数域形态，缺少全局性的朝向指导。这对于高亏格模型，表现尤为明显。而基于标架场的闭形式方法可以克服之前方法过度依赖初始表面法向的局限性。因此，闭形式多立方体方法所得到的六面体网格不仅能更好地对齐表面的特征线（如图 4.32 所示），而且能得到质量更高的六面体网格。

首先，将输入的体网格通过添加割面的方式，切割成与球同胚的体网格，然后引入拓扑约束，为闭形式多立方体生成提供拓扑自由度。一般来说，输入体网格 $\mathcal{M}$ 的第一 Betti 数等于该网格所有边界的亏格数之和 (Dey et al., 1998)，这样对于 $\partial\mathcal{M}$ 中每个柄环，可以得到一个以该柄环为边界的切割面。对于拥有多个边界的体网格，$\partial\mathcal{M}$ 中每个柄环只是切割面的部分边界。这些切割面将模型的所有隧道环切开，使得切割后得到的网格第一 Betti 数为 0。

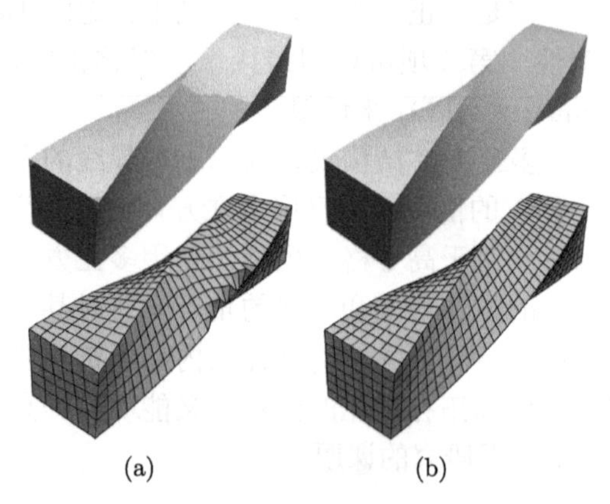

图 4.32 闭形式多立方体方法得到的六面体网格能更好地对齐表面的特征：(a) 为基于传统多立方体方法得到的结果；(b) 为基于闭形式多立方体方法得到的结果；第一行用三种颜色表示参数域表面法向的朝向

闭形式多立方体方法首先计算能对齐表面法向的三维标架场，该标架场在内部以非对称表示衡量光顺性。针对亏格不为 0 的模型，在柄环切割面处改以对称表示衡量标架差异，由此得到能对齐表面法向、内部光顺无奇异边但又能兼容 90° 整数倍跳变的三维光滑标架场。该方法同时考虑了表面对齐约束和内部光顺要求。下面简单介绍该光滑标架场的生成方法。

与前文基于球面调和函数定义的标架场不同，这里使用三维旋转矩阵 $\boldsymbol{R}$ 表达三维标架（矩阵的三行对应了三个方向向量），以降低出现内部奇异线的可能性。基于这样的一种表示方法，光滑三维标架场的生成可描述为以下的优化问题：

$$\begin{aligned}\min_{\boldsymbol{R}} \quad & w_f \int_{\mathcal{F}\backslash\mathcal{C}} \|\nabla \boldsymbol{R}\|^2 + w_c \int_{\mathcal{C}} \widetilde{\nabla} \boldsymbol{R} \\ & + w_a \int_{\partial\mathcal{M}} \|\boldsymbol{R}\boldsymbol{n}\|_1 + w_d \int_{\partial\mathcal{M}} \|\nabla(\boldsymbol{R}\boldsymbol{n})\|^2 \\ & + w_R \int_{\mathcal{M}} \|\boldsymbol{R}^\top \boldsymbol{R} - \boldsymbol{I}\|^2\end{aligned} \tag{4.49}$$

式中，$\mathcal{F}$ 表示输入体网格的面片集合，$\mathcal{C}$ 表示切割面处的面片集合，$\mathcal{F}\backslash\mathcal{C}$ 表示非切割面的面片集合，$\partial\mathcal{M}$ 表示输入体网格的表面面片集合，w_f、w_c、w_a、w_d 和 w_R 表示各项能量的控制权重。能量的前两项用于度量标架场的光滑性，∇ 表示标架场的梯度，切割面处标架场光滑性度量需要考虑标架的对称性，用符号 $\widetilde{\nabla}$ 表示切割面处标架场的梯度，具体定义如下所示：

$$\int_{\mathcal{C}} \widetilde{\nabla} \boldsymbol{R} \triangleq \sum_{t_i \cap t_j \in \mathcal{C}} w_{ij} \sum_{k=1}^{3} h\left((\boldsymbol{R}_{t_i}^\top \boldsymbol{R}_{t_j})_k\right)$$

式中，$w_{ij} = (V_{t_i} + V_{t_j})/(V_c d_{ij}^2)$，$V_c = \sum_{t_i \cap t_j \in \mathcal{C}} (V_{t_i} + V_{t_j})/d_{ij}^2$，$d_{ij}$ 表示相邻四面体单元 t_i 与 t_j 中心点之间的距离，V_{t_i}，V_{t_j} 分别表示四面体 t_i 和 t_j 的体积，$(\boldsymbol{R}_{t_i}^\top \boldsymbol{R}_{t_j})_k$ 表示 $\boldsymbol{R}_{t_i}^\top \boldsymbol{R}_{t_j}$ 的第 k 列，记该列向量的三个元素为 a, b, c，则 $h(a, b, c) = a^2b^2 + b^2c^2 + c^2a^2$；第三项用 ℓ_1 能量表达表面法向的对齐约束；第四项用于惩罚标架场在表面的局部不一致性；最后一项用于表达 $\boldsymbol{R}$ 的正交约束。

由于式（4.49）所定义的优化方程高度非线性，其求解需要一个合适的初值，这可以借助 4.3.2.2节所介绍的基于球谐函数的标架场表示方法 (Huang et al., 2011a) 得到。优化之前，需要基于切割后的体网格对初始标架场做全局对齐。在切割后的体网格中，将每个四面体作为树节点，将相邻四面体的公共面所对应的对偶边作为备选树边，每条边的权重设为两个相邻四面体单元中标架的最小对齐误差 $\min_{\Pi \in \mathcal{O}_c} \|\Pi \boldsymbol{R}_{t_i} - \boldsymbol{R}_{t_j}\|$，$\mathcal{O}_c$ 为前述包含 24 个旋转的立方体对称群。基于所有四面体节点和带有权重的备选边构建一棵最小生成树。由此对初始标架场做全局对齐，即从任意一个四面体出发，沿着该最小生成树的边做标架对齐，每条边的两个四面体节点分别对应了两个标架 $\boldsymbol{R}_{t_i}$ 和 $\boldsymbol{R}_{t_j}$，将 $\boldsymbol{R}_{t_i}$ 与 $\boldsymbol{R}_{t_j}$ 对齐得到新的标架 $\Pi_{i,j}\boldsymbol{R}_{t_i}$（$\Pi_{i,j}$ 是将 $\boldsymbol{R}_{t_i}$ 与 $\boldsymbol{R}_{t_j}$ 对齐的旋转矩阵）。将对齐后的标架场作为式（4.49）的初值，然后使用拟牛顿法进行优化。图 4.33 展示了一个初始的标架场及

其优化后的标架场。值得注意的是，优化得到的光滑三维标架场已经为后续计算提供了一个初始的表面法向对齐。

基于标架场的多立方体生成方法包含两个步骤：首先，基于已获得的光滑三维标架场，通过 Poisson 重建获得一个初始的体参数化；然后，基于该体参数化，使用 ℓ_1 能量获得表面对齐轴向的体参数化。上述两步计算均需要考虑切割面转移函数带来的约束。最后，在切割面和表面考虑整数约束，以获取最终用于抽取六面体网格的体参数化，进而晶格化得到六面体网格（如图 4.34 所示）。

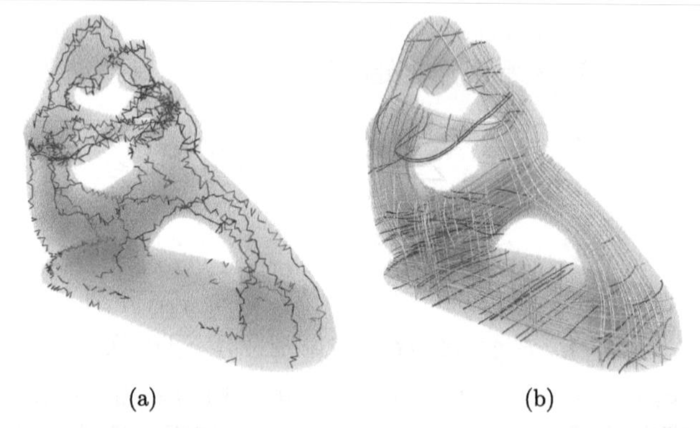

(a) (b)

图 4.33　标架场的优化：(a) 初始标架场中的奇异线；(b) 优化后得到的标架场，无内部奇异线

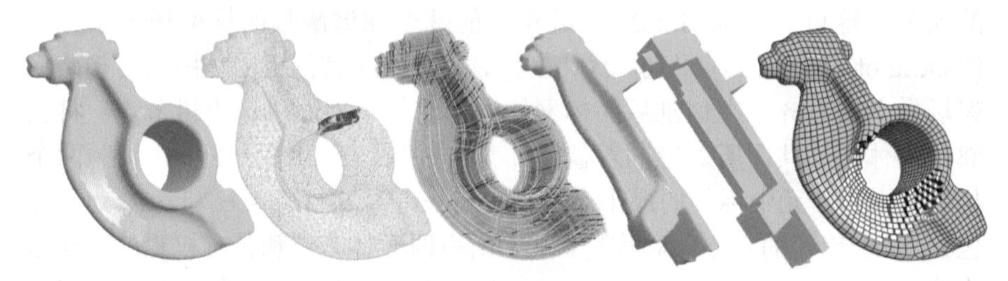

图 4.34　算法流程图，从左到右分别为：输入网格、切割面、体标架场、Poisson 重建结果、闭形式多立方体和最终的六面体网格

1. 初始体参数化

基于一个内部无奇异结构并且只在切割面具有转移函数的标架场，利

用 Poisson 重建可以获取一个初始的表面法向与轴向未严格对齐的参数化。对应的 Poisson 重建公式如下：

$$\min_{\overline{\boldsymbol{\mathcal{X}}}} \quad \int_{\mathcal{M}} \|\nabla \overline{\boldsymbol{\mathcal{X}}} - \boldsymbol{R}\|^2 \mathrm{d}V \tag{4.50}$$

式中，$\overline{\boldsymbol{\mathcal{X}}}$ 表示参数域中的顶点坐标，可以理解为从原空间到参数域的映射。

对于亏格非 0 的体网格 $\mathcal{M}$，切割面对应的约束可以用下式表示：

$$\Pi_{a,b}\overline{\mathcal{X}}_a(e) = \overline{\mathcal{X}}_b(e), \quad \forall e \in t_a \cap t_b \in \mathcal{C} \tag{4.51}$$

式中，$\Pi_{a,b}$ 是相应切割面的转移函数中的旋转部分，t_a 和 t_b 是相邻的两个四面体，e 为 t_a 和 t_b 的公共边，参数空间中对应的边表示为 $\overline{\mathcal{X}}_a(e)$ 和 $\overline{\mathcal{X}}_b(e)$。

在 Poisson 重建中，式（4.50）对应的优化是带有线性约束的二次规划问题，有全局最优解。图 4.34 展示了一个亏格为 1 的例子。

2. 基于 ℓ_1 范数的多立方体生成

利用上一小节中基于 ℓ_1 范数表示的多立方体生成方法，并考虑切割面的转移函数带来的约束，则闭形式多立方体生成问题可归结为如下优化问题：

$$\begin{aligned} \min_{\overline{\mathcal{X}}} \quad & E_{\text{arap}} + w_{\text{align}} E_{\text{align}} + w_{\text{diff}} E_{\text{diff}} \\ \text{s.t.} \quad & \overline{A}(\overline{\mathcal{X}}(\mathcal{M})) = A_{\partial\mathcal{M}} \\ & \Pi_{a,b}\overline{\mathcal{X}}_a(e) = \overline{\mathcal{X}}_b(e), \quad \forall e \in t_a \cap t_b \in \mathcal{C} \end{aligned} \tag{4.52}$$

式中，$A_{\partial\mathcal{M}}$ 为输入体网格的表面积，E_{align} 表示表面法向对齐约束，使用 ℓ_1 定义该能量项：

$$E_{\text{align}} = \sum_{f \subset \partial\mathcal{M}} \frac{1}{2A_{\partial\mathcal{M}}} \left\|(\overline{x}_j^f - \overline{x}_i^f) \times (\overline{x}_k^f - \overline{x}_i^f)\right\|_1 \tag{4.53}$$

式中，$(\overline{x}_i^f, \overline{x}_j^f, \overline{x}_k^f)$ 是表面三角形 f 的三个顶点坐标。该优化使用尽可能刚性（ARAP）能量项 E_{arap} 来控制畸变：

$$E_{\text{arap}} = \sum_{t \in \mathcal{M}} \frac{V_t}{V_{\mathcal{M}}} \left\|\nabla \overline{\mathcal{X}}_t - \text{polar}(\nabla \overline{\mathcal{X}}_t)\right\|^2 \tag{4.54}$$

式中，V_t 为四面体 t 的体积，$V_{\mathcal{M}}$ 为输入体网格 $\mathcal{M}$ 的体积，$\text{polar}(\nabla\overline{\mathcal{X}}_t)$ 表示形变梯度中的旋转部分，在每次迭代之初，由上次迭代得到的参数化坐标计算得到。这里的法向差异能量项 E_{diff} 用来控制多立方体的细节：

$$\begin{aligned}E_{\text{diff}} = &\sum_{f_i\cap f_j=e\in\partial\mathcal{M}\backslash\partial\mathcal{C}} \frac{A_{f_i}+A_{f_j}}{3A_{\partial\mathcal{M}}}\|\overline{\boldsymbol{n}}_i-\overline{\boldsymbol{n}}_j\|^2\\ &+\sum_{f_i\cap f_j=e\in\partial\mathcal{C}} \frac{A_{f_i}+A_{f_j}}{3A_{\partial\mathcal{M}}}\|\Pi_{ij}\overline{\boldsymbol{n}}_i-\overline{\boldsymbol{n}}_j\|^2\end{aligned} \tag{4.55}$$

式中，A_{f_i}、A_{f_j} 表示三角形面片 f_i 和 f_j 的面积，$A_{\partial\mathcal{M}}$ 为前面提到的输入体网格的表面积，$\overline{\boldsymbol{n}}_i,\overline{\boldsymbol{n}}_j$ 表示体参数域中三角形面片 f_i, f_j 对应的表面法向，计算公式如下：

$$\overline{\boldsymbol{n}}_i = \frac{(\overline{x}_j^{f_i}-\overline{x}_i^{f_i})\times(\overline{x}_k^{f_i}-\overline{x}_i^{f_i})}{\|(\overline{x}_j^{f_i}-\overline{x}_i^{f_i})\times(\overline{x}_k^{f_i}-\overline{x}_i^{f_i})\|_2} \tag{4.56}$$

在切割面附近的表面法向在参数域中需要考虑由于转移函数带来的旋转变换，即法向需要使用 Π_{ij} 进行变换，这里 Π_{ij} 表示体参数域中 $\overline{n}_i$ 到 $\overline{n}_j$ 的旋转变换。

对于亏格非 0 的模型，由于受到拓扑结构的约束，闭形式多立方体方法能得到质量更高的六面体网格（如图 4.35 所示）。在此，我们使用定标雅克比 (Scaled Jacobian) 来度量单元质量，其数值上等于六面体单元 8 个顶

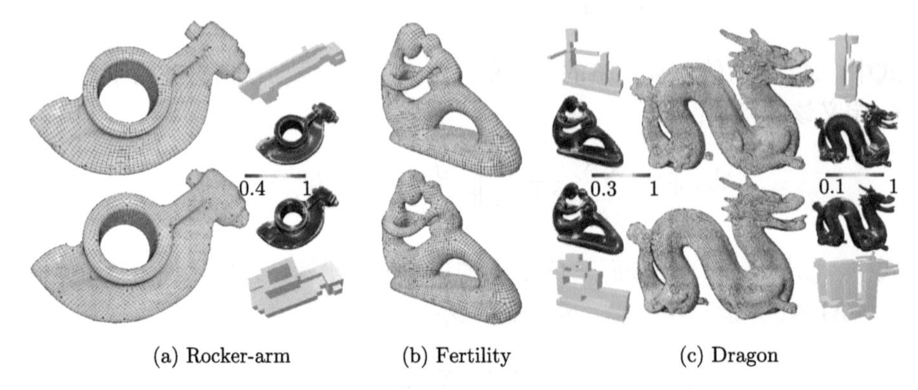

(a) Rocker-arm　(b) Fertility　(c) Dragon

图 4.35　与 ℓ_1 多立方体方法相比，闭形式多立方体方法生成的网格质量更高

点和中心点处形变梯度进行列向量归一化后的行列式值，能刻画单元的扭曲程度。其值为 1 时代表该六面体单元是长方体形状，具有优秀的数值性质；接近 0 时说明该六面体的剪切扭曲过于严重，会导致数值退化。如图 4.36 所示，对于 Fertility 模型，该方法得到的六面体网格中 75.3% 的六面体单元的 Scaled Jacobian 值在 $(0.9, 1]$ 范围，而 ℓ_1 多立方体方法 (Huang et al., 2014) 所得六面体网格在该范围内仅有 66.1% 的单元。总的来说，闭形式多立方体方法使用标架场作为导引场，优化结果与模型的初始位置无关，且边界对齐更加灵活可控，故能得到边界保持更优的结果，同时单元质量也得到了提升（如图 4.32 所示），这一优势与亏格大小无关。

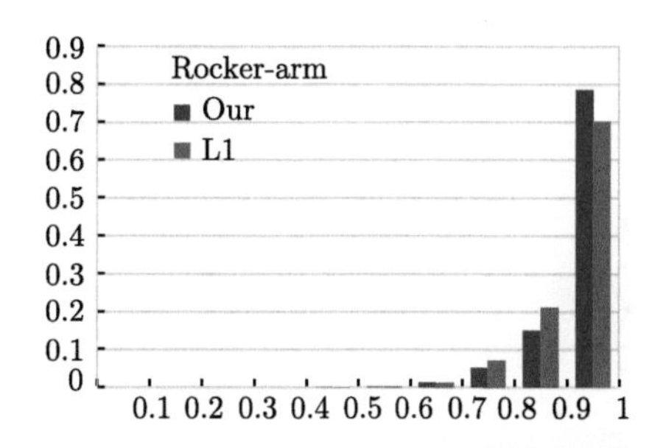

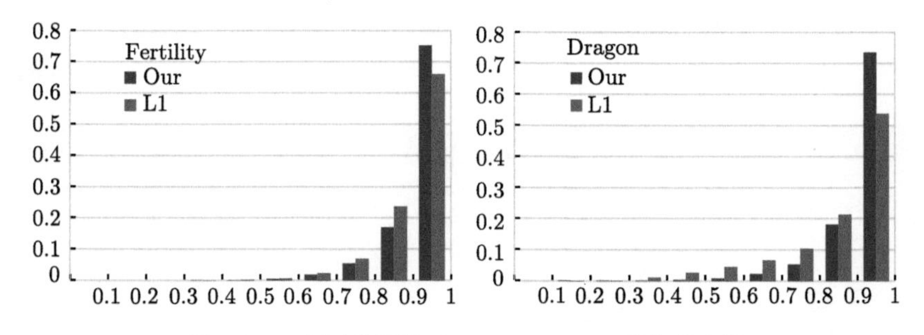

图 4.36 六面体网格 Scaled Jacobian 分布直方图

4.4 小结

四边形和六面体网格在几何处理和仿真计算中有着广泛的应用。随着微分几何计算理论的发展，近些年来涌现出了一批基于全局参数化的优秀方法，在可靠性、自动化程度、可控性和网格质量方面都取得了较大的提升。然而，除了前文提到的当前面临的挑战外，目前的方法在实际应用中仍然有着明显的不足。仅考虑几何形状而较少考虑具体应用的特点和需求，因此所生成的网格未必最适合于实际应用问题。虽然数值计算对网格的大多数要求都可以转化为标准的特征对齐、单元朝向和密度控制，但如何从数值计算中提取需求，相关的研究仍然不足。此外，在迭代计算中往往需要根据当前中间结果来进行网格的调整和优化，而已有方法大多需要较大的计算量才能获得高质量的网格，在每步迭代中直接应用这些策略往往得不偿失，并不能真正提高数值计算的效率。因此，四边形、六面体重网格化技术仍存在众多的挑战，值得进一步的深入研究。

第5章 三维形状分析

随着三维扫描和几何建模技术的发展普及，三维几何模型的数量不断积累，三维模型的形状分析和应用已成为重要的提升几何建模效率的手段之一。三维模型形状分析的目标是在人类知识的驱动和辅助下，对三维模型的结构和语义进行分析，主要研究解决形状的描述、理解、分类、匹配与相似性度量等问题，已成为数字几何处理的热点问题。目前，三维形状分析的研究主要集中在三维形状描述子、三维模型分割、模型匹配和模型合成等方面。

三维形状描述子是形状分析理解的关键。优秀的形状描述子具有三维形状的旋转和平移变换不变性，且对某些微小信息的变化不敏感，能够捕捉三维模型的主要特征属性。早期的形状描述子主要根据形状的几何和拓扑属性人工定义而成，但所定义的特征往往不具有通用性，很难在多个数据集和不同的任务上均表现良好。近年出现的基于学习的形状描述子自动提取方法，可以从模型中自动得到更好的形状描述子，得到了人们的高度关注。

在计算机视觉中，图像分割是二维图像识别和理解的基础。与此类似，几何模型的分割旨在将一个三维物体分解为若干个各自具有简单形状意义的子部分，是三维形状分析的基本问题之一，且广泛应用于网格参数化、多分辨率表达、网格编辑等离散几何处理问题中。此外，利用已有的三维几何模型编辑构造出新的模型已成为高效三维建模的重要手段，这就要求用户能够准确地从模型库中匹配搜索到所需的模型。

本章将从三维模型的形状描述出发，重点介绍三维模型分割、匹配和检索等方法。

5.1 人工定义的形状描述子

形状描述子主要用于形状的表达和形状分析的度量。根据其描述的特性，它可分为全局形状描述子和局部形状描述子。具体地，如形状分类、识别与检索等三维形状分析问题，需要利用全局形状描述子将一个三维模型映射为描述子空间的一个向量，不同形状的相似性可由对应的形状描述子向量的某种距离进行度量；而局部的形状对应、相似性等几何分析问题，则需要采用局部形状描述子来将模型的局部信息映射为形状描述子向量。

一个三维模型的形状可以从多个角度去刻画，这导致三维形状的描述子具有多样性。用户可根据实际需求选择恰当的形状描述子。在形状分析中，一种优秀的形状描述子应具有如下特性：可区分性（能突出特性）、鲁棒性（不受噪声与形变的影响）、紧凑性（用较小的维度来表达）与高效性（计算快速高效）等。

5.1.1 人工定义的全局形状描述子

近年来，为满足三维模型的形状分析，涌现出了许多优秀的三维形状的全局形状描述子。典型的有扩展高斯图 (Extended Gaussian Images, EGI) (Horn, 1984)，三维形状直方图 (3D Shape Histograms) (Ankerst et al., 1999)，球面谐波 (Spherical Harmonics，SH) (Saupe et al., 2001)，形状分布描述子 (Shape Distributions) (Osada et al., 2002)，光场描述子 (Light-Field Descriptors，LFD) (Chen et al., 2003)，3D Zernike 矩 (3D Zernike Moments) (Novotni et al., 2003) 等。下面介绍几种典型的形状描述子。

扩展高斯图描述子借助高斯球的概念。将三维模型表面每点映射到单位球上具有相同表面法向的点来构造高斯球 (Horn, 1984)。具体地，将一个物体表面点的法向起点放在球中心，则该矢量所在的射线与球面交于一点，该点不仅用来标记表面朝向，而且放置与对应表面面积数值上相等的质量。一旦完成对所有模型表面点的处理，就可得到该模型的扩展高斯图（如图 5.1 所示）。由微分几何理论知，高斯曲率 K 为高斯球上一个区域 δS 与模型表面对应区域 δO 的比值当 δO 趋于零时的极限，即：

$$K = \lim_{\delta O \to 0} \frac{\delta S}{\delta O} = \frac{\mathrm{d}S}{\mathrm{d}O} \tag{5.1}$$

这样扩展高斯图被定义为：

$$G(\xi,\eta)=\frac{1}{K(u,v)} \tag{5.2}$$

式中，(u,v) 表示物体表面点的坐标，(ξ,η) 表示该点在高斯球上的对应点坐标。扩展高斯图由于编码了模型表面的法向信息和曲率信息，一定程度上刻画了模型的全局几何形状。

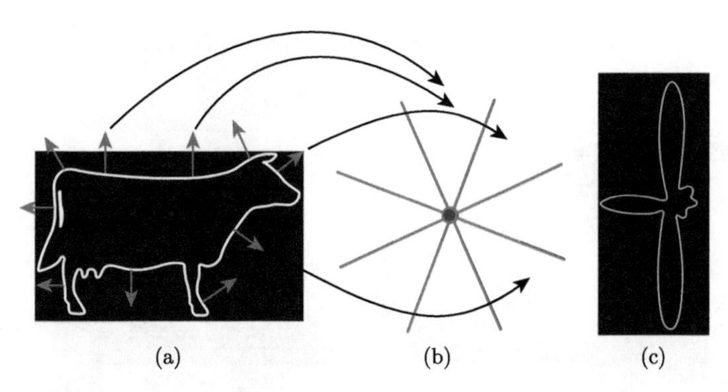

图 5.1 扩展高斯图描述子 (Horn, 1984)：(a) 模型；(b) 角度分区；(c) 扩展高斯图

形状分布描述子是一种基于统计特征的方法，通过定义合适的可度量三维模型几何特性的形状函数，进而利用采样该形状函数得到的概率分布来刻画其几何形状。为了后续度量的精确性，首先对模型作平移、旋转、缩放变换，使其大小、方向和坐标原点保持一致；然后选取恰当的分布函数，如 Osada 等 (2002) 所定义的五种形状分布函数：$A3$ 距离（模型表面任意三点所形成的角度值）、$D1$ 距离（模型中心到表面任意点的距离）、$D2$ 距离（模型任意两点间的距离）、$D3$ 距离（模型表面任意三点所组成的三角形的面积）和 $D4$ 距离（模型表面任意四点所组成的模型体积）（如图 5.2 所示）；最后，计算得到特征分布直方图。

光场描述子是一种视觉相似性（如果两个模型是相似的，则从任何视角观看二者均应相似）度量的形状描述子 (Chen et al., 2003)。对给定的模型，首先将光场相机均匀安放在包围模型的十二面体的 20 个顶点上，可绘制得到二十张不同的二维图像，则一个光场描述子定义为由这二十张图像提取的特征所构成的向量（如图 5.3 所示）。为了提高鲁棒性，相机系统经十次旋转，每个模型将由包含十个不同形状描述子的集合来表达。

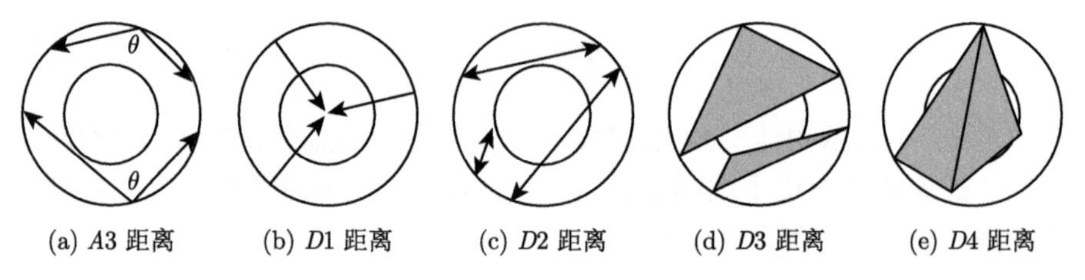

图 5.2　二维形状分布描述子 (Osada et al., 2002)：五种形状分布函数

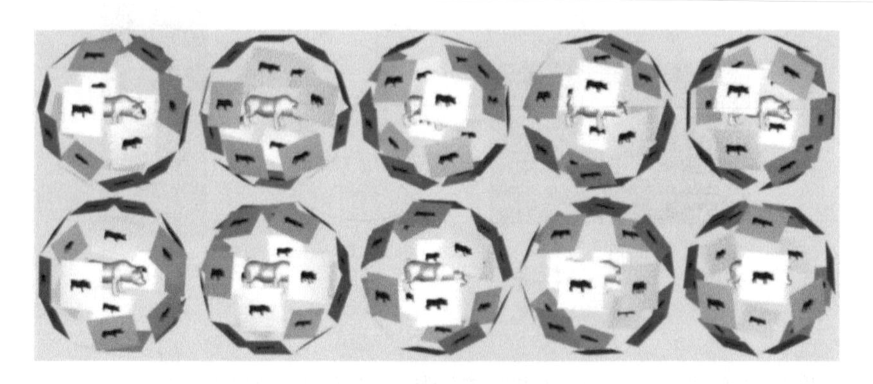

图 5.3　光场描述子 (Chen et al., 2003)

另外，3D Zernike 矩描述子是单位球上的正交旋转不变矩，具有旋转不变、鲁棒、冗余性小、多层次表达等特点，能有效描述复杂形状模型 (Novotni et al., 2003)。

5.1.2　人工定义的局部形状描述子

三维形状的局部形状描述子刻画了模型局部区域的形状特征，也得到了深入研究和定义，例如旋转图像 (Spin Image, SI) (Johnson et al., 1999)、形状上下文 (Shape Contexts, SC) (Belongie et al., 2002)、平均测地距离函数 (Average Geodesic Distance Functions, AGD) (Zhang et al., 2005)、形状直径函数 (Shape Diameter Function, SDF) (Shapira et al., 2010) 和热核特征 (Heat Kernel Signature, HKS) (Bronstein et al., 2011) 等。下面介绍两种典型的局部形状描述子。

旋转图像 (Spin Image) 描述子是基于点云分布的形状描述子 (Johnson et al., 1999)（如图 5.4 所示），是二维旋转图像描述子在三维的推广。网格上某点 p 的描述子的构造过程如下：

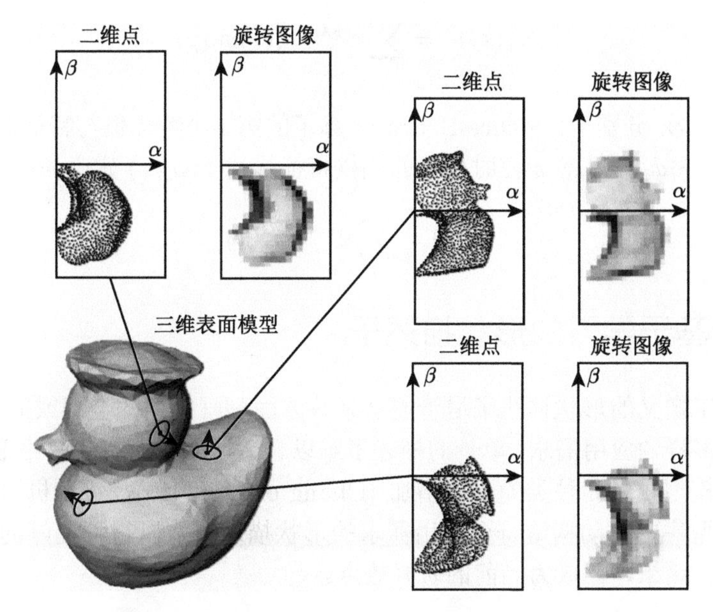

图 5.4 旋转图像描述子 (Johnson et al., 1999)，鸭子模型上的三个顶点的旋转图像

(1) 以 p 及其法向 $\boldsymbol{n}$ 为轴生成一个圆柱坐标系；

(2) 在 p 的切平面上定义二维的旋转图像，即按径向角度及至 p 的距离等分为若干个桶 (bins)；

(3) 将圆柱内的网格顶点投影到二维旋转图像中；

(4) 根据二维旋转图像中落入每个桶的点来计算其强度（可以有不同的计算方法）；

(5) 由这些桶的强度统计分布图得到描述子。

热核特征描述子是由扩散几何理论所定义的形状描述子 (Bronstein et al., 2011)。网格表面 $\mathcal{M}$ 上的热扩散行为由下式定义：

$$\frac{\partial \boldsymbol{K}_t}{\partial t} = -\boldsymbol{L}\boldsymbol{K}_t \tag{5.3}$$

式中，$\boldsymbol{K}_t$ 表示在扩散时间 t 时的热核，$\boldsymbol{L}$ 为 Laplace-Beltrami 算子。基于谱分解定理，在 $t=0$ 处网格表面 $\mathcal{M}$ 的初始 δ 分布，则上述方程的基本解（又叫热核）为：

$$\boldsymbol{K}_t(x,y)=\sum_i \mathrm{e}^{-\lambda_i t}\boldsymbol{\phi}_i(x)\boldsymbol{\phi}_i(y) \tag{5.4}$$

式中，$\lambda_i, \boldsymbol{\phi}_i$ 分别为 Laplace-Beltrami 算子的第 i 个特征值与特征向量，即 $-\boldsymbol{L}\boldsymbol{\phi}_i=\lambda_i\boldsymbol{\phi}_i$。则点 x 在时刻 t 的热核特征描述子 $p_t(x)$ 定义为：

$$p_t(x)=\sum_i \mathrm{e}^{-\lambda_i t}\boldsymbol{\phi}_i^2(x) \tag{5.5}$$

5.2 基于学习的形状描述子

人工定义的形状描述子尽管能从某些方面刻画模型的全局或局部特征，但面对多样的应用需求，单一的描述子难以普适地刻画所有的三维形状。随着三维模型数量和种类的不断增加 (Chang et al., 2015)，借助机器学习方法从模型集中自动构造符合应用需求的形状描述子，以得到更好的形状描述和分析结果，已成为当前的研究热点。

5.2.1 基于学习的全局形状描述子

从样本模型数据中学习得到的全局形状描述子的方法已有很多，典型的有：基于判别自编码器 (Discriminative Auto-encoder) (Xie et al., 2015)、基于浅层度量学习 (Shallow Metric Learning) (Ohbuchi et al., 2010)、基于字典学习 (Bags-of-words Model) (Lavoué, 2012)、基于稀疏编码 (Sparse Coding) (Litman et al., 2014)、基于体素形状表示 (Voxel-based Shape Representations) (Qi et al., 2016; Song et al., 2016b) 和基于几何图像 (Geometry Images) (Sinha et al., 2016) 等的形状描述子。这些方法各有特点，有关基于深度神经网络的几何学习方法可参考本书第 8 章。下面介绍两种基于学习的全局形状描述子构造方法。

基于判别自编码器训练得到的形状描述子具有对变形不敏感的特性，能够有效地表达形状 (Xie et al., 2015)，其构造过程如图 5.5 所示：

(1) 输入：C 类形状，每一类形状有 J 个样本；

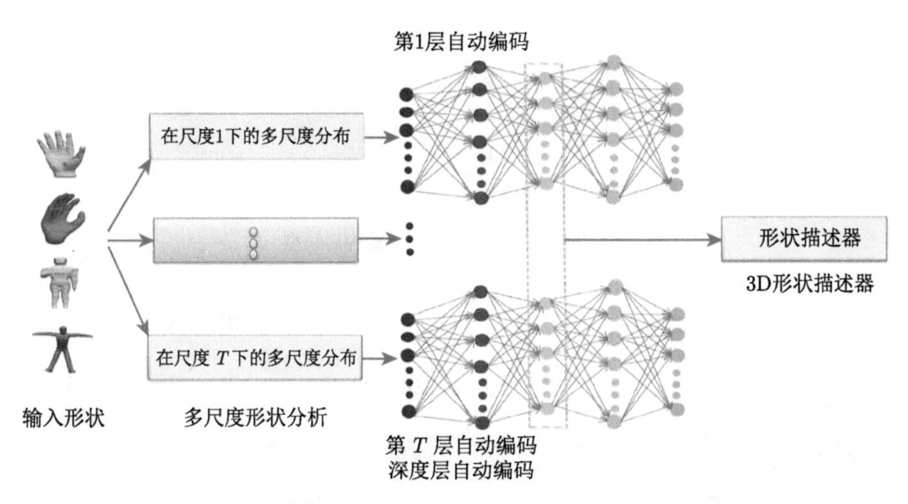

图 5.5 基于判别自编码器的三维形状描述子 (Xie et al., 2015)

(2) 多尺度形状分布：对每一尺度 (Scale)，以热核特征 (Heat Kernal Signature, HKS) 为形状函数，得到该尺度下形状的热核特征的分布，提取这些不同尺度下的热核特征分布形成形状的低层特征；

(3) 判别自编码：将上述低层特征作为判别自编码器的输入，训练一个判别自编码器，学习得到该编码器的各个隐藏层的高层特征；

(4) 输出：利用判别自编码器隐藏层的激活函数得到形状描述子。

直接使用卷积神经网络 (CNN) 来进行三维形状的学习需要先将三维模型数据变换到规则区域上。Sinha 等 (2016) 将一个三维模型参数化到平面正方形区域，成为几何图像，然后使用标准的 CNN 学习得到三维形状描述子。算法如下（如图 5.6 所示)：

(1) 输入：三维模型。

(2) 球面参数化：采用球面参数化将模型表面映射到球面上。

(3) 几何图像生成：将参数化得到的球面投影到八面体上并将其切割成正方形，进而采样创建几何图像。

(4) CNN 学习：将几何图像送入标准的 CNN 网络进行学习，提取得到形状特征。

(5) 输出：学习得到的形状特征即为该模型的形状描述子。

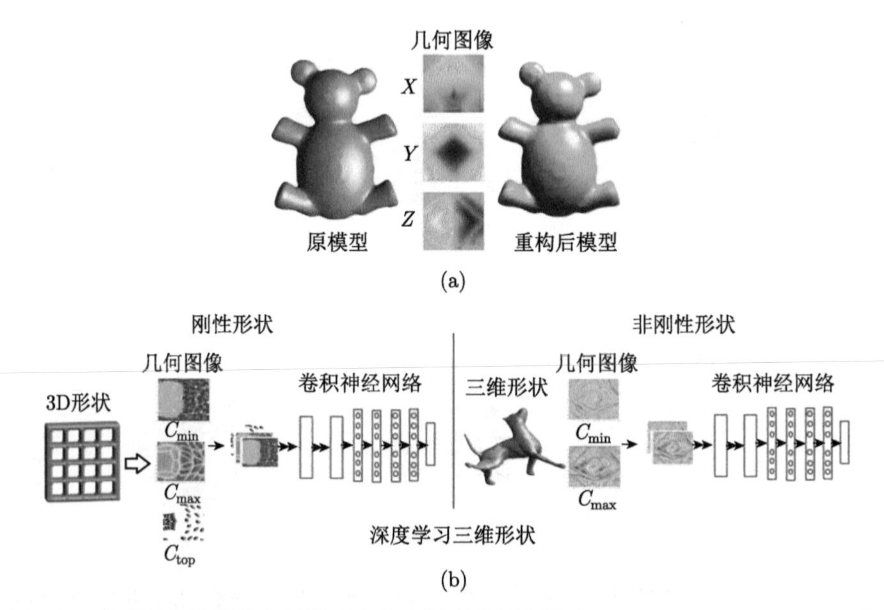

图 5.6 基于几何图像卷积神经网络的三维形状描述子 (Sinha et al., 2016)：(a) 三维形状的几何图像；(b) 卷积神经网络学习框架

5.2.2 基于学习的局部形状描述子

由于三维模型通常拥有点云、网格、体素等不同的表达方式，且大多数表达是非规整的，因此难以直接利用深度学习方法来分析提取三维模型的特征信息。典型的神经网络学习架构需要高度规整的输入数据格式（如图像像素或三维体素等表示），因此要么将三维数据转换为规整空间表达，直接使用传统学习框架来进行计算；要么根据模型的几何拓扑信息构造新的学习框架来进行分析。基于这两类研究思路，近年来涌现出了许多用来刻画局部几何形状的学习方法。

1. 基于多视角 CNN 的局部描述子

基于多视角的卷积神经网络训练得到了一种局部形状描述子 (Huang et al., 2018)，其神经网络的输入为三维形状表面的任一点 p，输出为该点的形状描述子 $\boldsymbol{X}_p \in R^D$，式中 D 为输出描述子的维数。构造算法如下（如图 5.7 所示）：

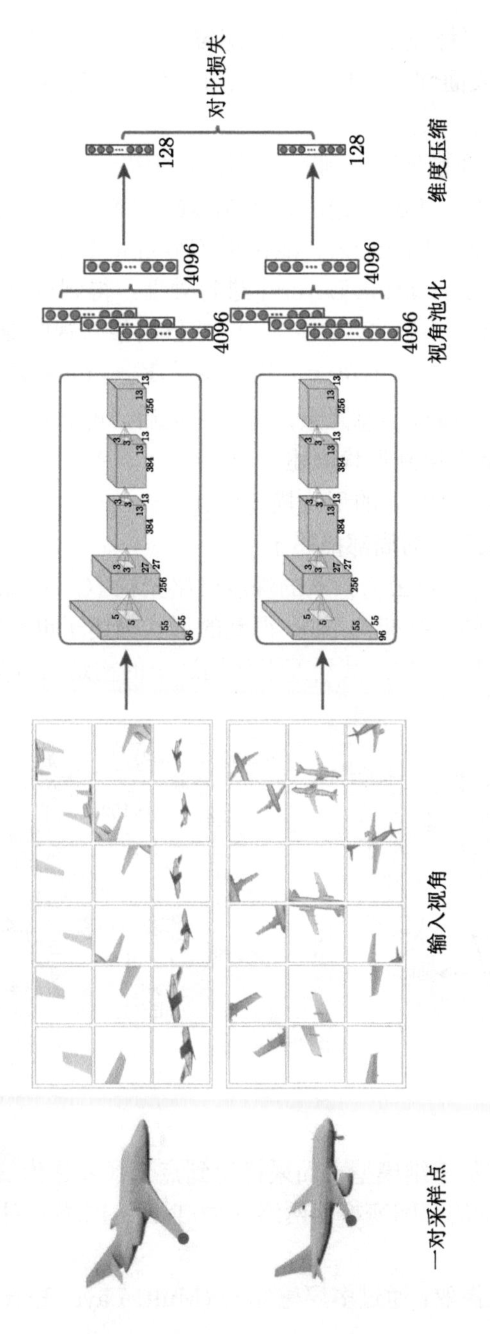

图5.7　基于多视角CNN的局部描述子(Huang et al., 2018)，用于两架飞机机翼尖点的描述

(1) 预处理：对采样点 p，根据视点配置绘制得到一组图像，多尺度地描述了点 p 的局部表面邻域信息。Huang 等 (2018) 为每个点均配置了 36 幅图像；

(2) 输入：点 p 经预处理得到的一组绘制图像；

(3) 视图池化 (View-Pooling)：采用 AlexNet 将上述绘制图像集依次经过卷积层 (Convolutional Layers)、池化层 (Pooling Layers) 和非线性变换层 (Non-linear Transformation Layers) 进行处理，得到点 p 处与图像有关的多个形状描述子 $\boldsymbol{Y}_{v,p}$ $(v=1,2,\cdots,36)$，并依据最大视图池化 (Max-view Pooling) 策略，计算出点 p 的单一形状描述子 $\boldsymbol{Y}_p=\max\limits_v(\boldsymbol{Y}_{v,p})$；

(4) 维度压缩：为减少信息冗余，视图池化后，再添加一层线性变换层来实现维度压缩，从而得到形状描述子 $\boldsymbol{X}_p$；

(5) 输出：$\boldsymbol{X}_p$ 即为点 p 的形状描述子。

2. 基于 PointNet 的局部描述子

PointNet 是一种以点云为输入的深度网络架构 (Qi et al., 2017)。针对不同的应用，其具体的网络架构不同，得到的形状描述子也有所不同。图 5.8 给出了形状分类的网络架构，其局部形状描述子的构造流程如下：

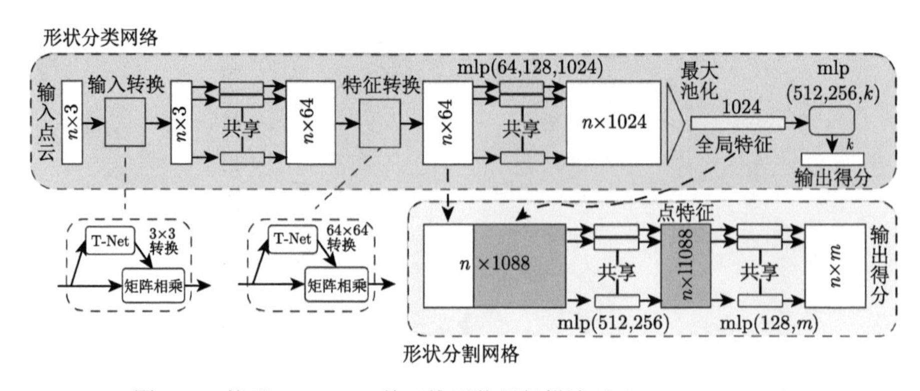

图 5.8　基于 PointNet 的三维形状局部描述子 (Qi et al., 2017)

(1) 输入：直接从三维模型表面采样得到点云（表达为三维点的集合），并利用仅依赖于数据的空间变换器网络（如 T-Net 网络）对该点云作规范化处理；

(2) 采样点特征提取：通过多层感知器 (Multi-Layer Perceptron, MLP)

初步得到采样点特征；然后采用 T-Net 网络学习得到一个特征变换矩阵，用于对齐来自不同输入点云的特征 $F=\{f_1,f_2,\cdots,f_n\}$，式中 f_i 为第 i 个点的特征；再经过多层感知器，得到高级采样点特征；

(3) 对称操作：在网络中添加最大池化 (Max Pooling) 层作为对称函数，以便整合点云各点的信息，从而得到所需的点云全局特征；

(4) 输出：点云的全局特征作为其形状描述子。

当 PointNet 用于形状分割时，由于对点的分割需要整合点的局部和全局信息，因此其网络架构有所不同，具体算法如下：

(1) 网络基础：执行上述分类问题的网络，得到采样点的局部特征与全局特征；

(2) 局部和全局信息整合：将全局特征串联接入每个采样点的局部特征，得到采样点的特征，进而通过多层感知器，学习得到高级采样点特征；

(3) 输出：由高级采样点特征组成的点云特征就是其形状描述子。

3. 基于 EdgeNet 的局部描述子

EdgeNet (Chen et al., 2019) 是一种基于边的对三维形状进行深度度量学习的框架，可以直接应用于局部形状描述子的提取，并且所得到的形状描述子可以用于形状的匹配、分类、分割以及局部配准。其核心思想是：以边为单位通过保持两个三维几何形状在深度特征空间的对应关系，使得学习到的描述子内蕴局部结构属性。其网络框架直接以点云作为输入，并设计了三个能量函数来完成网络训练。第一项双三元组损失函数用于保证特征空间中对应点的对应关系，第二项旋转变换损失函数用于保证经对齐变换后的对应边仍具有对应关系，第三项平滑项损失函数用来保持特征空间中相邻点特征的相似性。通过以上能量函数训练得到的特征具有局部内容感知、局部结构感知和对称性。实验表明，该网络学习到的局部描述子性能优于现有的相关方法，且在形状分析任务（如形状分割、部分匹配以及形状搜索等）有着较好的表现。图 5.9 给出了该网络的整体框架，其中，a 和 b 表示锚模型 S 上的两个点，a^+ 和 b^+ 表示模型 S^+ 上的对应点，a^- 和 b^- 表示在模型 S^+ 上任意取的两个点。

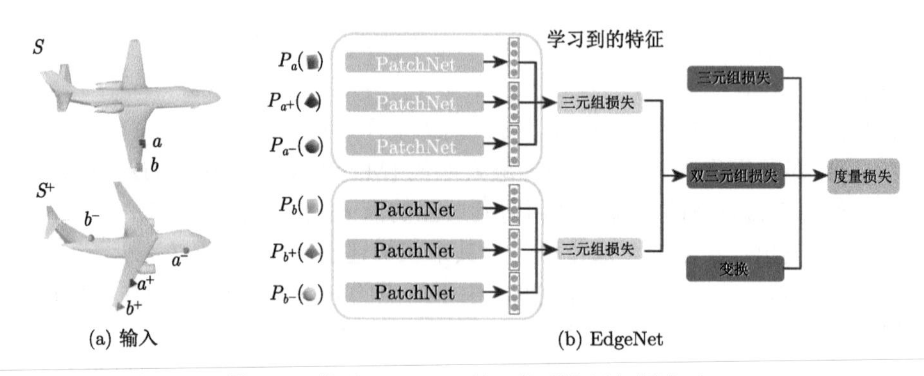

图 5.9 基于 EdgeNet 的三维形状局部描述子

5.3 网络模型分割

三维模型分割是离散几何处理和形状分析的一个重要课题，旨在将一个三维模型分解为若干个具有简单形状意义（通常称为“语义”）的子部分（如图 5.10 所示）(Theologou et al., 2015; Rui et al., 2018; Fan et al., 2012)。模型分割在理解三维形状和降低网格处理的计算复杂度等方面起着重要作用，广泛应用于网格参数化、多分辨率表达、网格编辑等离散几何处理方法中。

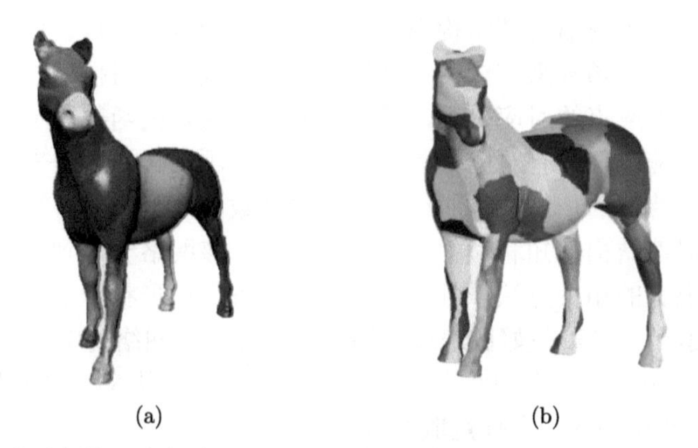

图 5.10 形状分割的两种类型：(a) 基于部件的分割 (Lee et al., 2005)；(b) 基于区块的分割 (Sander et al., 2001)

从分割结果来看，模型分割分为两种类型：基于部件 (Part-type) 的分

割和基于区块 (Patch-type) 的分割。基于部件的分割将网格模型分解为若干个在视觉上有语义的子部件（如图 5.10（a）所示），基于区块的分割则把网格模型分解为若干个拓扑同胚于圆盘的子区块（如图 5.10（b）所示）。由于基于区块的分割一般用于三维模型的 UV 参数图生成和纹理映射，因此本小节仅介绍与形状分析相关的基于部件的分割方法。

子部件的语义分割是一个极具挑战性的问题。一方面，子部件的“语义”概念涉及人类对几何形状的主观认知，非常复杂且难以定义。虽然视觉认知理论的极小值法则 (Minima Rule) (Hoffman et al., 1984) 可用来量化物体语义特征部位的边界，但是仍然难以对语义形状做出严格定义。另一方面，不同的用户对同一模型的分割结果有不同的要求。如图 5.11 所示，同一个形状可以有不同的层次分割结果，需要根据不同的应用目的来做出选择，因此，在实际应用中须通过引入用户的交互信息来指导模型的分割，以实现用户的分割意图。

图 5.11 同一模型在不同用户需求下所对应的不同层次的分割结果 (Katz et al., 2003)

5.3.1 全自动形状分割

大多数三维形状自动分割算法受二维图像分割工作的启发推广而来，比如区域增长算法、分水岭算法、均值漂移 (Mean-shift) 算法等。这些三维形状分割算法一般考虑三维模型的各种几何特征和拓扑结构信息（如尖锐特征、形状骨架、测地距离、内蕴对称等），各有优缺点。Chen 等 (2009) 给出了测评数据集和具体度量方法，衡量和比较了各种全自动形状分割算法的性能。下面介绍几种常见的全自动形状分割方法。

基于聚类的形状分割方法的基本思想是将模型表面网格看成图结构，计算每个顶点（节点）到聚类质心的距离，从而将网格的面或顶点优化分配到最近的聚类簇。算法首先定义相邻节点之间的权重，并计算每个节点与预定义的种子集合或最终聚类簇的代表之间的距离。种子元素的位置通常通过最大化它们之间的两两距离之和来确定，聚类的数量通常由用户提供或启发式得到。

给定一个模型的表面网格 M，n_j 为其元素（可以是三角形面元或顶点），分割算法的目标是将每个元素 n_j 赋予分割集 $S = \{S_1, S_2, \cdots, S_N\}$ 中的某个元素 S_i。这可通过极小化如下能量来达到目的：

$$E = \sum_{S_i \subset M} \sum_{n_j \in S_i} D(n_j, \text{seed}_i) \tag{5.6}$$

式中，seed_i 为分割子集 S_i 的种子元素，$D(\cdot,\cdot)$ 为两个元素之间的距离函数。一般有两种聚类方法，即直接法和迭代法。直接聚类法直接将初始聚类确定为最终分割结果；而迭代法则不断交替更新种子和聚类，得到分割结果。

大部分方法以三角形面片为单元进行聚类，面片之间的距离属性是聚类的关键，通常利用面片之间的角度和测地线距离进行度量。Shlafman 等 (2002) 定义相邻面 f_j 与 f_j 间的距离为：

$$D(f_i, f_j) = (1-\delta)(1-\cos^2(\theta_{ij})) + \delta \cdot \text{geod}(f_i, f_j) \tag{5.7}$$

式中，θ_{ij} 是两个面片间的二面角，$\text{geod}(f_i, f_j)$ 是两个面片 f_i, f_j 质心之间的测地距离。用户预先指定分割块数，算法自动地选取初始种子元素，使之到网格各个不连通分支的质心最近。然后，迭代地添加面片，直至满足目标分割块数。最后，交替执行如下迭代步骤：把所有面片归类到距离它最近的种子元素所在的类，对所有聚类区域重新调整种子元素为其中心元素，直到最后收敛为止。

为提高计算效率，Katz 等 (2003) 提出了基于 k-均值模糊聚类的层次分解算法。算法由粗到精、自上而下地执行。从最初的原始网格作为唯一的聚类开始，递归地在当前结点处估算合适的区域分割数 k ，并执行 k-way 分割操作将其分割为 k 个子结点。算法的关键是先发现有语义的网格部位并保持分割区域边界的模糊性，然后基于模糊距离和最小切原理对模糊区域进行处理，精化区域间的特征边界。两个面片的相似度用两个面片的质心测地距离和法向夹角距离的加权平均表示，定义如下：

$$D(f_i, f_j) = (1-\delta) \cdot \frac{\mathrm{Conc}(f_i, f_j)}{\mathrm{avg}(\mathrm{Conc})} + \delta \cdot \frac{\mathrm{geod}(f_i, f_j)}{\mathrm{avg}(\mathrm{geod})} \tag{5.8}$$

式中，$\mathrm{Conc}(f_i, f_j) = \eta(1-\cos\theta_{ij})$ 是面 f_i 与 f_j 的角度距离（θ_{ij} 为其法向间的夹角），avg(geod) 和 avg(Conc) 分别表示网格模型中所有邻接面片的测地距离和角度距离的平均值。算法以模糊隶属度刻画一个面片属于一个分割子区域的概率，即采用 k-均值迭代聚类法精化概率值，得到一个模糊分解，进而使用最小切割算法提取精确边界，形成模型的最终区域分割（如图 5.12 所示）。

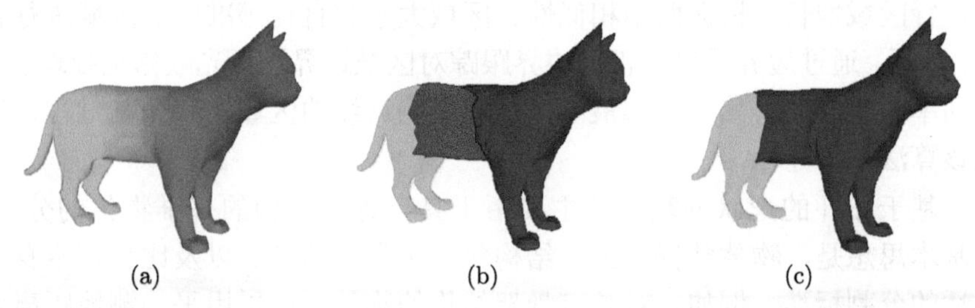

图 5.12 基于模糊聚类的形状分割 (Katz et al., 2003)：(a) 为属于同一片的面分配一个概率；(b) 红色表示模糊区域；(c) 使用最小图割算法得到精确边界

鉴于分割结果对元素的精确位置一般不敏感，Lai 等 (2008) 进一步使用 k-均值聚类算法来实现三维模型的自动分割。根据相似性标准，将非种子三角形面片聚集在先前创建的分割区域中。该准则依赖于边是否成为凹边的权重和边的长度，计算从每个非种子三角形面片开始的随机路径到达每个种子三角形面片的概率。然后，根据聚类之间的相对距离对初始聚类进行分层次合并，直到聚类数目达到用户输入的分割块数为止。

区域增长法是最早的网格分割技术之一。该方法首先为每个顶点或面片关联一个几何属性值（如曲率），进而选择一些该属性的局部极值点作为种子点，开始往周围扩展直到满足终止条件。一般来说，区域增长分割方法的结果很大程度上取决于所使用的属性和终止条件。与聚类方法不同，区域增长策略不利于分割成大的区块，其结果更依赖于最初的种子选择。区域增长过程中种子并不会改变，不好的种子通常通过后处理来合并修正。

贪婪分水岭法 (Page et al., 2003) 是一种典型的区域增长形状分割算法。该算法首先计算网格的每一个顶点处的主方向和主曲率，然后基于极小值法使用贪婪分水岭算法分割出由最小曲率等高线确定的区域。为了避免过度分割，应用形态学操作于网格模型每个顶点的 k 环邻域，创建标识集。最后，依据当前顶点与其邻接顶点之间的方向，由欧拉公式和已知主曲率计算该顶点在该方向上的法曲率得到在该方向上、该顶点与邻接顶点之间的方向曲率高度图，并将其作为方向梯度，对该顶点所在的标识区域使用分水岭算法得到分割块。进一步，Lavou 等 (2005) 基于边的二面角来识别特征边和特征点，并采用主曲率绝对值 $|k_{\min}|$ 和 $|k_{\max}|$ 构成的二维主曲率向量执行 k-均值聚类，对顶点进行粗分类；进而基于顶点–三角形混合方法进行区域增长，根据曲率相似性、区域大小和直径等准则对区域进行合并；最后，通过边界量化和正确边界跟踪对区域边界进行光顺修正处理。由于曲率的聚类容易陷入局部最小，从而影响后续的区域增长分割过程，导致该算法不够健壮。

基于拓扑的形状分割方法主要用于具有骨架结构的三维物体的分割。其基本思想是，物体独特的拓扑结构包含更高级的信息以及比特征本身更合适的分割标准。例如，对具有骨架结构的物体，可采用平均测地距离函数来刻画其整体结构特征 (Hilaga et al., 2001)。该函数具有一定的骨架姿态不变性，可有效识别物体的突出部分。节点 n_i 到网格的所有其他 N 个节点的平均测地距离可以表示如下：

$$\mathrm{AGD}(n_i) = \frac{1}{N}\sum_{j=1}^{N}\mathrm{geod}(n_i, n_j) \tag{5.9}$$

式中，$\mathrm{geod}(n_i, n_j)$ 表示节点 n_i 和 n_j 之间的测地线距离。定义在网格上的上述平均测地距离函数可用来构造一个 Reeb 图，由此将网格划分为一系列等价类 (Biasotti et al., 2008)。若两个点具有相同的函数值，且它们之间路径上的点也具有相同的值，则将它们连接到相同的等价类中。基于 Reeb 图的网格分割框架通常根据 Reeb 图的节点的入度将它们合并。例如，入度为 2 或更少度的节点必须合并在一起，以表示对象的管状部分。通常考虑凹区域的合并，以便使结果遵循极小值法则。该方法很大程度上依赖于函数的选择，不同的函数会导致完全不同的图。

图 5.13 给出了基于 Reeb 图的分层分割流程 (Tierny et al., 2007)。其关键是准确计算网格模型的特征端点（如手指尖），形成输入模型的增强拓扑骨架。借助该骨架，可由每个网格顶点到其最近特征端点的测地距离，构建 Reeb 图；也可以确定每个特征的边界以及特征的层次结构。从结果上看，由区域合并过程可得到视觉上更自然的分割结果。

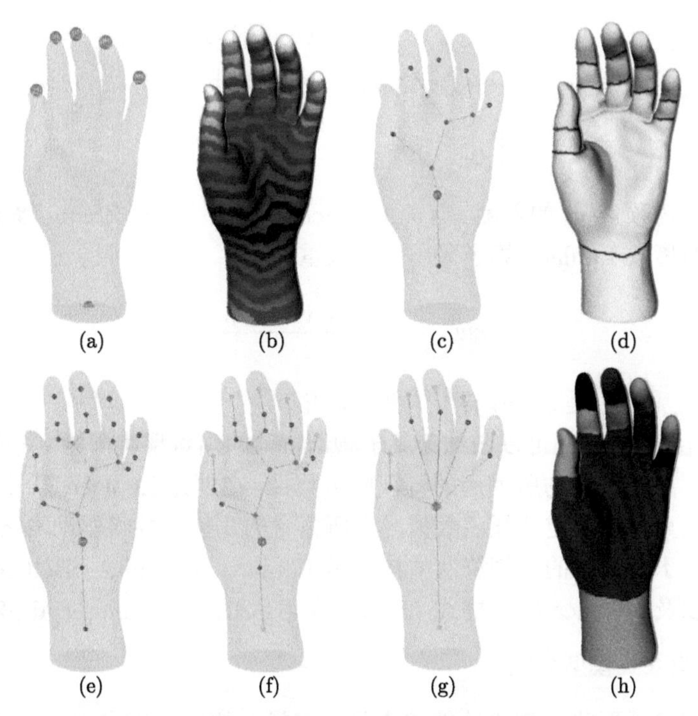

图 5.13　基于 Reeb 图拓扑的三维形状分割方法 (Tierny et al., 2007)：(a) 提取测地极大值点为特征点；(b) 构建到特征点的测地距离和曲率的映射；(c) 构造 Reeb 图；(d) 局部负高斯曲率点；(e) 图形细分为凹面区域；(f) 根据结点的度分类结点；(g) 将结点分层合并成部位；(h) 最终的分割结果

此外，基于谱分析的形状分割方法也是一种重要的分割技术。三维形状的谱分析主要通过局部几何属性信息来刻画全局形状。其核心思想是将模型的网格连接关系和顶点位置信息表达为矩阵等代数表达，进而进行特征分析。流形上的 Laplace 特征值和特征函数为 Helmholtz 方程的解：

$$\Delta \boldsymbol{u} = -\lambda \boldsymbol{u} \tag{5.10}$$

式中，$\boldsymbol{u}$ 为网络模型的所有顶点组成的向量。对三维模型的表面流形网格来说，该方程可离散表达为 $\boldsymbol{Lu} = -\lambda\boldsymbol{u}$，式中 $\boldsymbol{L}$ 为离散 Laplace 算子，它为网格邻接矩阵所定义的 $n \times n$ 方阵（n 为网格的顶点数），其元素表达为：

$$l_{ij} = \begin{cases} w_{ij}, & (n_i, n_j)\text{为一条边} \\ -\sum\limits_{j-1} N_i\omega_{ij}, & i = j \\ 0, & \text{其他} \end{cases} \tag{5.11}$$

式中，N_i 为顶点 n_i 的入度。有关 Laplace 算子的性质见 Zhang 等 (2010a)。最流行的离散 Laplace 算子采用余切权重：

$$w_{ij} = \frac{\cot\theta_{ij} + \cot\theta_{ji}}{2} \tag{5.12}$$

式中，θ_{ij} 和 θ_{ji} 是边 (n_i, n_j) 的两个对角。

因此，形状分割可以归结为基于频谱特征的顶点聚类问题，其中的关键是确定分割数目 k 与所使用的特征向量数目。在创建 Laplace 算子时，顶点之间的权重选择决定特征函数值，它所蕴含的几何属性将驱动网格的分割。因此，基于谱分析的分割算法的核心是 Laplace 或 Laplace-Beltrami 算子的选择以及 Laplace 权重格式 (Zhang et al., 2010a; Zhang et al., 2012)。

5.3.2 交互式模型分割

虽然自动形状分割算法能够满足很多场合的应用需求，但含部件语义的分割对自动算法来说依然是一个难题。这主要是由于人类的主观认知系统极为复杂, 对分割部位和块“有意义”的理解非常主观, 且不同的应用对同一模型的分割结果要求往往不尽相同。交互式形状分割算法正好满足此类问题的需求，即借助人类对形状的感知信息，通过交互来指导形状的分割过程，从而更准确地得到三维形状的语义分割。

形状分割结果往往由不同分割部件之间的边界来定义。在早期的交互式分割算法中，分割边界要么通过用户界面提供的工具显式地指定，要么通过指定一些顶点，由顶点之间的最短路径来定义，要么通过在网格上构造一张图并利用图分割方法来确定。后来的交互式分割算法则更加关注交互用户界面的设计和分割部件的智能确定，使得交互方式更加自然，并得到语义分割结果（如图 5.14 所示）。

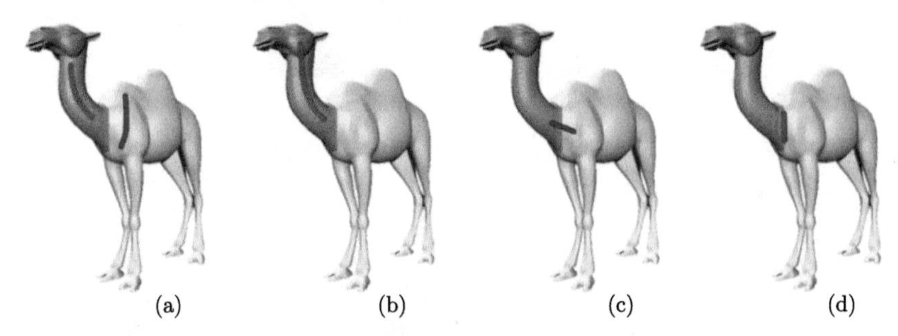

图 5.14 基于勾画的交互式网格分割：(a) 基于前景和背景勾画的交互方式；(b) 基于前景勾画的交互方式；(c) 垂直于边界勾画的交互方式；(d) 沿边界勾画的交互方式

基于前景背景勾画的交互式分割首先来源于图像分割 (Li et al., 2004)。通过简单地勾画背景和前景，智能地分割出所需的图像对象。类似地，用户可以在网格曲面勾画前景（感兴趣的部位）和背景（不感兴趣的部位），分割算法根据用户提供的信息自动地进行网格分割，并且允许用户提供更多的交互信息来不断更新分割结果（如图 5.14(a) 所示）。Ji 等 (2006) 首次设计了一种基于前景和背景勾画的用户界面用于网格的交互分割，通过改进的等距度量来计算网格顶点之间的特征距离，并借助区域增长法实现网格的分割。自此之后，涌现出了多个类似的网格曲面分割算法，其不同之处主要在于使用输入的交互信息引导网格分割的具体策略。例如，在区域增长法中，使用不同的度量计算网格顶点之间的特征距离 (Wu et al., 2007)，在随机游走 (Random Walks) 方法中引入前景和背景信息来指导分割过程 (Lai et al., 2008)。

基于前景背景的交互式形状分割需要用户在三维模型上分别指定前景和背景区域。但是，在实际使用时，用户往往只关注前景部分，对背景部分并不关心。受前景交互式图像分割 (Liu et al., 2009) 的启发，Fan 等 (2011) 提出了一种仅基于前景勾画交互的三维形状分割技术。用户只需要在前景（感兴趣的区域）进行勾画，算法通过计算模型顶点属于前景与背景的概率，并利用图分割算法实时给出分割结果（如图 5.14(b) 所示）。用户的勾画可以是渐进式的，分割结果随着用户的渐进勾画实时地更新（如图 5.15 所示）。从用户体验的角度而言，该方法做到了“所画即所得”的分割效果。

图 5.15　基于前景勾画的形状分割过程：用户在前景区域（感兴趣的区域）进行渐进式勾画交互，系统实时反馈分割结果

最直接的交互方式是直接通过勾画来指定期望的分割边界（如图 5.14(d) 所示）。Funkhouser 等 (2004) 提出了基于边界勾画的分割算法。用户仅需在想要的分割边界附近勾画，算法自动地构造具有最小代价的闭合曲线来定义网格的分割边界。此类方法的关键在于符合交互语义的分割边界生成。例如，可使用网格上的最短路径来定义网格的分割边界 (Lee et al., 2005)；可构造网格上的调和场并抽取最佳等值线作为最优分割边界 (Meng et al., 2011) 等。另外，用户也可垂直于期望分割边界勾画一条短线作为输入，抽取调和场的最佳等值线作为分割边界 (Zheng et al., 2010)（如图 5.14(c) 所示）。

各种勾画交互式分割方法各有优缺点。Fan 等 (2012) 通过对上述勾画式交互分割算法的性能和特性评估，定量分析了用户的主观体验和使用偏好，为未来交互式分割系统的设计提供了有价值的建议。

5.3.3　多个形状的协同分割

在很多情况下单个模型所含的信息量过少，并不足以提供充分的语义信息，从而影响了分割结果的质量。为此，人们尝试开展多个形状的协同分割 (Co-Segmentation) 的研究，即将同类模型集的所有模型一致分割成具有相同功能的语义部件，且这些部件相互之间具有语义对应关系 (Kreavoy et al., 2007; Huang et al., 2011c; Hu et al., 2012)。试验结果表明，相对于单个三维形状，我们可以从多个三维形状中获取更多的信息，因而与单个三维形状的分割相比，一组三维形状的协同分割能得到更好的结果。

多个形状的协同分割通常将每个模型预分割为较小的曲面片 (Patch)，然后对这些曲面片的几何特征信息进行聚类分析或监督学习得到一致的分割结果 (Golovinskiy et al., 2009; Kalogerakis et al., 2010; Sidi et al., 2011)。本小节主要介绍两种典型的协同分割方法。

子空间聚类 (Subspace Clustering) 能将高维空间中的点聚类到一系列低维线性子空间中 (Vidal, 2011)。具体地，给定一个点集 $\{x_i\}_{i=1}^N$，假设它们包含于 K 个线性子空间的并集中，则子空间聚类的目标是将这些点聚集为 K 类，使得同个类中的点属于同一个线性子空间。

稀疏子空间聚类法 (Sparse Subspace Clustering, SSC) 基于每个数据点可以被位于相同线性子空间的点来线性表示而提出 (Vidal et al., 2009)，其基本观察是：如果一点被表示为其余点的线性组合，则这种表达应是稀疏的（有关稀疏表达的更详细知识可参见本书第 8 章）。这个问题可通过极小化非零系数的个数来求解，即 $\min_{\{w_{i,j}\}_j} ||(w_{i,j})_j||_0$ 使得 $x_i = \sum_{j\neq i} w_{i,j}x_j$ $(\forall i \in \{1,2,\cdots,N\})$。通常可以将 ℓ_0 范数替换为 ℓ_1 范数进行简化计算 (Donoho, 2006)，即该优化问题可以改为如下的矩阵形式：

$$\begin{aligned}\min_{\boldsymbol{W}} \quad & ||\boldsymbol{W}||_{1,1} \\ \text{s.t.} \quad & \boldsymbol{X} = \boldsymbol{X}\boldsymbol{W},\ \operatorname{diag}(\boldsymbol{W}) = 0\end{aligned} \tag{5.13}$$

式中，$\boldsymbol{W} = (w_{i,j})$ 是一个 $N \times N$ 的系数矩阵且 $||\boldsymbol{W}||_{1,1} = \sum_{i,j} |w_{i,j}|$。约束条件 $\operatorname{diag}(\boldsymbol{W}) = 0$ 确保 $\boldsymbol{W}$ 不退化为单位矩阵。容易证明，上述优化问题等价于求解以下问题：

$$\begin{aligned}\min_{\boldsymbol{W}} \quad & ||\boldsymbol{X}\boldsymbol{W} - \boldsymbol{X}||_F^2 + \lambda||\boldsymbol{W}||_{1,1} \\ \text{s.t.} \quad & \operatorname{diag}(\boldsymbol{W}) = 0\end{aligned} \tag{5.14}$$

式中，$||\cdot||_F$ 是矩阵的 Frobenius 范数。若记 $\overline{\boldsymbol{W}}$ 为上述问题的最优解，则矩阵 $\overline{\boldsymbol{W}}$ 的每个元素表示两个数据点的线性相关性。进一步，可定义关联

矩阵 (Affinity Matrix) $\boldsymbol{S} = (s_{i,j})$ 为：

$$s_{i,j} = |\overline{w}_{i,j}| + |\overline{w}_{j,i}| \tag{5.15}$$

对关联矩阵应用 NCuts 方法 (Shi et al. , 2000)，即可得到 K 个子类。

三维形状的协同分割问题描述为：给定同一类的 n 个网格模型 $M_1, M_2, \cdots, M_n$，其目标是将每个网格一致分割为 K 个部分。具体地，每个网格模型 M_i 首先预分解为 p_i 个曲面片 $(i = 1, 2, \cdots, n)$，并将每个曲面片映射为高维空间中的一个点，则总点数为 $N = \sum_{i=1}^{n} p_i$。若在每个曲面片上定义 H 个特征向量，记第 i 个曲面片的第 h 个特征向量为 $\boldsymbol{x}_{hi}$，则所有曲面片的第 h 个特征向量组成的特征矩阵为 $\boldsymbol{X}_h = [\boldsymbol{x}_{h1}, \boldsymbol{x}_{h2}, \cdots, \boldsymbol{x}_{hN}] (h = 1, 2, \cdots, H)$。这样，形状协同分割的目标就是根据特征矩阵 $\boldsymbol{X}_1, \boldsymbol{X}_2, \cdots, \boldsymbol{X}_H$，将所有曲面片分为 K 个子类。

曲面片的特征向量可用形状描述子来定义。例如，高斯曲率 (Gaussian Curvature, GC) (Gal et al., 2006)、形状直径函数 (Shape Diameter Function, SDF) (Shapira et al., 2008)、平均测地距离 (Average Geodesic Distance, AGD) (Hilaga et al., 2001)、形状上下文 (Shape Context, SC) (Belongie et al., 2002) 和共形因子 (Conformal Factor, CF) (Ben-Chen et al., 2008a) 的特征。

考虑单特征的多形状协同分割问题，不妨选择第 h 个特征描述子（$h \in \{1, 2, \cdots, H\}$），则每一个曲面片被映射为第 h 个特征向量。这样，基于特征 h 的协同分割操作等价于将特征向量 $\boldsymbol{x}_{h1}, \boldsymbol{x}_{h2}, \cdots, \boldsymbol{x}_{hN}$ 聚类到其各自的子空间中。该聚类过程可建模为如下的优化问题：

$$\begin{aligned} &\min_{\boldsymbol{W}_h} \; F(\boldsymbol{W}_h) = ||\boldsymbol{X}_h \boldsymbol{W}_h - \boldsymbol{X}_h||_F^2 + \lambda ||\boldsymbol{W}_h^\top \boldsymbol{W}_h||_{1,1} \\ &\text{s.t.} \quad \boldsymbol{W} \geqslant 0, \; \text{diag}(\boldsymbol{W}) = 0, \; \boldsymbol{W} \in \mathbb{R}^{N \times N} \end{aligned} \tag{5.16}$$

对优化得到的系数矩阵 $\overline{\boldsymbol{W}_h}$，构造相应的关联矩阵，进而执行 NCuts 即可得到协同分割的结果。

由于各个特征描述子各有优劣，不能简单地将多个特征描述子串联形成一个特征向量。因此，不同的曲面片可根据各自的几何特征来选择合适的特征描述子进行聚类。由此可构造如下的优化方程：

$$\begin{aligned}\min_{\boldsymbol{W}_1,\boldsymbol{W}_2,\cdots,\boldsymbol{W}_H} \quad & \sum_{h=1}^{H} F(\boldsymbol{W}_h) + P_{\text{cons}}(\boldsymbol{W}_1,\boldsymbol{W}_2,\cdots,\boldsymbol{W}_H) \\ \text{s.t.} \quad & \boldsymbol{W}_h \geqslant 0,\ \text{diag}(\boldsymbol{W}) = 0 \\ & \text{diag}(\boldsymbol{W}_h) = 0,\ h = 1,2,\cdots,H \end{aligned} \tag{5.17}$$

式中，$F(\boldsymbol{W}_h)$ 是第 h 个特征的目标函数（式（5.16）），P_{cons} 是矩阵 $\boldsymbol{W}_1,\cdots,\boldsymbol{W}_H$ 的惩罚函数。必须联合推断所有特征的关联矩阵，才能导出最终的关联矩阵。特别地，我们需要关注以下两个原则：

(1) 通过考虑所有特征的相似性得出最相似的曲面片对，从而希望曲面片对在不同特征空间中的相似性尽量一致；

(2) 若两个曲面片在某个子特征空间中具有非常强的相似性，就认为它们是相似的，并不要求它们在所有特征空间中都相似。

基于这两个原则，惩罚函数定义为：

$$P_{\text{cons}}(\boldsymbol{W}_1,\boldsymbol{W}_2,\cdots,\boldsymbol{W}_H) = \alpha||\boldsymbol{W}||_{2,1} + \beta||\boldsymbol{W}||_{1,1} \tag{5.18}$$

式中，$H \times N^2$ 的矩阵

$$\boldsymbol{W} = \begin{bmatrix} (\boldsymbol{W}_1)_{1,1} & (\boldsymbol{W}_1)_{1,2} & \cdots & (\boldsymbol{W}_1)_{N,N} \\ (\boldsymbol{W}_2)_{1,1} & (\boldsymbol{W}_2)_{1,2} & \cdots & (\boldsymbol{W}_2)_{N,N} \\ \vdots & \vdots & \ddots & \vdots \\ (\boldsymbol{W}_H)_{1,1} & (\boldsymbol{W}_H)_{1,2} & \cdots & (\boldsymbol{W}_H)_{N,N} \end{bmatrix}$$

是由 $\boldsymbol{W}_1,\boldsymbol{W}_2,\cdots,\boldsymbol{W}_H$ 串联组成，$\|\cdot\|_{2,1}$ 为 $\ell_{2,1}$ 范数，即 $\|\boldsymbol{W}\|_{2,1} = \sum_{j=1}^{N^2}\|\boldsymbol{W}(\cdot,j)\|_2$（$\boldsymbol{W}(\cdot,j)$ 定义为 $\boldsymbol{W}$ 的第 j 列），α 和 β 用于平衡两项贡献的参数。

记 $(\overline{\boldsymbol{W}}_1,\overline{\boldsymbol{W}}_2,\cdots,\overline{\boldsymbol{W}}_H)$ 为优化问题的解，则关联矩阵 $\boldsymbol{S}$ 的元素 $(s_{i,j})$ 为

$$s_{i,j} = \frac{1}{2}\left(\sqrt{\sum_{h=1}^{H}(\overline{\boldsymbol{W}}_h)_{i,j}^2} + \sqrt{\sum_{h=1}^{H}(\overline{\boldsymbol{W}}_h)_{j,i}^2}\right) \tag{5.19}$$

对关联矩阵 $\boldsymbol{S}$ 执行 NCuts，即可得到协同分割的结果。图 5.16 展示了基于多特征和子空间聚类的多形状协同分割的结果。

总之，三维模型的语义分割是形状理解与分析的基础，一直是离散几何处理的热点问题。然而，由于部件语义与用户的感知相关，难以精确地

定义，导致三维模型的语义分割非常困难。基于人工设计特征的形状分割方法大都缺乏普适性，至今仍没有适合所有形状的分割方法。近年来随着深度学习的兴起，基于数据驱动和深度学习的形状特征以及形状分割方法逐渐引起人们的关注和研究 (Kalogerakis et al., 2010)，成为几何处理的重要发展方向。

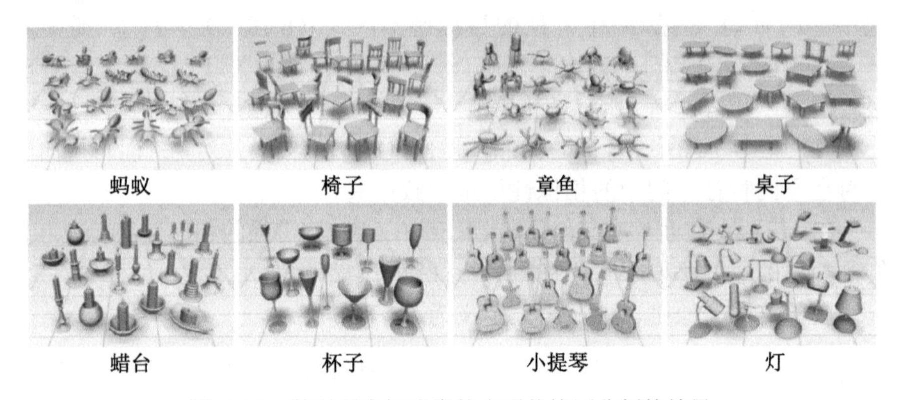

图 5.16　基于子空间聚类的多形状协同分割的结果

5.4　形状匹配与检索

随着信息获取和智能处理技术的发展和普及，三维模型因其完备的信息广泛应用于设计制作、混合现实、无人驾驶等互动系统中，逐渐成为一类新型的数字媒体。近年来，三维模型的种类和数量日益丰富，如何重用这些已有模型以及如何从大量模型中找到用户所需要的模型或相似的模型，已成为几何处理与计算的重要问题。三维形状的匹配和检索技术与系统的研发应运而生。

如其他多媒体数据检索一样，三维模型检索也分为基于文本的检索和基于内容的检索两类。基于文本的检索需要对三维模型添加注释信息，不仅需要大量人力物力，而且所添加的注释因语言、文化、年龄、性别等因素可能变得模棱两可，导致匹配失败。相比之下，基于内容的三维形状检索方法利用三维模型的实际内容（几何形状、拓扑结构等）来搜索相似的模型，避免了人工的干预，比基于文本的方法更加准确有效 (McWherter et al., 2001)。

基于内容的三维模型检索可描述为：给定查询的三维模型，从三维模型数据库中匹配并找到最相似的模型（如图 5.17 所示）。

图 5.17 三维形状匹配与检索过程

5.4.1 形状检索系统

图 5.18 给出了一个典型的三维模型检索系统的框架，它主要由具有索引结构（离线创建）的数据库和在线查询引擎组成。两个模型的相似性由它们的形状描述子之间的特定距离来度量。在离线创建数据库的过程中，首先需提取每个三维模型的形状描述子，并为这些三维模型及其描述子构建高效的索引结构和搜索机制。在线查询时，通过计算被查询模型的描述子，将其与由数据库索引结构所指向的描述子进行匹配，从而检索与查询得到相似的模型。

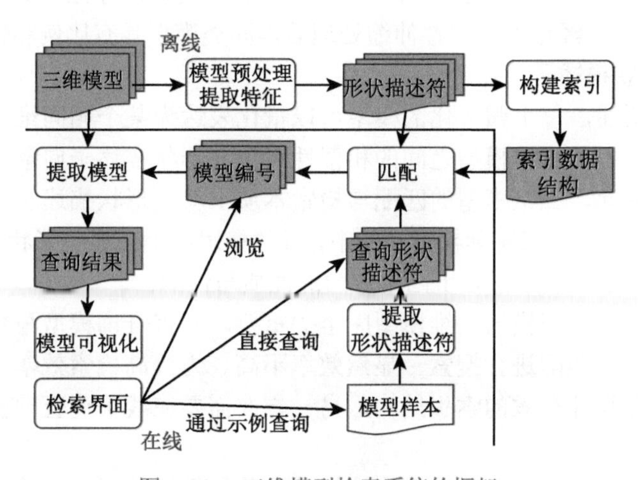

图 5.18 三维模型检索系统的框架

5.4.2 模型检索算法

模型检索算法旨在将被查询的三维模型与数据库中的三维模型进行相似性匹配来达到检索目的。其计算流程通常包含三个步骤：① 预处理三维模型，使得坐标和大小等属性归一化，便于后续的操作；② 确定相似性度量；③ 计算模型形状描述子之间的距离来实现形状匹配。

1. 模型预处理

由于获取和建模方式的不同，三维模型在三维空间中的尺寸、方向和位置可能千差万别，直接对未经预处理的模型进行形状匹配会影响检索结果的精准性，因此归一化三维模型的预处理是形状检索不可或缺的步骤。

对于姿态归一化，一个简单的策略是先将形状中心平移到原点，然后绕原点旋转模型进行对齐。主成分分析（PCA）是最为常用的姿态归一化方法。给定一个模型，首先计算模型的三个主轴 $\boldsymbol{e}_1$，$\boldsymbol{e}_2$ 和 $\boldsymbol{e}_3$ 及其对应特征值 λ_1、λ_2 和 $\lambda_3((\lambda_1 \geqslant \lambda_2 \geqslant \lambda_3))$，建立模型的局部右手坐标系 $(\boldsymbol{e}_1, \boldsymbol{e}_2, \boldsymbol{e}_3)$。进而，围绕原点旋转模型，使得世界坐标系 $(\boldsymbol{e}_x, \boldsymbol{e}_y, \boldsymbol{e}_z)$ 与模型局部坐标系 $(\boldsymbol{e}_1, \boldsymbol{e}_2, \boldsymbol{e}_3)$ 重合。总体来说，PCA 算法相当简单且高效。但是，当特征值相等或非常相近时，模型局部坐标系坐标轴的确定可能出现偏差，从而无法得到准确的姿态。这需要额外的信息加以校正。

一旦确定好模型的姿态，借助各向异性的伸缩变换处理技术 (Acock, 1985)，即可改变模型在各个方向的比例，实现模型尺寸比例的归一化。如图 5.19 所示，经过各向异性伸缩处理后，同类模型具有比例相似的外观。

2. 形状描述子

由前所述，每个归一化的模型可以量化表达为某个相同维度的形状描述子向量，不同三维模型之间的相似性可由其形状描述子向量之间的距离来度量。因此，三维模型的匹配与检索本质上就是形状描述子向量之间的相似性度量计算。在实际检索系统中，具体使用哪个或哪些形状描述子，需要综合考虑形状描述子以下四个方面的性质与性能。

效率对于大规模的三维模型库至关重要。若将查询模型与数据库中的所有模型逐一匹配进行搜索，显然效率不高。为提高检索效率，一方面需要为数据库设计有效的索引结构，另一方面需要在线快速查询模型的形状描述子。

判别能力要求形状描述子应该捕获那些能很好地区分形状的属性。一般来说，根据用户的偏好或应用需求，来判断两个三维模型的形状相似性有点主观。例如，对于实体建模应用而言，通常拓扑性质（如模型中的孔数）比形状的细微差异更重要；反之，有时搜索得到的相似模型所含的小孔等信息，可能对用户来说并不重要。

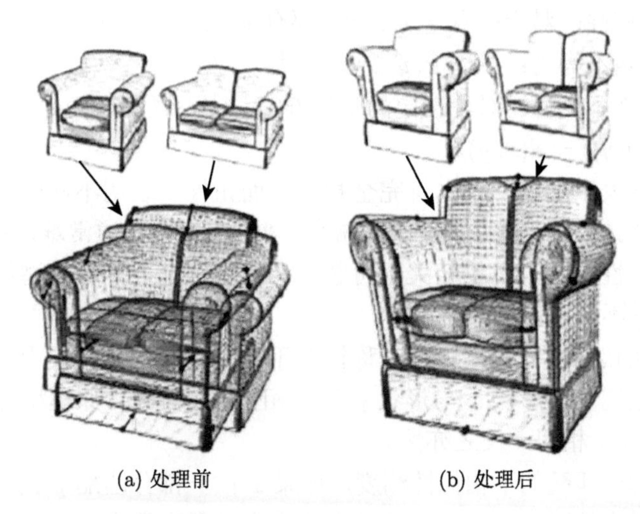

(a) 处理前 (b) 处理后

图 5.19 使用各向同性变换对模型进行姿态归一化 (Acock, 1985)

部分匹配的目的是搜寻到含有与给定部分形状相似的模型，该功能主要用来搜索不完整三维模型。例如利用仅从一个或两个方向扫描得到的物体，去搜索包含该物体的三维场景。在实际应用中，若模型的感兴趣部分可以由用户自由选择，则该功能将给模型的重用带来极大的便捷性。

鲁棒性通常期望形状描述子对噪声和小的额外特征不敏感，并且抵抗任意的拓扑退化。此外，如果一个模型是以多分辨率表示的，则不同层级的模型不应该与原始模型显著不同。

3. 相似性度量

为了衡量两个对象的相似程度，有必要使用不相似性测度来计算其描述子之间的距离。虽然常常使用术语相似性，但不相似性与距离的概念相对应，小的距离意味着小的不相似性，即大的相似性。

不相似性度量可以形式化定义为两个形状描述子的函数，由此来刻画两个模型之间的相似程度。一个定义在形状描述子集合 S 上的不相似性测

度 d 是一个非负值函数，即 $d: S \times S \to \mathbb{R}^+ \bigcup \{0\}$。函数 d 需要具备以下性质：

(1) 同一性：对于所有 $x \in S$，都有 $d(x,x)=0$。

(2) 正性：对于所有 $x \neq y$，且 $x,y \in S$，都有 $d(x,y)>0$。

(3) 对称性：对于所有 $x,y \in S$，都有 $d(x,y)=d(y,x)$。

(4) 三角不等性：对于 $x,y,z \in S$，都有 $d(x,z) \leqslant d(x,y)+d(y,z)$。

(5) 变换不变性：对于选定的变换群 G，对于所有 $x,y \in S, g \in G$，都有 $d(g(x),g(y))=d(x,y)$。

同一性表示形状与其本身完全相同，而正性则表明不同的形状永远不会完全相似。这两个属性的要求非常高，实际计算时，通常难以被满足。如果这种唯一性的损失仅仅相关于可忽略的模型细节，则对模型的相似性计算来说，并不是严重的缺陷。

对形状相似性计算来说，对称性并不总是需要的。事实上，人类的感知并不总是能发现形状 x 与形状 y 完全相似。特别是，原模型 y 的一个变体 x 通常与 y 相似，反之亦然。

对于部分匹配的不相似性测度，如果 x 的一部分匹配 y 的一部分，则它们之间最小的距离 $d(x,y)$，可能并不遵守三角不等式。

如果形状描述子的比较和提取过程必须独立于模型在其笛卡儿坐标系的位置、方向和比例，即必须满足变换不变性。如果我们希望不相似性测度不受 x 上任何变换的影响，那么我们可以修改性质 (5) 为：对于选定的变换群 G，对于所有 $x,y \in S, g \in G$，都有 $d(g(x),y)=d(x,y)$。

在实际应用中，通常使用形状描述子向量的 ℓ_2 距离来度量形状之间的相似性。

基于内容匹配的三维形状检索是当前计算机图形学、计算机视觉和模式识别等领域的一个热点研究方向，广泛应用于计算机辅助几何设计、电子商务、分子生物学、机器人等多个领域中，有着广阔的发展前景。当然，形状检索方法存在着许多问题有待更深入的研究：模型坐标的归一化处理容易造成误差，同时也使得特征提取的效率不高且运行开销增大，在未来的研究中需要探寻新的形状特征描述方法，使得无需坐标归一化也能准确地区分形状差异；可以利用诸如材质、颜色、纹理及拓扑特性等特征并结合基于人类主观认知的语义特征来进行检索。此外，由于三维模型数据库的种类各不相同，需要制定一套统一的数据表示标准以及相应的评价标准。

5.5 小结

本章介绍了有关形状分析的核心方法，包括三维几何模型的分析、描述、分割、匹配和合成等。形状分析是计算机图形学与计算机视觉的一个热点研究方向，广泛应用于场景理解、物体识别等技术领域，对未来自主无人系统的发展至关重要。相比于传统的几何处理，形状分析更多聚焦在功能语义的建模、形状描述子的准确定义和具体处理任务的执行等方面。鉴于人类感知机制的量化研究依然有限，如何建立从视觉感知到数学模型之间的准确映射是形状分析的难点，例如如何定义特征描述子、评判度量标准等问题。从近些年形状分析的研究进展来看，这些问题的解决将受益于人工智能和认知科学的不断发展。正如本章所介绍的一些方法，各种形状描述子、分割准则逐渐由人工设计发展为由数据集隐含刻画，不仅有效降低了人工设计的难度，而且还提供了更好的泛化性和定制能力。当然，三维几何模型的识别和理解问题，也为智能技术的发展提出了新的要求和挑战，协力推动着人工智能的发展和应用。

第 6 章 网格曲面的形变

近年来，交互曲面构造、点云曲面重建等建模方法已经为设计制造、虚拟现实、影视娱乐等应用构造了大量的三维几何模型。如何高效地利用这些模型编辑构造出新的复杂三维模型已成为离散几何处理的一个挑战性问题，其中的关键是交互可控地编辑修改这些三维模型的形状。网格模型的形状编辑一般直接在原网格上进行操作，移动其顶点得到具有新形状的网格。然而，对于拥有成千上万顶点的网格模型，逐个顶点地进行编辑，既耗费人力，也难以保证光顺性等质量要求。因此，通过少量控制来编辑修改网格曲面的整体形状，是一个重要的技术手段。

各种应用大都对变形质量、操控便捷性、算法复杂度等方面有着严格的要求。首先，网格模型在形变过程中，各部分会发生不同程度的扭曲。在扭曲较大的区域，容易发生局部自交、体积塌陷和细节丢失等不期望的现象。因此，几何形变方法需要考虑如何在大形变处减少这些现象，以提高形变结果的质量。如何定义和评价形变质量的高低是形变算法的核心问题之一。其次，为避免重新建模与逐点编辑，算法需充分利用原始模型的几何拓扑信息，以少量的控制来驱动整个模型形变。为了准确地控制形变效果，交互控制接口需能描述多种多样的应用需求，比如骨骼关节的性质，体积的变化大小，物体的材料属性等。从广义上讲，形变结果是否满足用户期望，是衡量操控方法优势的重要标准。最后，计算复杂度过高的算法，在三维几何数据规模与复杂性快速增长的今天，越来越难以得到广泛的应用。尤其是在很多情况下，人们往往需要根据形变结果反复进行控制参数的调整，因此相应的算法必须要能满足交互式应用的性能需要。

经过多年的研究，学者们提出了许多具有不同性质的形变方法。一些形变算法通过设计适当的插值函数或网格重建规则来保证形变质量，如晶格、蒙皮、多分辨率等形变方法。而另一些算法则显式地构造描述形变质量的函数，称之为形变能量函数，通过优化这个能量函数来得到形变结果。前一类称为插值重构的方法，后一类称为形变能量驱动的方法，包括线性和非线性。本章主要介绍几个代表性的形变方法。

6.1 插值重构形变方法

插值重构形变方法主要包括蒙皮、自由变形和多分辨率网格编辑形变等方法。用户交互指定形变参数（如网格顶点相对骨架的蒙皮插值权重）或者操纵一些控制顶点之后，算法正向导出变形结果。这一类形变方式可抽象表达为：

$$\boldsymbol{x} = \mathcal{F}(\boldsymbol{r}, \boldsymbol{P}) \tag{6.1}$$

式中，$\boldsymbol{r}$, $\boldsymbol{P}$ 分别表示原始网格模型及其形变参数（包括用户的操作），$\mathcal{F}$ 代表形变算法，形变结果 $\boldsymbol{x}$ 由正向推导得到。这类方法简单直观，发展历史悠久，种类丰富。其基本思路是利用一系列控制单元，通过插值重构方法，把用户对控制单元的坐标调整扩散到整个模型之上。以下分别介绍蒙皮技术和自由形变技术。

6.1.1 蒙皮技术

蒙皮技术是为操控具有骨骼关节语义模型的形变而设计的一种形变方法。它通过一组控制单元（骨骼）到表面网格（蒙皮）的权值（影响因子）将表面网格顶点绑定到控制单元上，使得网格曲面跟随骨骼一起运动形变。蒙皮技术计算简单，可以在 GPU 中高效地实现。除了应用于骨骼驱动的人体等运动形变外，蒙皮技术还可应用于骨骼驱动网格运动序列的压缩，即基于序列中每一帧的骨架信息，网格模型的形变序列就可由网格顶点上固定权值重构获得。蒙皮技术应用面广、技术成熟，大多数三维动画软件（如 3DMax、Maya 等）都拥有这一功能。

基本的蒙皮技术可以抽象表达为如下形式：

$$\boldsymbol{x} = \sum_i w_i \boldsymbol{T}(\boldsymbol{P})_i \boldsymbol{B}_i^{-1} \boldsymbol{r} \tag{6.2}$$

式中，$\boldsymbol{x}$ 为从控制单元状态插值得到的顶点坐标；下标 i 表示第 i 个控制单元所对应的量；$\boldsymbol{B}^{-1}$ 表示将网格顶点 $\boldsymbol{r}$ 从世界坐标系转换到控制单元局部坐标系的变换，也叫作绑定矩阵；$\boldsymbol{T}(\boldsymbol{P})$ 是控制单元从局部坐标系到世界坐标系的变换，一般由用户控制，也可以来源于运动捕获等途径；w_i 则是加权权值，表示第 i 个控制单元对网格顶点的影响程度，这在蒙皮算法中非常重要。对于一个相对复杂的模型，设计一个好的权值往往非常困难，需要细致地调整。由于传统的蒙皮技术在关节处线性插值各相邻骨骼的变换矩阵，因此在大扭转等形变中会出现严重的塌陷问题。

为解决形变质量的问题，Lewis 等 (2000) 提出了姿态空间插值方法。该方法中，骨架的变换矩阵构成一个称为姿态空间（ Pose Space ）的参数空间。在姿态空间内用户提供一些关键帧（形变样本），比如通过其他形变方法为大扭转形变提供一个令人满意的形变效果，然后计算该关键帧与蒙皮技术产生结果的顶点位置偏移，记录于局部标架中。在随后的网格形变过程中，首先由蒙皮技术得到一初始结果，然后根据当前骨架的变换矩阵，从关键帧中插值出偏移量叠加到初始结果上，得到最终的形变结果。基于这一思想，出现了一批融合蒙皮和形状插值的形变方法 (Sloan et al., 2001)，可形式化描述为：

$$\boldsymbol{x} = \sum_i w_i \boldsymbol{T}(\boldsymbol{P})_i \boldsymbol{B}_i^{-1} \boldsymbol{r} + \boldsymbol{\delta}(\boldsymbol{r}, \boldsymbol{P}) \tag{6.3}$$

式中，$\boldsymbol{\delta}(\boldsymbol{r}, \boldsymbol{P})$ 表示模型姿态相关的偏移，可以通过各种形状插值方法得到。由于在实际应用中，关键帧所对应的位置偏移往往数据量很大，严重影响算法的效率。为了减少数据存储并提高算法性能，Kry 等 (2002) 用主成分分析方法有效地压缩了数据，给出了适合于 GPU 并行实现的算法。另一些方法则改进式（6.2）中的权值、骨骼或变换矩阵。例如，Wang 等 (2002) 扩展了权值的维度，即由一个标量扩展为拟合用户给定样本所得到的 12 维权值；Park 等 (2006) 在式（6.2）中增加坐标的二次项，并将变换矩阵由 4×4 扩展为 9×9，有效增强了骨骼驱动形变的表达能力，得到了具有一定柔性效果的形变。

除了上述质量问题之外，蒙皮技术还涉及人工交互参数设置的难题。对给定的蒙皮表面网格，一方面需要手动地确定其控制单元（骨骼），另一方面还需要细致调节权值 w，因此获得一个良好的骨骼和蒙皮权值通常需要花费巨大的劳动力。为了缓解这一问题，James 等 (2005) 提出了一种自动化的方法，对于给定已知的相同拓扑的网格动画序列，可以自动地从中抽取控制单元（骨骼）以及控制单元（骨骼）对表面网格（皮肤）的影响因子。其大致思想是以无监督方式从近乎刚性形变的动画序列中挖掘出内蕴的近似刚性变换，而这些近似刚性变换涉及的区域即为自动提取的骨骼。该方法的输入是一个同拓扑骨骼未知的表面网格序列，输出的不是传统层次化的骨骼结构，而是非层次的近似刚性变化的三角形簇。下面将简述该算法及其相关应用。

对于包含 S 帧同拓扑网格的动画序列 $\{\boldsymbol{p}^t, t=1,2,\cdots,S\}$，其中 $\boldsymbol{p}^t$ 表达为第 t 帧网格的所有顶点位置组成的向量。若网格模型具有 N 个顶点，记 $\boldsymbol{p}_i^t$ 为第 t 帧网格的第 i 个顶点的位置向量，其已知的未变形状态为 $\widetilde{\boldsymbol{p}}$。对每一帧 $\boldsymbol{p}^t$，算法试图寻找一个线性变换 $\boldsymbol{T}^t$ 将未变形状态 $\widetilde{\boldsymbol{p}}$ 近似变形为 $\boldsymbol{p}^t$：

$$\boldsymbol{p}^t \approx \boldsymbol{T}^t \widetilde{\boldsymbol{p}} \tag{6.4}$$

$\boldsymbol{T}^t$ 由对应于第 i 个顶点的变换 $\boldsymbol{T}_i^t$ 组合而成。算法采用较为普遍的线性融合蒙皮技术，因此 $\boldsymbol{T}_i^t$ 可通过下式计算：

$$\boldsymbol{T}_i^t = \sum_{b \in B_i} w_{ib} \bar{\boldsymbol{T}}_b^t \tag{6.5}$$

式中，b 为待求解的代理骨骼，$\bar{\boldsymbol{T}}_b^t$ 为待求解的第 b 块骨骼在第 t 帧进行的变换，B_i 为待求解的第 i 个顶点所依赖的骨骼集合，而 w_{ib} 则为待求解的第 b 块骨骼的变换对顶点 i 的影响因子。算法分两步执行。第一步确定 b 和 $\bar{\boldsymbol{T}}_b^t$, 即确定动画序列内蕴的近乎刚性的变换结构，通俗而言是要确定骨骼；第二步是要确定 B_i 和 w_{ib}，即为每个表面网格顶点确定骨骼依赖范围并分配恰当的影响因子，即确定皮肤。

骨骼的确定．对网格上的每个三角形 t_j，从第 1 帧到第 S 帧，它相对未形变状态有一个旋转序列，其每一帧的旋转状态可以表示成一个 3×3 矩阵（等价于 9 维向量)，这 S 个 9 维向量合并可以得到一个 $9S$ 维向量 $\boldsymbol{z}_j$。该向量编码了三角形 t_j 的整个形变旋转过程，直观上具有相似旋转过程的三角形具有相似的近乎刚性变换，因此我们可以聚簇 $9S$ 维空间中的 K 个点来提取“骨骼”（K 为网格的三角形数量)。通过均值漂移算法，可以将

点集合聚类成 B 个簇。进行聚簇时，需要指定核函数的半径 h。随着 h 增大，更大范围的点被聚簇成一类，簇的数量相应地减少，使用蒙皮技术重构原网格序列的精度也将降低。每个簇 $b \in B$ 存在一个中心点, 记作 $\widetilde{\boldsymbol{z}}_b$，而对每个 $\boldsymbol{z}_j$ 存在一个它的均值漂移向量 $\bar{\boldsymbol{z}}_j$，由不等式 $|\widetilde{\boldsymbol{z}}_b - \bar{\boldsymbol{z}}_j|_1 < h/4$ 可以确定和每个簇 b 强关联的三角形集合，由此生成骨骼 b 对应的仿射变换序列。注意到 $\widetilde{\boldsymbol{z}}_b$ 这个 $9S$ 维向量分解以后得到的 S 个 3×3 矩阵并不属于 $SO(3)$ 旋转群，不能直接用来表示 b 的旋转序列，可将强关联三角形的旋转序列的算术平均投影到 $SO(3)$ 上来获得骨骼 b 的旋转序列 (Moakher, 2002)。而仿射变换序列的平移部分可由最小二乘优化获得。至此，可以获得骨骼 b 第 t 帧的仿射变换 $\bar{\boldsymbol{T}}_b^t$。

皮肤的确定。首先确定每个顶点所依赖的 β 个骨骼。给定第 i 个顶点，对每一个骨骼 b，计算以下误差：

$$E_d = \sum_{t=1,2,\cdots,S} \|\boldsymbol{p}_i^t - \bar{\boldsymbol{T}}_b^t \widetilde{\boldsymbol{p}}_i\|_2^2 \tag{6.6}$$

该误差最小的 β 个骨骼 b 即可作为该顶点所依赖的骨骼。然后联合式 (6.5) 和式 (6.6)，在 $w_{ib} \geqslant 0$ 等约束下求解得到 w_{ib}。

骨架形变技术有许多应用。一方面，它可用于动画序列的压缩。注意到骨骼的数目远远小于网格的顶点数 N，且 w_{ib} 在整个动画序列中只需保存一份，因此，可以仅保存其未变形状态 $\widetilde{\boldsymbol{p}}$，$w_{ib}$ 和 $\bar{\boldsymbol{T}}_b^t$ 序列，即可恢复出输入动画序列，从而达到压缩的目的。另一方面，它可用于大规模骨骼驱动模型的绘制。大规模运动序列网格模型绘制时需读入大量的顶点坐标和法向坐标。采用蒙皮技术进行网格序列的表示，不仅可以直接在 GPU 中通过少量骨骼信息快速计算得到大量顶点坐标，而且法向也可以通过蒙皮技术直接从骨骼信息中恢复出来，极大降低了绘制时需要向 GPU 传输的数据，可有效加速绘制。

当然，上述算法虽然对具有近乎刚性变换的动画序列网格模型十分有效，但不适用于缺乏内蕴刚性变换的网格序列，难以获得良好的形变效果。图 6.1 所展示的布料形变就难以采用骨架形变技术来有效表达。

图 6.1 对于缺乏内蕴刚性变换的网格序列，即使使用大量骨骼也难以刻画其细致的柔性形变细节

6.1.2 自由形变

上述骨架蒙皮技术不太适合骨架语义不明显的几何形变，例如从圆球上拉出一些突起等，而使用自由形变技术 (Free Form Deformation, FFD) 则能够更容易地得到这些形变效果。广义的自由变形技术的内涵很广，任何一种能将控制单元变化通过插值形式直接扩散到整个模型的算法都属于自由形变技术的范畴。其狭义的定义特指将三维模型嵌入到一个较粗糙的控制网格中，通过编辑控制网格，经由映射 $f:\mathbb{R}^3\rightarrow\mathbb{R}^3$ 把控制网格的变化传播到变形物体上。该映射记录了控制网格顶点与待形变三维模型顶点之间的加权插值关系。令控制网格中第 i 个顶点的坐标为 $\boldsymbol{v}_i$，待形变网格第 j 个顶点坐标为 $\boldsymbol{u}_j$，自由形变算法首先计算这些顶点之间的插值权重关系 w_{ij}。一般来说，该插值权重满足以下条件：

$$\boldsymbol{u}_j=\sum_i w_{ij}\boldsymbol{v}_i \tag{6.7}$$

式中，$\sum\limits_{l} w_{ij}=1$。当控制网格是晶格形式时，该插值权重即为常见的三线性插值。当然，具有更高连续性和光滑性的插值系数也可使用，比如各种样条函数。当控制网格顶点发生位移 $\boldsymbol{s}_i$，即移动到 $\boldsymbol{v}_i+\boldsymbol{s}_i$，待形变网格的第 j 个顶点就移动到：

$$\sum_i w_{ij}(\boldsymbol{v}_i+\boldsymbol{s}_i)=\boldsymbol{u}_j+\sum_i w_{ij}\boldsymbol{s}_i \tag{6.8}$$

这种形变方法与物体的几何表示无关，它既可作用于多边形表示的物体，也可作用于参数曲面表示的物体。最早提出的自由变形技术采用平行六面体晶格 (Lattice) 作为控制网格 (Sederberg et al., 1986)，这在很大程度上限制了它的普适性。此后，自由变形技术得到了有效的扩展，消除了对非平行六面体晶格的限制，可以选择更为复杂的形状作为初始的晶格，从而扩大了自由形变技术的适用范围。然而，为待形变物体建立控制网格有时候并不是一件容易的事情，为此，人们提出了一种外插类型的自由变形技术 (Singh et al., 1998)，通过网格表面上的曲线直接控制网格形变，该技术已成为著名影视制作软件 Maya 中别具一格的形变建模工具。广义上，骨架蒙皮技术也可视为一种外插形式的自由形变技术，即通过物体的中轴线来控制周边网格的形变。

应用自由形变技术的关键是构造较粗糙的控制网格包裹目标网格。如前所述，控制网格的灵活性至关重要。受封闭二维平面多边形的启发，Ju 等 (2005) 将均值坐标 (Mean Value Coordinates) 插值应用到封闭的三角形网格上。均值坐标是一种封闭网格上函数插值的简单而有力的数学表示。均值坐标在网格内部光顺且在网格上处处连续，且在网格的内部和外部都有很好的特性。该方法能将一般性的封闭三角形网格作为自由形变中的控制网格，极大地扩展了自由形变技术的适用范围。如图 6.2 展示的是长方体模型通过均值坐标插值算法的形变结果。

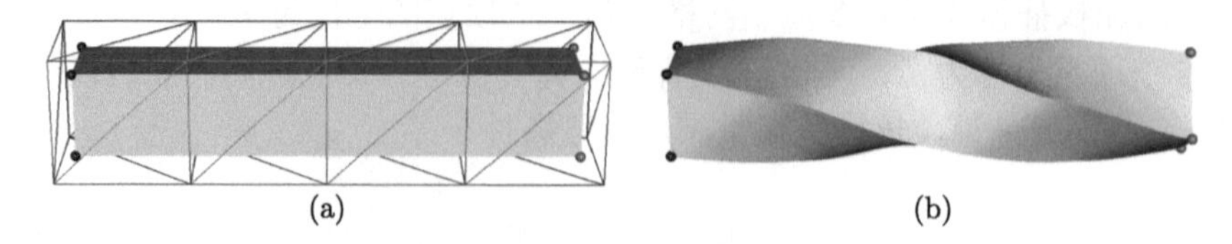

图 6.2　基于三维均值坐标插值的形变方法：(a) 带有三角形控制网格的长方体模型；(b) 操控该三角形控制网格得到的形变模型

前面介绍的自由形变技术都是通过直接操纵控制网格顶点来获得形变结果，往往不够直观。将自由形变技术与优化方法结合起来 (Huang et al., 2006b)，通过变形后物体上顶点位置来反求控制网格顶点坐标，从而达到直接编辑待形变物体的目的，提高了控制的直观性。当然，这里可采用封闭三角形网格的均值坐标表示方法来提高其控制网格的普适性。这类方法不仅能够有效提高交互编辑网格形状的直观性，还能灵活地适用于包含多个独立部分的网格模型，甚至非流形和一般性的多边形集合（如图 6.3 所示）。

图 6.3 结合均值坐标与优化方法，通过运动捕获数据来驱动含多个独立部分的复杂网格的运动形变

6.2 梯度域线性网格形变

上一节所介绍的两类方法算法简单，操纵自由便捷，得到了广泛的应用。但对大形变下保持网格表面几何细节（如平均曲率等）尽可能不变等高质量网格变形需求来说，这些算法显得力不从心，形变效果有时很差。为了方便地编辑三维几何模型，许多优秀的形变方法不断涌现，梯度域形变方法，就是其中的代表性工作，它在保持表面几何细节方面取得了很大的成功。

6.2.1 梯度域 Poisson 网格形变和编辑

梯度域 Poisson 网格形变方法是开创性的高质量网格形变工作 (Yu et al., 2004)，该方法通过编辑网格曲面上的局部几何形状来改变网格的梯度场，进而由 Poisson 方程重建得到形变网格。在介绍具体算法以前，我们先简单介绍三角形网格上 Poisson 方程的相关知识。

带有 Dirichlet 边界条件的 Poisson 方程如下所示：

$$\nabla^2 f = \nabla \cdot \boldsymbol{w}, \quad f|_{\partial\Omega} = f^*|_{\partial\Omega} \tag{6.9}$$

式中，f 表示未知的标量函数，$\boldsymbol{w}$ 表示导引向量场，f^* 表示边界处标量场的值；$\nabla^2 = \dfrac{\partial^2}{\partial x^2} + \dfrac{\partial^2}{\partial y^2} + \dfrac{\partial^2}{\partial z^2}$ 表示 Laplace 算子，$\nabla \cdot \boldsymbol{w} = \dfrac{\partial w_x}{\partial x} + \dfrac{\partial w_y}{\partial y} + \dfrac{\partial w_z}{\partial z}$ 表示向量场 $\boldsymbol{w} = (w_x, w_y, w_z)$ 的散度。

Poisson 方程与 Helmholtz-Hodge 向量场分解密切相关。对于光滑的三维向量场，有如下分解：

$$\boldsymbol{w}=\nabla\varphi+\nabla\times\boldsymbol{v}+\boldsymbol{h} \tag{6.10}$$

式中，φ 表示一个标量势场，它满足 $\nabla\times(\nabla\varphi)=0$；$\boldsymbol{v}$ 是一个向量势场，满足 $\nabla\cdot(\nabla\times\boldsymbol{v})=0$。分解的唯一性依赖于合适的边界条件。上式分解得到的 φ 是如下最小二乘问题的解：

$$\min_{\varphi}\int_{\Omega}\|\nabla\varphi-\boldsymbol{w}\|^2\mathrm{d}A \tag{6.11}$$

它可以通过求解 Poisson 方程得到，即 $\nabla^2\varphi=\nabla\cdot\boldsymbol{w}$。

与规则的像素和体素相比，在一个三角形网格上求解 Poisson 方程的先决条件是需要克服不规则的拓扑连接问题。一种解决思路是使用离散场去近似光滑场，并相应地重新定义离散场的散度。三角形网格上的离散向量场被定义为一个分片常向量函数，其定义域为网格上的所有顶点，即在每个三角形面片上定义一个常向量，且该向量与三角形面片共面。三角形网格上离散势场定义为一个分片线性函数，即 $\varphi(\boldsymbol{x})=\sum_i B_i(\boldsymbol{x})\varphi_i$，其中 B_i 是分片线性基函数，在顶点 v_i 处取值为 1，其他两点取为 0；φ_i 表示 v_i 处 φ 的值。对于定义在网格上的一个离散向量场 $\boldsymbol{w}$，它在 v_i 处的散度定义为：

$$(\mathrm{Div}(\boldsymbol{w}))(v_i)=\sum_{T_k\in N(i)}\nabla B_{ik}\cdot\boldsymbol{w}|T_k| \tag{6.12}$$

式中，$N(i)$ 表示与 v_i 相邻的三角形面片集合，$|T_k|$ 表示三角形面片 T_k 的面积，∇B_{ik} 表示 B_i 在 T_k 中的梯度。不难发现，离散散度依赖于网格的几何信息和 1-环邻域的结构。

给定离散场及其散度的定义，离散 Poisson 方程可以表示为：

$$\mathrm{Div}(\nabla\varphi)=\mathrm{Div}(\boldsymbol{w}) \tag{6.13}$$

式中，$\mathrm{Div}(\nabla\varphi)$ 为标量场 φ 梯度的散度（$\nabla\cdot\nabla=\Delta$），即每个顶点处 φ 的 Laplace 值；$\mathrm{Div}(\boldsymbol{w})$ 表示向量场 $\boldsymbol{w}$ 的散度，每个顶点 v_i 处对应的散度可以对其 1-环邻域 $N(i)$ 的边界进行通量计算得到。具体地，记 $\boldsymbol{w}_{i,j}$ 为 1-环邻域 $N(i)$ 中三角形 $T_{i,j}$ 上 $\boldsymbol{w}$ 的取值，$\boldsymbol{e}_{i,j}$ 为这些三角形的顶点 v_i 的对边。计算通量（离散散度）时需对所有这些边界边上的流入流出量进行求和：

$$\sum_{T_{i,j} \in N(i)} \boldsymbol{w}_{i,j} \cdot \boldsymbol{R}^{90} \boldsymbol{e}_{i,j}$$

式中，$\boldsymbol{R}^{90}$ 为绕面片 $T_{i,j}$ 法向旋转 90° 的旋转矩阵。因此，离散 Poisson 方程可转化为一个稀疏线性系统：

$$\boldsymbol{A}\boldsymbol{f} = \boldsymbol{b} \tag{6.14}$$

式中，$\boldsymbol{A}$ 即为网格的 Laplace 矩阵，$\boldsymbol{b}$ 代表矢量场 $\boldsymbol{w}$ 在每个顶点处散度。上面的离散 Poisson 方程的未知量 $\boldsymbol{f}$ 是一个标量势场，离散地定义在每个顶点上，它可以用来表达定义在网格上的属性。

为了使离散 Poisson 方程适用于网格形变，需要将目标网格的三个坐标分量作为原始网格的三个标量场。由于三角形网格是分片线性的，因此标量场也是分片线性的，而且满足离散势场的定义。这里的目标和原始网格具有相同的拓扑（顶点邻接关系），它们的顶点一一对应。

运用 Poisson 方程的目的是在已知拓扑但几何信息未知的情况下求解得到这个目标形变网格。为了得到目标形变网格的顶点坐标，每个分量的 Poisson 方程需要一个离散的向量场作为导引场。当一个离散向量场引入到原始网格上时，它在原始网格上的散度可以利用式（6.12）计算得到。相应地，式（6.14）中的向量 $\boldsymbol{b}$ 则可通过收集所有点的离散散度而得到，其系数矩阵 $\boldsymbol{A}$ 独立于导引场，仅依赖于原始网格。求解这个稀疏系统可以同时得到所有顶点的一个坐标分量，重复三次可得到所有顶点的三维坐标。

注意到 Poisson 方程的解依赖于导引场和边界条件，因此利用这一方法进行网格形变，主要的控制手段就是导引场和边界条件。其中导引场，即三角形面片上的三个梯度向量，实质上是三角形面片的局部变换，包括旋转和缩放变换。由于相邻三角形面片的局部变换可能不同，所以原始网格会被撕开，不再连在一起（如图 6.4(c) 所示）。这样，新向量场不再是任何标量场的梯度。为了从这个新向量场中重建出一个网格，需要将它作为导引场运用于 Poisson 方程。给定原始网格和三个导引场，即每个三角形上的局部变换，前述方法就可用来重建目标网格。直观地说，求解 Poisson 方程相当于黏合这些散开的三角形面片（如图 6.4(d) 所示）。

梯度域 Poisson 网格编辑方法期望利用少数特征（线条或者顶点）来控制局部或者全局的网格形变效果，网格上任何线条或者顶点都可以作为

Poisson 方程的边界条件。交互选取和操控网格上的线条或顶点来定义边界条件相对容易，然而交互式地定义每个三角形上的局部变换则非常烦琐。一个自然的方法是自动地根据边界条件来获取每个三角形上的局部变换 (Yu et al., 2004)。

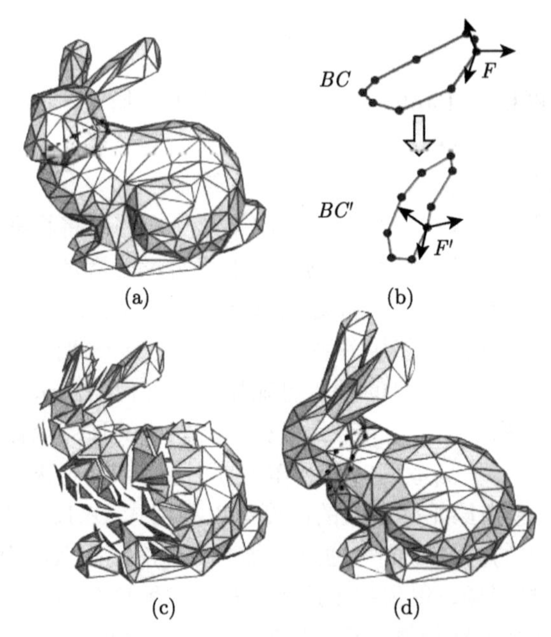

图 6.4　梯度域 Poisson 网格形变编辑过程：(a) 拟编辑的 Bunny 模型及其颈部弧线；(b) Poisson 方程的边界条件 BC，它编辑后为 BC'；(c) 每个三角形面片通过传播得到局部变换进行相应的变换，三角形面片被分离；(d) 在 BC' 定义的新状态下，Poisson 方程将这些分离的面片重新黏合到一起

不妨记上述的边界条件为一些分量的组合 $BC = (I, P, F)$，其中 I 表示网格中受约束顶点的下标的集合，P 表示这些点的三维坐标，F 表示这些顶点的局部标架。如果一个顶点属于某个边界条件，那么该顶点是受约束的。一般来说，顶点处的局部标架定义为三个相互正交的单位向量，其中一个是单位法向。若一个顶点属于一段控制线条，则其局部标架由线条的表面法向、线条的切方向和线条的副法向所定义。当边界条件 $BC = (I, P, F)$ 被编辑成为 $BC' = (I, P', F')$（如图 6.4(b) 所示），受约束顶点上新旧局

部标架间的差异刻画了约束顶点附近三角形的局部变换，包含局部的旋转和缩放两部分。局部旋转和缩放从受约束的点扩散传播到整个网格，在网格上形成一个光滑的局部变换场。实际扩散操作可使用测地距离相关的权重来加权计算每个三角形上的局部变换，得到求解 Poisson 方程的导引场。在此基础上，利用 Poisson 方程即可重建获得新的网格。从能量优化的角度来看，该方法通过求解位置约束下的极小化问题（式 (6.11)），使得形变后的网格不仅满足边界条件中所施加的顶点位移约束，而且每个三角形的朝向和缩放符合导引场的要求。

这一类基于最小二乘形变能量优化的梯度域网格形变方法 (Yu et al., 2004; Lipman et al., 2004; Zayer et al., 2005) 的核心思想是将形变导致的局部扭曲均匀地扩散到整个网格，以得到高质量的形变结果。在该计算框架中，几何细节由网格顶点的形变梯度或者 Laplace 坐标 (Lipman et al., 2004) 表示，形变的质量（扭曲大小，即形变能量）由形变梯度或 Laplace 坐标在局部标架内的变化大小来衡量。然而，当形变尺度比较大时，此类方法容易发生不自然的体积改变，甚至出现网格的局部自交现象。究其原因，此类方法仅限于保持模型网格表面的几何特征，而缺少空间实体方面的约束。尽管形变后网格的表面几何细节与原网格相似，但不能防止网格内部空间以及网格表面附近空间被大幅度地挤压或拉伸。

6.2.2　基于体图的梯度域网格形变

针对上述问题，我们在表面形变能量的基础之上增加约束空间实体细节变化的能量。为了避免大形变时的局部塌陷问题，为输入的表面网格构建一个“体图”来表达其内部，该体图的 Laplace 算子 (Laplace Operator) 定义为顶点到其 1-环邻域顶点平均位置的矢量。类似于表面网格的 Laplace 算子，该矢量能够刻画体图的局部细节特征。在形变过程中，通过减小这一矢量在局部标架下的变化，就能缓解不自然的体积变化（如图 6.5 所示）。类似地，我们可以在表面网格外侧构造一定厚度的体图，以缓解大形变时局部自交问题。

基于体图的梯度域网格形变方法的基本思想是在输入模型内部均匀生成一些采样点，通过最近邻连接建立一个体图，从而获得一个实体的离散表示。相比于四面体网格构造，这种体图非常容易生成，能够灵活鲁棒地适用于各种复杂的三维模型。

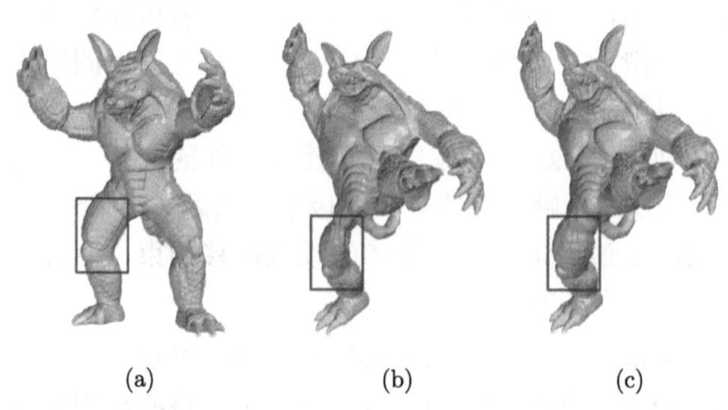

(a) (b) (c)

图 6.5 体图约束能明显减轻形变扭曲：(a) 原始模型；(b) 表面梯度驱动方法导致腿部塌陷；(c) 体图约束很好地保持其原有形状

记输入网格为 $\mathcal{M}=(\boldsymbol{X},\mathcal{K})$ ，其中 $\boldsymbol{X}=\{\boldsymbol{x}_i\in\mathbb{R}^3|1\leqslant i\leqslant n\}$ 为网格顶点的坐标， $\mathcal{K}$ 表示该网格的顶点连接关系，包含顶点 $\{i\}$ ，边 $\{i,j\}$ ，面 $\{i,j,k\}$ 等基本元素。对于输入网格，算法构造两种体图，即填充网格内部的图 $\mathcal{G}_{\text{in}}$ ，用来防止大形变时不自然的体积变化；覆盖网格外侧的图 $\mathcal{G}_{\text{out}}$ ，用来防止局部自交。体图 $\mathcal{G}_{in}$ 的构造算法包含以下四步：

(1) 把网格 $\mathcal{M}$ 顶点沿法线方向向内偏移，构造出一层内部网格 $\mathcal{M}_{\text{in}}$。

(2) 把网格 $\mathcal{M}$ 和 $\mathcal{M}_{\text{in}}$ 嵌入到一个体心立方晶格（Body-centered Cubic Lattice)，去掉落在 $\mathcal{M}_{\text{in}}$ 外的节点。

(3) 在 $\mathcal{M},\mathcal{M}_{\text{in}}$ 和剩下的晶格节点之间建立边的连接关系。

(4) 用边折叠（Edge Collapse）策略（见 3.2.1 节）进行图的简化，然后执行图的光顺。

初始的体图包含三类边。$\mathcal{M}$ 上的每一个顶点都与 $\mathcal{M}_{\text{in}}$ 上的对应顶点相连。在每个三角形面片对应的三棱柱各面上，我们把距离较近的对角顶点也连接起来。每一个体心立方晶格的中心节点都与其相邻的八个最近邻相连。对于体心立方晶格与 $\mathcal{M}_{\text{in}}$ 相交的边，其一个节点被去掉，剩下的节点与 $\mathcal{M}_{\text{in}}$ 上离该交点最近的顶点相连。

构造外侧的体图 $\mathcal{G}_{\text{out}}$ 要简单得多。我们同样应用前面叙述的法向偏移方法生成 $\mathcal{M}_{\text{out}}$ ，只不过把网格顶点向外移动。$\mathcal{M}$ 和 $\mathcal{M}_{\text{out}}$ 之间的边连接关系与 $\mathcal{M}$ 和 $\mathcal{M}_{in}$ 的边连接关系相同。图 6.6 为所生成的体图例子。

图 6.6　体图构造

令 $\mathcal{G}=(\boldsymbol{V},\boldsymbol{E})$ 表示包含 N 个点 $\boldsymbol{X}=\{\boldsymbol{x}_i\in\mathbb{R}^3|1\leqslant i\leqslant N\}$ 的图，式中， $\boldsymbol{E}=\{(i,j)|\boldsymbol{x}_i与\boldsymbol{x}_j相连\}$ 表示边的集合。体图上的 Laplace 算子与三角形网格上的 Laplace 算子 (Desbrun et al., 1999) 相似，它们都定义为一个节点与其邻接节点的线性组合之间的差异：

$$\boldsymbol{\delta}_i=\boldsymbol{L}_i^{\mathcal{G}}\boldsymbol{x}=\boldsymbol{x}_i-\sum_{j\in\mathcal{N}(i)}w_{ij}\boldsymbol{x}_j \tag{6.15}$$

式中，$\mathcal{N}(i)=\{j|\{i,j\}\in\boldsymbol{E}\}$ 表示节点 i 的邻接节点集合，w_{ij} 是 $\boldsymbol{x}_j$ 对 $\boldsymbol{x}_i$ 的权重，$\boldsymbol{\delta}_i$ 是节点 $\boldsymbol{x}_i$ 在图 $\mathcal{G}$ 上的 Laplace 坐标；通常称 $\boldsymbol{L}^{\mathcal{G}}$ 为图 $\mathcal{G}$ 的 Laplace 算子，记 $\boldsymbol{L}_i^{\mathcal{G}}$ 为该矩阵的第 i 行；权值 w_{ij} 应为正值，且满足 $\sum_{j\in\mathcal{N}(i)}w_{ij}=1$ 。因此，权值计算是构造体图的 Laplace 算子 $\boldsymbol{L}^{\mathcal{G}}$ 的关键，可通过二次规划方法来计算。对体图的节点 i ，求解下面的优化问题即可得到权值 w_{ij}（为了简明起见，省略了下标 i ）：

$$\begin{aligned}\min_{w_j}\quad&\left(\left\|\boldsymbol{x}_i-\sum_{j\in\mathcal{N}(i)}w_j\boldsymbol{x}_j\right\|^2+\lambda\left(\sum_{j\in\mathcal{N}(i)}w_j\|\boldsymbol{x}_i-\boldsymbol{x}_j\|\right)^2\right)\\ \text{s.t.}\quad&\sum_{j\in\mathcal{N}(i)}w_j=1,\ w_j>\xi\end{aligned}$$

式中，第一项能量的目标是使得 Laplace 坐标的模长尽可能小；第二项能量基于尺度相关的伞状算子 (Scale-dependent Umbrella Operator) (Desbrun et al., 1999)，该算子的权值倾向正比于边长的倒数；参数 λ 用于平衡这两个优化目标。实验表明，当 λ 和 ξ 都为 0.01 时，能取得很好的结果。

由于交互编辑时，通常仅操作少量的顶点 $\boldsymbol{q}_i$，进而计算出每个控制点 $\boldsymbol{q}_i$ 处的局部变换 $\boldsymbol{T}_i$。由前面的讨论知，算法需要得到待形变模型上所有顶点处的局部变换，这里我们采用扩散法来达到目的。

在实际编辑时，用户首先交互勾选网格上邻接的一些点组成控制曲线，并将曲线形变到另一状态，然后利用这条曲线的形变来计算网格的形变。注意到用户仅指定了控制曲线上的点形变之后的位置，因此可以通过 WIRE 形变方法 (Singh et al., 1998) 由控制曲线上的各顶点编辑后的位置 $\boldsymbol{q}_i$ 计算出网格上与曲线相邻点的位置，从而得到曲线上点的局部变换。控制曲线对体图上顶点影响的大小则由强度场 $f(t)$ 来确定。函数 $f(t)$ 在控制曲线上取最大值，并随距离增加而减小。用户可以方便地构造各种强度函数 $f(t)$，如常数函数、线性递减函数或者高斯函数等。点到控制曲线的距离可定义为该点到控制曲线在图上的最短路径长度。由这一强度场函数，我们就可将上述曲线上的局部变换扩散到整个图上。为了得到一条控制曲线对图上点 $\boldsymbol{x}$ 的影响，可以直接把曲线上离 $\boldsymbol{x}$ 最近的点 $\boldsymbol{q}_x$ 处的变换设为 $\boldsymbol{x}$ 处的变换，但这种简单的策略容易导致图上的局部变换不连续，因此一种较为光顺的做法是把该曲线上所有点的变换都加以考虑，并用这些点处的变换的加权平均来计算 $\boldsymbol{x}$ 处的局部变换，点 $\boldsymbol{q}_i$ 处的权重可以取为它到 $\boldsymbol{x}$ 距离的倒数 $1/\|\boldsymbol{x}-\boldsymbol{q}_i\|_g$，或为下面的高斯函数：

$$\exp\left(-\frac{(\|\boldsymbol{x}-\boldsymbol{q}_i\|_g-\|\boldsymbol{x}-\boldsymbol{q}_x\|_g)^2}{2\sigma^2}\right)$$

式中，$\|\boldsymbol{x}-\boldsymbol{q}\|_g$ 表示从 $\boldsymbol{x}$ 到 $\boldsymbol{q}$ 的离散测地距离。除了考虑一条控制曲线对图中节点的影响外，也可考虑多条曲线同时作用的情况，即图中节点最后的局部变换是所有控制曲线的所有控制点上局部变换的加权平均。具体实现时，可设计多种权值分配方案和控制手段，以便提供丰富的扩散模式，从而得到多样的形状控制。

综上所述，点 $\boldsymbol{x}$ 处最终的变换矩阵可表示为：

$$\boldsymbol{T}_x=f(t_x)\tilde{\boldsymbol{T}}_x+(1-f(t_x))\boldsymbol{I}$$

式中，$\tilde{\boldsymbol{T}}_x$ 是 $\boldsymbol{x}$ 点由上述加权方法得到的平均变换，$f(t_x)$ 为 $\boldsymbol{x}$ 点所对应的强度控制曲线的参数。该式按强度场的大小，把插值得到的变换与单位阵进行平衡。强度场大的地方，曲线的控制力度大，Laplace 坐标跟随平均变换变化；强度场弱的地方，则 Laplace 坐标几乎维持不变；在控制曲线影响区域之外（即强度场为 0 的地方），Laplace 坐标与未形变时相同。

这个扩散策略与 Yu 等 (2004) 中的局部变换设定策略相似。不同之处在于我们为体图的每一个节点计算局部变换，并作用到节点的 Laplace 坐标，而 Yu 等 (2004) 为表面网格的每个三角形计算局部变换，然后作用到三角形的三个顶点上。他们的方法独立地变换每一个三角形，使得三角形互相错开，形成一开裂的表面网格，然后用 Poisson 方程把这些三角形黏合在一起。若直接拓展他们的方法到体上，则需要对原网格模型内部进行四面体剖分，这违背了本算法的原先构想。

基于体图的梯度域网格形变方法能生成自然的大尺度几何形变，用户可以直观地交互控制二维曲线，轻松地利用二维卡通动画驱动三维网格模型，得到栩栩如生的三维动画。哪怕一个未经训练的用户，也只需要大约一两个小时就可制作一个形变动画序列。值得一提的是，利用卡通动画驱动三维模型的目标并不是让三维模型形变为与卡通角色的形状完全一样，这是因为三维模型与二维卡通角色原始形状差别巨大，而且卡通中常常有很多夸张的艺术效果，并不反映真实的三维运动。我们的目标是将卡通动画中的运动幅度与风格迁移到三维模型之上，获得“相似”的运动效果。图 6.7 展示了一个运动序列。

图 6.7 基于体图形变算法，交互式地用二维动画曲线来驱动三维模型

6.3 非线性子空间梯度域网格形变方法

上一节介绍的体图方法尽管在几何形变过程中近似保持了体积，但该方法不能精确地保持体积、长度等重要的几何属性，因此，当几何外形发生巨大变化时，仍会产生不自然的结果，影响形变的真实感。而且，由扩散方法得来的局部变换并不能严格反映网格形变前后的局部朝向变化，若扩散参数选取不当，几何细节就不能得到很好的保持。

为此，本节将介绍一个普适性的形变技术框架来解决上述问题 (Huang et al., 2006b)，使得网格在形变过程中能很好地保持几何细节以及模型体积等各种几何属性。该框架从网格形变的非线性本质出发，以非线性的微分属性最小二乘形变能量为核心，并通过增加多种约束来实现自由的交互形变。其优化方程为：

$$\begin{aligned} \min_{\boldsymbol{x}} \quad & \frac{1}{2}\|\boldsymbol{\Psi}\boldsymbol{x} - \boldsymbol{b}(\boldsymbol{x})\|^2 \\ \text{s.t.} \quad & \boldsymbol{g}(\boldsymbol{x}) = 0 \end{aligned} \tag{6.16}$$

式中， $\boldsymbol{\Psi}$ 为一常数矩阵，由 Laplace 算子等多个部分组成； $\boldsymbol{g}(\boldsymbol{x}) = 0$ 表示所有的硬约束。

这一非线性优化能量可以很好地解决前面提到的局部变换自动优化问题，而且可以自然地描述并求解体积控制、骨架关节语义等重要的形变几何约束。该技术框架的核心是保持几何细节的形变能量，被表达为最小二乘形式。由于其海森矩阵近似为一常数，故称之为拟线性最小二乘形变能量。对于这种形式的带约束优化问题，可选取不精确牛顿法作为数值求解工具，并通过分析形变的特征，构造形变子空间，将优化问题降维求解，从而高效加速形变计算的过程。图 6.8 展示了该算法所得到的形变结果。

下面，我们将从 Laplace 网格形变方法的本质出发，给出拟线性的保几何细节约束、非线性的骨架和体积约束以及相应的优化能量方程。采用非线性形变能量虽然付出了一定的计算代价，但完全避免了之前为保证形变质量而经验性估计局部变换的做法，减少人工交互的同时能获得更优的形变结果。

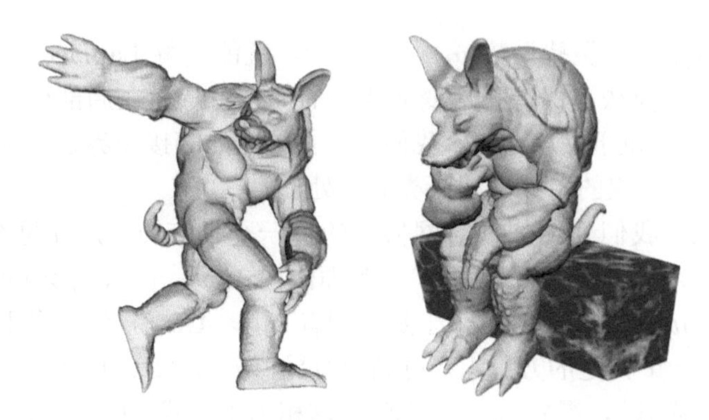

图 6.8 非线性子空间梯度域网格形变生成的高质量形变结果

6.3.1 网格形变的非线性约束优化

基于 Laplace 算子的形变方法 (Sorkine et al., 2004; Lipman et al., 2005) 通过形变后网格的 Laplace 坐标 $\hat{\boldsymbol{\delta}}$ 反求（也称为重建）出网格的顶点坐标 $\boldsymbol{x}$ 。重建网格形状通过求解最小二乘 $\frac{1}{2}\|\boldsymbol{L}\boldsymbol{x}-\hat{\boldsymbol{\delta}}\|^2$ 来实现。根据上一节讨论，该最小二乘可以理解为一软约束： $\boldsymbol{L}\boldsymbol{x}=\hat{\boldsymbol{\delta}}$ 。传统求解方法通过某些途径估计局部变换 $\boldsymbol{T}$ ，把原 Laplace 坐标 $\boldsymbol{\delta}$ 旋转到“形变后”的 Laplace 坐标 $\hat{\boldsymbol{\delta}}=\boldsymbol{T}\boldsymbol{\delta}$ ，从而使得 $\hat{\boldsymbol{\delta}}$ 不依赖于未知的 $\boldsymbol{x}$ 。因此，从约束的观点来分析，传统求解方法将这种约束作为线性问题来处理。

由于 Laplace 坐标 $\boldsymbol{\delta}$ (Desbrun et al., 1999) 是曲面平均曲率法向的离散近似，因此之前的做法本质上是使形变后的 Laplace 坐标的朝向在局部标架内保持不变，同时保持原平均曲率的大小不变（当局部变换中不包含缩放时）。因此，将形变后的 Laplace 坐标表示为形变后网格顶点坐标的函数，更能反映 Laplace 约束的本质。

令 $\boldsymbol{x}_i$ 为网格的一个内部顶点，$\boldsymbol{x}_{i,1},\cdots,\boldsymbol{x}_{i,n_i}$（$\boldsymbol{x}_{i,0}=\boldsymbol{x}_{i,n_i}$）是其 1-环邻接顶点，$T_{ij}(j=1,2,\cdots,n_i)$ 是其第 j 个邻接三角形面片。由于未形变时 $\boldsymbol{x}_i$ 的离散 Laplace 坐标 $\boldsymbol{\delta}_i$ 一定落在邻接三角形面法向所张成的线性空间内，因此存在一组系数 μ_{ij} 使得：

$$\boldsymbol{\delta}_i=\sum_{j=1}^{n_i}\mu_{ij}\Big((\boldsymbol{x}_{i,j-1}-\boldsymbol{x}_i)\times(\boldsymbol{x}_{i,j}-\boldsymbol{x}_i)\Big) \tag{6.17}$$

在形变过程中，若保持系数 μ_{ij} 固定不变，就能使得 Laplace 坐标 $\hat{\boldsymbol{\delta}}$ 的朝向始终与四周面法向保持与形变前相同的关系，从而在局部标架内恒定不变。当顶点 $\boldsymbol{x}_i$ 位于网格边缘，我们只需把该点的邻接边界边与邻接面法向一样作为 μ_{ij} 加权的对象，即可类似地处理。

接下来，我们介绍如何对网格上的每一个顶点 $\boldsymbol{x}_i$，计算系数 μ_{ij}。记 $\boldsymbol{A}_i$ 为 $3\times n_i$ 的矩阵，其第 j 列为面法向 $(\boldsymbol{x}_{i,j-1}-\boldsymbol{x}_i)\times(\boldsymbol{x}_{i,j}-\boldsymbol{x}_i)$；又记 $\boldsymbol{\mu}_i=(\mu_{i,1},\cdots,\mu_{i,n_i})^\top$，于是我们有 $\boldsymbol{\delta}_i=\boldsymbol{A}_i\boldsymbol{\mu}_i$。当有多于三个邻接面时，这是一个欠定的方程组。可利用奇异值分解（SVD）求解 $\boldsymbol{\mu}_i$，即计算 $\boldsymbol{A}_i$ 的伪逆 $\boldsymbol{A}_i^+$，得到 $\boldsymbol{\mu}_i=\boldsymbol{A}_i^+\boldsymbol{\delta}_i$。这相当于为式（6.17）求 $\|\boldsymbol{\mu}_i\|$ 最小的解。

令 $\boldsymbol{d}_i(\boldsymbol{x})=\sum\limits_j\mu_{ij}\Big((\boldsymbol{x}_{i,j-1}-\boldsymbol{x}_i)\times(\boldsymbol{x}_{i,j}-\boldsymbol{x}_i)\Big)$ 为 Laplace 坐标的朝向，归一化其长度为 $\|\boldsymbol{\delta}_i\|$，则 $\hat{\boldsymbol{\delta}}_i$ 可以表示为：

$$\hat{\boldsymbol{\delta}}_i(\boldsymbol{x})=\frac{\|\boldsymbol{\delta}_i\|}{\|\boldsymbol{d}_i(\boldsymbol{x})\|}\boldsymbol{d}_i(\boldsymbol{x}) \tag{6.18}$$

容易发现，只要 μ_{ij} 保持不变，当 1-环邻域整体经历局部变换 $\boldsymbol{R}_i$ 时，$\boldsymbol{d}_i(\boldsymbol{x})=\boldsymbol{R}_i\boldsymbol{\delta}_i$，因此这样的 Laplace 坐标表示方法具有旋转不变性，很好地刻画了几何细节的本质。

人与动物等具有骨架语义的模型，在形变过程中，往往需要保证其四肢等某些部分不弯曲，长度不发生变化。例如，马的前腿发生弯曲的效果非常不自然，若能保持其刚性，结果会好得多（如图 6.9(a) 所示）。这样的形变结果通常采用基于骨架的形变技术得到。为了在梯度域几何形变框架内提供这样的约束手段，我们提出非线性的骨架约束。图 6.9(b) 是一个简单的示意图。若希望网格中部（两个虚线圆之间）不发生弯曲，可以加入一段骨骼来直观地描述这一需求。在这一虚拟的骨骼 ab 上，算法自动地生成一些采样点 $\{\boldsymbol{s}_i\}_{i=0}^r$（其中 $\boldsymbol{s}_0=\boldsymbol{a},\boldsymbol{s}_r=\boldsymbol{b}$），采样点间的间距约为网格模型该部分的平均边长。在形变过程中，我们希望保持直线性以及其原来的长度 ρ：

$$\begin{cases}(\boldsymbol{s}_i-\boldsymbol{s}_{i-1})-(\boldsymbol{b}-\boldsymbol{a})/r=0, & i=1,2,\cdots,r\\ \|\boldsymbol{b}-\boldsymbol{a}\|=\rho\end{cases} \tag{6.19}$$

把每一个采样点（包括 $\boldsymbol{a}$ 和 $\boldsymbol{b}$）表示为网格顶点的线性组合，即 $\boldsymbol{s}_i=$

$\sum_j k_{ij}\boldsymbol{x}_j$，其中 k_{ij} 为常系数。代入式（6.19），可得到下列约束：

$$\begin{cases} \boldsymbol{\Gamma x} = 0 \\ \|\boldsymbol{\Theta x}\| = \rho \end{cases} \tag{6.20}$$

式中，$\boldsymbol{\Gamma}$ 为 $r \times n$ 的常数矩阵，其元素为 $(\boldsymbol{\Gamma})_{ij} = (k_{ij} - k_{i-1,j}) - \frac{1}{r}(k_{rj} - k_{0j})$，$\boldsymbol{\Theta}$ 为一行向量，其元素为 $(\boldsymbol{\Theta})_j = k_{rj} - k_{0j}$；系数 k_{ij} 通过均值坐标方法 (Ju et al., 2005) 计算得到，由于它需要封闭的网格，可通过增加虚拟顶点把网格的两端封闭起来，其中虚拟顶点的位置取为边界曲线的重心（如图 6.9(b) 中的 $\boldsymbol{c}_1$ 和 $\boldsymbol{c}_2$ ）。

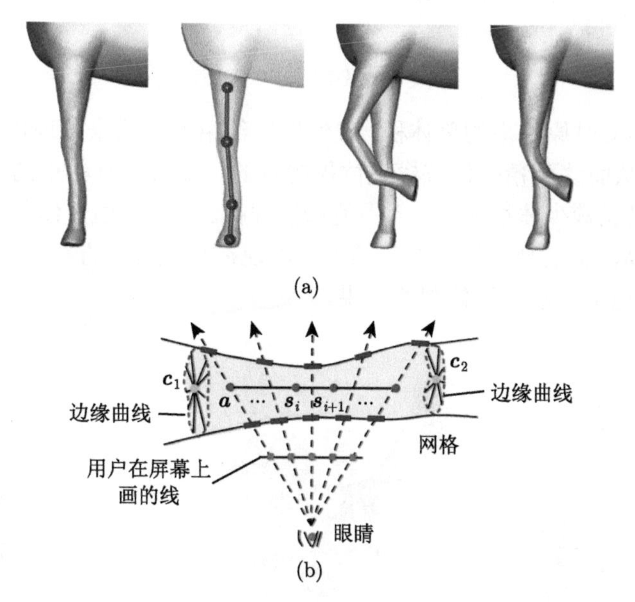

图 6.9　非线性梯度域网格形变框架可简单地拓展处理骨架约束

骨架约束可简单地交互确定。用户仅需要在目标（灰色部分）的屏幕投影区内勾画一条线，系统就能自动地创建一个骨架约束与该目标相关联。对用户所画的线上的每一个像素，创建一条从视点出发连接该像素点的光线，然后计算每条光线与网格的前两个交点（蓝色点）。一般来说，这两个交点代表了网格前面的一侧与背后的一侧，其中点位于网格的中轴附近。

最后，利用最小二乘拟合这些中点，得到线段 $\boldsymbol{ab}$ 。

为了确定骨架约束所影响的区域，我们首先在 $\boldsymbol{ab}$ 的两端各做一垂直 $\boldsymbol{ab}$ 的平面。然后以这两个平面作为该区域的边界，从前面求得的交点（蓝色点）处向外扩散，直到填满整个区域，即可得到所有受骨架约束影响的三角形面片。

体积不变性是许多弹塑性材质模型的重要形变特征。为模拟几何形变的体积不变效果，我们引入体积约束来严格保持模型的总体积不变。在下面的叙述中，不妨假定给定网格表面是一封闭的二维流形。

四面体网格的有向总体积可由其顶点的位置计算：$\psi(\boldsymbol{x})=\frac{1}{6}\sum_{T_{ijk}}(\boldsymbol{x}_i\times\boldsymbol{x}_j)\cdot\boldsymbol{x}_k$，其中 T_{ijk} 表示由顶点 i,j 和 k 构成的四面体表面三角形。因此，体积约束可以描述为：

$$\psi(\boldsymbol{x})=v \tag{6.21}$$

v 表示未形变时原网格的总体积。我们以硬约束的形式来处理体积约束（式(6.21)），从而达到精确保持模型体积的目的。如果以软约束的形式处理体积约束，仅能减少体积变化，而不能精确保持。另外，由于体积约束的非线性程度较高，更适合于以硬约束的方式出现在形变优化方程中。图 6.10 在 Tweety 模型上展示了保体积的效果。

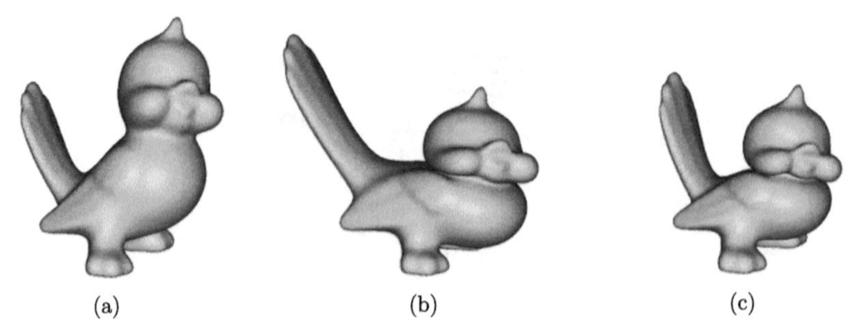

图 6.10　体积保持约束的形变：(a) 原网格；(b) 带体积约束的形变结果；(c) 无体积约束的形变结果

将前述 Laplace 约束、骨架约束、体积约束以及位置约束以式（6.16）的形式统一起来，即可得到非线性梯度域网格形变的优化方程，相关参数表达为：

$$\boldsymbol{\Psi} = \begin{pmatrix} \boldsymbol{L} \\ \Phi \\ \boldsymbol{\Gamma} \\ \boldsymbol{\Theta} \end{pmatrix}, \quad \boldsymbol{b}(\boldsymbol{x}) = \begin{pmatrix} \hat{\boldsymbol{\delta}}(\boldsymbol{x}) \\ \boldsymbol{V} \\ 0 \\ \rho\dfrac{\boldsymbol{\Theta x}}{\|\boldsymbol{\Theta x}\|} \end{pmatrix}, \quad \boldsymbol{g}(\boldsymbol{x}) = \begin{pmatrix} \boldsymbol{\Omega x} - \boldsymbol{\omega} \\ \psi(\boldsymbol{x}) - v \end{pmatrix}$$

式中， $\Phi\boldsymbol{x} = \boldsymbol{V}$ 表示位置约束，其他符号的定义参照前面的论述。

一般来说，把体积约束作为硬约束比较好，因为它的维度较低，而且如果把它作为软约束的话，式（6.16）的预处理难以复用，极大地影响效率。相反，Laplace 约束、骨架和位置约束的维度则很高，作为硬约束处理代价太高，并且它们要么为线性要么为拟线性，所以将这些约束作为软约束来优化处理比较好。

此外，把骨架长度约束 $\|\boldsymbol{\Theta x}\| = \rho$ 改写为其等价形式 $\boldsymbol{\Theta x} = \rho\dfrac{\boldsymbol{\Theta x}}{\|\boldsymbol{\Theta x}\|}$ 是为了保持矩阵 $\boldsymbol{L}$ 的分块结构，以便系统可以通过对模型的三个坐标分量分别求解 $n \times n$ 的线性方程组来获得形变结果，避免求解 $3n \times 3n$ 的方程组，提高不精确牛顿法的迭代效率。

6.3.2 网格形变的子空间优化求解

形变优化方程（式（6.16））的维度及非线性程度往往很高，如何高效、稳定地求解该方程是问题的关键。为此，我们提出不精确牛顿法与子空间降维的求解策略。除了介绍数值方法的具体实现细节外，本小节还将详细分析迭代的稳定性与快速收敛性。首先，通过分析高斯-牛顿迭代算法的数值性质，给出全空间内的不精确牛顿法，进而构造子空间方法来改善优化问题的数值特性，提升迭代的稳定性与收敛速度。

每一步高斯-牛顿迭代时， $\boldsymbol{f}(\boldsymbol{x}) \equiv \boldsymbol{\Psi x} - \boldsymbol{b}(\boldsymbol{x})$ 可线性化为：

$$\boldsymbol{f}(\boldsymbol{x} + \boldsymbol{b}) \approx \boldsymbol{l}(\boldsymbol{h}) \equiv \boldsymbol{f}(\boldsymbol{x}) + (\boldsymbol{\Psi} - \boldsymbol{J}_b(\boldsymbol{x}))\boldsymbol{h} \tag{6.22}$$

式中， $\boldsymbol{J}_b(\boldsymbol{x})$ 为 $\boldsymbol{b}(\boldsymbol{x})$ 的 Jacobian 矩阵。迭代过程中，我们求解以下优化问题：

$$\begin{aligned} &\min \quad \frac{1}{2}\|\boldsymbol{l}(\boldsymbol{h})\|^2 \\ &\text{s.t. } \boldsymbol{g}(\boldsymbol{x} + \boldsymbol{h}) = 0 \end{aligned} \tag{6.23}$$

局部线性化 $\boldsymbol{g}(\boldsymbol{x}+\boldsymbol{h}) \approx \boldsymbol{g}(\boldsymbol{x})+\boldsymbol{J}_g(\boldsymbol{x})\boldsymbol{h}$，并在高斯-牛顿法中使用 Lagrange 乘子，可以得到以下迭代算法来求解上述优化方程：

$$\begin{aligned}\boldsymbol{h} &= -\left(\boldsymbol{J}_f^\top \boldsymbol{J}_f\right)^{-1}\left(\boldsymbol{J}_f^\top \boldsymbol{f} + \boldsymbol{J}_g^\top \boldsymbol{\lambda}\right)\\ \boldsymbol{\lambda} &= -\left(\boldsymbol{J}_g\left(\boldsymbol{J}_f^\top \boldsymbol{J}_f\right)^{-1}\boldsymbol{J}_g^\top\right)^{-1}\left(\boldsymbol{g} - \boldsymbol{J}_g\left(\boldsymbol{J}_f^\top \boldsymbol{J}_f\right)^{-1}\boldsymbol{J}_f^\top \boldsymbol{f}\right)\end{aligned} \tag{6.24}$$

式中，$\boldsymbol{J}_f \equiv \boldsymbol{J}_f(\boldsymbol{x}) = \boldsymbol{\Psi} - \boldsymbol{J}_b(\boldsymbol{x})$，$\boldsymbol{J}_g \equiv \boldsymbol{J}_g(\boldsymbol{x})$。从初值 $\boldsymbol{x}_0$ 开始，以迭代策略由式（6.24）计算 $\boldsymbol{h}_k$（令 $\boldsymbol{x} = \boldsymbol{x}_{k-1}$），然后更新解为 $\boldsymbol{x}_k = \boldsymbol{x}_{k-1} + \alpha \boldsymbol{h}_k$（$\alpha$ 为步长因子）。

每一个高斯-牛顿步需要计算：

(1) $\boldsymbol{J}_b(\boldsymbol{x}), \boldsymbol{J}_g(\boldsymbol{x}), \boldsymbol{f}(\boldsymbol{x})$ 和 $\boldsymbol{g}(\boldsymbol{x})$

(2) $(\boldsymbol{J}_f^\top \boldsymbol{J}_f)^{-1}, \boldsymbol{J}_g(\boldsymbol{J}_f^\top \boldsymbol{J}_f)^{-1}\boldsymbol{J}_g^\top$ 和 $\boldsymbol{J}_g(\boldsymbol{J}_f^\top \boldsymbol{J}_f)^{-1}\boldsymbol{J}_f^\top \boldsymbol{f}(\boldsymbol{x})$

由于体积约束只对应一个硬约束，系统只有少量的硬约束。因此第 (1) 步的主要计算量集中在 $\boldsymbol{J}_b$ 上。对有 n 个顶点的网格，当有 s 个硬约束时，$\boldsymbol{J}_g(\boldsymbol{x})$ 为 $s \times n$ 的矩阵，而 $\boldsymbol{J}_g(\boldsymbol{J}_f^\top \boldsymbol{J}_f)^{-1}\boldsymbol{J}_g^\top$ 大小为 $s \times s$。$(\boldsymbol{J}_f^\top \boldsymbol{J}_f)^{-1}\boldsymbol{J}_g^\top$ 和 $(\boldsymbol{J}_f^\top \boldsymbol{J}_f)^{-1}\boldsymbol{J}_f^\top \boldsymbol{f}(\boldsymbol{x})$ 可以通过求解 $s+1$ 个以 $\boldsymbol{J}_f^\top \boldsymbol{J}_f$ 为系数矩阵的线性方程组得到。为求解式（6.24），我们一共需要求解 $s+2$ 次这样的方程组。

注意到 $(\boldsymbol{J}_f^\top \boldsymbol{J}_f) = \boldsymbol{\Psi}^\top \boldsymbol{\Psi} - (\boldsymbol{\Psi}^\top \boldsymbol{J}_b + \boldsymbol{J}_b^\top \boldsymbol{\Psi} - \boldsymbol{J}_b^\top \boldsymbol{J}_b)$，且 $(\boldsymbol{\Psi}^\top \boldsymbol{\Psi})$ 在形变过程中为常数矩阵，因此当 $\|\boldsymbol{J}_b\|$ 远远小于 $\|\boldsymbol{\Psi}\|$，条件数 $\kappa = \kappa\left((\boldsymbol{\Psi}^\top \boldsymbol{\Psi})^{-1}(\boldsymbol{J}_f^\top \boldsymbol{J}_f)\right)$ 很小。这样，可以预计算 $(\boldsymbol{\Psi}^\top \boldsymbol{\Psi})$ 的 Cholesky 分解，然后在共轭梯度法 (Conjugated Gradient, CG) 中将 $(\boldsymbol{\Psi}^\top \boldsymbol{\Psi})$ 作为预条件矩阵来加速求解过程。共轭梯度法在 ϵ 精度要求下，可经过 $O(\kappa^{1/2}\log(1/\epsilon))$ 次迭代收敛。

若网格规模较大，计算 $\boldsymbol{J}_b(\boldsymbol{x})$ 的代价很高。当 $\|\boldsymbol{J}_b\| \ll \|\boldsymbol{\Psi}\|$ 时，为了进一步加速算法，可以将式（6.22）简化为 $\boldsymbol{l}(\boldsymbol{h}) \equiv \boldsymbol{f}(\boldsymbol{x}) + (\boldsymbol{\Psi} - \boldsymbol{J}_b(\boldsymbol{x}))\boldsymbol{h} \approx \boldsymbol{f}(\boldsymbol{x}) + \boldsymbol{\Psi}\boldsymbol{h}$。这一简化使得高斯-牛顿法成为不精确高斯-牛顿法 (Steihaug, 1995)。两者的不同之处仅在迭代式（6.24）中用 $\boldsymbol{\Psi}$ 代替 $\boldsymbol{J}_f$。这样，算法就能通过预分解 $\boldsymbol{\Psi}^\top \boldsymbol{\Psi}$ 来快速求解以 $\boldsymbol{\Psi}^\top \boldsymbol{\Psi}$ 为系数矩阵的线性系统。

上述全空间内的不精确高斯-牛顿法即使在网格顶点数目不是很大的时候，也存在收敛慢与求解不稳定的问题。当网格顶点变密时，迭代不稳定问题使得算法只能使用非常小的迭代步长，否则难以收敛。而且随着 $\boldsymbol{\Psi}, \boldsymbol{J}_b, \boldsymbol{J}_f$ 和 $\boldsymbol{J}_g$ 的维数增加，每一步迭代的代价也变得越来越大。

下面，我们分析影响收敛性的各种因素。一般来说高斯-牛顿法的局部收敛性依赖于谱半径 (Steihaug, 1995)：

$$-\left(\boldsymbol{J}_f^\top(\boldsymbol{x}^*)\boldsymbol{J}_f(\boldsymbol{x}^*)\right)^{-1}\sum_{i=1}^{m}\boldsymbol{H}_i(\boldsymbol{x}^*)\boldsymbol{f}_i(\boldsymbol{x}^*)$$

式中，$\boldsymbol{x}^*$ 为 $\|\boldsymbol{f}(\boldsymbol{x})\|$ 的局部极小值点，$\boldsymbol{H}_i$ 为 $\boldsymbol{f}$ 第 i 个分量 $\boldsymbol{f}_i$ 的海森矩阵。因此数值稳定性依赖于两个关键因素：有限条件数（最大与最小非零特征值之比）$\kappa\left(\boldsymbol{J}_f^\top(\boldsymbol{x}^*)\boldsymbol{J}_f(\boldsymbol{x}^*)\right)$ 与 $\boldsymbol{f}(\boldsymbol{x})$ 的非线性程度 $\sum_{i=1}^{m}\boldsymbol{H}_i(\boldsymbol{x}^*)f_i(\boldsymbol{x}^*)$（即 $\boldsymbol{b}(\boldsymbol{x})$ 的非线性程度）。

$\boldsymbol{b}(\boldsymbol{x})$ 的非线性程度也影响迭代的步长。从点 $\boldsymbol{x}$ 出发，沿归一化的方向 $\boldsymbol{h}$ 的最大步长 δ 必须满足 (Kaporin et al., 1994)：

$$2\|\boldsymbol{f}(\boldsymbol{x})\|\cdot\left\|\delta^2\sum_{i=1}^{m}\boldsymbol{h}^\top\boldsymbol{H}_i(\boldsymbol{x}^*)\boldsymbol{h}\right\|\leqslant\delta(1-\delta)\|\boldsymbol{J}_b(\boldsymbol{x})\boldsymbol{h}\|$$

此外，不精确高斯-牛顿法求解优化问题的精确性依赖于 $\kappa(\boldsymbol{\Psi}^\top\boldsymbol{\Psi})$ 。若算法需要 k 步迭代收敛，则有 $(\boldsymbol{\Psi}^\top\boldsymbol{\Psi})\boldsymbol{x}_k=\boldsymbol{b}(\boldsymbol{x}_{k-1})$ ，舍弃 $\boldsymbol{J}_b(\boldsymbol{x}_{k-1})$ 产生的后向误差 (Backward-Error) 为：

$$\|(\boldsymbol{\Psi}^\top\boldsymbol{\Psi})^{-1}\boldsymbol{J}_b(\boldsymbol{x}_{k-1})(\boldsymbol{x}_k-\boldsymbol{x}_{k-1})\|\leqslant\kappa(\boldsymbol{\Psi}^\top\boldsymbol{\Psi})\|\boldsymbol{J}_b(\boldsymbol{x}_{k-1})(\boldsymbol{x}_k-\boldsymbol{x}_{k-1})\|$$

可见当 $\kappa(\boldsymbol{\Psi}^\top\boldsymbol{\Psi})$ 较大时，误差也相对较大。

根据上面的分析，降低优化方程的维度、条件数以及非线性程度是提高数值求解效率和稳定性的有效途径。为此，我们提出子空间方法来鲁棒地求解形变问题。该方法不仅能极大减少每一次迭代所需求解的线性系统的维度，更重要的是，它能显著提高非线性优化算法的数值稳定性。子空间求解方法的合理性主要基于以下两个观察：

(1) 网格形变的主要部分是改变三维模型低频的、粗略的几何信息，同时尽量保持其高频、精细的特征，因此从频域分析的角度来看，形变主要发生在低频几何信息所张成的子空间内。

(2) 如果形变方程在子空间内仅涉及少量的未知数，而且能稳定求解，那么（不精确）高斯-牛顿法就能快速收敛，满足交互式应用的需求。

因此，子空间方法的关键是寻找合适的子空间及其参数化表示。理想情况下，可以通过频域分析来获得低频形变子空间的基向量，即对一个形

变 $\boldsymbol{x}=\boldsymbol{x}_0+\boldsymbol{D}$ ，其中 $\boldsymbol{x}_0$ 表示原网格的坐标， $\boldsymbol{D}$ 表示所期望的顶点位移，则 Laplace 坐标的变化为 $\boldsymbol{L}\boldsymbol{x}-\boldsymbol{L}\boldsymbol{x}_0=\boldsymbol{L}\boldsymbol{D}$ ，其中 $\boldsymbol{L}$ 为 Laplace 矩阵。若 $\boldsymbol{L}$ 的奇异值分解为 $\boldsymbol{L}=\boldsymbol{U}\boldsymbol{S}\boldsymbol{V}^\top$ ， $\boldsymbol{D}$ 可由矩阵 $\boldsymbol{V}$ 的基向量 $\boldsymbol{V}_j$ 来表示，即 $\boldsymbol{D}=\sum_j d_j\boldsymbol{V}_j$ 。于是，就有 $\|\boldsymbol{L}\boldsymbol{D}\|^2=\sum_j(d_js_j)^2$ ，其中 s_j 为第 j 个奇异值。为了尽可能保持高频几何细节（平均法向曲率）， $\boldsymbol{D}$ 应该落在最小奇异值所对应的基向量所张成的子空间内。因此，可以通过奇异值分解，用小的奇异值对应的基向量来张成这一子空间，进而在该子空间内进行能量的极小化操作。

当然，对于顶点数量巨大的网格，计算奇异值分解极具挑战。针对这种情况，我们通过网格简化，采用均值坐标插值 (Ju et al., 2005) 来构建形变子空间。首先在原网格外侧创建一近似形状的粗网格将其包住，然后以均值坐标插值系数构成形变子空间。递进凸包生成算法 (Sander et al., 2000) 可用来构造粗网格。如果原网格是封闭的，那么生成的控制网格也是封闭的，且将原网格所有顶点包在其内部。如果原网格不封闭，则需要在粗网格上增加虚拟三角形面片将其封闭。因为均值坐标反比于距离，需将粗网格顶点沿法向向外偏移一定距离，以保证插值系数的光顺性。我们还可以交互调整粗网格的形状以确保高质量的形变子空间。

一旦构造出粗网格，即可将三维模型低频形变参数化为粗网格（控制网格）的形变，并将形变能量和硬约束通过均值坐标插值投影到控制网格顶点上。令 $\boldsymbol{z}$ 为粗网格顶点坐标， $\boldsymbol{W}$ 是由粗网格通过均值坐标插值算法重建原网格的系数矩阵（即 $\boldsymbol{x}=\boldsymbol{W}\boldsymbol{z}$ ），则式（6.16）中的形变能量与作用在原网格上的约束可以通过变换 $\boldsymbol{x}=\boldsymbol{W}\boldsymbol{z}$ 投影到控制网格上。由此，可得以 $\boldsymbol{z}$ 为子空间参数坐标的形变：

$$\begin{aligned}\min\quad & \|(\boldsymbol{\Psi}\boldsymbol{W})\boldsymbol{z}-\boldsymbol{b}(\boldsymbol{W}\boldsymbol{z})\|^2\\ \text{s.t.}\quad & \boldsymbol{g}(\boldsymbol{W}\boldsymbol{z})=0\end{aligned}\tag{6.25}$$

求解式（6.25）的不精确高斯-牛顿迭代为：

$$\begin{aligned}\boldsymbol{h}_z&=-(\boldsymbol{W}^\top\boldsymbol{\Psi}^\top\boldsymbol{\Psi}\boldsymbol{W})^{-1}(\boldsymbol{W}^\top\boldsymbol{\Psi}^\top\boldsymbol{f}+(\boldsymbol{J}_g\boldsymbol{W})^\top\boldsymbol{\lambda})\\ \boldsymbol{\lambda}_z&=-\left((\boldsymbol{J}_g\boldsymbol{W})(\boldsymbol{W}^\top\boldsymbol{\Psi}^\top\boldsymbol{\Psi}\boldsymbol{W})^{-1}(\boldsymbol{J}_g\boldsymbol{W})^\top\right)^{-1}\\ &\quad\left(\boldsymbol{g}-(\boldsymbol{J}_g\boldsymbol{W})(\boldsymbol{W}^\top\boldsymbol{\Psi}^\top\boldsymbol{\Psi}\boldsymbol{W})^{-1}\boldsymbol{W}^\top\boldsymbol{\Psi}^\top\boldsymbol{f}\right)\end{aligned}\tag{6.26}$$

因为均值坐标插值具有线性重构性质，即未形变时满足 $\boldsymbol{x}=\boldsymbol{W}\boldsymbol{z}$ ，且插值

系数光顺，所以形变过程中 $\boldsymbol{x}$ 随 $\boldsymbol{z}$ 的改变而光滑变化。因为顶点 $\boldsymbol{z}$ 的维度 $|\boldsymbol{z}|$ 远小于顶点 $\boldsymbol{x}$ 的维度 $|\boldsymbol{x}|$ ，每一步迭代所需求解的线性方程组维度较低，因此大大提高了求解的效率。

上述子空间形变求解远比式(6.24)稳定鲁棒的原因在于 $\kappa(\boldsymbol{W}^\top\boldsymbol{\Psi}^\top\boldsymbol{\Psi}\boldsymbol{W})$ 比 $\kappa(\boldsymbol{\Psi}^\top\boldsymbol{\Psi})$ 小得多，因为 $\kappa(\boldsymbol{L}^\top\boldsymbol{L})$ 主导了 $\kappa(\boldsymbol{\Psi}^\top\boldsymbol{\Psi})$ 。若 $\theta_{\min},\theta'_{\min}$ 分别表示原网格与粗网格上三角形的最小角，则 $\kappa(\boldsymbol{L}^\top\boldsymbol{L})$ 和 $\kappa((\boldsymbol{L}')^\top\boldsymbol{L})$ 分别正比于 $(|\boldsymbol{x}|/\sin(\theta_{\min}))^2$ 和 $(|\boldsymbol{z}|/\sin(\theta'_{\min}))^2$(Shewchuk, 2002)。因为 $|\boldsymbol{z}|$ 远小于 $|\boldsymbol{x}|$ ，且 $\theta'_{\min}$ 往往比 $\theta_{\min}$ 要大，因此 $\kappa((\boldsymbol{L}')^\top\boldsymbol{L}')$ 一般情况下要小于 $\kappa(\boldsymbol{L}^\top\boldsymbol{L})$ （$\boldsymbol{L}'$ 为控制网格的 Laplace 矩阵）。另外，从实验中发现，只要粗网格合理地逼近原网格形状， $\kappa(\boldsymbol{W}^\top\boldsymbol{L}^\top\boldsymbol{L}\boldsymbol{W})$ 就比 $\kappa((\boldsymbol{L}')^\top\boldsymbol{L})$ 小。

另一方面，子空间方法还能改变拟线性约束的非线性程度。控制网格顶点 $\boldsymbol{z}_i$ 对原网格顶点 $\boldsymbol{x}_j$ 的系数正比于 $1/\|\boldsymbol{z}_i-\boldsymbol{x}_j\|$ ，由于控制网格与原网格保持一定的距离，所以原网格顶点上的均值坐标插值系数分布均匀光顺。一般来说，通过控制网格顶点的移动来带动原网格形变使得形变结果更为光滑和平缓，限制并减轻了拟线性约束 $\boldsymbol{\Psi}\boldsymbol{x}=\boldsymbol{b}(\boldsymbol{x})$ 中的非线性程度。实验表明，子空间方法对求解式（6.16）有巨大的帮助。图 6.11 展示了全空间直接求解与子空间降维求解的稳定性比较。可以看到，整个迭代过程不仅更加稳定，而且收敛速度也大大加快。

值得指出的是，上述子空间方法并不是简单地在粗网格（控制网格）$\boldsymbol{z}$ 上施加形变约束，然后把形变结果插值到原网格 $\boldsymbol{x}$ ，求解形变方程的过程不依赖于原网格的任何信息，而是把所有的形变约束施加在原网格上，仅把最优的形变结果投影到 $\boldsymbol{W}$ 张成的子空间内。尽管表面上看起来子空间方法求解的未知量是 $\boldsymbol{z}$ ，但是 Lagrange 项 $\boldsymbol{g}(\boldsymbol{W}\boldsymbol{z})=0$ 却能使原网格形变结果 $\boldsymbol{x}$ 严格地满足指定的硬约束。例如，在使用体积约束的形变中，尽管粗网格体积可能没有得到保持，但是最终形变结果的体积仍能严格地与原网格保持一致。类似地， $\boldsymbol{\Psi}\boldsymbol{W}\boldsymbol{z}-\boldsymbol{b}(\boldsymbol{W}\boldsymbol{z})$ 把软约束施加在原网格上，而非粗网格上。与简单的插值方法相比，同时在原网格上保持体积和表面细节的形变效果要明显好得多。

通过控制网格进行子空间求解的另一个好处在于我们可以方便地编辑非流形网格模型或包含多个互不连通部分的模型。对于非流形网格，只需在表示几何细节的能量项中忽略掉非流形部分的顶点。而对于多子部分网格，简单地创建一个能包住所有部分的粗网格即可，让这些部分互相关联地一起形变。图 6.12 展示多子部分网格的形变结果。这对前述的梯度域 Poisson 网格形变方法来说是难以做到的。

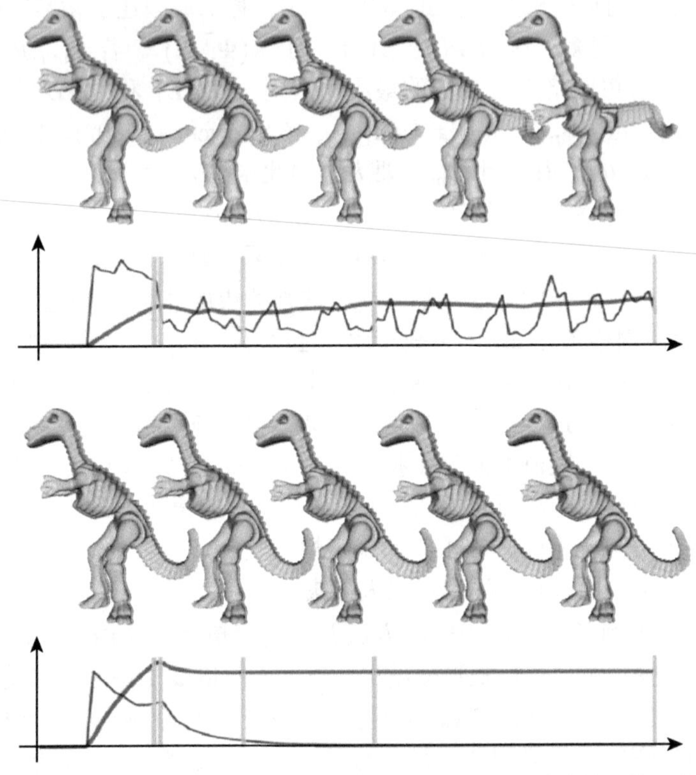

图 6.11　全空间求解（上一行）与子空间求解（下一行）的稳定性比较，蓝色细曲线表示迭代求解中的步长，红色粗曲线代表形变能量，绿色竖线标记形变的姿态

图 6.12　多子部分网格的形变

6.4 小结

几何形变是一个学术界和工业界长期关注的研究课题，得到了深入而系统的研究。这些研究围绕着交互控制、计算性能、视觉自然性这三个核心问题进行了不同程度的延伸，形成了相当丰富的交互形变技术。随着虚拟现实、人机交互等技术的发展，如何对复杂模型进行更为直观方便的拟物理形变控制依然是一个重要的研究方向。在新的应用场合下，已有形变技术的调控、度量和交互等可能不再适用，需要发展新的更高效的网格形变技术。借助人工智能的创新成果，未来可以尝试使用数据的采集、标注和学习等方式，设计构造更好的形变质量度量、优化计算效率和交互操控模式等核心形变技术，真正实现能满足用户多样需求的高质量几何形变。

第7章 网格模型的弹性运动模拟

尽管几何形变方法简单高效，广泛地应用于 CAD、虚拟现实和影视娱乐等领域，然而在大多数情况下，其形变、运动结果并不具备物理真实性，失真的情况不可避免。伴随着硬件算力的日益提升，各类应用对模拟的精准性和效率提出了越来越高的要求。无论是工业制造还是特效制作，模拟的真实性无疑都是一个重要的技术指标，极大地影响着产品的可靠性和用户的体验。这样的需求需要模拟算法更为精准地遵守物理定律。一方面，物理定律能够可靠地重现许多极端的时空条件，让工程师们能够更全面地评估设计的合理性，从而不断完善产品的设计或者生成更为逼真的效果；另一方面，全自动的模拟过程可节省大量的人力资源，从而大幅降低设计和创作成本。

在诸多物理对象中，弹性体作为一种数学模型抽象刻画了一类广泛存在的物体，即发生形变后能恢复到静止状态的物体。大多数固态物体或多或少都具有一定的弹性，这决定了常见物体的静力学形变与动力学演化过程都能由弹性模拟算法进行预测分析。这首先需对模拟对象进行几何建模与物理建模，包括几何形体的离散表达、物理计算模型以及材质和约束条件的选择，进而求解弹性运动方程来模拟其运动形变。特别地，若环境中存在多个物体之间的相互作用，算法还需处理碰撞的检测和响应机制，保证物体能够在无相交、无自交等约束条件下合理地运动形变。

尽管弹性模拟的理论基础——连续介质力学，已经比较成熟，然而其离散计算却依然面临着诸多挑战。其中最大的挑战在于问题规模和非线性性对算法效率的制约。一方面，形状或材质分布复杂的物体往往需要大量的单元来近似表达，导致数值求解的计算代价多项式级地增长；另一方面，实际弹性运动呈现出复杂的非线性特征，模拟算法需要大量迭代才能收敛。如何对弹性模拟问题进行有效的降维和线性化，在求解精度和速度之间寻求一个良好的平衡，一直是近年来的研究重点。本章将主要介绍相关研究进展。

7.1　高效弹性运动模拟

再现复杂环境中弹性物体的真实运动形变充满挑战。弹性体的运动模拟大致可以分为三类：弹簧质点方法、无网格模型方法和有限元方法。弹簧质点方法采用许多互相连接的弹簧和质点来建模弹性体，物体的质量分布在离散的顶点上，而物体的弹性内力由各个边的长度变化量定义，通常满足胡克定律。弹簧质点模型实现简单，计算速度快，但其弹性内力并不准确，所模拟的运动效果通常不够真实。无网格法采用一些离散的点来模拟物体的运动，计算代价较低，且同样难以生成逼真的弹性运动。有限元方法则以连续介质力学为基础，可以模拟出非常真实的弹性运动，其主要问题是计算代价较大。本节首先介绍弹性势能和弹性运动方程的常见建模和离散计算方法，进而探讨如何高效地求解复杂物体的弹性运动形变。

7.1.1　弹性运动方程

当弹性体发生形变后，物体内部就会产生一定的弹性势能，从而产生回复力，驱动物体恢复到未变形时的状态，以减少物体的弹性势能。可变形物体的材质主要有塑性和弹性两种。塑性材质物体的变形具有记忆效应，其回复力的大小和方向不仅与物体当前的形状有关，还和之前的变形状态有关，因此，若物体变形的过程不一样，即使对于同样的变形状态，对应的回复力也可能不相同。不同于塑性材质，弹性材质无记忆效应，其弹性势能和回复力只与物体当前的变形情况有关。本小节主要关注弹性材质构成的弹性体的运动模拟问题。

为了计算物体的弹性势能和回复力，我们首先考虑如何度量物体的形变大小。假设三维空间中物体上任意一个质点 X 变形后的坐标位置为 $x = \phi(X)$，则物体在该点附近的变形梯度 $\mathcal{F}$ 可用下式计算：

$$\mathcal{F} = \frac{\partial \phi(X)}{\partial X} \tag{7.1}$$

当物体的形变较小时，通常用柯西应变 $\mathcal{C}$ 来度量其形变：

$$\mathcal{C} = \frac{1}{2}(\mathcal{F} + \mathcal{F}^\top) - \boldsymbol{I} \tag{7.2}$$

式中，$\boldsymbol{I}$ 表示物体没有形变时的形变梯度，为一个单位阵。柯西应变 $\mathcal{C}$ 与物体的平移无关，但不具有旋转不变性，因此仅适用于物体变形较小、无明显旋转的情况。当物体发生大形变时，变形梯度 $\mathcal{F}$ 会包含较大的旋转分量，此时柯西应变 $\mathcal{C}$ 无法正确地反映物体的变形情况，通常改用格林应变 $\mathcal{G}$ 来度量物体的变形：

$$\mathcal{G} = \mathcal{F}^\top \mathcal{F} - \boldsymbol{I} \tag{7.3}$$

格林应变具有旋转不变性，因此能更加准确地反映物体的形状变化。

通过应变，我们可以定义物体在每一个质点 X 处的弹性势能密度 $\Psi(X)$。弹性势能密度函数的具体形式有很多种，分别对应不同的弹性力学模型。在计算机图形学中广泛采用的一种弹性力学模型是 St.VK 材质模型 (Barbič et al., 2005)。它是一种几何非线性弹性力学模型，其势能密度具有如下定义：

$$\Psi(X) = \lambda\frac{1}{2}(\mathrm{tr}(\mathcal{G}))^2 + \mu\mathcal{G} : \mathcal{G} \tag{7.4}$$

式中，$\mathrm{tr}(\mathcal{G}) = \sum_{i=1}^{3}\mathcal{G}_{ii}$，$\mathcal{G} : \mathcal{G} = \sum_{i=1}^{3}(\sum_{j=1}^{3}\mathcal{G}_{i,j}^2)$；$\lambda$ 和 μ 为 Lame 系数，刻画了各向同性弹性材质的特点。对于这种弹性材质，Lame 系数可等价地转换为更加常见的杨氏模量 $\mathcal{E}$ 和泊松比 ν，其转换关系为：

$$\lambda = \frac{\nu\mathcal{E}}{(1+\nu)(1-2\nu)}, \quad \mu = \frac{\mathcal{E}}{2(1+\nu)} \tag{7.5}$$

对物体上所有质点的弹性势能密度进行积分，即可得到物体总的弹性势能：

$$\Phi = \int_\Omega \Psi(X)\mathrm{d}X \tag{7.6}$$

式中，Ω 表示整个物体所占据的空间。

以上是物体能量函数的连续形式。为了对物体的变形状态和运动情况进行数值求解，我们需要将连续形式的弹性势能 Φ 转换为离散形式，即将 Φ 转换成一个以一些离散点位置为变量的函数。在所有可能的方法中，有限元方法占据着重要的位置。它用一些基本的形状单元来填充整个物体所占空间。每个形状单元顶点的状态可用来插值其内部每个质点的状态，一般称对应的插值函数为形状函数（或基函数）。具体地，假设 ξ 是形状单元 e 中任意一个质点关于该形状单元各顶点的重心坐标，则变形之后该点的位置为 $\boldsymbol{x}(\xi)=\mathcal{B}(\boldsymbol{x}_e,\xi)$，其中 $\boldsymbol{x}_e\in\mathbb{R}^{3N_e}$ 表示该形状单元所有 N_e 个顶点的变形后的空间位置，函数 $\mathcal{B}(\cdot,\cdot)$ 为形状函数。因此，每个基本单元的弹性势能可以表示为形状单元顶点位置 $\boldsymbol{x}_e$ 的函数：

$$\Phi_e(\boldsymbol{x}_e)=\int_{\Omega_e}\Psi(\boldsymbol{x}_e,\xi)\mathrm{d}\xi \tag{7.7}$$

式中，Ω_e 表示形状单元 e 的质点空间。所有单元的弹性势能的和即为物体的总弹性势能：

$$\Phi(\boldsymbol{x})=\sum_{e=1}^{\mathcal{T}}\Phi_e(\boldsymbol{x}_e) \tag{7.8}$$

式中，$\boldsymbol{x}\in\mathbb{R}^{3N}$ 表示物体所有 N 个顶点的空间位置构成的向量，$\mathcal{T}$ 表示物体的单元个数。

计算时，一般采用四面体或者六面体作为基本单元。考虑到剖分和计算的简单性，通常采用四面体网格。基本单元个数越多，模拟精度越高，计算代价也越大。形状函数 $\mathcal{B}(\cdot,\cdot)$ 也有多种不同的选择，计算机图形学中通常采用简单的分片线性形函数。此时，变形梯度 $\mathcal{F}$ 是关于顶点位移的一次函数，而格林应变 $\mathcal{G}$ 是 $\mathcal{F}$ 的二次函数，即为顶点位移的二次函数。对于 St.VK 弹性材质模型，弹性势能密度 Ψ 是应变 $\mathcal{G}$ 的二次函数，因此其弹性势能 $\Phi(\boldsymbol{x})$ 是顶点位置 $\boldsymbol{x}$ 的四次函数。当然，若采用柯西应变，弹性势能 $\Phi(\boldsymbol{x})$ 则是顶点位置 $\boldsymbol{x}$ 的二次函数。

基于弹性势能，我们就可以定义物体的运动方程，进而通过求解运动方程得到物体每个时刻的运动状态，最终在时序上离散采样物体的形状生成弹性体的运动序列。弹性体的运动可由欧拉-拉格朗日方程描述：

$$\boldsymbol{M}\ddot{\boldsymbol{x}}+\boldsymbol{f}(\boldsymbol{x},\dot{\boldsymbol{x}})=\boldsymbol{f}^{\text{ext}} \tag{7.9}$$

式中，$\boldsymbol{x}$，$\dot{\boldsymbol{x}}$，$\ddot{\boldsymbol{x}}$ 分别表示物体的位置、速度和加速度；$\boldsymbol{M}\in\mathbb{R}^{3N\times3N}$ 是模型的质量矩阵。向量 $\boldsymbol{f}^{\text{ext}}\in\mathbb{R}^{3N}$ 表示物体上每个顶点所受的外力，比如重力、碰撞力，或者用户交互施加在物体上的力等；$\boldsymbol{f}(\boldsymbol{x},\dot{\boldsymbol{x}})$ 为物体的弹性内力和运动阻尼力之和，通常具有如下形式：

$$\boldsymbol{f}(\boldsymbol{x},\dot{\boldsymbol{x}})=\frac{\partial\Phi(\boldsymbol{x})}{\partial\boldsymbol{x}}+\boldsymbol{D}(\boldsymbol{x})\dot{\boldsymbol{x}} \tag{7.10}$$

式中，$\dfrac{\partial\Phi(\boldsymbol{x})}{\partial\boldsymbol{x}}$ 是物体的弹性内力，$\boldsymbol{D}(\boldsymbol{x})\dot{\boldsymbol{x}}$ 是物体运动的阻尼（$\boldsymbol{D}(\boldsymbol{x})$ 代表阻尼矩阵）。$\boldsymbol{D}(\boldsymbol{x})$ 的定义有很多种，通常采用的是 Rayleigh 阻尼：

$$\boldsymbol{D}(\boldsymbol{x})=\alpha_m\boldsymbol{M}+\alpha_k\boldsymbol{K}(\boldsymbol{x}) \tag{7.11}$$

式中，$\alpha_m\geqslant 0$ 和 $\alpha_k\geqslant 0$ 分别为质量阻尼和刚度阻尼；稀疏矩阵 $\boldsymbol{K}(\boldsymbol{x})$ 由弹性势能 $\Phi(\boldsymbol{x})$ 对 $\boldsymbol{x}$ 求二阶导数得到，称为刚度矩阵。采用 St.VK 弹性模型时，$\boldsymbol{K}(\boldsymbol{x})$ 是关于 $\boldsymbol{x}$ 的二次函数。而当采用柯西应变时，$\boldsymbol{K}(\boldsymbol{x})$ 是常量矩阵。

运动方程（式（7.9））是一个关于时间的二次常微分方程。为求解该运动方程，获得物体的运动序列，首先要在时间轴上对物体的运动状态进行离散，然后利用数值积分方法求解出物体在每个离散时刻 t_k 的运动状态 $\boldsymbol{x}_k$，$\dot{\boldsymbol{x}}_k$ 和 $\ddot{\boldsymbol{x}}_k$，最后将得到的物体形状 $\boldsymbol{x}_k$ 按时序绘制出来就生成了物体的运动序列。根据离散化策略的不同，时间积分方法分为显式积分、隐式积分和半隐式积分，不同方法的求解速度和数值稳定性有显著差异。一般来说，半隐式方法的稳定性比显式方法好，但不如隐式方法，而隐式方法的计算代价较高。下面，我们主要介绍半隐式积分和隐式积分方法，并分析它们的求解速度和稳定性。

半隐式积分采用下式离散运动方程：

$$\boldsymbol{M}\frac{\boldsymbol{v}_{k+1}-\boldsymbol{v}_k}{h}+\boldsymbol{f}(\boldsymbol{x}_k,\boldsymbol{v}_k)=\boldsymbol{f}_k^{\text{ext}} \tag{7.12}$$

$$\boldsymbol{x}_{k+1}=\boldsymbol{x}_k+h\boldsymbol{v}_{k+1} \tag{7.13}$$

式中，$\boldsymbol{v}_k=\dot{\boldsymbol{x}}_k$ 表示物体的运动速度，h 是时间步长。由于 $\boldsymbol{M}$ 是常数矩阵，而且通常是对角矩阵，因此我们可以预计算 $\boldsymbol{M}^{-1}$，然后由上式快速更新物体的运动状态 $\boldsymbol{v}_{k+1}$ 和 $\boldsymbol{x}_{k+1}$。但是，半隐式积分方法的稳定性较差，当时间步长太大，积分结果就会出现不收敛的情况。一般来说，该积分方法适合于小时间步长的物理模拟。

隐式积分方法采用 t_{k+1} 时刻的状态来计算物体的弹性内力与阻尼力之和 $\boldsymbol{f}\left(\boldsymbol{x}_{k+1},\boldsymbol{v}_{k+1}\right)$，因此需要通过求解以下非线性方程组来获得物体下一时

刻的运动状态 $\boldsymbol{v}_{k+1}$ 和 $\boldsymbol{x}_{k+1}$：

$$\boldsymbol{M}\frac{\boldsymbol{v}_{k+1}-\boldsymbol{v}_k}{h}+\boldsymbol{f}\left(\boldsymbol{x}_{k+1},\boldsymbol{v}_{k+1}\right)=\boldsymbol{f}_k^{\text{ext}} \tag{7.14}$$

$$\boldsymbol{x}_{k+1}=\boldsymbol{x}_k+h\boldsymbol{v}_{k+1} \tag{7.15}$$

通常，将式（7.15）代入式（7.14）消除 $\boldsymbol{x}_{k+1}$，并采用牛顿法来求解关于 $\boldsymbol{v}_{k+1}$ 的非线性方程组。由于需要求解非线性方程组，隐式积分方法比显式和半隐式积分方法计算代价高很多，但它的稳定性更好，可支持更大的时间步长。由于数值积分的稳定性对于物理模拟过程非常重要，因此图形学中常采用隐式积分策略求解弹性体的运动方程。

7.1.2　子空间降维加速求解

许多应用对于弹性体运动形变模拟的实时性要求很高，直接求解上述运动方程通常难以满足实时性要求，而且网格密度越高计算代价越大。最简单且常用的加速方法是在模拟过程中采用一个粗糙的网格来驱动物体的精细网格。该方法根据模拟的精度要求，选择性地去除一些弹性体的运动细节，以换取性能的提升。实质上，这种求解策略蕴含了子空间降维的思想，即在一个自由度更少的空间内表示待模拟对象的运动。

由于降维后的运动方程通常只有几十个或上百个变量，远小于降维之前的变量数，因此可以大大加快运动方程的求解。许多研究表明，采用子空间降维的弹性体模拟技术在个人电脑上的求解速度甚至可以达到每秒上千帧 (Barbič et al., 2005; Choi et al., 2005; An et al., 2008; von Tycowicz et al., 2013)。本小节将介绍一种支持大形变的子空间降维技术，它基于传统的模态分析来进行降维，采用旋转-应变方法来解决线性弹性力学的大形变失真问题，并结合 Cubature 采样策略（将积分近似为离散采样之后的加权求和方法）来加速数值积分的计算。

7.1.2.1　模态分析

模态分析是一种常用的降维方法，分析得到的模态可以良好地描述弹性体小形变运动的典型形状。在形变较小的情况下，物体的运动可通过线性弹性方程来近似表示。假设物体在未变形状态下的形状为 $\bar{\boldsymbol{u}}$，则对应的线性弹性体运动方程为：

$$\tilde{\boldsymbol{M}}\ddot{\boldsymbol{u}}+\tilde{\boldsymbol{D}}\dot{\boldsymbol{u}}+\tilde{\boldsymbol{K}}\boldsymbol{u}=\tilde{\boldsymbol{f}}^{\text{ext}}(t) \tag{7.16}$$

式中，$\boldsymbol{u}\in\mathbb{R}^{3n}$ 表示物体上所有 n 个顶点相对于 $\bar{\boldsymbol{u}}$ 的位移，$\tilde{\boldsymbol{M}},\tilde{\boldsymbol{K}},\tilde{\boldsymbol{D}}\in\mathbb{R}^{3n\times 3n}$ 分别表示物体的质量矩阵、刚度矩阵和阻尼矩阵，$\tilde{\boldsymbol{f}}^{\text{ext}}(t)$ 表示 t 时刻物体上每个顶点受到的外力。这样，t 时刻的物体形状即为 $\bar{\boldsymbol{u}}+\boldsymbol{u}(t)$。

在运动方程线性化的基础上，模态分析通过求解以下广义特征值问题来构造子空间的基：

$$\tilde{\boldsymbol{K}}\boldsymbol{\phi}=\lambda\tilde{\boldsymbol{M}}\boldsymbol{\phi} \tag{7.17}$$

一旦完成上式的求解，选择其中 r 个最小的特征值构建一个对角矩阵 $\boldsymbol{\Lambda}=\text{diag}(\lambda_1,\cdots,\lambda_r)$，并将所选特征值对应的 r 个特征向量组建子空间的基矩阵 $\boldsymbol{W}=(\boldsymbol{\phi}_1,\cdots,\boldsymbol{\phi}_r)$。该子空间又称为频域空间。采用这组基，可以将式（7.16）降维为如下 r 个解耦的运动方程：

$$\ddot{\boldsymbol{z}}+\boldsymbol{D}\dot{\boldsymbol{z}}+\boldsymbol{\Lambda}\boldsymbol{z}=\boldsymbol{f}(t) \tag{7.18}$$

式中，$\boldsymbol{z}\in\mathbb{R}^r$ 表示物体在频域空间中的位移，$\boldsymbol{f}(t)=\boldsymbol{W}^\top\tilde{\boldsymbol{f}}^{\text{ext}}(t)$ 表示物体在频域空间的每个模态上所受的外力。频域空间的位移可以通过以下简单方法转换为欧氏空间（即全空间）的位移：

$$\boldsymbol{u}=\boldsymbol{W}\boldsymbol{z} \tag{7.19}$$

因此，在弹性体变形较小的情况下，可以先求解式（7.18）获得物体的频域空间位移 $\boldsymbol{z}$，然后通过线性变换（式（7.19））得到物体在全空间中的位移。由于 $\boldsymbol{z}$ 的维度远远小于 $\boldsymbol{u}$，因此求解式（7.18）的代价远远小于求解式（7.16）。这样，运动方程的求解可通过模态分析获得大幅的加速，且 $\boldsymbol{z}$ 的维度与网格本身的密度无关。

在上述模态分析方法中，从频域空间到欧氏空间的线性映射关系（式（7.19））只有当模型形变很小时才适用。当模型形变较大时，这样一个线性映射过程容易产生较大的偏差，导致模型的运动形变效果严重失真。频域空间的模态形变 (Modal Warping) 可以在一定程度上解决此类问题 (Choi et al., 2005)，但是在形变特别大的情况下，该方法对模型顶点的旋度估计仍有较大偏差，重建出来的形变模型依旧存在明显的失真。相比而言，旋转-应变 (Rotation-Strain, RS) 坐标表示和重建方法 (Huang et al., 2011b) 构建了频域空间坐标系与欧氏空间坐标系之间的一个非线性映射，所重建的大形变模型更加精确，计算也更加鲁棒（如图 7.1 所示）。下面将详细介绍旋转-应变子空间降维方法，展现它如何解决弹性体大形变效果的失真问题。

图 7.1　不同方法的形变重建效果对比，均采用相同的未变形形状 $\bar{\boldsymbol{u}}$（中间位置）和相同的频域子空间坐标 $\boldsymbol{z}$。左上角：线性重建方法。右上角：频域空间模态形变方法。左下角：全空间 RS 方法。右下角：子空间 RS 方法

7.1.2.2　旋转-应变坐标表示

假设输入网格模型的所有四面体构成的集合为 $\mathcal{T}$，则其中每个四面体在旋转-应变空间中的坐标（即 RS 坐标）对应一组 3×3 的矩阵 $\boldsymbol{y}_e \equiv (\boldsymbol{y}_e^\theta, \boldsymbol{y}_e^s)$，其中 $\boldsymbol{y}_e^\theta$ 是一个代表角速度的反对称阵，而 $\boldsymbol{y}_e^s$ 是一个表示 Biot 应变的对称阵。记向量 $\boldsymbol{y}$ 由变形梯度 $\boldsymbol{Gu}$ 的反对称和对称两个部分所构成，其中 $\boldsymbol{G}$ 是离散变形梯度算子。因此，小形变条件下，从欧氏空间坐标 $\boldsymbol{u}$ 到 RS 空间坐标 $\boldsymbol{y}$ 之间的映射关系可以通过一个稀疏矩阵 $\boldsymbol{Q}$ 来表示，即 $\boldsymbol{y} = \boldsymbol{Qu}$。反过来，我们可以通过两个步骤将 RS 空间坐标 $\boldsymbol{y}$ 转换为欧氏空间坐标 $\boldsymbol{u}$。首先，利用指数函数将每一个四面体的 RS 空间坐标 $\boldsymbol{y}_e$ 转换为一个对应的变形梯度 $\boldsymbol{g}(\boldsymbol{y}_e)$：

$$\boldsymbol{g}(\boldsymbol{y}_e) = \exp(\boldsymbol{y}_e^\theta)(\boldsymbol{I} + \boldsymbol{y}_e^s) - \boldsymbol{I} \tag{7.20}$$

然后，通过求解以下 Poisson 重建问题得到物体在欧氏空间中的位移 $\boldsymbol{u}$：

$$\min_{\boldsymbol{u}} \sum_{e \in \mathcal{T}} \overline{\boldsymbol{V}}_e \|(\boldsymbol{G}\boldsymbol{u})_e - \boldsymbol{g}(\boldsymbol{y}_e)\|_F^2 \tag{7.21}$$

式中，$\overline{\boldsymbol{V}}_e$ 表示模型中第 e 个四面体的未变形状态的体积，$\|\cdot\|_F$ 表示 Frobenius 范数。这是一个二次优化问题，其最小值点可以通过求解以下稀疏线性方程组得到：

$$\boldsymbol{A}\boldsymbol{u} = \boldsymbol{G}^\top \overline{\boldsymbol{V}} \boldsymbol{g}(\boldsymbol{y}) \tag{7.22}$$

式中，$\boldsymbol{A} = \boldsymbol{G}^\top \overline{\boldsymbol{V}} \boldsymbol{G}$ 是上述二次优化问题中目标函数的二阶导数，是一个与 Laplace 算子类似的稀疏矩阵。由于它只与模型的未变形形状有关，在模型变形过程中保持不变，因此是一个常量矩阵。为加快求解速度，通常会对其进行预分解。$\overline{\boldsymbol{V}}$ 是一个对角矩阵，其中对角元素由每个四面体的体积 $\overline{\boldsymbol{V}}_e$ 重复 9 次构成。$\boldsymbol{g} \in \mathbb{R}^{9|\mathcal{T}|}$ 由所有四面体对应的形变梯度 $\{\boldsymbol{g}(\boldsymbol{y}_e)\}$ 按行展开组合而成。当物体的形变比较小时，RS 坐标重建方法与线性映射方法是一致的；而当形变比较大时，RS 坐标重建出的物体形状更加准确。除此之外，为了保证式（7.22）具有唯一解，计算时至少需要固定物体的一个顶点或者其重心位置，否则矩阵 $\boldsymbol{A}$ 是降秩的。而对于物体上那些在整个形变过程中都固定不动的顶点，可以删除矩阵 $\boldsymbol{A}$，$\boldsymbol{G}$，$\overline{\boldsymbol{V}}$ 中对应的行和列来去掉相应的自由度。

由于 RS 坐标独立表示旋转相关的部分 $\boldsymbol{y}_e^\theta$ 以及应变相关的部分 $\boldsymbol{y}_e^s$，以 RS 坐标为变量的弹性势能无需涉及旋转的分量，因此弹性形变的非线性程度得以极大降低。欧氏空间弹性势能内蕴的旋转所导致的非线性因素被转移到了式（7.20）所描述的非线性映射。若将 $\boldsymbol{y}_e^\theta, \boldsymbol{y}_e^s$ 视作动力学系统的广义坐标，在旋转-应变空间中，势能的非线性程度极大降低。因此旋转-应变空间内的刚度矩阵、广义特征问题的特征值和特征向量几乎不变。这一关键特性为后续的子空间降维提供了技术基础。

Huang 等 (2011b) 利用矩阵 $\boldsymbol{Q}$ 将频域坐标系中的 r 个基 $\boldsymbol{\phi}_i$ （矩阵 $\boldsymbol{W}$ 中的第 i 列）投影到 RS 空间坐标系中，由此就可将频域坐标 $\boldsymbol{z}$ 直接变换为 RS 空间的坐标 $\boldsymbol{y}$：

$$\boldsymbol{y} = \boldsymbol{Q}\boldsymbol{W}\boldsymbol{z} \tag{7.23}$$

由以上分析可以看出，给定频域坐标 $\boldsymbol{z}$，结合式（7.23）、式（7.20）和式（7.22），即可由 RS 坐标重建出物体在欧氏空间中的位移偏移量 $\boldsymbol{u}$。该方法充分综合了模态分析和 RS 空间的特点。通过前者将式（7.18）降维并对角化，加快了运动方程的求解速度；利用后者，模拟了更加逼真的变形效果，保证物体在形变较大的情况下依然不会由于错误的线性化产生严重的失真。为方便起见，下面称 $\boldsymbol{z}$ 为 RS 频域坐标。

尽管上述 RS 方法能高质量模拟大尺度的弹性形变，但其计算效率并不是很高。主要原因在于每次由频域空间坐标变换为三维欧氏空间坐标时，都需要求解一个大型的线性方程组，即式（7.22），尤其当网格密度很高时，所需要的计算代价将会很大。除了分解稀疏矩阵本身耗费巨大之外，方程右端项的计算、组装需要遍历所有单元，耗费的时间同样不可忽视。为此，可以从子空间降维与稀疏采样角度研究 RS 空间到欧氏空间重建效率的提升问题。

我们的基本思想是在欧氏空间中构造一个基于几何形状的子空间来降维求解 Poisson 方程（式（7.22））。由于频域坐标空间的维度 r 被限定在一个较小的范围内，因此所重建的物体形状也应该可以投影到一个较低维度的子空间中。例如，在对运动序列的编辑过程中，用户的主要关注点在于物体的一些重要形变状态，而这些形变状态通常可以投影到一个与网格密度无关、维度很小的子空间中。与模态分析不同，这里的子空间与运动方程无关，仅与模型的几何形状相关，因此构成子空间的基也不同。

假设存在一个子空间的基矩阵 $\boldsymbol{B}\in\mathbb{R}^{3n\times h}$（其中 h 为子空间的维度，$h\ll 3n$），其基向量之间相互正交（即 $\boldsymbol{B}^\top\boldsymbol{B}=\boldsymbol{I}$），然后可以将欧氏空间中的位移向量 $\boldsymbol{u}$（由 RS 频域坐标 $\boldsymbol{z}$ 计算得到）与该子空间中的位移由以下线性关系联系起来：

$$\boldsymbol{u}=\boldsymbol{B}\boldsymbol{q} \tag{7.24}$$

式中，$\boldsymbol{q}\in\mathbb{R}^h$ 表示 $\boldsymbol{u}$ 对应的子空间坐标。

如果将式（7.24）代入式（7.22）中，再在公式两边同时乘以 $\boldsymbol{B}^\top$，则可以得到下式：

$$\boldsymbol{B}^\top\boldsymbol{A}\boldsymbol{B}q=\boldsymbol{B}^\top\boldsymbol{G}^\top\overline{\boldsymbol{V}}g \tag{7.25}$$

记：

$$\boldsymbol{P}=(\boldsymbol{B}^\top\boldsymbol{A}\boldsymbol{B})^{-1}\boldsymbol{B}^\top\boldsymbol{G}^\top\overline{\boldsymbol{V}} \tag{7.26}$$

则位移 $\boldsymbol{u}$ 所对应的几何子空间坐标为：

$$\boldsymbol{q}=\boldsymbol{P}\boldsymbol{g}=\sum_{e\in\mathcal{T}}\boldsymbol{P}_e\boldsymbol{g}_e \tag{7.27}$$

式中，$\boldsymbol{P}$ 是一个常量矩阵，可以通过预计算得到；$\boldsymbol{P}_e\in\mathbb{R}^{h\times 9}$ 是 $\boldsymbol{P}$ 的子矩阵，与模型第 e 个四面体对应。采用上述基于几何的形状空间降维策略，既可通过简单的矩阵向量相乘的形式来重建模型在三维空间中的坐标位置，也可便捷地由频域空间坐标 $\boldsymbol{z}$ 计算得到模型的第 k 个顶点的三维空间位置 $\boldsymbol{u}_k$。具体地，先由 $\boldsymbol{z}$ 求出模型的形变梯度 $\boldsymbol{g}$，然后利用式（7.27）求得 $\boldsymbol{q}$，进而取出矩阵 $\boldsymbol{B}$ 的第 $3k$、$(3k+1)$ 和 $(3k+2)$ 行，与几何子空间的坐标 $\boldsymbol{q}$ 相乘即得到 $\boldsymbol{u}_k$。值得注意的是，矩阵 $\boldsymbol{B}$ 和 $\boldsymbol{W}$ 都表示子空间的基，虽然它们都与子空间降维相关，但其作用却不一样。矩阵 $\boldsymbol{B}$ 是在几何形状上对模型进行降维，目的是加速由频域坐标到欧氏空间坐标非线性的重建过程；而 $\boldsymbol{W}$ 来源于线性运动方程，具有一定的物理意义，能够帮助得到在 RS 模态坐标系下经降维和解耦后的运动方程。

矩阵 $\boldsymbol{B}$ 可以通过预计算得到。与之前的许多子空间降维方法一样，除了能够降维之外，矩阵 $\boldsymbol{B}$ 应该包含尽可能多的形变效果。构建矩阵 $\boldsymbol{B}$ 的方法有很多种，既可以采用模态导数的方法 (Barbič et al., 2005) 来生成矩阵 $\boldsymbol{B}$，也可以采用主成分分析方法将已知运动序列所包含的形状加入矩阵 $\boldsymbol{B}$ 中。除此之外，一些快速子空间构建方法也可以用来生成矩阵 $\boldsymbol{B}$ (von Tycowicz et al., 2013)，以减小预计算代价。

通过采用几何子空间降维方法，降低了求解 Poisson 方程（式（7.22））所需的计算代价，加快了由 RS 坐标 $\boldsymbol{y}$ 重建模型欧氏空间位移 $\boldsymbol{u}$ 的过程。然而，在频域空间坐标到三维空间坐标的重建过程中，依然需要计算模型上每一个四面体的 RS 坐标。模型网格密度越大，这个过程的计算代价越高。即使为了计算一个点的三维空间坐标，也需要把模型上所有四面体的 RS 坐标求解出来。

7.1.2.3 Cubature 稀疏采样

为避免式（7.22）右端项的计算所涉及的单元遍历问题，可以采用 Cubature 采样方法 (An et al., 2008) 进一步加速。其基本思想是对模型中用于重建的四面体进行采样，并为样本中每个四面体计算相应的权重，最终

的重建过程只需要对少量权重不为零的四面体执行 RS 坐标计算，从而减少计算代价、加快重建过程。假设已经得到一个由 Cubature 采样得到的四面体集合 $\mathcal{T}_{\text{cub}}$（其大小 $|\mathcal{T}_{\text{cub}}| \ll |\mathcal{T}|$，通常小于 100）及其对应的 Cubature 权重 $\{\omega_e\}_{e\in\mathcal{T}_{\text{cub}}}$，则可以利用下式来近似求解子空间中的坐标 $\boldsymbol{q}$：

$$\boldsymbol{q} \approx \sum_{e\in\mathcal{T}_{\text{cub}}} \omega_e \boldsymbol{P}_e \boldsymbol{g}_e \triangleq \omega^c \boldsymbol{P}^c \boldsymbol{g}^c \tag{7.28}$$

式中，矩阵 $\omega^c, \boldsymbol{P}^c, \boldsymbol{g}^c$ 分别由 $\{\omega_e, \boldsymbol{P}_e, \boldsymbol{g}_e\}_{e\in\mathcal{T}_{\text{cub}}}$ 组合构成。采用 Cubature 方法，只需要计算少数四面体的 RS 坐标：

$$\boldsymbol{y}^c = (\boldsymbol{QW})^c \boldsymbol{z} \tag{7.29}$$

式中，矩阵 $(\boldsymbol{QW})^c$ 是式（7.23）中矩阵 $\boldsymbol{QW}$ 的子矩阵，它由矩阵 $\boldsymbol{QW}$ 与集合 $\mathcal{T}_{\text{cub}}$ 所含四面体对应的行向量构成。

粗略的理论估计和实验表明，采用 Cubature 采样和形状空间降维策略的子空间 RS 方法比传统 RS 方法要快两个数量级以上，且网格密度越高，效率提升越大。该方法不仅降低了 Poisson 方程的求解规模，还避免了计算每一个四面体的 RS 坐标，而且取得了非常相似的形变效果（如图 7.1 所示）。此外，计算欧氏坐标 $\boldsymbol{u}$ 相对于频域坐标 $\boldsymbol{z}$ 的导数也变得更加容易。

不难看出，上述问题的关键是如何进行 Cubature 采样。我们通过一组训练样本 $\{(\boldsymbol{z}_s, \boldsymbol{u}_s)\}_{s=1,\cdots,N_t}$ 来采样四面体，并计算相应的权重。算法采用贪心的策略来选择四面体，并通过求解以下拟合重建误差的非负最小二乘问题来优化四面体对应的权重 ω^c：

$$\sum_{s=1}^{N_t} \left\| \frac{1}{\|\boldsymbol{u}_s\|} \left(\boldsymbol{u}_s - \boldsymbol{B}\,\omega^c \boldsymbol{P}^c \boldsymbol{g}((\boldsymbol{QW})^c \boldsymbol{z}_s)\right) \right\|^2 \tag{7.30}$$

采用几何子空间降维策略，这个最小化目标函数可以进一步简化。首先，计算与 $\boldsymbol{u}_s$ 对应的几何降维子空间的坐标 $\boldsymbol{q}_s$，使得 $\boldsymbol{u}_s \approx \boldsymbol{B}\boldsymbol{q}_s$，这可最小化以下目标函数得到 $\boldsymbol{q}_s$：

$$\|\boldsymbol{B}\boldsymbol{q}_s - \boldsymbol{u}_s\|^2 \tag{7.31}$$

由于 $\boldsymbol{B}^\top \boldsymbol{B} = \boldsymbol{I}$，可以得到

$$\boldsymbol{q}_s = \boldsymbol{B}^\top \boldsymbol{u}_s \tag{7.32}$$

所以式（7.30）可以化简为：

$$\sum_{s=1}^{N_t}\left\|\frac{1}{\|\boldsymbol{q}_s\|}\left(\boldsymbol{q}_s-\omega^c\boldsymbol{P}^c\boldsymbol{g}((\boldsymbol{QW})^c\boldsymbol{z}_s)\right)\right\|^2 \tag{7.33}$$

训练样本可以通过物理模拟的方式来产生。首先由训练样本的位移偏移量 $\boldsymbol{u}_s$ 计算出对应的 RS 坐标 $\boldsymbol{y}_s$，然后利用 $\boldsymbol{y}_s$ 通过最小化以下目标函数得到 $\boldsymbol{z}_s$：

$$\|\boldsymbol{QW}\boldsymbol{z}_s-\boldsymbol{y}_s\|^2 \tag{7.34}$$

最终利用 $\boldsymbol{z}_s$ 完成 Cubature 采样。

如图 7.2 所示，当采样的四面体数量增加时，训练数据的相对拟合误差下降得非常快。对于实验中的花朵模型，当采样的四面体数为 80 左右的时候（图中绿色四面体为采样结果），训练数据的相对拟合误差小于 1.45%。当训练数据的拟合误差小于 3% 的时候，终止贪心算法的执行，此时选出的四面体集合便作为最终的采样结果。实验表明，一般情况下采样大约 100 个四面体即可获得较好的模拟效果。

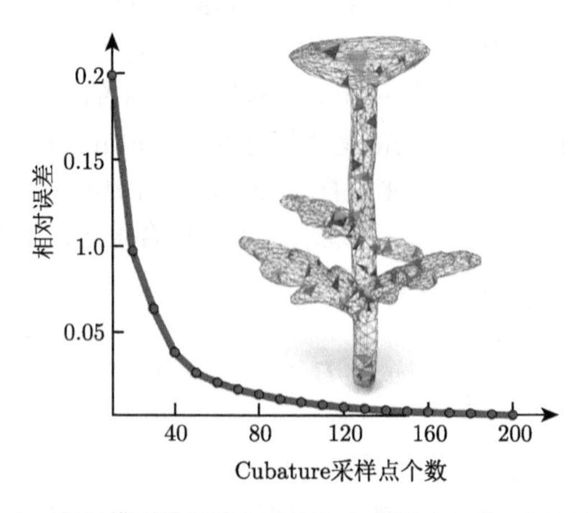

图 7.2　花朵模型的重建相对误差与采样点个数之间的关系

7.1.3　基于位置和投影的加速求解

基于位置和投影的模拟方法旨在简化弹性势能函数来实现弹性运动模拟问题的加速求解，如从几何角度设计恰当的弹性势能表达式，或者采用简单的弹簧质点模型来加速模拟计算。这是一类拟物理的弹性模拟方法，其基本出发点是弹性内力通常与物体的局部形变正相关，而与物体的全局旋转和平移这些刚性变换无关。因此弹性内力通常被设计成与物体各顶点之间相对距离的变化成正比。一般来说，此类方法试图设计一个具有特殊结构的弹性势能函数，以便加速求解。例如，一些弹性势能函数具有以下形式：

$$\sum_i \|\boldsymbol{A}_i(\boldsymbol{x})\boldsymbol{x} - \boldsymbol{b}_i(\boldsymbol{x})\|_2^2 \tag{7.35}$$

式中，$\boldsymbol{x}$ 表示物体形变之后的形状，$\boldsymbol{b}_i(\boldsymbol{x})$ 表示第 i 个单元对应的刚体变换。不同的方法对 $\boldsymbol{A}_i(\boldsymbol{x})$ 的定义方式不同，但一般将其定义为一个常量形式。对于常系数的方程，可以通过预分解等技术来求解，有效降低每一个时间步的计算量，显著提升效率。由于这类方法不涉及复杂的应力、应变以及物理材质等物理量，实现起来更加简单和高效，因此特别适合动画设计和三维游戏等领域的应用。

基于上述思想，无网格形变方法采用一系列离散质点来表示弹性体 (Müller et al., 2005)。简单地说，该方法把待模拟的物体划分为若干互有交叠的区域，例如晶格剖分之后，取以每个晶格为中心，$3\times3\times3$ 的晶格为一个区域。落在一个区域内的质点成为一个簇。对每个簇，对比形变前的点云 $\boldsymbol{x}_i^0$ 与当前状态的点云 $\boldsymbol{x}_i$，通过形状匹配（即点云刚性配准）获得刚体变换，然后以该刚性变换把形变前点云中的点变换到与当前状态最接近且没有任何弹性形变的位置 $\boldsymbol{g}_i$（如图 7.3 所示）。最后，该簇内的点 $\boldsymbol{x}_i$ 在当前时间步内向目标位置 $\boldsymbol{g}_i$ 靠近，以降低所定义的弹性势能，从而模拟生成弹性形变的效果。对于落在多个簇内的质点，其目标位置为多个簇内目标位置的平均。以式（7.35）的观点来看，本质上可以认为上述方法过程式地根据当前状态 $\boldsymbol{x}$ 计算每个点的目标位置作为 $\boldsymbol{b}_i$，进而以单位阵来作为矩阵 $\boldsymbol{A}_i$。该算法所涉及的局部刚性匹配和多个簇的平均实质上是一个体积积分，当积分区域较大时，效率比较低。这可以采用三个一维积分替代体积分 (Rivers et al., 2007) 以降低建立局部对应关系的计算量。为进一步提高模拟计算效率，无网格形变方法被扩展利用弹簧质点模型来计算弹性内力，并在模拟过程中迭代优化保持弹簧长度和其他约束 (Müller et al., 2007)。此类方法均利用位置约束来定义弹性势能，因此称为基于位置约束的动力学模拟方

法 (Position-based Dynamics)。

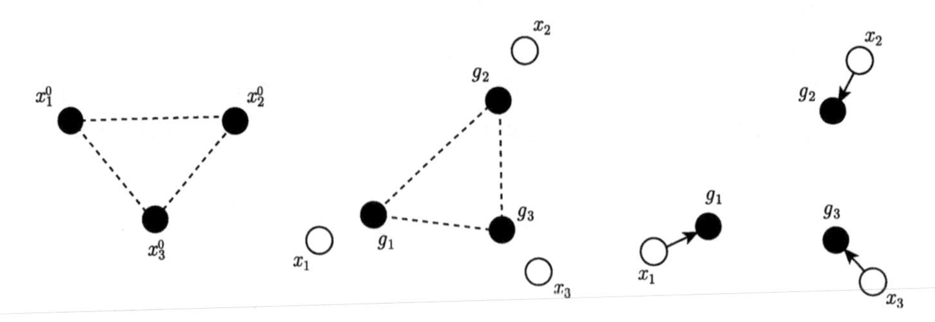

图 7.3 所有质点将会向目标位置移动以获得较小的弹性势能

上述方法不需要求解一个全局的方程组，速度很快，然而形变的效果较为单一。更为常见的做法是先估计局部的形状，再全局求解一个常系数方程组来快速模拟弹性形变。对有网格表示的弹性实体模型，在 t_{k+1} 时刻，它的每一个顶点 i 都对应一个拉伸能量项 (Huang et al., 2006a)：

$$E_i = \frac{1}{2}k\left\|\boldsymbol{L}_i\boldsymbol{x}^{k+1} - \boldsymbol{R}_i(\boldsymbol{x}^k)\boldsymbol{\delta}_i\right\|_2^2 \tag{7.36}$$

式中，$\boldsymbol{L}_i$ 为顶点 i 处的 Laplace 算子；$\boldsymbol{\delta}_i = \boldsymbol{L}_i\boldsymbol{x}^0$ 表示弹性体在未形变情况下的 Laplace 坐标；$\boldsymbol{R}_i(\boldsymbol{x}^k)$ 是顶点 i 的局部旋转，可以通过前一时刻弹性体状态 $\boldsymbol{x}^k$ 估计得到。对于布料等薄壳模型，在 t_{k+1} 时刻，它的一条顶点为 $\boldsymbol{x}_i, \boldsymbol{x}_j$ 的边的拉伸能量可以简单定义为 (Huang et al., 2006c)：

$$\frac{1}{2}k\left\|\left(\boldsymbol{x}_i^{k+1} - \boldsymbol{x}_j^{k+1}\right) - \rho_{ij}\left(\left(\boldsymbol{x}_i^k - \boldsymbol{x}_j^k\right) / \left\|\boldsymbol{x}_i^k - \boldsymbol{x}_j^k\right\|\right)\right\|_2^2 \tag{7.37}$$

式中，ρ_{ij} 为该边形变前的长度。以上两式有一个共同特点，即通过利用前一时刻弹性体的形状来估计当前时刻物体的局部旋转或者边的朝向，物体在当前时刻的弹性势能因而可以简化为前一时刻物体形状的二次函数。简单地说，在形变过程中，此类方法均要求物体当前时刻的局部状态（如物体的 Laplace 坐标或者边的朝向）与由前一时刻物体状态估计得到的结果吻合。由于这些能量项是二次函数，其海森矩阵是固定的常量矩阵，因此可以通过预分解、降维或者自适应的方式来加速弹性形变计算 (Huang et al.,

2006a)。这类方法也可以用于模拟薄壳、实体弹性物体或者不可拉伸的布料模型，甚至包括各向异性的弹性材质模型。

这类先估计局部状态再全局求解的方法（如图 7.4 所示）最终发展成为基于投影的动力学模拟方法，用于高效、逼真地模拟薄壳、实体、不可拉伸或各向异性等各种弹性物体的运动形变过程。由于此类方法可以非常高效且逼真地模拟各种弹性形变效果，因此得到了学术界和工业界的研究拓展，使之可以更加灵活地处理不同的弹性势能能量模型，获得更高的求解效率 (Wang, 2015) 和更鲁棒的模拟计算 (Liu et al., 2017) 等。

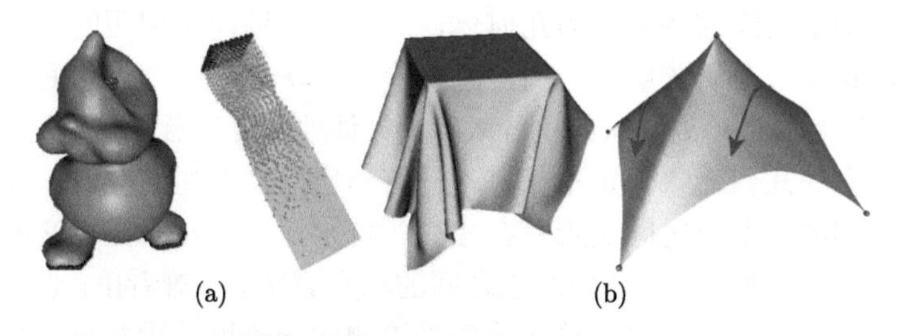

图 7.4　先局部对应后全局求解的形变效果：（a）实体形变；（b）薄壳形变

7.2　碰撞检测和碰撞处理

碰撞检测和碰撞处理是物理模拟和动画创作的关键问题之一。相比于刚体，弹性体因其自身可形变的特点导致其碰撞检测和处理更加复杂，需要处理许多独特的计算问题，如自碰撞检测和处理、空间加速结构更新等。因此，形变物体的碰撞检测和处理需要高效收集和更新碰撞信息以及加快碰撞计算的响应速度。本节将简要介绍碰撞检测和碰撞处理的常见方法。

7.2.1　碰撞检测

碰撞检测方法通常分为离散碰撞检测和连续碰撞检测两类。所谓离散碰撞检测，即检测一个离散时刻物体之间或者物体自身的碰撞或者贯穿情况。而连续碰撞检测则在假设速度不变的情况下，对物体前后两个时刻的运动状态进行插值，并检测物体在该段运动过程中是否发生碰撞。连续碰撞检测比离散碰撞检测的计算量大很多，也更为鲁棒，因为它保证所有的碰撞都能被发现并得到处理。但对虚拟现实等实时应用来说，离散碰撞检测依然是物体运动模拟系统的首选碰撞检测手段，如刚体运动模拟 (Redon et al., 2002)、关节连接物体运动模拟 (Zhang et al., 2007) 和弹性体运动模拟 (Bridson et al., 2002; Brochu et al., 2012) 等。

连续碰撞检测的基本计算是任意三角形对之间 15 种不同的碰撞检测计算，过程等价于求解一个三次方程的根。然而，通过枚举模型上所有三角形对的方式来搜索碰撞将极为耗时。为了加速该过程，可采用层次包围盒结构 (Bounding Volume Hierarchy) 对空间进行多分辨率表达。它的基本思想是用体积大而形状简单的几何体来包裹复杂的原始几何对象，并通过树的结构来组织这些基本的几何体，进而以自顶向下遍历的方式确定物体的接触状态。利用该层次结构，碰撞检测算法能够对搜索空间进行有效的剪枝，从而大大提高算法的执行效率。具体地，当包围盒不相交时，包围盒内部包含的几何对象一定不相交。只有当包围盒发生接触时，才需进一步判断它们的子节点之间是否存在相交。特别地，当检测出相交的叶节点时，算法最终才进行基本几何对象之间的相交测试。不难看出，包围盒对于几何对象包裹的紧密性将直接影响碰撞检测的准确度，因此包围盒的基本几何形体选择是此类方法研究的重点。根据不同场景中几何对象的具体特性，层次包围盒的基本单元可以有很多种，例如包围球、包围柱、轴向包围盒 (Axis-aligned Bounding Box, AABB)、方向包围盒 (Oriented Bounding Box, OBB) 和固定方向凸包 (K-Discrete Oriented Polytope, K-Dop) 等。

尽管有空间层次结构的帮助，全空间（欧氏空间）中的碰撞检测所需的计算量通常很大。和运动形变模拟一样，子空间方法在碰撞检测中也扮演着重要的角色，常常能有效地加速计算。在降维后的子空间中，频域坐标的大小正比于物体的形变程度。坐标范数较小即意味着模型形变较小，因而发生自碰撞的可能性较小，反之则说明物体有较大可能发生自碰撞。基于这个想法，Barbič 等 (2010) 设计了一种在子空间中检测自碰撞的数值指标，当该指标小于一定的阈值时，模型上的大部分区域将不存在自碰撞，借此来指导碰撞检测区域的选择，提高了检测效率。

除了检测效率之外，由于计算机浮点计算的精度有限，求解过程有可能存在计算误差，从而引发错误的相交判断，最终影响到模拟精度。针对这一问题，研究人员提出了多种解决方案。其核心思想是提高几何计算的精度 (Brochu et al., 2012; Tang et al., 2014) 和误差边界估计的紧致性 (Wang,

2014)。这些方法有效提升了连续碰撞检测的鲁棒性和效率。有关碰撞检测的研究进展读者可参考综述论文 (Teschner et al., 2005)。

7.2.2 碰撞处理

一旦检测到有碰撞发生，系统就要计算物体碰撞后的动力学行为。为便于建模，通常将碰撞信息作为边界约束引入弹性运动形变方程，进行联合求解。目前，主要有惩罚因子和不等式约束两类碰撞处理方法。前者由于实现简单而被广泛采用，但是不够鲁棒。早期的一些工作采用冲量方法局部地解决碰撞问题。为保证计算的鲁棒性，这类方法必须采用较小的模拟步长。后来这一类方法在计算的稳定性、效率和防贯穿等方面得到了有效的提升 (Tang et al., 2012; Harmon et al., 2013)。

将碰撞处理问题表示为带不等式约束的优化问题则能够更稳定地处理复杂的碰撞，但计算代价巨大，通常需要先进的数值算法进行求解 (Otaduy et al., 2009; Li et al., 2015a)。

下面，我们将弹性体的碰撞处理建模成一个二次规划问题 (Quadratic Programming, QP)，并介绍一个高效的复杂弹性碰撞的运动形变模拟算法。在数学上，n 个顶点的弹性体模型的运动规律可由式（7.9）所定义的常微分方程描述。设模拟的时间步长为 h，并采用隐式积分法，则连续形式的运动方程（式（7.9））可离散为：

$$\frac{1}{h^2}\boldsymbol{M}(\boldsymbol{x}_{i+1}-2\boldsymbol{x}_i+\boldsymbol{x}_{i-1})+\boldsymbol{f}(\boldsymbol{x}_{i+1},\frac{1}{h}(\boldsymbol{x}_{i+1}-\boldsymbol{x}_i))=\boldsymbol{f}_{i+1}^{\text{ext}} \tag{7.38}$$

式中，$\boldsymbol{x}_i$ 表示物体在 $t_i = hi$（$i = 0,1,2,\cdots$）时刻的顶点位置。由于 $\boldsymbol{f}\left(\boldsymbol{x}_{i+1},\frac{1}{h}(\boldsymbol{x}_{i+1}-\boldsymbol{x}_i)\right)$ 是非线性的，因此式（7.38）是一个关于 $\boldsymbol{x}_{i+1}$ 的非线性方程组，通常采用牛顿法求解。

为方便表述，我们将式（7.38）中的所有未知数 $\boldsymbol{x}_{i+1}$ 记为向量 $\boldsymbol{x}$。这样，在 t_i 时刻的每一步牛顿迭代中，都需要求解一个线性方程组：

$$\boldsymbol{A}\boldsymbol{x}=\boldsymbol{b} \tag{7.39}$$

式中，

$$\boldsymbol{A}=\frac{1}{h^2}\boldsymbol{M}+\left.\frac{\partial\boldsymbol{f}}{\partial\boldsymbol{x}}\right|_{\boldsymbol{x}=\boldsymbol{x}_i} \tag{7.40}$$

$$b = \boldsymbol{f}_{i+1}^{\text{ext}} - \boldsymbol{f}(\boldsymbol{x}_i) + \left(\left. \frac{\partial \boldsymbol{f}}{\partial \boldsymbol{x}} \right|_{\boldsymbol{x}=\boldsymbol{x}_i} \right) \boldsymbol{x}_i + \frac{1}{h^2} \boldsymbol{M}(2\boldsymbol{x}_i - \boldsymbol{x}_{i-1}) \tag{7.41}$$

显然，矩阵 $\boldsymbol{A}$ 是一个对称正定的稀疏矩阵。在实际执行时，通常限定牛顿法的迭代次数。当模拟时间步长不太大的情况下，通常一到三次迭代就可以获得满意的模拟效果。

以上运动方程的求解过程并没有考虑物体发生碰撞的情况。实际环境中物体的运动过程通常包含非常多的碰撞。这些碰撞本质上将物体的运动空间限定在一个复杂的可行域 Ω_c 中。一般来说，这个可行域非常复杂，可表达为一系列不等式约束。实际执行时，我们可利用碰撞检测来局部采样可行域。

在每一时刻，碰撞检测器检测物体单元之间的位置关系，计算得到发生碰撞的元素对。容易知道，共有点与面、边与面和边与边三类碰撞元素对。实际构造算法时，需逐一将每类碰撞情况进行约束建模，进而代入运动方程联合求解。

实际执行时，针对高精度采样的弹性体模拟，我们可只考虑点与面的碰撞情况，而忽略掉其他两种碰撞情形并不会影响模拟的视觉效果。具体地，给定一个包括顶点 $\boldsymbol{x}_i$ 和法向为 $\boldsymbol{n}_i$ 的三角形 $(\boldsymbol{x}_j, \boldsymbol{x}_k, \boldsymbol{x}_l)$ 的碰撞对，则其碰撞不等式约束为：

$$\boldsymbol{n}_i^\top (\boldsymbol{x}_i - w_j \boldsymbol{x}_j - w_k \boldsymbol{x}_k - w_l \boldsymbol{x}_l) \geqslant 0 \tag{7.42}$$

式中，w_j, w_k, w_l 为点 $\boldsymbol{x}_i$ 关于三角形 $(\boldsymbol{x}_j, \boldsymbol{x}_k, \boldsymbol{x}_l)$ 的重心坐标。若将所有碰撞对的不等式约束组合成为方程形式：

$$\boldsymbol{J}\boldsymbol{x} \geqslant \boldsymbol{c} \tag{7.43}$$

则在每一时刻的每步牛顿迭代中，可通过求解以下带不等式约束的线性方程组来处理碰撞问题：

$$\boldsymbol{A}\boldsymbol{x} = \boldsymbol{b} \quad \text{s.t.} \quad \boldsymbol{J}\boldsymbol{x} \geqslant \boldsymbol{c} \tag{7.44}$$

它可等价地转换为如下的二次规划问题进行求解：

$$\min_{\boldsymbol{x}} \frac{1}{2} \boldsymbol{x}^\top \boldsymbol{A} \boldsymbol{x} - \boldsymbol{x}^\top \boldsymbol{b} \quad \text{s.t.} \quad \boldsymbol{J}\boldsymbol{x} \geqslant \boldsymbol{c} \tag{7.45}$$

因此，问题就转化为如何高效、鲁棒地数值求解该问题。

一个基本的思路是扩展 MPRGP 算法，使之直接支持除边界约束之外的更一般的约束形式，用于求解上述问题。1.5.2 节中介绍的传统 MPRGP 算法包含三个步骤，主要依赖于三个基本算子：投影、自由梯度以及截断梯度。这就需要对 MPRGP 的投影、自由梯度和截断梯度三个算子重新定义。对于简单的边界约束来说，投影、自由梯度以及截断梯度都可以很容易地定义和计算 (Dostál, 2009)，但对于我们要求解的二次规划问题（式（7.45））来说，由于其约束形式更加复杂，因此这些算子的定义和计算都变得非常困难。

首先计算投影。为了保证 MPRGP 算法求解得到的最终结果位于可行域中，需要在迭代过程中将任意位于可行域外的点 $\boldsymbol{x}$ 投影到可行域 Ω_c : $\boldsymbol{J}\boldsymbol{x} \geqslant \boldsymbol{c}$ 。具体地，可通过求解如下问题来完成投影过程：

$$\boldsymbol{P}_{\Omega}(\boldsymbol{x}) = \underset{\boldsymbol{y}}{\operatorname{argmin}} \frac{1}{2}\|\boldsymbol{y}-\boldsymbol{x}\|_2^2 \quad \text{s.t.} \quad \boldsymbol{J}\boldsymbol{y} \geqslant \boldsymbol{c} \tag{7.46}$$

即在可行域中寻找一个离 $\boldsymbol{x}$ 最近的点 $\boldsymbol{P}_{\Omega}(\boldsymbol{x})$ 作为投影结果。为了求解式（7.46），首先考察它的 Karush-Kuhn-Tucker(KKT) 条件：

$$\boldsymbol{y} = \boldsymbol{x} + \boldsymbol{J}^{\top}\boldsymbol{\lambda} \quad \text{s.t.} \quad 0 \leqslant \boldsymbol{\lambda} \perp \boldsymbol{J}\boldsymbol{y} \geqslant \boldsymbol{c} \tag{7.47}$$

式中，$\perp$ 是正交符号，意指当 $\boldsymbol{\lambda} > 0$ 时必有 $\boldsymbol{J}\boldsymbol{y} = \boldsymbol{c}$，而 $\boldsymbol{J}\boldsymbol{y} > \boldsymbol{c}$ 时必有 $\boldsymbol{\lambda} = 0$。拉格朗日乘子 $\boldsymbol{\lambda}$ 可以通过求解如下线性互补问题 (Linear Complementary Problem, LCP) 得到：

$$0 \leqslant \boldsymbol{\lambda} \perp (\boldsymbol{J}\boldsymbol{J}^{\top})\boldsymbol{\lambda} \geqslant \boldsymbol{c} - \boldsymbol{J}\boldsymbol{x} \tag{7.48}$$

该方程等价于：

$$(\boldsymbol{J}\boldsymbol{J}^{\top})\boldsymbol{\lambda} = \boldsymbol{c} - \boldsymbol{J}\boldsymbol{x} \quad \text{s.t.} \quad \boldsymbol{\lambda} \geqslant 0 \tag{7.49}$$

这是一个仅带边界约束的二次规划问题，因此可通过传统的 MPRGP 算法进行求解。最后，可由下式得到点 $\boldsymbol{x}$ 的投影结果：

$$\boldsymbol{y} = \boldsymbol{x} + \boldsymbol{J}^{\top}\boldsymbol{\lambda} \tag{7.50}$$

其次计算自由梯度。MPRGP 算法有两个基本要求：一是自由梯度必须为一个目标函数值上升的方向；二是沿着自由梯度方向前进时，不能缩小上一步中满足等式约束的约束集合。若 $\hat{\boldsymbol{J}}$ 和 $\hat{\boldsymbol{c}}$ 表示当前有效的约束 $\hat{\boldsymbol{J}}\boldsymbol{x} = \hat{\boldsymbol{x}}$，其中 $\hat{\boldsymbol{J}}$ 为矩阵 $\boldsymbol{J}$ 的子矩阵，$\hat{\boldsymbol{c}}$ 为 $\boldsymbol{c}$ 中相应的子向量，则上述第二个要求即为：

$$\hat{\boldsymbol{J}}\boldsymbol{\phi} = 0 \tag{7.51}$$

因此，需要将自由梯度 $\boldsymbol{\phi}$ 定义为目标函数梯度 $\boldsymbol{g}$ 到矩阵 $\hat{\boldsymbol{J}}$ 零空间的投影，即：

$$\boldsymbol{\phi} = \underset{\boldsymbol{\varphi}}{\operatorname{argmin}} \frac{1}{2}\|\boldsymbol{\varphi} - \boldsymbol{g}\|_2^2 \quad \text{s.t.} \quad \hat{\boldsymbol{J}}\boldsymbol{\varphi} = 0 \tag{7.52}$$

不难证明：

$$\boldsymbol{g}^\top \boldsymbol{\phi} \geqslant 0 \tag{7.53}$$

因此 $\boldsymbol{\phi}(\boldsymbol{x})$ 是一个二次规划问题（式（7.45））的可行下降方向。为了求解式（7.52），需考察其 KKT 条件，并得到：

$$\boldsymbol{\phi} = \boldsymbol{g} + \hat{\boldsymbol{J}}^\top \boldsymbol{\lambda} \quad \text{s.t.} \quad \hat{\boldsymbol{J}}\boldsymbol{\phi} = 0 \tag{7.54}$$

式中，拉格朗日乘子 $\boldsymbol{\lambda}$ 可通求解如下线性方程组获得：

$$(\hat{\boldsymbol{J}}\hat{\boldsymbol{J}}^\top)\boldsymbol{\lambda} = -\hat{\boldsymbol{J}}g \tag{7.55}$$

因此，自由梯度为：

$$\boldsymbol{\phi} = \boldsymbol{g} + \hat{\boldsymbol{J}}^\top \boldsymbol{\lambda} \tag{7.56}$$

最后计算截断梯度。截断梯度必须和自由梯度互补垂直（如图 7.5 所示），而且其反方向必须为非上升方向，即须满足条件：

$$-\hat{\boldsymbol{J}}\boldsymbol{\beta} \geqslant 0 \tag{7.57}$$

因此，可通过下式计算截断梯度：

$$\boldsymbol{\beta} = \underset{\boldsymbol{\beta}}{\operatorname{argmin}} \frac{1}{2}\|\boldsymbol{\beta} - \boldsymbol{g}_{\boldsymbol{\beta}}\|_2^2, \quad \text{s.t.} \quad -\hat{\boldsymbol{J}}\boldsymbol{\beta} \geqslant 0 \tag{7.58}$$

式中，$\boldsymbol{g}_{\boldsymbol{\beta}} = \boldsymbol{g} - \boldsymbol{\phi}$。以上问题的 KKT 条件为：

$$\boldsymbol{\beta} = \boldsymbol{g}_{\boldsymbol{\beta}} - \hat{\boldsymbol{J}}^\top \boldsymbol{\lambda}, \quad \text{s.t.} \quad 0 \leqslant \boldsymbol{\lambda} \perp (-\hat{\boldsymbol{J}}\boldsymbol{\beta}) \geqslant 0 \tag{7.59}$$

进一步，将上式中 $\boldsymbol{\beta}$ 替换为 $\boldsymbol{\lambda}$，可得：

$$\hat{\boldsymbol{J}}\hat{\boldsymbol{J}}^{\top}\boldsymbol{\lambda} = \hat{\boldsymbol{J}}\boldsymbol{g}_{\boldsymbol{\beta}}, \quad \text{s.t.} \quad \boldsymbol{\lambda} \geqslant 0 \tag{7.60}$$

这是一个仅带边界约束的二次规划问题，可以通过传统的 MPRGP 算法求解。因此，截断梯度为：

$$\boldsymbol{\beta} = \boldsymbol{g}_{\boldsymbol{\beta}} - \hat{\boldsymbol{J}}^{\top}\boldsymbol{\lambda} \tag{7.61}$$

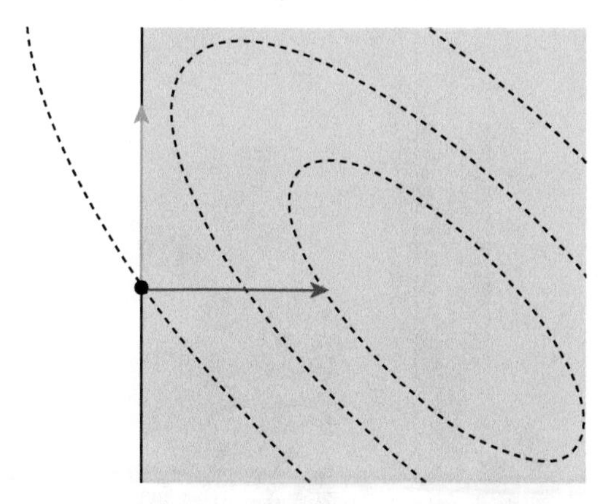

图 7.5　自由梯度与截断梯度的示意。在灰色的定义域中，虚线代表目标函数的等值线，黑点代表当前解的位置。为了获得一个更精确的解，算法既可以保持约束集合固定而沿着自由梯度（蓝）的反方向前进，也可以离开集合沿着截断梯度（红）的反方向前进

将以上介绍的三个算子替换传统 MPRGP 方法中的相应算子，并采用 MPRGP 的计算框架，便得到了一个新的数值算法，可以用于求解式（7.45）中带一般形式线性约束的二次规划问题。然而，相对于只支持边界约束的 MPRGP 算法，新算法的计算代价高很多。原因在于，为支持一般化的线性约束，新算法需要在每一时刻的每一步迭代中求解式（7.49）、式（7.55）和式（7.60）三个线性方程中的一个或者几个。而在传统 MPRGP 算法中，由于问题中只有边界约束，相应的投影、自由梯度、截断梯度的计算比较简单，无需求解线性方程组，因此每步迭代的计算代价要低很多。值得注意的是，当物体的网格密度很高或碰撞很复杂时，碰撞检测器将返回很多碰撞约束，以上定义的算子中线性方程组的维度会很高，因此算法的每步迭代计算非常耗时，从而严重影响二次规划问题的求解效率。

为了降低二次规划问题（式（7.45））的计算代价，加速碰撞处理效率，可采用碰撞约束解耦策略来简化复杂的碰撞处理过程，即对每一个顶点最多只保留一个碰撞约束，而忽略与该点相关的其他约束，使得式（7.49）、式（7.55）和式（7.60）的系数矩阵 $\boldsymbol{J}^{\top}\boldsymbol{J}$ 和 $\hat{\boldsymbol{J}}^{\top}\hat{\boldsymbol{J}}$ 成为对角阵。这一简化可有效加快这些方程的求解，从而极大提升复杂碰撞下物体运动形变的模拟效率（如图 7.6 所示）。实验表明，尽管算法直接忽略掉了一些碰撞约束，但即便对于高精度的复杂弹性体模型，这样的策略也不会造成视觉上明显的失真。

图 7.6　约束解耦简化策略让模拟算法可高效处理复杂的碰撞约束，获得一个数量级以上的加速

7.3　复杂弹性体运动编辑

当前的物理模拟技术可以生成逼真的运动形变，但若要求生成的结果符合用户的创作构思，需要提供更加直接的物体运动控制和编辑方法。关键帧插值是一种发展较为成熟的运动生成方法，广泛应用于各种动画制作软件（如 Maya、3D Max、Blender 等）。相对于物理模拟方法，关键帧插值方法更加符合用户设计师的创作习惯，即通过设计关键帧的方式控制物

体在任意时刻的形状，当然关键帧之间的形状过渡由系统自动生成。然而，传统的关键帧插值方法存在两大问题：一方面，该方法仅要求插值得到的运动序列在各个关键帧处过渡平滑，而没有考虑物体本身运动应该遵循的物理规律，无法保证插值结果的物理真实性；另一方面，关键帧插值方法要求用户输入完整的物体关键帧形状，而关键帧形状的设计对用户的专业性要求较高，费时费力。

针对上述问题，一个有效的解决思路是采用时空位置约束方式将物理运动方程与关键帧插值方法相结合。其目标是，在物体形状序列的每一帧处寻找一组恰当的控制外力来改变物体的运动轨迹，同时要求该序列在特定时刻尽可能满足用户指定的关键帧形状约束。一般借助最优控制方法获得一组尽可能小的控制外力，并保证插值结果尽可能满足物理运动规律。但由于时空位置约束中引入了时间维度，上述优化过程的变量不仅与模型的自由度有关，且与形状序列的帧数成正比，这给非线性优化问题的数值求解带来了巨大的困难，导致难以满足交互编辑的基本要求。通过子空间降维以及运动方程线性化等策略对目标函数进行降维和简化 (Huang et al., 2011b)，可有效提高最优控制问题的求解效率。同样，此类方法依然要求用户设计完整的关键帧，而且因位置约束过多，容易引入过大的控制外力，导致不自然的运动效果。

相对于关键帧插值模式，基于物理的弹性体运动编辑方法支持局部位置约束，是一种更加灵活、高效的运动形变生成方法。它通常以一段完整的弹性体运动序列作为输入，允许用户对运动序列任一时刻的任意模型顶点进行拖动操作来编辑形状序列，无需设计关键帧，交互更灵活。同时由于约束更少，因此最优控制过程中引入的控制力更小，生成的运动效果更真实且贴近输入序列。下面将介绍一个高效、灵活、鲁棒的弹性体运动编辑方法。

7.3.1　旋转-应变空间的运动编辑控制

弹性体运动编辑的目标是希望找到一个“最符合物理运动规律”的新的运动序列。它不仅要满足用户指定的时空位置约束，同时为满足这些约束而引入的控制力也应该尽可能小。一方面，运动编辑是一个交互过程，对算法的实时性要求很高；另一方面，运动编辑过程通常需要同时获得物体在任意一帧的运动状态，相比运动模拟计算，需要求解更大规模的未知变量。因此，为了满足实时性的要求，一个自然的想法是引入子空间降维和运动方程线性化策略来进行加速。7.1.2 节介绍的子空间旋转-应变弹性模拟方法可以很好地满足运动编辑的速度和形变质量要求。

假设在第 i 帧物体形状中，弹性体的 RS 空间坐标为 $\boldsymbol{z}_i$，则弹性体编辑可以通过求解以下最优控制问题来实现：

$$\begin{aligned}&\min_{\boldsymbol{z}} \quad \frac{1}{2}\sum_{i=2}^{\mathcal{N}-1}\|\ddot{\boldsymbol{z}}_i+\boldsymbol{D}\dot{\boldsymbol{z}}_i+\boldsymbol{\Lambda}\boldsymbol{z}_i\|_2^2\\&\text{s.t.} \quad \boldsymbol{u}_j^i(\boldsymbol{z}_i)=\hat{\boldsymbol{u}}_j^i, \quad (i,j)\in C\end{aligned} \tag{7.62}$$

式中，$\boldsymbol{u}_j^i(\boldsymbol{z}_i)$ 为弹性体在第 i 帧中第 j 个顶点的相对原模型的位移，$\hat{\boldsymbol{u}}_j^i$ 为该顶点对应的目标位移，集合 C 表示用户所施加的所有约束（由用户的编辑产生）。

为了便于求解，并让用户可以控制约束的满足程度和控制力的大小，可采用罚函数形式将位置约束添加到目标函数中，得到一个无约束的最优控制问题：

$$\min_{\boldsymbol{z}} \quad E_f(\boldsymbol{z})+\gamma E_c(\boldsymbol{z}) \tag{7.63}$$

$$\begin{cases}E_f(\boldsymbol{z})=\dfrac{1}{2}\displaystyle\sum_{i=2}^{\mathcal{N}-1}\|\ddot{\boldsymbol{z}}_i+\boldsymbol{D}\dot{\boldsymbol{z}}_i+\boldsymbol{\Lambda}\boldsymbol{z}_i\|_2^2\\E_c(\boldsymbol{z})=\dfrac{1}{2}\displaystyle\sum_{(i,j)\in C}\|\boldsymbol{u}_j^i(\boldsymbol{z}_i)-\hat{\boldsymbol{u}}_j^i\|_2^2\end{cases} \tag{7.64}$$

式中，函数 E_f 用于度量控制力的大小，函数 E_c 用于度量约束的满足程度；$\mathcal{N}$ 为输入物体运动序列的总帧数，C 为所有约束顶点的集合，由约束帧的索引 i 和被约束点的索引 j 构成；参数 γ 是位置约束度量函数的惩罚因子，用户可以通过调节该系数的大小来增强或者减弱位置约束的满足程度。经测试表明，对于时空位置约束，通常取 $\gamma=10^{-6}$，而对于关键帧约束形式，通常取 $\gamma=1.0$。

为稳定地执行数值积分计算，一般采用隐式积分方法对运动方程进行离散化，即将频域空间位移 $\boldsymbol{z}$ 的加速度和速度分别离散为：

$$\begin{cases}\ddot{\boldsymbol{z}}_i=\boldsymbol{z}_{i+1}-2\boldsymbol{z}_i+\boldsymbol{z}_{i-1}\\ \dot{\boldsymbol{z}}_i=\boldsymbol{z}_{i+1}-\boldsymbol{z}_i\end{cases} \tag{7.65}$$

上述优化目标函数包含两部分能量。第一部分能量是用于度量控制力的大小。它是一个关于 $\boldsymbol{z}$ 的二次函数，因此它关于 $\boldsymbol{z}$ 的海森矩阵 $\boldsymbol{H}_{\boldsymbol{f},\boldsymbol{z}}$ 在运动编辑过程中是固定不变的。事实上，由于采用模态分析方法对运动方程进行解耦，$\boldsymbol{H}_{\boldsymbol{f},\boldsymbol{z}}$ 是一个稀疏矩阵，且其函数值仅与物体每个模态的频率、时间步长和弹性系统的阻尼有关 (Li et al., 2014)。第二部分能量用于度量时空位置约束的满足程度。这个部分涉及 RS 空间到欧氏空间映射中的指数函数，因此这部分能量是一个关于 $\boldsymbol{z}$ 的高度非线性函数。即使采用了子空间 RS 方法，第二部分的海森矩阵的计算依然代价高昂，且每一步迭代都需要更新。考虑到位置约束的一阶导数的计算代价要低得多，根据目标函数的结构特性，可采用拟牛顿方法来计算目标函数的最小值，并在每步迭代代过程中采用下式近似目标函数的海森矩阵：

$$\boldsymbol{H}_{\boldsymbol{z}}=\boldsymbol{H}_{\boldsymbol{f},\boldsymbol{z}}+\gamma\boldsymbol{J}_{\boldsymbol{z}}^{\top}\boldsymbol{J}_{\boldsymbol{z}} \tag{7.66}$$

$$\boldsymbol{H}_{\boldsymbol{f},\boldsymbol{z}}=\frac{\partial^2 E_{\boldsymbol{f}}}{\partial^2\boldsymbol{z}},\quad \boldsymbol{J}_{\boldsymbol{z}}=\frac{\partial\boldsymbol{u}^C}{\partial\boldsymbol{z}} \tag{7.67}$$

式中，$\boldsymbol{u}^C$ 对应式（7.64）中所有被约束点的位移，由相应约束点对应的 $\boldsymbol{u}_j^i(\boldsymbol{z})$ 组合而成；$\boldsymbol{J}_{\boldsymbol{z}}$ 为 $\boldsymbol{u}_j^i$ 关于 $\boldsymbol{z}_i$ 的 Jacobian 矩阵。以下介绍其具体计算方法。

假设第 i 帧中模型上第 j 个被约束的顶点相对于输入序列的偏移量为 $\boldsymbol{u}_j^i\in\mathbb{R}^3$，记 $\boldsymbol{B}^j$ 为矩阵 $\boldsymbol{B}$ 中与顶点 j 对应的子矩阵（即 $\boldsymbol{B}^j$ 由矩阵 $\boldsymbol{B}$ 中的第 $3j$、$3j+1$ 和 $3j+2$ 行构成）。基于前述的子空间 RS 方法（式（7.24）和式（7.28）），可得到以下 $\boldsymbol{u}_j^i$ 的计算式：

$$\begin{aligned}\boldsymbol{u}_j^i&=\boldsymbol{B}^j\omega^c\boldsymbol{P}^c\boldsymbol{g}^c(\boldsymbol{y}_i^c)\\&=\sum_{e\in\mathcal{T}_{\text{cub}}}\left(\boldsymbol{B}^j\omega^c\boldsymbol{P}^c\right)_e\boldsymbol{g}_e^c((\boldsymbol{QW})^c\boldsymbol{z}_i)\end{aligned} \tag{7.68}$$

由式（7.68）可以看出，顶点 j 的三维空间位移 $\boldsymbol{u}_j^i$ 是一个以模型频域位移

$\boldsymbol{z}_i$ 为变量的函数，则 $\boldsymbol{u}_j^i$ 关于 $\boldsymbol{z}_i$ 的 Jacobian 矩阵可表达为：

$$\frac{\partial \boldsymbol{u}_j^i}{\partial \boldsymbol{z}_i} = \sum_{e \in \mathcal{T}_{\text{cub}}} \left(\boldsymbol{B}^j \omega^c \boldsymbol{P}^c\right)_e \left(\frac{\partial \boldsymbol{g}_e^c(\boldsymbol{y}_i^c)}{\partial \boldsymbol{y}_e}\right) (\boldsymbol{QW})^c \tag{7.69}$$

由式（7.20）可知，$\partial \boldsymbol{g}_e / \partial \boldsymbol{y}_e$ 的计算需要求矩阵指数函数的导数，其详细计算方法可参考文献 (Grassia, 1998)。

在上述推导中，形变梯度 $\boldsymbol{g}_e^c(\cdot)$ 是一个关于 $\boldsymbol{z}$ 的非线性函数，因此 $\boldsymbol{u}_j^i$ 也是关于 $\boldsymbol{z}_i$ 的非线性函数，其导数不是固定的常数。根据求导的链式法则，在求解最优控制问题的过程中，每一次迭代都要更新该导数，计算代价会非常高，因此可引入 Cubature 采样来加速这一计算过程。

7.3.2 材质优化的运动编辑控制

正如上一节所述，最优的运动路径必须较好地满足时空位置约束，同时引入尽可能小的控制力。注意到弹性材质对物体运动情况的影响往往非常大，而前述的运动编辑方法都假定物体的弹性材质已知，即用户预先给定了一个刚度矩阵和质量矩阵。采用这种预先指定的弹性材质很可能无法模拟出用户期望的运动效果，即给定的材质与用户将要施加在运动序列上的位置约束可能存在一定的矛盾。尤其当编辑操作较大，输出结果与输入运动序列相差较大时，这种影响会比较明显。在这种情况下，为了使物体的最终运动路径满足用户所指定的约束，最优控制过程不得不引入很大的控制外力，从而导致不自然的运动编辑效果。一种可行的解决方案是在求解最优控制过程中，不仅优化物体的 RS 模态坐标 $\boldsymbol{z}$，同时优化物体的弹性材质。为了减小最优控制问题的规模，可选择优化物体在 r 维的模态 RS 子空间中的弹性材质，包括模态基矩阵 $\boldsymbol{W}$、物体振动频率 $\boldsymbol{\Lambda}$ 和阻尼 $\boldsymbol{D}$。现假设 $\boldsymbol{\Lambda} = \text{diag}(\lambda_1, \cdots, \lambda_r)$ 和 $\boldsymbol{D} = \text{diag}(d_1, \cdots, d_r)$ 都是对角阵，则最优控制问题可定义为：

$$\begin{aligned} \min_{\boldsymbol{z}, \boldsymbol{\Lambda}, \boldsymbol{D}, \boldsymbol{W}} \quad & E_{\boldsymbol{f}}(\boldsymbol{z}, \boldsymbol{\Lambda}, \boldsymbol{D}) + \gamma E_c(\boldsymbol{W}, \boldsymbol{z}) \\ \text{s.t.} \quad & \lambda_k, d_k \geqslant 0, \ \ k \in [1, r] \end{aligned} \tag{7.70}$$

式中，λ_k 表示物体第 k 个模态的振动频率，d_k 为阻尼，二者均为正数，以保证运动序列符合物理规律；目标函数 $E_{\boldsymbol{f}}$ 用来度量控制外力的大小，E_c

用于度量物体的位置约束在 $\mathbb{R}^3$ 中的满足程度，即：

$$\begin{cases} E_{\boldsymbol{f}}(\boldsymbol{z}, \boldsymbol{\Lambda}, \boldsymbol{D}) = \dfrac{1}{2} \displaystyle\sum_{i=2}^{\mathcal{N}-1} \|\ddot{\boldsymbol{z}}_i + \boldsymbol{D}\dot{\boldsymbol{z}}_i + \boldsymbol{\Lambda}\boldsymbol{z}_i\|_2^2 \\ E_c(\boldsymbol{W}, \boldsymbol{z}) = \dfrac{1}{2} \displaystyle\sum_{(i,j)\in C} \|\boldsymbol{u}_j^i(\boldsymbol{W}, \boldsymbol{z}_i) - \hat{\boldsymbol{u}}_j^i\|_2^2 \end{cases} \tag{7.71}$$

在式（7.70）中，需要优化矩阵 $\boldsymbol{W}$。这是一个维度为 $3n\times r$ 的稠密矩阵，因此变量非常多，给最优控制问题的求解带来很多困难，导致运动编辑难以达到实时交互的速率。为此，可借助子空间基采样策略进一步减少最优控制问题中的变量个数。传统模态分析通常取广义特征值问题中的前 r 个最小的特征值对应的特征向量来组成 $\boldsymbol{W}$。子空间基采样方法则通过一定的线性组合将一组数量较多的基精简为一组数量较少的基，其优化对象便是这组线性关系。具体地，首先通过模态分析得到一个较大的矩阵 $\widehat{\boldsymbol{W}}$，设其列数为 R。然后，通过下式来构造一个只包含 r 个基的矩阵 $\boldsymbol{W}$，其中 $R > r$：

$$\boldsymbol{W} = \widehat{\boldsymbol{W}}\boldsymbol{S} \tag{7.72}$$

式中，矩阵 $\boldsymbol{S}$ 表示一个采样矩阵，它选取 $\widehat{\boldsymbol{W}}$ 中的基来线性组合构成 $\boldsymbol{W}$。将式 (7.72) 代入上述优化控制问题并对未知数 $\boldsymbol{S}$ 进行求解就可以减少优化变量的数量，从而加速优化求解。

通过以上定义的材质优化方法，最终需要优化的变量包括 $\boldsymbol{z}$，$\boldsymbol{\Lambda}$，$\boldsymbol{D}$ 和 $\boldsymbol{S}$，因此，弹性运动编辑的最优控制问题可定义为：

$$\begin{aligned} \min_{\boldsymbol{z},\boldsymbol{\Lambda},\boldsymbol{D},\boldsymbol{S}} \quad & E_{\boldsymbol{f}}(\boldsymbol{z}, \boldsymbol{\Lambda}, \boldsymbol{D}) + \gamma E_c(\widehat{\boldsymbol{W}}\boldsymbol{S}, \boldsymbol{z}) + \mu E_s(\boldsymbol{S}) \\ \text{s.t.} \quad & \lambda_k, d_k \geqslant 0, \ \ k \in [1, r] \end{aligned} \tag{7.73}$$

式中，正则项定义为：

$$E_s(\boldsymbol{S}) = \|\operatorname{diag}(\boldsymbol{S}^\top \boldsymbol{S}) - \mathbf{1}_{r\times 1}\|_2^2 \tag{7.74}$$

式中，$\operatorname{diag}(\boldsymbol{S}^\top\boldsymbol{S})$ 为矩阵对角线元素构成的列向量，$\mathbf{1}_{r\times 1}$ 为元素全为 1 的 r 维列向量，以防止出现如下优化结果：

$$\boldsymbol{z} \to 0, \quad \|\boldsymbol{S}\|_2 \to +\infty \tag{7.75}$$

上述算法的结果对 μ 的选择并不太敏感。因此，μ 可在一个较大范围内变化，编辑结果并不会有明显的变化（如图 7.7 所示）。

下面将介绍用于求解最优控制问题（式（7.73））的数值算法。由于目标函数中引入了弹性材质作为未知量进行优化，因此相对于传统的弹性体运动最优控制问题，其未知数更多，非线性程度更高，且包含一系列不等式约束，求解难度更大。交互的反馈速度是运动编辑的一个基本要求，因此需要设计一个足够高效的数值求解算法。

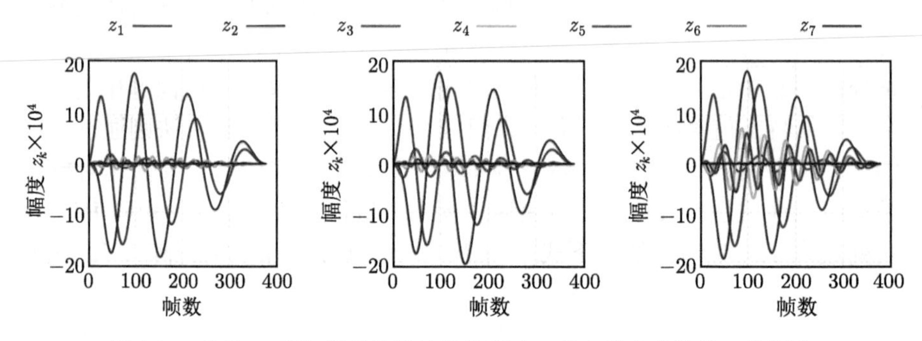

图 7.7　参数 μ 的取值对编辑结果的影响。从左到右依次为：分别取 $\mu=10^{-10}, 10^{-8}, 10^{-6}$ 时编辑模型的 RS 模态坐标 $z_k(t)$（其中 $k=1,\cdots,7$）。当 μ 在比较大的范围内变化时，物体低频部分的运动比较相似

仔细观察式（7.73）中的能量项可知，$\boldsymbol{z}$ 与 $\boldsymbol{\Lambda}, \boldsymbol{D}, \boldsymbol{S}$ 之间存在着耦合关系，而 $\boldsymbol{\Lambda}, \boldsymbol{D}$ 与 $\boldsymbol{S}$ 之间则没有耦合关系。基于这一观察，可将变量分组进行交替迭代优化，即首先将式（7.73）中一些变量作为已知量固定不变，优化求解剩下的变量，然后在下一步迭代中采取相反的策略。具体地，在优化迭代求解过程中按如下方式分别求解模型的频域空间位移 $\boldsymbol{z}$ 和各种弹性材质系数：

(1) 固定 $\boldsymbol{\Lambda} = \boldsymbol{\Lambda}^{(n)}, \boldsymbol{D} = \boldsymbol{D}^{(n)}, \boldsymbol{S} = \boldsymbol{S}^{(n)}$，优化求解 $\boldsymbol{z}^{(n+1)}$。

(2) 固定 $\boldsymbol{z} = \boldsymbol{z}^{(n+1)}, \boldsymbol{S} = \boldsymbol{S}^{(n)}$，优化求解 $\boldsymbol{\Lambda}^{(n+1)}, \boldsymbol{D}^{(n+1)}$。

(3) 固定 $\boldsymbol{z} = \boldsymbol{z}^{(n+1)}, \boldsymbol{\Lambda} = \boldsymbol{\Lambda}^{(n+1)}, \boldsymbol{D} = \boldsymbol{D}^{(n+1)}$，优化求解 $\boldsymbol{S}^{(n+1)}$。

虽然以上三步中的每一步都在优化不同变量，但由于其中每个子优化问题目标函数的值都在下降，所以整个优化过程中目标函数值将单调递减，从而保证算法最终收敛到一个极小值点。将以上三个步骤组合起来称为一

个外部迭代，其中每步迭代称为一个内部迭代。由于三个子问题具有完全不同的结构特点，可分别采用不同的优化算法进行优化求解。

由于目标函数具有很高的非线性性，需要采用迭代策略来求解其最小值。因此，初值的选择对目标函数的收敛有显著的影响。一般来说，对问题中不同类型的变量应采用不同的初值选择策略，为迭代优化提供一个合适的起点。对于位移 $\boldsymbol{z}$ 与基矩阵 $\boldsymbol{S}$，在执行过程中，可以简单地令 $\boldsymbol{z}^{(0)}=0$，并选择：

$$\boldsymbol{S}^{(0)}=(\boldsymbol{I}_{r\times r},0)^{\top} \tag{7.76}$$

式中，$\boldsymbol{S}^{(0)}$ 用来选择基函数矩阵 $\widehat{\boldsymbol{W}}$ 中的前 r 列，这是因为这些基对应的是弹性体运动中所蕴含的最主要运动状态。对于阻尼系数矩阵，设其初值为 $\boldsymbol{D}^{(0)}=0$。对于无阻尼或者阻尼较小的弹性运动，其自然振动频率与 $\sqrt{\lambda}$ 成正比关系，可利用弹性体运动的这一特点来设置刚度矩阵的初值 $\boldsymbol{\Lambda}^{(0)}$。由于模态分析可将运动方程解耦，因此各个模态的运动之间是完全独立的。假设 L 是用户所期望的物体中最主要模态的振动周期（此处 L 以帧数为单位），则可将所有特征值同时乘以一个固定的常数进行统一缩放，以保证最主要的那个模态对应的特征值为 $(2\pi/L)^2$。这样，缩放后的特征值就可作为刚度矩阵的初值 $\boldsymbol{\Lambda}^{(0)}$。为了获得光滑的运动形变效果，还需对 $\widehat{\boldsymbol{W}}$ 中的每一个模态进行缩放，如对每一列乘以相应的特征值 λ，从而使编辑后的运动序列不包含太多的高频振动。

当将物体的弹性材质固定时，求解频域坐标 $\boldsymbol{z}$ 的最优控制问题与前面介绍的最优控制问题完全一致，因此可以同样采用拟牛顿方法来求解。

频率和阻尼这两项只与目标函数的第一项 $E_{\boldsymbol{f}}$ 有关，与位置约束无关。由于固定了频域坐标 $\boldsymbol{z}$ 和矩阵 $\boldsymbol{S}$，$E_{\boldsymbol{f}}(\boldsymbol{\Lambda},\boldsymbol{D})$ 变成了一个关于刚度矩阵 $\boldsymbol{\Lambda}$ 和阻尼矩阵 $\boldsymbol{D}$ 的二次函数。优化时可首先通过 $\boldsymbol{z}$ 构造得到一组关于刚度系数 $\boldsymbol{\Lambda}$ 和阻尼系数 $\boldsymbol{D}$ 线性方程组。由于各个频率的运动方程之间是解耦的，这个线性方程组的系数矩阵是对角的，因此可以很容易求解。如果求解出来的结果中有一些刚度系数或者阻尼系数结果为负数，则将其设置为零，以满足不等式约束 $\lambda_k \geqslant 0$ 和 $d_k \geqslant 0$。

目标函数中只有位置约束项 E_c 和正则项 E_s 与 $\boldsymbol{S}$ 相关。正则项 E_s 形式较为简单，数值上不会带来太多困难。然而由于涉及求矩阵的指数函数，E_c 是关于 $\boldsymbol{S}$ 的非线性函数，而它对于 $\boldsymbol{S}$ 的二次导数是一个稠密矩阵。如果采用牛顿法，则在每一步迭代过程中都需要求解一个大型的稠密系统，虽然收敛速度会快一些，但是每步迭代的求解代价太高，导致总的求解时间代价将非常高。为此，可采用 L-BFGS 方法避免 Hessian 矩阵的计算，虽然该方法的收敛速度比牛顿法慢，但是由于每一步迭代只需计算目标函数的一阶导数，且无需求解线性方程组，每一步的计算代价相当低，因此总的计算速度比牛顿法快很多。而且，该方法可采用上一次大迭代的结果 $\boldsymbol{S}^{(n)}$ 作为优化过程的初值来提高收敛速度。一般来说，50 次 L-BFGS 迭代就可以得到收敛结果。

综合以上方法就可以将弹性材质优化与时空位置约束有机结合起来，实现蕴含材质优化的弹性体运动编辑。在满足时空位置约束的前提下，能够寻找最适合目标运动的弹性体材质，以减小编辑引入的控制外力，生成更加真实自然的运动编辑效果。如图 7.8 所示，相比于无材质优化的结果 (a)，经优化的子空间材质让编辑运动序列在满足时空约束的同时，更好地保持了物体的圆周运动 (b)。

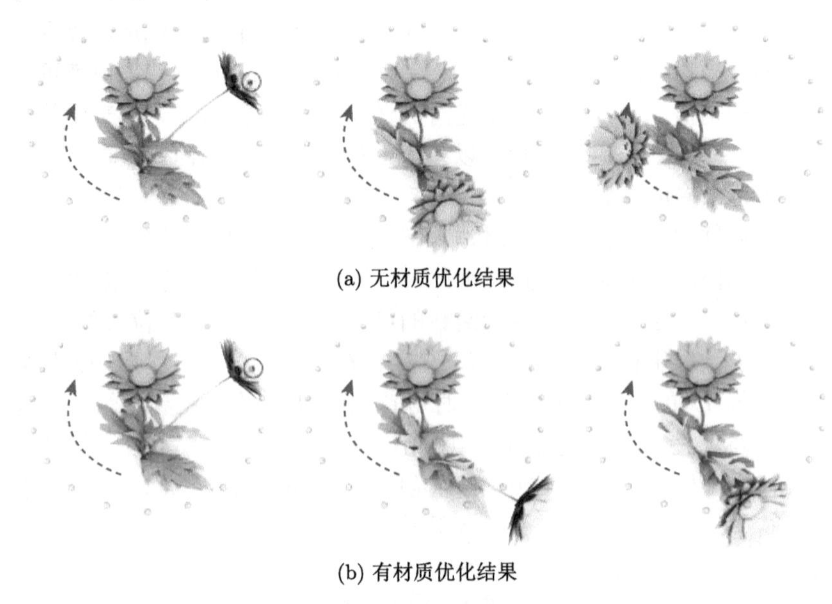

(a) 无材质优化结果

(b) 有材质优化结果

图 7.8　材质优化能得到更加自然的编辑结果

7.4 小结

本章介绍了基于物理的弹性形变模拟、编辑和碰撞处理等相关方法。重点围绕物理模拟的计算效率问题，回顾并介绍了经典的子空间和线性化等加速方法。尽管现有方法已经能够较好地处理旋转导致的几何非线性问题，然而对于一般的非线性问题却仍缺乏高效的数值求解手段。研究具体物理模拟问题的非线性特点，找到合适的线性化方法将是未来研究的一个重点。其中，非线性问题的多分辨率离散表示能有效降低问题规模，且有助于优化问题的频谱条件，非常值得重视。此外，基于物理的逆向过程求解（如材质设计、结构优化等）也是一个极具挑战的研究方向。这些问题的高度非线性特点呼唤着新的高效数值计算方法的涌现，这些群体性突破将给设计制造、虚拟现实等技术带来革命性的进步。

第8章 基于机器学习的几何处理

近年来，人工智能与机器学习方法发展迅猛，已成功地应用于诸如自然语言处理、影像分析和模式识别等领域。同样地，机器学习方法也能用来解决几何处理的问题。

对于机器学习算法而言，几何模型比文本、声音和影像等信息更加难以处理。首先，几何的数据结构复杂。不同于图像数据的天然规则结构表达，非规则的几何数据有着各式各样的表达方式，常用的卷积核等工具难以直接用来处理此类数据。其次，相比于二维的图像，三维模型增加了一个维度，其顶点数量从几百上千可达百万千万，大型几何模型的学习处理需要巨大的计算和存储资源。最后，机器学习算法的结果与数据集的完备程度直接相关，而与文本、图像和音视频相比，几何数据样本库的构建则更为困难。可以说，几何处理问题给机器学习算法带来了新的挑战。

本章将介绍如何将机器学习的原理和算法应用到几何处理领域，主要包括压缩感知、稀疏学习、深度学习的理论方法及其几何处理应用。

8.1 压缩感知与稀疏学习

稀疏表达与稀疏学习是过去二十年信号处理理论的重要发展。在数字图像处理、计算机视觉、模式识别等领域得到了成功应用，展现出其独特的优势，为图像、音视频等信号的处理提供了先进的技术工具。

8.1.1 稀疏编码

稀疏编码假定输入信号可以在某组基下稀疏地表达，而稀疏编码的目标就是求解稀疏系数向量 $\boldsymbol{x}$，用公式表示为：

$$\min_{\boldsymbol{x}} \quad \frac{\lambda}{2}\|\boldsymbol{u}-\boldsymbol{D}\boldsymbol{x}\|_2^2+\|\boldsymbol{x}\|_p \tag{8.1}$$

式中，$\boldsymbol{u}$ 为输入信号，$\boldsymbol{D}=(\boldsymbol{d}_1,\boldsymbol{d}_2,\cdots,\boldsymbol{d}_m)$ 为基向量矩阵，$\boldsymbol{x}=(x_1,x_2,\cdots,x_m)^\top$ 为组合系数向量，$\|\cdot\|_p$ 表示 l_p 范数，$0\leqslant p\leqslant 1$。当 $p=0$ 时，$\|\boldsymbol{x}\|_p$ 为向量 $\boldsymbol{x}$ 中非零元的个数，因 $\|\boldsymbol{x}\|_0$ 是非凸的，该优化问题是一个 NP 难问题，通常采用匹配追踪 (MP)、正交匹配追踪 (OMP) 等贪心算法来求解，通过不断迭代寻求 $\boldsymbol{u}$ 的最优表达。当 $p=1$ 时，$\|\boldsymbol{x}\|_1$ 是凸的，这就是著名的 LASSO 算子，可以采用二次规划等凸优化算法来求解。至于 ℓ_1 范数和 ℓ_0 范数的关系，Donoho (2006) 证明了在某种条件下，两者的求解结果是等价的。最近，许多研究者通过限制 $0<p<1$ 求解式（8.1），得到了更稀疏的解。如图 8.1所示，随着 p 的减小，$\|\boldsymbol{x}\|_p=1$ 的等值线更加集中，因而式（8.1）的求解结果更为稀疏。

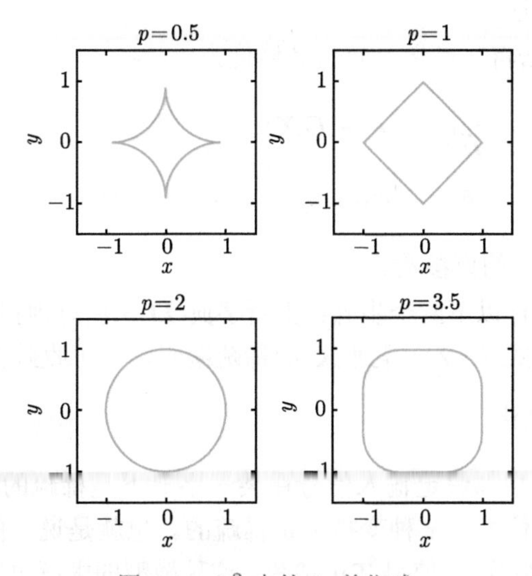

图 8.1 $\mathbb{R}^2$ 中的 l_p 单位球

8.1.2 字典学习

稀疏编码的重点是在给定基函数的条件下寻找稀疏的系数向量 $\boldsymbol{x}$，常用基函数有 Fourier 基和小波基等。每一个输入向量是单独处理的，并没有考虑这些向量与基函数间的内在相关性。因此，一个自然的想法是，是否可能根据输入向量自适应地构造出特定的稀疏基，以得到更好的稀疏编码。字典学习算法就是这样产生的。这一类算法在寻找最优系数向量时，同时优化出一个"字典 $\boldsymbol{D}$"。其能量函数可用下式刻画：

$$\begin{aligned} E(\boldsymbol{X}, \boldsymbol{D}) &= \frac{\lambda}{2}\sum_{j=1}^{k}\|\boldsymbol{f}_j - \boldsymbol{D}\boldsymbol{x}_j\|_2^2 + \sum_{j=1}^{k}\|\boldsymbol{x}_j\|_p \\ &= \frac{\lambda}{2}\|\boldsymbol{F} - \boldsymbol{D}\boldsymbol{X}\|_F^2 + \|\boldsymbol{X}\|_{p,1} \end{aligned} \tag{8.2}$$

式中，$0 \leqslant p \leqslant 1$，$\{\boldsymbol{f}_j\}_{j=1}^k$ 为输入信号集，$\boldsymbol{F} = (\boldsymbol{f}_1, \boldsymbol{f}_2, \cdots, \boldsymbol{f}_k)$，$\boldsymbol{X} = (\boldsymbol{x}_1, \boldsymbol{x}_2, \cdots, \boldsymbol{x}_k)$，$\|\cdot\|_F$ 为 Frobenius 范数。鉴于字典学习模型同时考虑了字典的训练构造和稀疏系数向量的计算，因此稀疏编码可以看作是一类特殊的字典学习方法。

K-SVD 算法将字典学习问题具体化为：

$$\begin{aligned} &\min_{\boldsymbol{D},\boldsymbol{X}} \quad \|\boldsymbol{F} - \boldsymbol{D}\boldsymbol{X}\|_F^2 \\ &\text{s.t.} \quad \|\boldsymbol{x}_i\|_0 \leqslant s, \quad \forall i = 1, 2, \cdots, k \end{aligned} \tag{8.3}$$

式中，s 是稀疏度约束参数。

通过交替执行以下两个步骤：更新字典 $\boldsymbol{D}$ 来更好地拟合训练集，根据当前字典最小化式（8.2）得到 $\boldsymbol{X}$ 的稀疏编码，即可收敛得到所需的字典。

8.1.3 稀疏正则化

上述两种模型都假定输入信号在某一字典下是稀疏的，此外还有一种稀疏性表达，即信号在某种变换下是稀疏的。也就是说，信号 $\boldsymbol{u}$ 本身不一定稀疏，但存在变换 $\boldsymbol{T}$ 使得 $\boldsymbol{T}\boldsymbol{u}$ 稀疏。这种模型的求解可以用下式来表示：

$$\min_{\boldsymbol{u}} \quad \frac{\lambda}{2}F(\boldsymbol{u}, \boldsymbol{f}) + \|\boldsymbol{T}\boldsymbol{u}\|_p \tag{8.4}$$

式中，$F(\boldsymbol{u},\boldsymbol{f})$ 是数据拟合项，用来衡量输入信号 $\boldsymbol{u}$ 与重建信号 $\boldsymbol{f}$ 之间的距离误差。$\|\boldsymbol{T}\boldsymbol{u}\|_p$ 是正则化项，$\boldsymbol{T}$ 为某线性变换。例如，如果输入信号带有噪声或者离群点，要使重建过程不受噪声的影响，可以定义如下的拟合项：

$$F(\boldsymbol{u},\boldsymbol{f})=\|\boldsymbol{u}-\boldsymbol{f}\|_p,\ p\in[0,1]$$

为保证信号的光滑性，正则化项可以定义为 $\|\boldsymbol{L}\boldsymbol{u}\|_2^2$，其中 $\boldsymbol{L}$ 代表离散 Laplace 算子。

类似地，当 $p=1$ 时，式（8.4）也是一个凸优化问题。但当 $p=0$ 时，该问题不易求解，可以采用罚函数解法，但无法保证算法的收敛性。

8.1.4　低秩优化

鉴于矩阵的秩刻画了矩阵行（或列）向量的相关程度，因此矩阵的低秩表达本质上是一种矩阵的特殊分解，其目标是将输入矩阵 $\boldsymbol{M}$ 分解为一个低秩矩阵 $\boldsymbol{L}$ 和一个残差矩阵 $\boldsymbol{S}$ 之和，其中残差矩阵 $\boldsymbol{S}$ 具有某种特殊性质。假设 $\boldsymbol{M}$ 带有 Gaussian 噪声，则低秩问题可表示为：

$$\begin{aligned}\min_{\boldsymbol{L},\boldsymbol{S}}\quad & \|\boldsymbol{S}\|_F\\ \text{s.t.}\quad & \text{rank}(\boldsymbol{L})\leqslant r,\quad \boldsymbol{M}=\boldsymbol{L}+\boldsymbol{S}\end{aligned}$$

式中，$r\ll\min(m,n)$，m 和 n 分别为矩阵 $\boldsymbol{M}$ 的行数和列数。

这个问题与主成分分析（PCA）是等价的，其求解方法如下：先计算 $\boldsymbol{M}$ 的奇异值分解（SVD），再将 $\boldsymbol{M}$ 的列映射到前 r 个特征向量张成的子空间。然而，即使 $\boldsymbol{M}$ 中只有一小部分元素被噪声污染，PCA 的结果可能远远不是原有的 $\boldsymbol{M}$。Wright 等 (2009) 指出在残差矩阵 $\boldsymbol{S}$ 是稀疏的条件下，可以通过以下优化问题重建出 $\boldsymbol{M}$：

$$\begin{aligned}\min_{\boldsymbol{L},\boldsymbol{S}}\quad & \|\boldsymbol{L}\|_*+\lambda\|\boldsymbol{S}\|_1\\ \text{s.t.}\quad & \boldsymbol{M}=\boldsymbol{L}+\boldsymbol{S}\end{aligned}\tag{8.5}$$

式中，$\|\boldsymbol{L}\|_*=\sum_i\sigma_i(\boldsymbol{L})$ 为矩阵 $\boldsymbol{L}$ 的核范数，$\sigma_i(\boldsymbol{L})$ 为 $\boldsymbol{L}$ 的第 i 个奇异值。

有许多求解低秩问题的方法。例如，Wright 等 (2009) 的迭代阈值法解决了式（8.5）的一个松弛凸问题，Beck 等 (2009) 的加速近端梯度法解决了低秩问题的一个松弛版本，增广拉格朗日乘子法 (Augmented Lagrangian Method，ALM)(Lin et al., 2010) 也常被用来求解低秩问题。

8.2 基于压缩感知和稀疏学习的几何处理

从数学上来看，网格曲面本质上是定义在二维流形上的几何信号。不同于图像、音视频等具有规则的定义域（如音频的定义域是时间或频率域，图像的定义域是规则的平面网格）和固定的稀疏基（如 Fourier 基、小波基等）信号，几何信号的定义域是不规则的，进而导致稀疏基难以定义。因此，传统的稀疏表达方法无法直接用来处理几何信号。

基于稀疏表达的几何信号处理的研究主要集中在不规则定义域的处理、基函数的定义以及几何问题正则化的刻画等方面。特别地，有些几何问题无法直接进行稀疏化表达，将它先映射到恰当的特征空间再进行稀疏化处理已成为一种重要研究思路。许多研究者已经在解决上述三大问题上取得了重要进展，推广的稀疏表达方法被广泛应用于网格去噪、曲面重建、点云增强、网格分割等几何处理问题中，实验结果也展现了稀疏表达在对噪声的鲁棒性、对局部的可控性以及对特征的保持等方面的优势。

8.2.1 基于压缩感知的网格去噪

网格去噪是几何处理的难题之一。其难点在于噪声和尖锐特征难以显式甄别，即在去噪的同时，保留模型的尖锐特征。传统的研究思路是将这两个问题分而治之，即先解决其中一个问题然后再解决另一个问题。Wang 等 (2014) 成功利用压缩感知原理进行网格去噪，将网格去噪和尖锐特征提取同时处理。

假设一张曲面是分片 C^2 的，各 C^2 光滑片之间通过非光滑特征线（C^0 或 C^1）进行连接，则一张带噪声的曲面可看成是一张 C^2 的光滑曲面部分和带噪声的分片线性部分的叠加。分片线性部分在二阶微分算子（Laplace 算子）的作用下，呈现出明显的稀疏性，仅在特征处非零。图 8.2给出了曲线情形。因此，模型去噪问题可分解为两个步骤来求解，即先提取其 C^2 光滑曲面部分，然后利用压缩感知方法同时去噪和提取特征。实际执行时，可采用全局 Laplace 光顺方法得到一个基础光滑网格曲面 $\widetilde{\boldsymbol{S}}$：

$$\widetilde{\boldsymbol{S}} = \arg\min_{\boldsymbol{S}} \sum_{i=1}^{n} ||\boldsymbol{p}_i - \boldsymbol{s}_i||^2 + \lambda \sum_{i=1}^{n} ||\boldsymbol{L}_i \boldsymbol{S}||^2$$

式中，$\boldsymbol{p}_i$ 为输入模型的顶点，$\boldsymbol{s}_i$ 为输出模型的对应顶点，$\boldsymbol{S} = (\boldsymbol{s}_1, \boldsymbol{s}_2, \cdots, \boldsymbol{s}_n)^\top$，

$[\boldsymbol{L}_1^\top,\boldsymbol{L}_2^\top,\cdots,\boldsymbol{L}_n^\top]^\top$ 为离散 Laplace-Beltrami 算子，第一项用来衡量曲面对输入数据点的逼近程度，第二项用来衡量曲面的光滑程度，λ 为平衡这两项的参数。令 $\boldsymbol{P}=(\boldsymbol{p}_1,\boldsymbol{p}_2,\cdots,\boldsymbol{p}_n)^\top$，则上述模型等价于求解如下的线性系统：

$$(\boldsymbol{I}_n+\lambda\boldsymbol{M})\widetilde{\boldsymbol{S}}=\boldsymbol{P}$$

式中，$\boldsymbol{I}_n$ 为 n 维单位阵，$\boldsymbol{M}=\boldsymbol{L}^\top\boldsymbol{L}$。给定一个 λ，即可求出相应的 $\widetilde{\boldsymbol{S}}(\lambda)$。

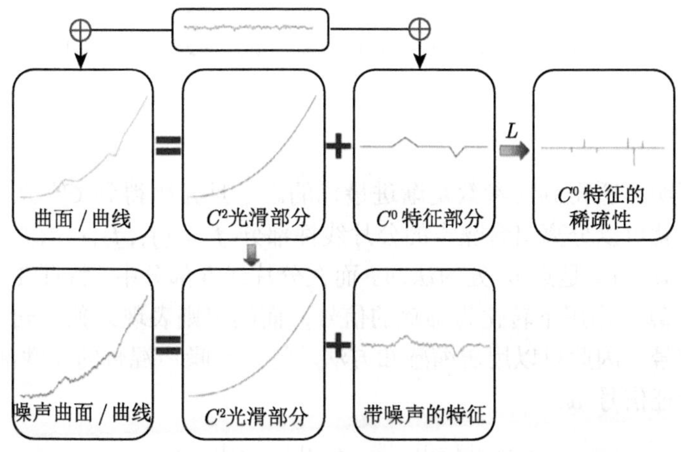

图 8.2　曲线分解为 C^2 光滑部分和分片线性部分，后者在二阶微分算子作用下呈现明显的稀疏性

由于所得的光滑曲面 $\widetilde{\boldsymbol{S}}=\{\tilde{\boldsymbol{s}}_1,\tilde{\boldsymbol{s}}_2,\cdots,\tilde{\boldsymbol{s}}_n\}$ 本质上是原曲面经 Laplace 算子光顺的结果，因此，当 λ 取值过大时，容易造成模型过度光滑，甚至极度萎缩，而取值过小则容易造成去噪不彻底（如图 8.3所示）。要使得 $\widetilde{\boldsymbol{S}}$ 成为 $\boldsymbol{S}$ 的 C^2 光滑曲面部分，需要选择一个合适的参数 λ。这可利用广义交叉验证 (Generalized Cross Validation，GCV) 方法来选择：

$$\lambda_G=\arg\min_{\lambda>0}\mathrm{GCV}_n(\lambda)$$

式中，

$$\mathrm{GCV}_n(\lambda)=\frac{\dfrac{1}{n}\|\boldsymbol{P}-\widetilde{\boldsymbol{S}}_n(\lambda)\|_F^2}{\left(1-\dfrac{1}{n}\mathrm{tr}[\boldsymbol{A}_n(\lambda)]\right)^2}$$

$$\boldsymbol{A}_n(\lambda) = (\boldsymbol{I}_n + \lambda \boldsymbol{M})^{-1},\ \widetilde{\boldsymbol{S}_n}(\lambda) = (\boldsymbol{I}_n + \lambda \boldsymbol{M})^{-1}\boldsymbol{P}$$

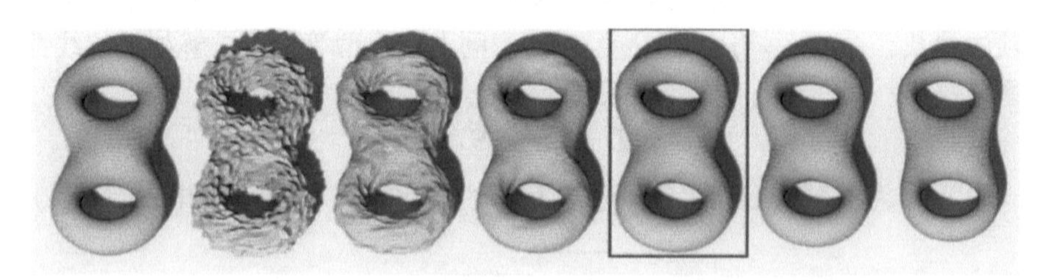

图 8.3 Laplace 去噪结果：(a) 初始网格曲面；(b) 加噪声的网格；(c)~(g) 使用不同参数 λ 的去噪结果，其中 (e) 为所求的 C^2 光滑曲面部分

可证明，所得到的参数是渐进最优的。一旦光顺得到 C^2 光滑曲面部分，我们就可以分离出含噪声的分片线性部分 $\boldsymbol{f} = (f_1, f_2, \cdots, f_n)^\top$，$f_i = (\boldsymbol{p}_i - \tilde{\boldsymbol{s}}_i)\cdot \boldsymbol{n}_i$，$\boldsymbol{n}_i$ 是点 p_i 处的法向。而在分片线性部分中，特征在 Laplace-Beltrami 算子作用下转化为稀疏的信号，而噪声则表现为独立同分布、小模长的信号，因此可以用压缩感知方法从特征与噪声混合的线性部分 $\boldsymbol{f}$ 中分离出特征信号 $\boldsymbol{u}$：

$$\min_{\boldsymbol{u}} ||\boldsymbol{L}\boldsymbol{u}||_1, \quad \text{s.t. } ||\boldsymbol{f} - \boldsymbol{u}||_2 < \epsilon$$

最后，将抽取的特征信号与光顺的基础网格叠加，即可得到去噪结果（如图 8.4所示）。

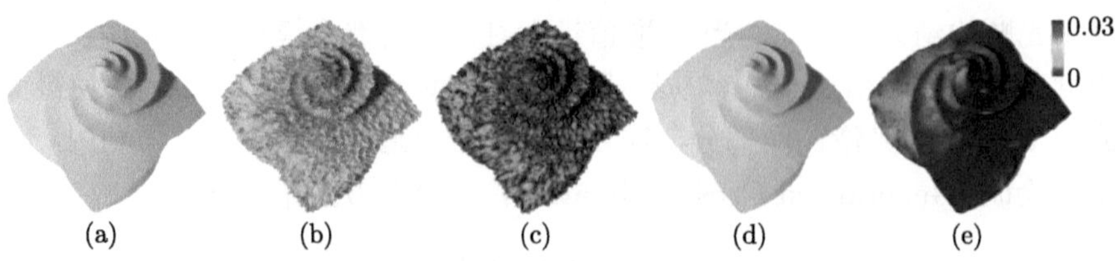

图 8.4 基于压缩感知的网格去噪：（a）原始模型；（b）加噪声后的模型；（c）（b）与（a）的误差图；（d）去噪后的模型；（e）（d）与（a）的误差图

8.2.2 基于稀疏优化的网格去噪

上述方法直接在网格曲面上构造几何信号的稀疏表达来进行去噪处理。实际上，我们也可以借助图像处理和稀疏优化思想来处理网格去噪问题。在

图像处理领域，利用稀疏表达方法已成功实现了图像的去噪和光滑。以图像颜色梯度的 ℓ_0 范数为优化目标，可求解出分段常值的光滑图像 $\boldsymbol{c}$ (Xu et al., 2011a)：

$$\min_{\boldsymbol{c}} \quad \|\boldsymbol{c}-\boldsymbol{c}^*\|^2+\|\nabla\boldsymbol{c}\|_0$$

式中，$\boldsymbol{c}$ 为待求的光滑图像的颜色向量，$\nabla\boldsymbol{c}$ 代表向量 $\boldsymbol{c}$ 的梯度，$\boldsymbol{c}^*$ 代表初始图像的颜色向量。

该方法可推广处理三维网格曲面的去噪问题 (He et al., 2013)。其核心环节是构造如下的基于边的微分算子来代替上述的 ∇c：

$$\boldsymbol{T}(e)=\begin{bmatrix}-\cot(\theta_{2,3,1})-\cot(\theta_{1,3,4})\\ \cot(\theta_{2,3,1})+\cot(\theta_{3,1,2})\\ -\cot(\theta_{3,1,2})-\cot(\theta_{4,1,3})\\ \cot(\theta_{1,3,4})+\cot(\theta_{4,1,3})\end{bmatrix}^\top\begin{bmatrix}\boldsymbol{p}_1\\ \boldsymbol{p}_2\\ \boldsymbol{p}_3\\ \boldsymbol{p}_4\end{bmatrix}$$

式中，符号如图 8.5所示。

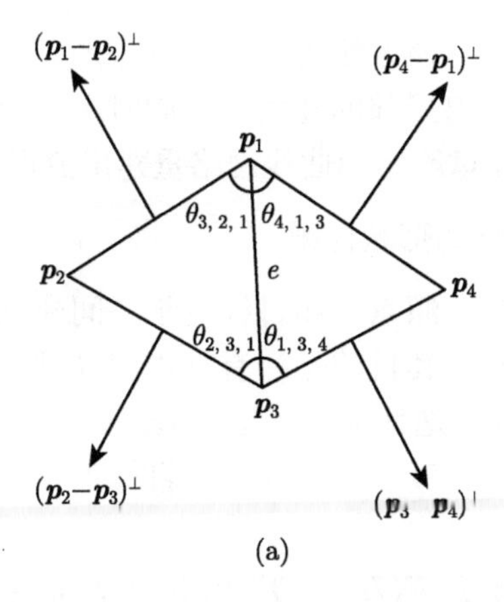

(a)

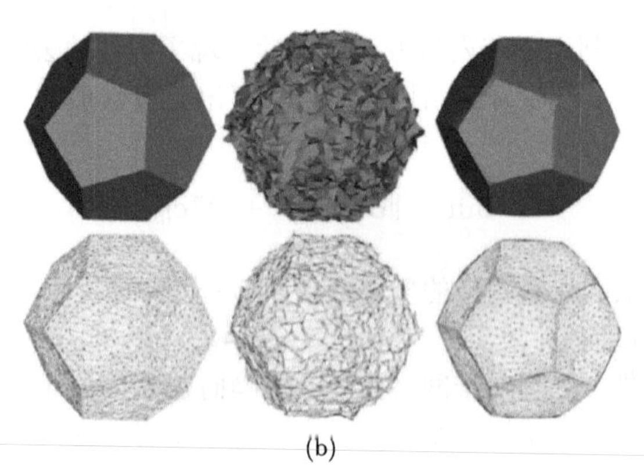

(b)

图 8.5　基于边微分算子的稀疏优化的网格去噪方法 (He et al., 2013)：(a) 边微分算子及符号；(b) 从左到右分别为初始曲面、加噪声曲面和去噪结果

8.2.3　基于基函数稀疏选择的曲面重建

在曲面拟合中，曲面的尖锐特征一般难以用光滑的基函数来表达。Wang 等 (2016b) 提出一种方法，将有限元方法用到的不光滑基函数以及多项式基函数共同构成冗余的原子函数字典，并引入到曲面拟合中；通过基函数的稀疏选择优化，可以拟合出带有尖锐特征（包括褶皱、尖点等）的曲面（如图 8.6所示）。

为了拟合封闭曲面，该方法进一步通过流形曲面的构造方法，利用冗余的原子函数稀疏表达出局部的几何，并同时考虑全局优化以保证重叠区域的兼容性，从而由任意给定的曲线网络重建出流形曲面。

8.2.4　基于稀疏正则化的形状匹配

形状匹配的目的是在源点集和目标点集之间建立对应关系，刚性配准是一种基本的形状匹配，其目的是在有噪声和异常值的情况下，在两个数据集之间建立刚体变换。迭代最近点法（Iterative Closest Point，ICP）是一种解决刚性配准的经典算法，它在源和目标点集之间做最近邻查找来得到对应关系：

$$\min_{\boldsymbol{R},\boldsymbol{T}} \int_{\mathcal{X}} F(\boldsymbol{R}\boldsymbol{x}+\boldsymbol{T},\mathcal{Y})\mathrm{d}\boldsymbol{x} + I_{\mathrm{SO}(3)}(\boldsymbol{R})$$

式中，$\mathcal{X}$ 和 $\mathcal{Y}$ 分别代表源曲面和目标曲面，$\boldsymbol{R}$ 和 $\boldsymbol{T}$ 分别代表旋转矩阵和平移向量，F 用来度量点 $\boldsymbol{x}$ 经过旋转和平移后与曲面 $\mathcal{Y}$ 之间的距离，通常可

选择 $F(\boldsymbol{u},\mathcal{Y})=\min_{\boldsymbol{y}\in\mathcal{Y}}\|\boldsymbol{u}-\boldsymbol{y}\|_2^p$，一般来说，$0<p<1$ 时的结果比 $p=1$ 时的结果更稀疏，用户可根据实际需求，确定相应的参数 p。$I_{\mathrm{SO}(3)}(\boldsymbol{R})$ 是指标函数，用来约束 $\boldsymbol{R}$ 为三维旋转矩阵，即当 $\boldsymbol{R}\in\mathrm{SO}(3)$，$I_{\mathrm{SO}(3)}(\boldsymbol{R})=0$，否则 $I_{\mathrm{SO}(3)}(\boldsymbol{R})=+\infty$。

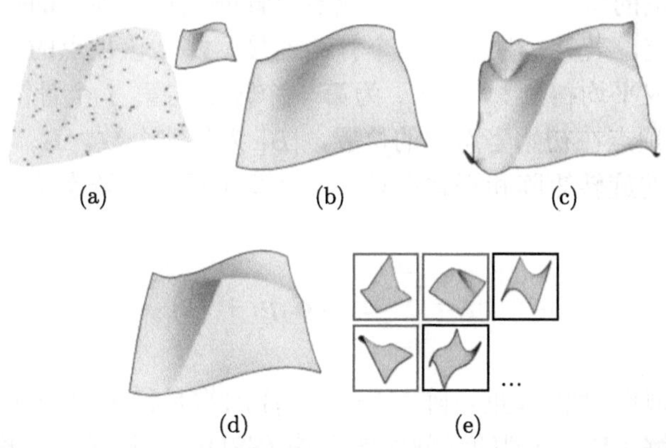

图 8.6　基于基函数稀疏选择的曲面拟合：(a) 原始曲面及采样点；(b) 用低阶的多项式基函数拟合的结果（欠拟合）；(c) 用高阶的多项式基函数拟合的结果（过拟合）；(d) 通过基函数稀疏选择的拟合结果，能够很好地拟合尖锐特征；(e) 字典基函数，包括不光滑基函数及光滑的多项式基函数，红色框所表达的基函数是被选择出来表达 (d) 中的曲面的基函数

8.2.5　基于稀疏正则化的曲面变形

与全局形变算法相比，有局部约束的曲面形变可以在一定程度上保证部分区域按照给定的方式进行形变。Deng 等 (2013) 采用 $\ell_{2,1}$ 范数定义了如下的优化函数：

$$\begin{aligned}\min_{\boldsymbol{d}}\quad & \frac{w_h}{2}\sum_{i\in\Gamma}\|\boldsymbol{d}_i-\widetilde{\boldsymbol{d}}_i\|_2^2+\frac{w_s}{2}\sum_{i\notin\Gamma}\|\boldsymbol{d}_i\|_2+\frac{w_f}{2}\|\boldsymbol{L}\boldsymbol{d}\|_2^2\\ \text{s.t.}\quad & E_j(\boldsymbol{p}^0+\boldsymbol{d})=0,\ 1\leqslant j\leqslant m\end{aligned}$$

式中，Γ 为用户交互的顶点集合，$\widetilde{\boldsymbol{d}}_i(i\in\Gamma)$ 为第 i 个顶点的目标偏移，$\boldsymbol{d}_i$ 为第 i 个顶点的结果偏移，$\boldsymbol{d}=[\boldsymbol{d}_1^\top,\boldsymbol{d}_2^\top,\cdots]^\top$；$\boldsymbol{p}^0$ 表示初始网格的位置向量，E_j 表示顶点须满足的约束，$\boldsymbol{L}$ 为网格的光滑算子，一般取为 Laplace-Beltrami 算子；第一项是编辑顶点的拟合项，第二项是保证稀疏的正则化

项（$\|\boldsymbol{d}\|_{2,1}=\sum_i\|\boldsymbol{d}_i\|_2$），第三项是保证目标网格光滑性。

8.2.6 基于字典学习的混合蒙皮

线性混合蒙皮技术 (LBS) 通过关联顶点和骨骼位姿达到操控网格变形的目的。蒙皮的每个顶点都与一个或多个骨骼连接，顶点的位置由骨骼的运动姿态决定，若某个顶点与多个骨骼连接，那么该顶点的位置由与它连接的骨骼加权平均得到。记 $w_{i,j}$ 为第 i 个顶点与第 j 个骨骼之间的权重，p_i 为第 i 个顶点在初始姿态中的位置，$|B|$ 为骨骼个数，$\boldsymbol{R}_j$ 和 $\boldsymbol{T}_j$ 分别为第 j 个骨骼的旋转矩阵和平移向量，那么变形后当前姿态第 i 个顶点的位置可以表示为：

$$\boldsymbol{x}_i=\sum_{j=1}^{|B|}w_{i,j}(\boldsymbol{R}_j\boldsymbol{p}_i+\boldsymbol{T}_j)$$

注意到顶点-骨骼权重矩阵 $\boldsymbol{W}=(w_{i,j})$ 通常是稀疏的，Le 等 (2012) 介绍了一种求解 LBS 模型的逆问题的算法 (SSDR)。假设一个模型有 $|k|$ 个姿态，每个姿态有 $|X|$ 个顶点，即已知 $\{\boldsymbol{x}_i^k|k=1,\cdots,|k|;i=1,\cdots,|X|\}$，目标是求解出骨骼的刚体变换矩阵 $(\boldsymbol{R}_j^k,\boldsymbol{T}_j^k)$ 以及顶点-骨骼权重矩阵 $\boldsymbol{W}$：

$$\begin{aligned}\min_{\boldsymbol{W},\boldsymbol{R},\boldsymbol{T}}\quad&\sum_{k=1}^{|k|}\sum_{i=1}^{|X|}||\boldsymbol{x}_i^k-\sum_{j=1}^{|B|}w_{i,j}(\boldsymbol{R}_j^k\boldsymbol{p}_i+\boldsymbol{T}_j^k)||^2\\ \text{s.t.}\quad&\|\{w_{i,j}:w_{i,j}\neq 0\}\|_0\leqslant|k|\end{aligned}$$

由于权重矩阵的稀疏性，SSDR 算法可以用来解决传统的蒙皮分解问题，例如动画序列网格压缩。当然，它也限制了与顶点相连接的骨骼（或控制点）个数，有时会影响形变效果的丰富度。

8.2.7 基于字典学习的曲面重建

这里的曲面重建是指将一个稠密的点集作为输入，并输出一个可以逼近原始曲面的三角形网格（顶点数目给定）。如图 8.7所示，给定一个从曲面 S 中采样得到的点集 $P=\{\boldsymbol{p}_1,\boldsymbol{p}_2,\cdots,\boldsymbol{p}_n\}$（蓝色），我们的目标是找到一个尽可能逼近 S 的三角形网格 $\mathcal{M}=\{\mathcal{V},\mathcal{F}\}$，式中 $\mathcal{V}=\{\boldsymbol{v}_1,\boldsymbol{v}_2,\cdots,\boldsymbol{v}_m\}$（红色）是重新采样的顶点集，$\mathcal{F}$ 是重建的三角形集合（绿色）。

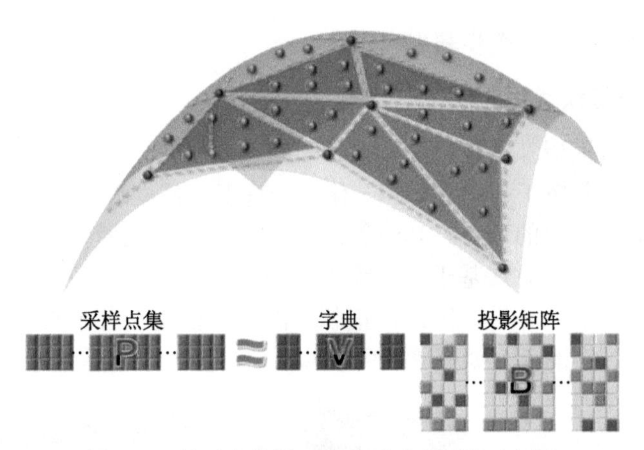

图 8.7 基于字典学习的曲面重建问题示意图

Xiong 等 (2014) 巧妙地将上述曲面重建问题建模为一个字典学习问题，重建网格的顶点表达为原始点云的字典。具体地，为了衡量输入 P 与输出 $\mathcal{M}$ 之间的误差，考虑点 $\boldsymbol{p}_i$ 到三角形 $f=\triangle \boldsymbol{v}_r\boldsymbol{v}_s\boldsymbol{v}_t$ 的距离：

$$d(\boldsymbol{p}_i, f)=||\boldsymbol{p}_i-\widetilde{\boldsymbol{p}}_i||=\min_{\alpha+\beta+\gamma=1,\alpha,\beta,\gamma\geqslant 0}||\boldsymbol{p}_i-(\alpha\boldsymbol{v}_r+\beta\boldsymbol{v}_s+\gamma\boldsymbol{v}_t)||$$

式中，$\widetilde{\boldsymbol{p}}_i$ 为 $\boldsymbol{p}_i$ 投影到 f 的垂足，若将其看作为 $\mathcal{V}$ 的顶点的线性组合，其稀疏度不高于 3。因此，重建的优化方程可表示为：

$$\begin{aligned}\min_{\boldsymbol{B},\boldsymbol{V}}\quad & \frac{1}{n}\sum_{i=1}^{n}||\boldsymbol{p}_i-\boldsymbol{V}\boldsymbol{b}_i||_2^q+E_{\text{reg}},\\ \text{s.t.}\quad & ||\boldsymbol{b}_i||_0\leqslant 3,\ \ ||\boldsymbol{b}_i||_1=1,\ \ \boldsymbol{b}_i\geqslant 0,\ \forall i\end{aligned}$$

式中，第一项用于衡量重建误差，第二项是用于衡量重建网格质量的正则项，顶点字典矩阵 $\boldsymbol{V}=[\boldsymbol{v}_1,\boldsymbol{v}_2,\cdots,\boldsymbol{v}_m]\in\mathbb{R}^{3\times m}$，稀疏编码矩阵 $\boldsymbol{B}=[\boldsymbol{b}_1,\boldsymbol{b}_2,\cdots,\boldsymbol{b}_n]\in\mathbb{R}^{m\times n}$ 表示重建网格的三角形顶点在 $\boldsymbol{V}$ 中的组合系数，正则项具体定义如下：

$$E_{\text{reg}}=\omega_e\frac{1}{l}\sum_{i=1}^{l}\|\boldsymbol{e}_i\|_2^2+\omega_n\frac{1}{3n}\sum_{i=1}^{n}\sum_{e_j\in f}(\boldsymbol{n}_{p_i}\cdot\boldsymbol{e}_j)^2$$

式中，$\boldsymbol{e}_i$ 为 f 的边，l 是网格的边数，三角形面片 f 为采样点 $\boldsymbol{p}_i$ 所对应的最近距离的三角形面片，ω_e 和 ω_n 是加权系数。该优化问题可交替迭代稀疏编码和字典更新两个步骤来求解。

8.2.8 基于低秩优化的模型正朝向

许多人造模型都具有符合人类感知的正立朝向。对于给定的三维模型，找到其正朝向并按正朝向进行归一化对于许多几何处理应用（比如匹配、检索等）是非常重要的环节。Jin 等 (2012) 提出一种无监督的人造模型正朝向的确定方法。该方法基于一个简单的观察：即人造模型在平行于坐标轴方向具有较多的对称性。因此，正朝向的三维模型在各个坐标平面的投影图像应具有更小的秩（如图 8.8 所示）。

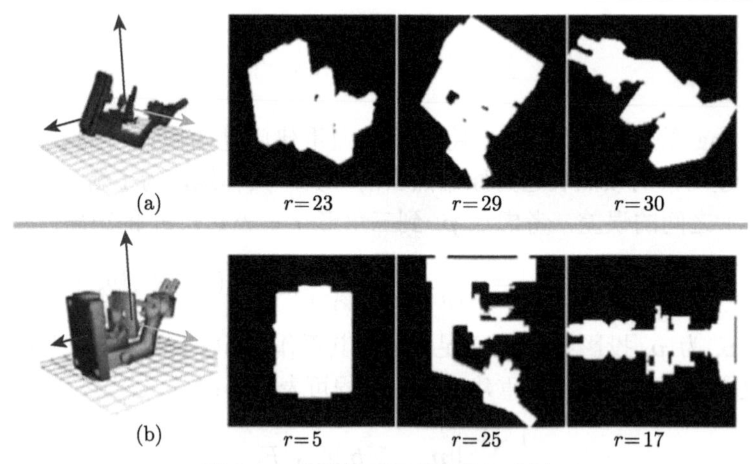

图 8.8 模型沿不同方向的投影图

算法先任取一个朝向，将模型在 x-y 平面的投影二值化，得到一个二维矩阵 $\boldsymbol{M}$；然后求解一个旋转矩阵 $\boldsymbol{R}$，使得 $\boldsymbol{MR}=\boldsymbol{L}+\boldsymbol{S}$，式中 $\boldsymbol{L}$ 为低秩矩阵，$\boldsymbol{S}$ 为误差矩阵。对模型在其余 5 个平面上的投影做同样的操作，最终可以得到 6 个最优解，再从这 6 个朝向中选取最优的一个作为模型的正朝向。该方法也可以推广为三维张量（将模型的体素表达看成三维张量）的低秩优化方法。

8.2.9 基于低秩优化的点云法向估计

法向估计是三维几何重建的关键环节。Zhang 等 (2013) 提出了一种基于低秩优化的点云法向估计方法。对于一个带噪声的输入点云 $P=\{p_i\}_{i=1}^n$，该方法首先通过对顶点邻域的协方差分析检测得到一些特征点，并为每个特征点选取一个较大的邻域。然后，将这些较大的邻域分割成多个各向同性的子邻域，并利用低秩子空间聚类方法进行优化分割。最后，由分割得到的各向同性的子邻域即可准确地估计出点云的法向。

总之，稀疏学习与压缩感知在点云处理、形变控制、形状匹配、去噪光顺、形状分割等几何处理问题中得到了深入的研究和应用，其优秀的特征保持能力和鲁棒的噪声处理能力得到了各领域研究者的广泛关注。当然，目前的有关研究工作仍然有很大的改进空间，例如稀疏信息的变换、变换算子的选择、字典的选择以及稀疏优化的复杂度求解等，这些都值得进一步的研究。

8.3 机器学习基础

机器学习是实现人工智能的一类重要方法，致力于让机器拥有自主学习和处理问题的能力，不依赖明确且固定的人为设计。20 世纪中叶，学者们通过对人类中枢神经系统的观察，提出了人工神经网络概念，进而借助感知机和反向传播算法，用简单的加减法实现了两层的计算机学习网络。但由于当时的计算机无法进行大型网络计算或者耗时极长，神经网络研究受阻，发展缓慢。20 世纪 90 年代以来，多层感知机 (Multi-layer Perception，MLP)、贝叶斯网络、支持向量机 (Support Vector Machine，SVM) 等模型相继涌现，不断推动着机器学习理论的发展，尤其是大规模计算存储能力的提升，使得深度神经网络的学习机制成为现实，催生了智能技术的普及应用。

本节将重点介绍机器学习的基本原理和基于机器学习的几何处理方法。

8.3.1 机器学习任务

当给定一些数据样本，机器学习的任务是指导系统如何处理这些样本以达到我们期望的目标。例如，我们有 10 张大小为 256×256 的橘子和苹果的图片，希望系统自动地学习并区分出它们，那么机器学习的任务便是学习一个从 256×256 的图片到类别标量的“映射”(或“函数”)。不难发现，对这个分类任务来说，图片中的很多像素是冗余的，例如背景的颜色对目标的判断几乎没有帮助，所以首先需要从 256×256 的像素空间提取一个可以本征表示类别的特征向量，通常这个向量会比原始数据维度低很多，我们把这些特征向量组成的空间叫作特征空间或隐空间 (Latent Space)，然后再得到一个从特征向量到类别的函数。传统的 SIFT、HOG 等特征提取方法，都是利用人工设计预定义好的规则去提取特征，当样本量较少、背景相对简单时（小样本的干净数据）可以很好地拟合数据并做判断。但随着样本的增多，比如从成百万上千万的真实图像数据中区分出橘子和苹果，便很难通过人为定义的特征来解决，因为我们无法考虑到每一种情况下的像素值对类别特征的影响，这时便需要机器学习。

机器学习尝试从海量数据中提取适合目标（任务）的特征，通过反向传播的方法不断修改“映射”和特征空间以满足数据规律。我们一般把这些任务分为三类：回归问题、分类问题和聚类问题。

回归问题属于监督式学习。给定样本，分析和求解应变量与自变量的映射关系，输出是连续值。例如，根据前一周的天气情况，预测明天下雨的概率。

分类问题属于监督式学习。分类问题可以看成输出是离散值的回归问题。给定样本及其类别，判断一个新的样本属于哪种已知样本类。例如，图 8.9展示了橘子和苹果的图片判断。

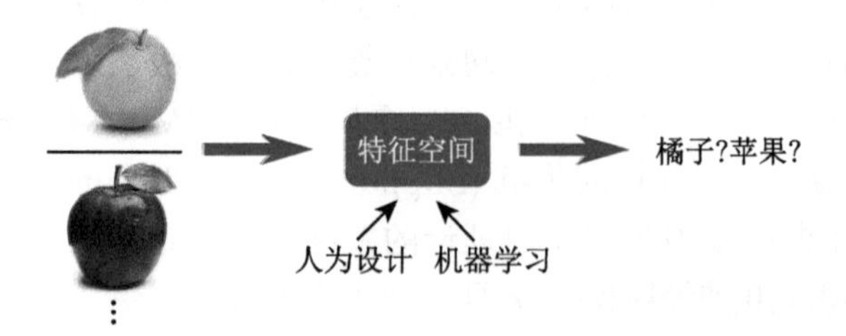

图 8.9　分类问题

聚类问题属于非监督式学习。给定样本，把相似的样本聚为一类，从而分成不同的组别或子集。相对于分类问题，这类问题不知道样本的真实类别，仅通过提取它们的特征并分析其相似性来判断，输出也是离散的类别集。例如，班级拍集体照，要求站成三排，每排身高相近。

8.3.2　机器学习模型

给定学习任务后，需要选择不同的模型，这相当于定义“函数”空间。机器学习本质上就是通过数据分析不断优化选择最优的函数组合，从而得到从输入到输出的“映射”。总体来说，机器学习模型可分为线性和非线性模型。根据是否使用样本标签，又可分为有监督模型、无监督模型和半监督模型。此外，如果没有样本的具体标签，只拥有结果的评价准则，通过不断反馈调整获得更高的评价或得分，我们把这类模型称为强化学习模型。

如果一个目标函数 y 可以表示成变量 $\boldsymbol{x}=(x_1,x_2,\cdots,x_n)$ 的线性组合形式，我们称这样的模型为线性模型，其表达形式如下：

$$y=f(\boldsymbol{x})=w_1x_1+w_2x_2+\cdots+w_dx_d+b$$

或向量形式：

$$y=f(\boldsymbol{x})=\boldsymbol{w}^\top\boldsymbol{x}+b$$

式中，b 为偏置单元，$\boldsymbol{w}=(w_1,w_2,\cdots,w_n)$ 为权重系数向量。

相对地，如果目标函数 y 与变量 $x_i(i=1,2,\cdots,n)$ 之间不是线性关系，比如 $n=2$，$y=f(\boldsymbol{x})=w_1x_1^2+\mathrm{e}^{w_2x_2}$，我们称这样的模型为非线性模型。深度学习就是典型的非线性学习，它使用了大量的非线性激活函数。

有监督模型根据已有经验知识对未知样本的目标进行预测，通常需要要求训练样本带有标签（即已知样本的目标），常见的例子如图片分类问题，需要先从海量带有标签的数据中学习得到特征规律，进而预测一张新图片的类别。

无监督模型则在不知道样本标签的前提下，直接对样本数据进行分析，从而了解其内部特征结构。常见的聚类分析模型大多是无监督的，如 K-means 算法。

利用少量标注样本对大量未标注样本进行分析的模型，称为半监督模型。从概率学习的角度来说，半监督学习可理解为研究如何利用训练样本的输入边缘概率 $P(x)$ 与条件输出概率 $P(y|x)$ 之间的联系来设计良好性能的分类器。常见的模型有图推理算法、支持向量机等。

不同于监督模型，强化学习的输入数据并没有标签，而是一种检查模型对错的评价标准。执行时，模型参数根据评价做出相应调整，不断优化。最著名的例子便是 AlphaGo 系统，给定围棋的落子规则及输赢标准，通过几十天的学习不断优化获得能够取胜的落子策略，便战胜了对围棋有着数千年研究历史的人类。

8.3.3 机器学习方法

在明确了问题，分析完任务，确定好模型后，便要选择具体的计算方法，即搭建怎样的网络，如何定义误差函数，如何利用梯度反馈不断优化网络参数以使误差达到最小。这里简单介绍三种基本网络结构。

多层感知机 (MLP) 是一种前向结构的人工神经网络 (Artificial Neural Network, ANN)，映射一组输入向量到一组输出向量，包含输入层、隐藏层（简称隐层）和输出层，最简单的 MLP 只含有一个隐层（如图 8.10(a) 所示），层与层之间是全连接的 (Fully Connection, FC)，即上一层的每个节点作为输入传输到下一层的每个节点，辅以权重，计算输出。感知器是感知机的基本处理单元，它具有输入、输出功能，其中每个输入关联一个连接权重，而输出则是输入的加权和。除了输入节点外，每个节点都是一个带有非线性激活函数的神经元，b 为偏置，f 为非线性的激活函数（如图 8.10(b) 所示）。

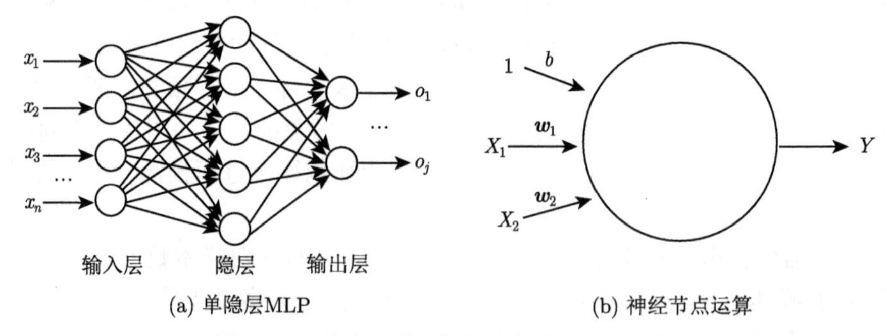

(a) 单隐层MLP (b) 神经节点运算

图 8.10 单隐层感知机与单个神经节点运算

常用的激活函数包括：

(1) Sigmoid 函数：$\sigma(x) = 1/(1 + \exp(-x))$。

(2) Tanh 函数：$f(x) = 2\sigma(2x) - 1$。

(3) ReLU 函数：$f(x) = \max(0, x)$。

不同的激活函数其值域和性质各不相同，需根据具体问题进行选择。通常我们用基于监督的反向传播算法来训练 MLP，求解参数为网络的所有权重和偏置。MLP 在网络框架上几乎适用于各种问题，但网络规模过大容易过拟合，有时在训练集上表现很好，但在测试集上效果较差。

递归神经网络通过反复使用某个操作（或函数），一定程度上减少了参数量，如图 8.11(a) 所示，各隐层间的参数都是相同的。通常它包含两种人工神经网络：循环神经网络 (Recurrent Neural Network, RNN) 和递归神经网络 (Recursive Neural Network)。循环神经网络的神经元直接相互连接构成矩阵，而递归神经网络则利用相似的神经网络结构递归构造更为复杂的深度网络。一般来说，RNN 主要用于处理序列数据，如文本、语音、视频等。这类数据的样本间存在顺序关系，每个样本与其之前的样本存在关联。例如在文本中，一个词和它前面的词是有关联的；又如在气象数据中，一天的气温和前几天的气温是有关联的，等等。RNN 可以很好地利用这些关联信息，并优化目标结果。

根据隐层 $\boldsymbol{h}_t$ 接受的是前一时刻隐层 $\boldsymbol{h}_{t-1}$ 还是前一时刻输出 $\boldsymbol{y}_{t-1}$，分别有 Elman 网络和 Jordan 网络两种普通 RNN 网络。在 Elman 网络中，取：

$$\begin{aligned}\boldsymbol{h}_t &= \sigma_h(\boldsymbol{W}_h\boldsymbol{x}_t + \boldsymbol{U}_h\boldsymbol{h}_{t-1} + \boldsymbol{b}_h)\\ \boldsymbol{y}_t &= \sigma_y(\boldsymbol{W}_h\boldsymbol{h}_t + \boldsymbol{b}_y)\end{aligned}$$

而在 Jordan 网络中，则取：

$$\begin{aligned}\boldsymbol{h}_t &= \sigma_h(\boldsymbol{W}_h\boldsymbol{x}_t + \boldsymbol{U}_h\boldsymbol{y}_{t-1} + \boldsymbol{b}_h)\\ \boldsymbol{y}_t &= \sigma_y(\boldsymbol{W}_h\boldsymbol{h}_t + \boldsymbol{b}_y)\end{aligned}$$

式中，$\boldsymbol{x}_t$ 为输入向量，$\boldsymbol{h}_t$ 为隐层向量，$\boldsymbol{y}_t$ 为输出向量，$\boldsymbol{W}$、$\boldsymbol{U}$、$\boldsymbol{b}$ 为参数矩阵和偏置向量，σ_h 和 σ_y 为激活函数。图 8.11(a) 展示了 Elman 网络结构。

在实际应用中，普通 RNN 很难训练，主要原因在于误差传播在展开后的 RNN 上（无论在前向传播还是反向传播过程中）其隐藏参数都需乘上多次，容易引发梯度爆炸或梯度消失，导致训练失败。针对梯度爆炸问题，一般采取截断梯度或者直接把梯度缩放到固定区间来更新参数。为了避免梯度消失问题，学者们提出了两种改进网络：LSTM (Long Short-Term Memory) 和 GRU (Gated Recurrent Unit)。

注意到，梯度消失问题使得普通 RNN 对长关系依赖的建模能力不够强，即长久之前的输入，对当前网络计算影响很小，同样在反向传播时当前的结果也很难影响很早之前的输入。为此，通过修改基本结构，LSTM 模

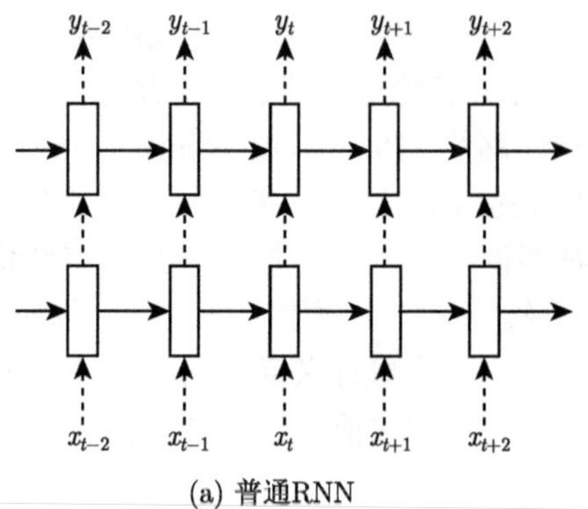

(a) 普通RNN

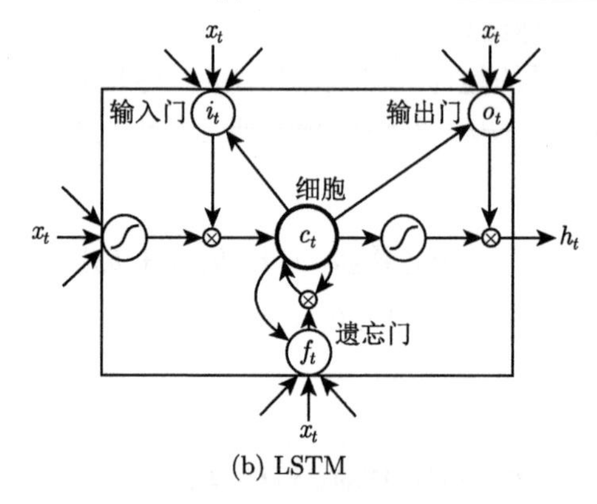

(b) LSTM

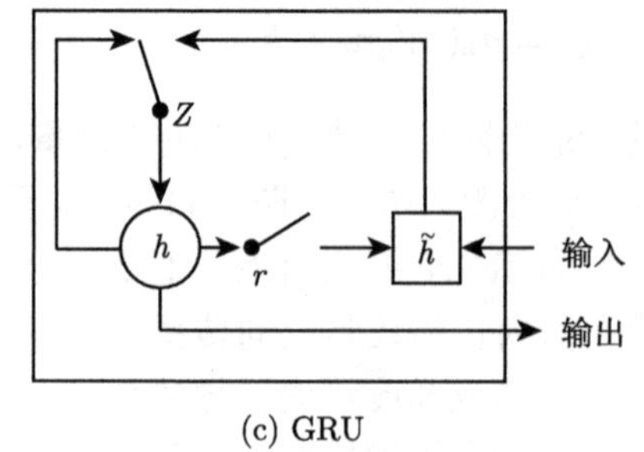

(c) GRU

图 8.11　递归神经网络

型建立一些门 (Gate) 来让网络记住那些重要的信息，防止丢失。其结构如图 8.11(b) 所示，计算公式如下：

$$\boldsymbol{f}_t = \sigma_g(\boldsymbol{W}_f\boldsymbol{x}_t + \boldsymbol{U}_f\boldsymbol{h}_{t-1} + \boldsymbol{b}_f)$$

$$
\begin{aligned}
\boldsymbol{i}_t &= \sigma_g(\boldsymbol{W}_i\boldsymbol{x}_t + \boldsymbol{U}_i\boldsymbol{h}_{t-1} + \boldsymbol{b}_i) \\
\boldsymbol{o}_t &= \sigma_g(\boldsymbol{W}_o\boldsymbol{x}_t + \boldsymbol{U}_o\boldsymbol{h}_{t-1} + \boldsymbol{b}_o) \\
\boldsymbol{c}_t &= \boldsymbol{f}_t \circ \boldsymbol{c}_{t-1} + \boldsymbol{i}_t \circ \sigma_c(\boldsymbol{W}_c\boldsymbol{x}_t + \boldsymbol{U}_c\boldsymbol{h}_{t-1} + \boldsymbol{b}_c) \\
\boldsymbol{h}_t &= \boldsymbol{o}_t \circ \sigma_h(\boldsymbol{c}_t)
\end{aligned}
$$

式中，$\boldsymbol{f}_t$ 为遗忘门 (Forget Gate)，$\boldsymbol{i}_t$ 为输入门 (Input Gate)，$\boldsymbol{o}_t$ 为输出门 (Output Gate)，它们的输入都是 $[\boldsymbol{x}_t, \boldsymbol{h}_{t-1}]$，只是参数不同，经过激活函数 σ_g（通常为 Sigmoid 函数）把值缩放到 $[0,1]$ 区间，1 表示完全保留该信息，而 0 表示完全丢弃；$\boldsymbol{c}_t$ 表示 t 时刻单元状态 (Cell State)，受上一时刻的状态 $\boldsymbol{c}_{t-1}$ 与输入 $[\boldsymbol{x}_t, \boldsymbol{h}_{t-1}]$ 的影响，并由遗忘门和输入门分别控制；$\boldsymbol{h}_t$ 对应 LSTM 的隐层。当遗忘门 $\boldsymbol{f}_t$ 取为 0 时，表示上一时刻的状态将会被遗忘，只关注当前的状态，而输入门 $\boldsymbol{i}_t$ 决定是否接受当前的输入，最后的输出门 $\boldsymbol{o}_t$ 决定是否输出单元状态。如果我们总是把遗忘门的值置为 0，输入门和输出门的值设为 1，这样 LSTM 就变成了普通 RNN。

如前所述，LSTM 的当前单元状态由遗忘门和输入门决定，分别控制是否遗忘前面时刻的特征以及是否接受当前输入，GRU 模型则将这两个门合二为一，结构上更加精简（如图 8.11(c) 所示），其计算公式如下：

$$
\begin{aligned}
\boldsymbol{z}_t &= \sigma(\boldsymbol{W}_z\boldsymbol{x}_t + \boldsymbol{U}_z\boldsymbol{h}_{t-1}) \\
\boldsymbol{r}_t &= \sigma(\boldsymbol{W}_r\boldsymbol{x}_t + \boldsymbol{U}_r\boldsymbol{h}_{t-1}) \\
\widetilde{\boldsymbol{h}}_t &= \tanh(\boldsymbol{W}\boldsymbol{x}_t + \boldsymbol{r}_t \circ (\boldsymbol{U}\boldsymbol{h}_{t-1})) \\
\boldsymbol{h}_t &= (1 - \boldsymbol{z}_t) \circ \boldsymbol{h}_{t-1} + \boldsymbol{z}_t \circ \widetilde{\boldsymbol{h}}_t
\end{aligned}
$$

式中，$\boldsymbol{z}_t$，$\boldsymbol{r}_t$ 分别为更新门 (Update Gate) 和重置门 (Reset Gate)；$\widetilde{\boldsymbol{h}}_t$ 为候选隐层 (Candidate Hidden Layer)，用 $\boldsymbol{r}_t$ 来控制需要保留多少之前的信息，若其值为 0，则表示完全丢弃之前的信息，而 $\boldsymbol{z}_t$ 则控制需要从前一时刻隐层中遗忘多少信息，又需要加入多少当前时刻候选隐层信息，从而获得当前时刻真实隐层信息。与 LSTM 不同，GRU 没有输出门，而用对立的当前候选隐层信息与之前时刻信息来确定最终的隐层信息。

无论是 LSTM 模型还是 GRU 模型，都利用一些门操作（前者通过遗忘门和输入门，后者使用更新门）来决定是否保留前面时刻信息以及接受当前信息，从而缓解了 RNN 梯度消失带来的训练困难问题。

与 MLP 和 RNN 相比，卷积神经网络所需的参数更少，其每个神经元只响应局部（周围）区域的单元。以前面的橘子苹果图像分类为例，如果采用 MLP 网络，那么输入层将有 256×256 个神经节点，第一层隐层与其全连接，多层之后网络参数十分繁多，导致训练十分缓慢，甚至难以完成训练任务。为了克服这一参数爆炸的难题，卷积神经网络 (Convolutional Neural Network, CNN) 采用稀疏连接 (Sparse Connection) 和权值共享 (Parameter Sharing) 策略来提升学习效率。图 8.12展示了其基本的网络结构，每一个 $k \times k \times c$（c 为图片的颜色通道数）的卷积核依次遍历整张图片进行卷积运算，每个位置仅与其周围 $k \times k$ 个像素（包括自身）加权求和，且无论图片多大，同一个卷积核与之作用的参数相同，n 个卷积核的作用参数共有 $n \times k \times k \times c + n$ 个。相比全连接网络，CNN 的参数大大减少，因此其学习效率更高。实际上，卷积运算也符合图像分布规律，对每个像素来说，其值往往只受其周围像素的影响。另外，参数共享的特殊形式使得神经网络具有平移不变性。对应于神经节点，通常我们把卷积网络的隐层（卷积操作得到的图像）叫作特征图 (Feature Map)。下面将简单介绍 CNN 的两个主要操作：卷积和池化。

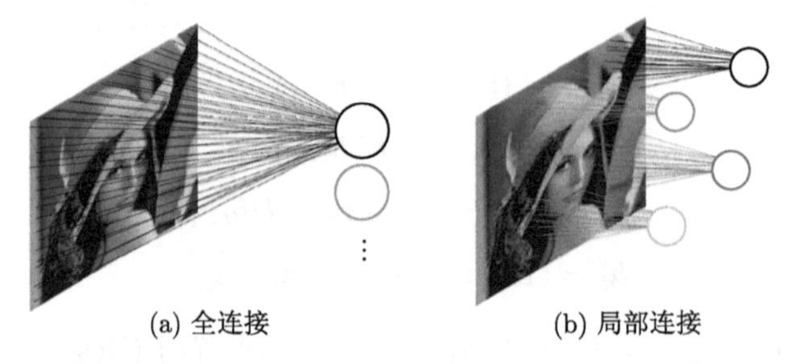

图 8.12　MLP 中的全连接与 CNN 中的局部连接

设 $f(x)$，$g(x)$ 是实数域 R 上的两个可积函数，称积分：

$$f * g = \int_{-\infty}^{+\infty} f(\tau)g(x-\tau)\,\mathrm{d}\tau$$

为 f 与 g 的卷积。二维卷积可类似地定义。在图像 I 上的二维卷积的离散形式为：

$$S(i,j) = (K * I)(i,j) = \sum_m \sum_n I(i-m, j-n)K(m,n)$$

式中，K 为卷积核。在深度学习网络中，如果图像的大小为 in，卷积核的大小为 k，填充 (Padding) 大小为 p，卷积步幅 (Stride) 为 s，则输出的特征图大小：$\text{out} = (\text{in} + 2p - k)/s + 1$。

在 CNN 中，在卷积层后通常连接池化层，一般用于下采样降维操作。即利用某一位置相邻输出的总体统计特征来代替网络在该位置的输出。常用的有最大池化 (Max Pooling)，它取相邻矩形区域内的最大值作为输出；其他的还有平均池化 (Mean Pooling)、最小池化 (Min Pooling) 等。池化函数在保留主要特征的同时可减小输出大小，降低变量的维度，因而在一定程度上能降低过拟合的概率。

如今 CNN 已经广泛应用于图像处理和理解领域，并逐渐推广应用于形状分析与处理。广义上来说，神经网络的层数大于两层的学习模型，都可以称为深度学习模型。

8.4 基于深度学习的几何处理

自 AlexNet(Krizhevsky et al., 2012) 诞生以来，以深度学习为主的机器学习方法席卷了图像处理的各个方向，但在几何处理方面发展缓慢，直到 ShapeNet (Chang et al., 2015) 提出后，才逐渐开始发展与应用。究其原因，主要有以下三个方面。

(1) 首先是拓扑结构不一致。区别于图像有着统一且均匀的拓扑结构，三维形状的表达方式多种多样，有点云、多边形网格、基元组合、体素、深度图等等，并不统一，不同的问题有不同的选择。即便是最常用的三角形网格曲面表达不同模型时，其拓扑结构并不一致。这使得传统的卷积操作无法直接应用于几何形状空间（如图 8.13所示）。

(2) 其次是维度灾难。相比二维图像，维度增加导致三维学习的数据存储和训练参数大大增加（如图 8.14所示）。随着网络越来越深，需要更多的计算消耗，训练也更为困难。如果硬件上不先行突破，几乎无法进行三维深度学习。近年来，随着高性能图形加速器 (GPU) 性能的不断提升，以及基于 GPU 的学习框架日益完善，有效缓解了这一问题。

(3) 最后是大数据要求。三维几何数据的获取比图像更加困难，通过扫描建模或软件建模构建三维模型库，需要消耗大量人力物力，十分费时，导

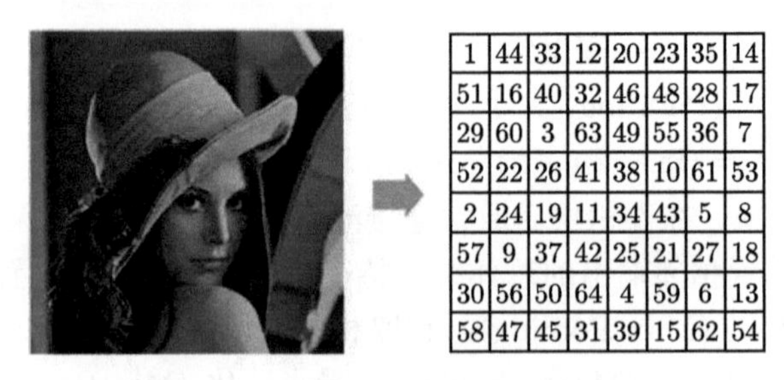

1	44	33	12	20	23	35	14
51	16	40	32	46	48	28	17
29	60	3	63	49	55	36	7
52	22	26	41	38	10	61	53
2	24	19	11	34	43	5	8
57	9	37	42	25	21	27	18
30	56	50	64	4	59	6	13
58	47	45	31	39	15	62	54

(a) 二维图像：规整拓扑结构

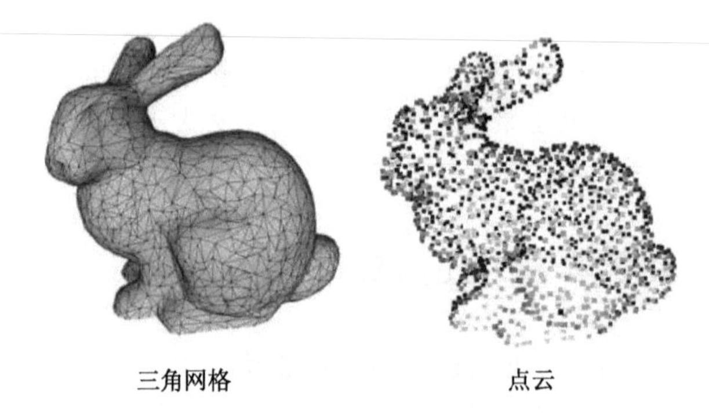

(b) 三维模型：表达多样，非规整拓扑结构

图 8.13　二维图像与三维模型在数据结构（拓扑）上的差异

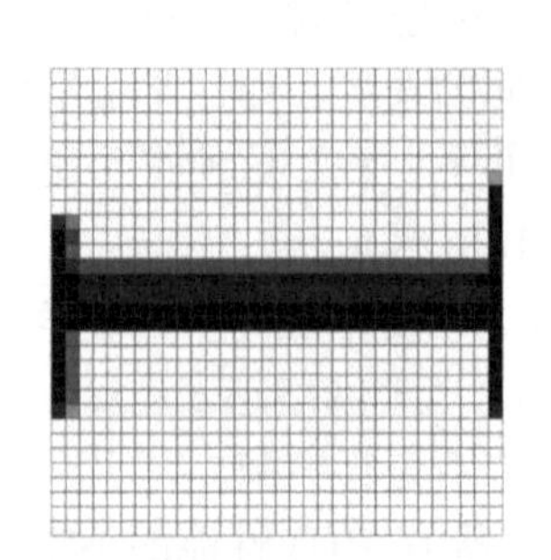

(a) 2D: 32×32＝1024

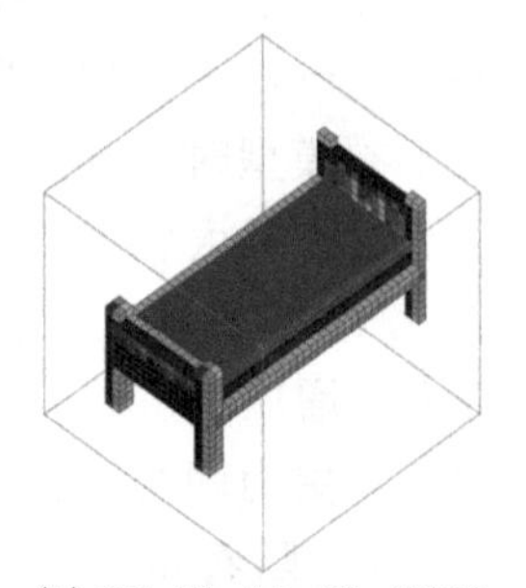

(b) 3D: 32×32×32=32768

图 8.14　二维图像与三维模型在数据存储上的差异 (Riegler et al., 2017)。以大小为 32 的灰度图像与体素模型为例，(a) 和 (b) 分别为各自表达的单元数量，维度升高大大增加了存储量

致其在量级上难以满足深度训练的要求。直到 ShapeNet 发布后，业界才拥有包含超过 300 万个、3135 类三维模型的数据库（如图 8.15所示）。尤其是这些模型大多经过人工标注和对齐处理，可直接用于深度神经网络训练。

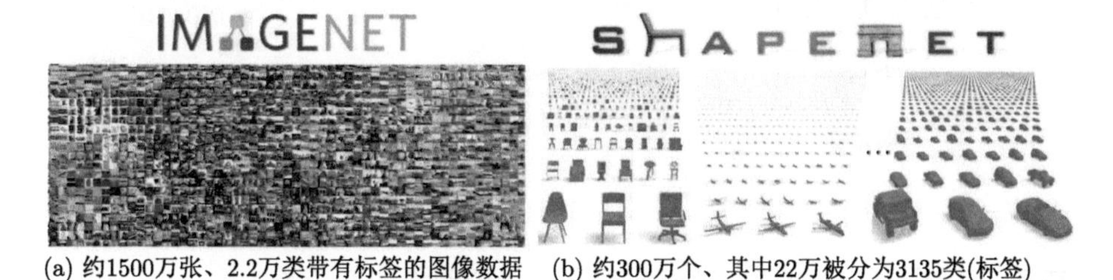

(a) 约1500万张、2.2万类带有标签的图像数据　(b) 约300万个、其中22万被分为3135类(标签)

图 8.15　二维图像数据库 ImageNet 与三维模型数据库 ShapeNet

近几年来，人们开始尝试各种方法摆脱几何学习对数据结构、数据量、高维度的束缚，逐渐将深度学习方法应用于三维形状的分类、识别、检索、分割以及建模等几何处理问题中，取得了很好的效果。下面将从三种形式分别介绍三维几何学习方法。

8.4.1　基于低级特征的三维深度学习

囿于传统卷积运算无法直接作用于三维形状，早期的尝试避开了直接以三维形状作为输入的训练，而是先从网格模型中提取一些人工特征（如 5.1.1 节中定义的形状描述子），再将这些人工特征输入到网络进行学习得到新的特征，进而实现形状分析与处理。为了区分这两类特征，我们把经过人工设计方法提取的几何特征叫作低级 (Low-level) 特征，而把经过机器学习获得的特征称为高级 (High-level) 特征（如图 8.16所示）。

下面以形状分割为例，介绍两种典型的方法，即基于栈式自编码器 (Stacked Auto Encoder, SAE) 的形状协同分割 (Shu et al., 2016) 和基于 CNN 的形状分割与标注 (Guo et al., 2015)。

传统的自编码器 (Auto Encoder, AE) 由一个编码器 (Encoder) 和解码器 (Decoder) 组成，其输入和输出相同，误差函数定义为输入输出的差异。而栈式自编码 SAE 利用逐层预训练策略，获得每层的参数。实验证明，SAE 所获得的高级特征比 AE 所获得的高级特征具有更好的效果。

Shu 等 (2016) 充分利用栈式自编码器 SAE 的特点，由曲面片的低级特

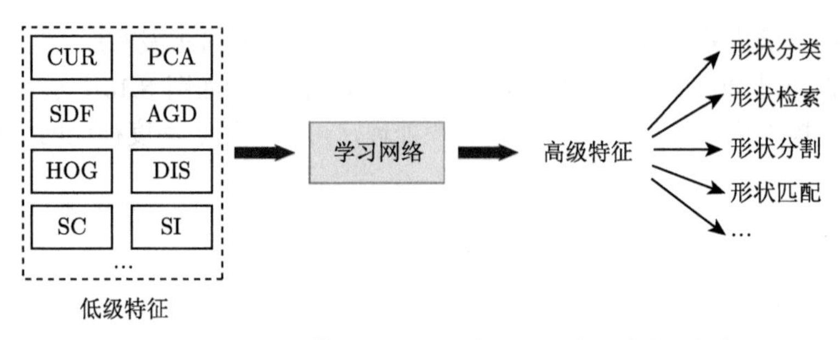

图 8.16　基于低级特征学习高级特征的三维深度学习框架

征学习得到其高级特征，进而实现高质量的网格曲面分割。图 8.17给出了整个算法的流程。首先，将网格模型分割，在每块区域提取多种低级几何特征，作为 SAE 网络的输入，学习获得每块区域的高级特征；然后联合多个网格块的特征，利用高斯混合模型 (Gaussian Mixture Model, GMM) 对网格块进行聚类分析，把性质相近的块合并到一起，最后利用图割法 (Graph Cuts) 优化结果，得到光滑的分割边界。

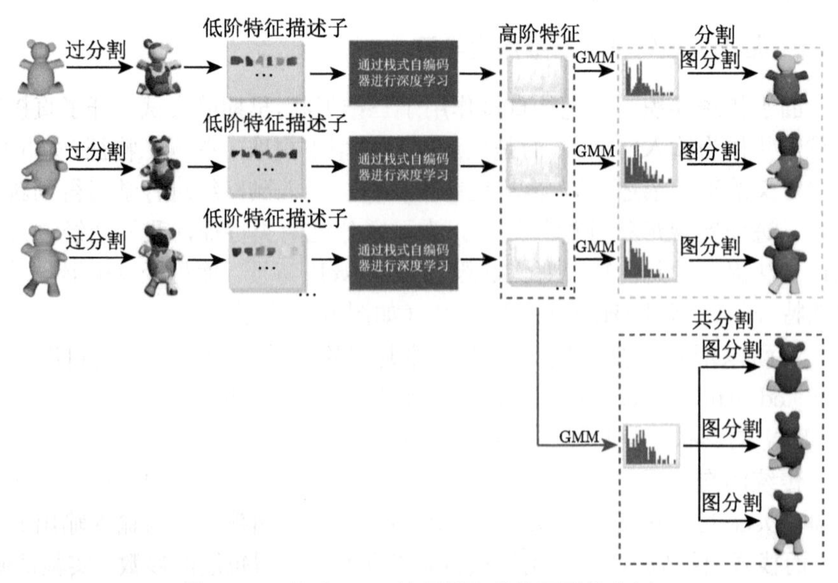

图 8.17　基于 SAE 特征提取的协同形状分割

Guo 等 (2015) 基于 CNN 网络，从三角形的低级特征抽取其高级特征，高效实现了网格模型的分割和标注。如图 8.18所示，该方法首先分别提取网格模型中每个三角形面片的若干几何特征（包括 CUR、PCA、SDF、DIS、AGD、SC、SI 等），组合成一个 600 维的特征向量，重排形成 30×20 的特征矩阵；然后，不断执行卷积操作提取特征图，并利用最大池化进行下采样，获得一个 192 维的高级特征向量；最后，通过全连接层学习从特征向量到标签向量的非线性映射。该方法把形状分割和标注问题看作多分类问题，并利用一位有效 (One-hot) 编码处理三角形面片的标签。比如该模型三角形面片的种类共有 5 种，某个三角形属于第三类，则该标签向量为 $(0, 0, 1, 0, 0)$。实验表明，低级特征的排列顺序和重新排列的矩阵形状对最终三角形面片标注的判断影响很小，仅需每个三角形面片的处理保持一致，从而有效保证了处理结果的稳定性。

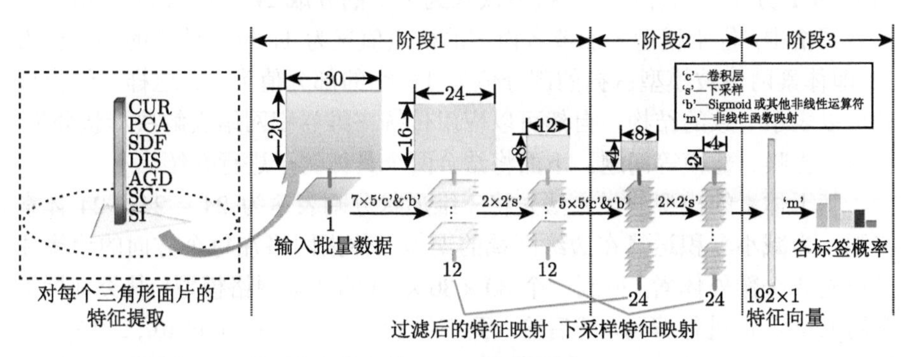

图 8.18　基于低级特征的 CNN 学习框架 (Guo et al., 2015)

8.4.2　基于欧氏空间的三维深度学习

基于低级特征的几何深度学习方法存在两大不足。一是低级特征是人工定义的，受限于传统形状分析和人工的经验；二是改变有序特征向量以满足网络输入的要求并不自然，不同的排列会改变特征矩阵及其卷积操作的结果。

一类自然的方法是将三维形状表达为规整区域的形式，使之能够直接适用于传统的 CNN 网络。该方案建立在欧氏空间的基础上，通过改变网格模型的形态（本质上改变数据分布空间），以适应传统 MLP 或 CNN 对规整拓扑的要求，我们称之为基于欧氏空间的深度学习方法或非本征方法

(Bronstein et al., 2017)（如图 8.19所示）。具体地，本小节将分别介绍体素 (Voxel)、多视角图像 (Multi-view Image)、几何图像 (Geometry Image)、点云 (Point Cloud) 和基元组合 (Primitive Assembly) 等代表性方法。

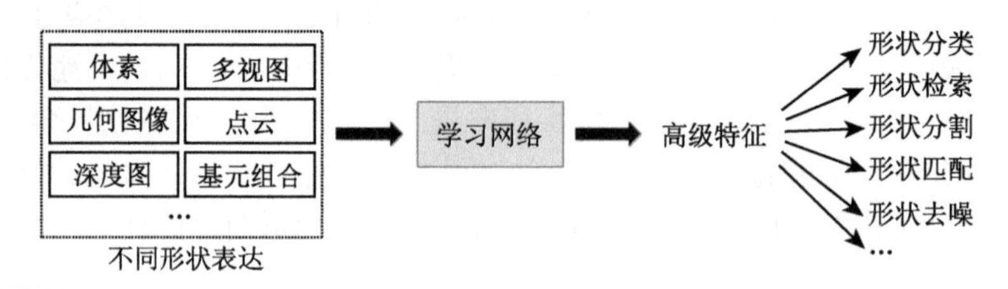

图 8.19　基于欧氏空间的深度学习框架（非本征方法）

类比于图片的像素表示，三维几何模型可以离散表示为三维体素网格的 0 和 1 分布。具体地，将模型嵌入到一个剖分成 $N \times N \times N$ 个格点的体素网格中，位于模型表面或者内部的格点值置为 1，位于外部的格点值为 0，即体素网格被模型占据的部分值为 1，空的部分值为 0。这样三维模型就可以表示一致的结构，自然可以应用传统三维卷积网络去解决形状分类、检索、去噪、建模等问题。下面将结合两个具体例子进行介绍。

基于体素的模型分类方法先将三维形状分割表达为 $24 \times 24 \times 24$ 体素模型，为减小卷积运算在边缘区域的误差，体素网格在每个方向的边缘往外填充 3 个额外体素，得到一个 $30 \times 30 \times 30$ 的体素网格模型，其类别标签利用 One-hot 进行编码，然后输入到三维卷积网络中 (Wu et al., 2015)。如图 8.20(a) 所示，它包含 3 个卷积层，每层卷积核的数量、大小、步长、填充大小分别为 $(48, 6, 2, 0)$，$(160, 5, 2, 0)$，$(512, 4, 1, 0)$，输出为 512 维 $2 \times 2 \times 2$ 的特征，再做 3 次全连接，全连接层的节点数分别为 1200、4000、10，从而获得类别向量，通过指数归一化 (Softmax) 得到类别标签。

一般形状识别或分类问题，只需要利用卷积操作提取高级特征，接入全连接层来确定形状类别。而对于模型去噪问题，需要增加额外的解码器由高级特征恢复出原模型 (Sharma et al., 2016)（如图 8.20(b) 所示）。值得注意的是，去噪（重建原模型）的目标可定义为 $30 \times 30 \times 30$ 的体素格点的二值分类问题，1 表示该格点属于模型，0 表示格点区域为空，如此便可用 Softmax 函数分别计算误差。通过学习，使体素噪声在编码器（卷积操作）中被当作无关特征逐渐抹去，以期在高级特征中不含噪声信息，如此经解码恢复的体素模型将更加光滑，从而达到去噪的目的。

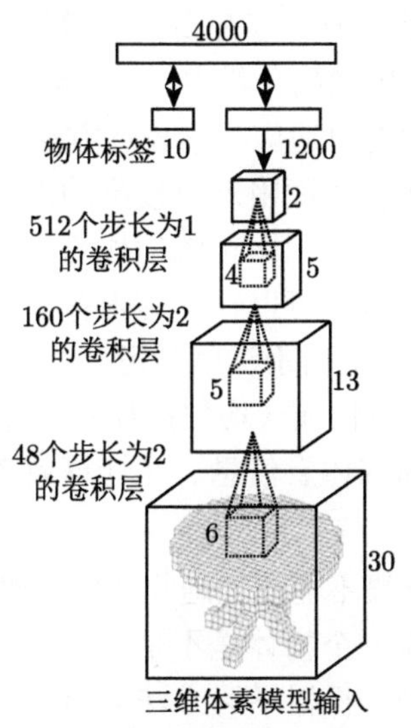

(a) 基于体素的模型分类 (Wu et al., 2015)

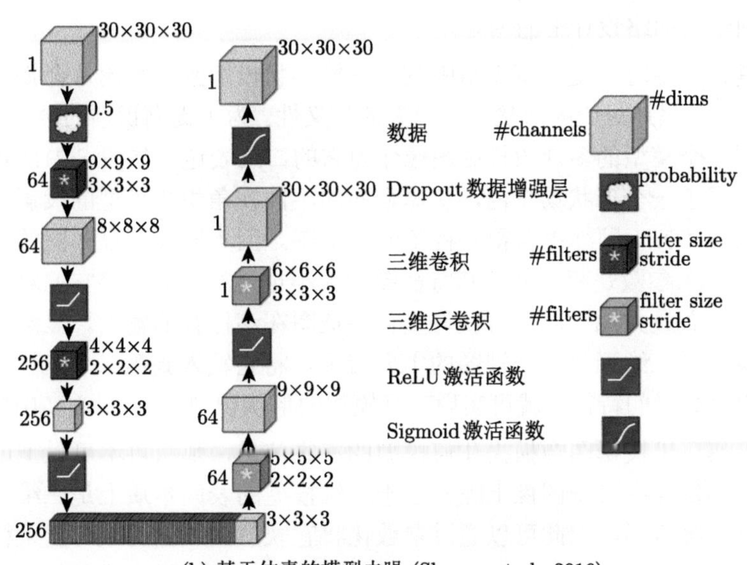

(b) 基于体素的模型去噪 (Sharma et al., 2016)

图 8.20 基于体素的几何深度学习

从上面的方法可以看出，用于深度学习的均匀体素模型的离散精度都很低。在现有的硬件条件下，很少能做到 $128\times128\times128$ 的分辨率，且所构造的网络不能太深，这是因为维度升高大大增加了内存的消耗，导致体素输入的分割精度远远小于图像的分辨率。为了解决这个问题，Riegler 等 (2017) 提出一种基于八叉树的自适应体素表达方法（OctNet），不断将模型表面附近的体素细分，使物体表面附近有较高的剖分精度，而其内部和外部区域则保持较低的剖分精度。相比传统的均匀剖分，自适应的八叉树表示大大减小了体素的数量，从而可以在同等内存条件下将体素表达模型的分辨率提高到 $256\times256\times256$，用于深度学习。当然，基于八叉树的体素表达改变了传统体素表达的优良性质（均匀拓扑），它需要重新定义卷积，每一次卷积操作都需要检索邻域体素信息，在计算效率上不如均匀体素表达方法。

在日常生活中，我们一般不需要知道物体的三维信息，只需稍稍一瞥，完全依赖视觉信息便能判断一个物体是不是一把椅子。这启示我们，对于几何形状的识别或分类问题，机器学习方法应该也可以根据模型的投影图像进行准确判断。幸运的是投影图像恰好可以输入到传统 CNN 中，规避了几何学习网络设计上的困难。

具体应用时，受观察视角限制，三维形状投影到二维图片会损失大量信息，单张照片对应的形状存在较大的歧义性。为了提高识别的准确率，一般采用一个模型的多视角投影图像作为它的二维表达。如图 8.21所示，假设物体置于一个球状场景内，从球表面的不同视角生成模型的投影图，分别输入到 CNN 网络中获得各视角的特征图。因不同视角投影图的学习网络 (CNN_1) 参数是相同的，其特征图的大小也是相同的，将它们对应位置的值逐一做最大池化，即可获得整合特征图在该位置的输出。显然，该特征图包含了三维形状各个视图的主要特征。将它输入到第二个 CNN 中继续提取更高级的特征，就可实现三维模型的形状识别 (Su et al., 2015)。

既然二维投影图会损失几何模型的三维信息，那么可不可以把所有几何信息都保存在二维图像上呢？由于三维模型的表面本质上是三维空间中的一张二维流形，因此可以通过参数化将它映射到平面区域，重采样形成一幅几何图像 (Geometry Image)。将几何坐标、顶点法向及其他几何特征编码在几何图像上，就可完整地表达三维模型。由于几何图像的拓扑结构与普通图像相同，只是编码了几何特征而非颜色信息，自然可以应用传统的卷积网络来进行几何学习 (Sinha et al., 2016)。

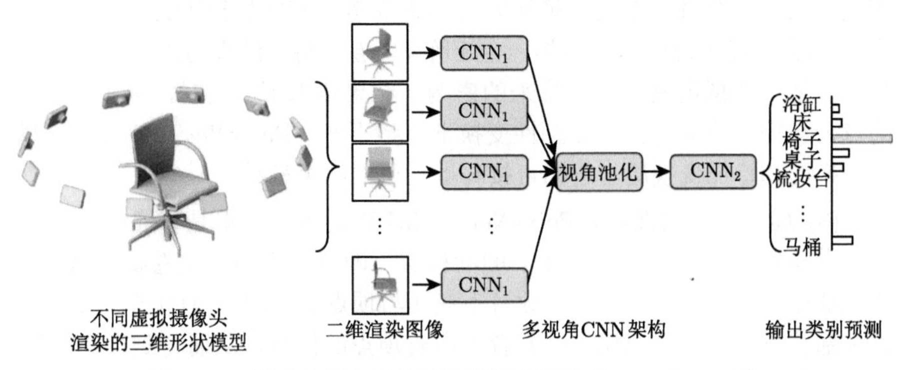

图 8.21 基于多视角图像的几何深度学习 (Su et al., 2015)

点云也是三维形状的一种自然表达方式，即一个三维模型可表示成它表面的孤立采样点集。这些采样点之间并没有连接关系，问题的关键是如何利用深度网络学习点云的特征表达，使其既具有局部性（形状匹配）又具有全局性（形状识别）。

最直接的办法是将每个点当作一个神经节点，节点包含点的坐标和法向信息等，利用 MLP 提取点云特征。然而，这种做法忽视了点云形状表达的基本特性：无序性和刚性变换下的不变性，而且无法保证学到的特征同时拥有局部和全局的特性。此外，模型上的采样点并不具有固定的顺序。不论如何排列，或者整体经过平移、旋转，都不应该影响学习得到的高级特征，即形状识别和匹配的结果不受点序与刚性变换的影响。

对于形状匹配或语义分割问题，高级特征不仅需要包含全局信息（MLP的全连接使所有节点相互作用，自然能获得全局信息），也需要包含局部信息（单个顶点及其邻域信息）。显然，传统 MLP 难以满足这些自然的需求。基于点云的深度学习模型 PointNet(Qi et al., 2017) 很好地解决了上述问题（如图 5.8 所示），具体体现在以下三方面：

(1) 顶点无序性。利用一个对称函数去整合每个顶点的特征，以获得整体的特征。对于对称函数而言，无论变量的输入顺序如何，都不会改变它的结果，恰好可以满足点云输入具有不确定排列顺序的要求。而在机器学习中，常用的池化函数刚好是对称函数，且最大池化效果最好。

(2) 刚性变换不变性。对于三维点云数据，其刚性变换（旋转和平移）相当于乘以一个 4×4 的变换矩阵（如果仅考虑旋转变换则为 3×3 的矩阵)，那么可在学习网络中增加一个矩阵学习层，将其结果与点云数据相乘，从而自适应地抵消刚性变换带来的影响。结果传入下一层时，为了使输入的点云与提取的局部特征在刚性变换下保持不变，PointNet 分别增加了输入变换层和特征变换层，它们直接与上一层的结果相乘。

(3) 局部与全局性质。PointNet 中 MLP 的每一层不是普通的全连接，而是卷积核大小为 1、步幅为 1 的卷积层，即对每个顶点做卷积，这样能够保证在最大池化之前，节点数目不变（与顶点数相同)，且每个节点只包含局部信息，而最大池化刚好整合了所有顶点的信息，从而得到全局特征。如果把每个顶点的局部特征都与全局特征连接起来，那么每个点将同时拥有局部和全局的信息，可应用于形状分割和匹配等几何处理问题。

三维模型还可以表示成一些基本形体的组合，如长方体、圆柱体、圆锥体、球等。根据不同的问题和不同的方法，其表达形式也各不相同。每个矩形块的形状和位置可由其中心点的坐标，长、宽轴方向以及长、宽、高的参数决定 (Li et al., 2017)；也可表示为标准坐标系下的长、宽、高（矩形）及其旋转和平移参数 (Tulsiani et al., 2017)。以后者为例，可以将三维形状体素化后输入到 CNN 中，提取高级特征，然后通过全连接获取长方体块的参数，使其逼近原始模型，逼近的误差可以用长方体块上的采样点与真实网格模型表面距离之和来表示，并不断优化（如图 8.22所示）。

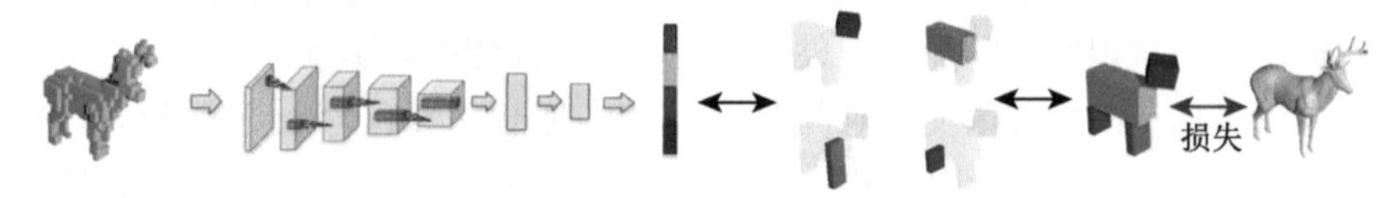

图 8.22　基于基元组合的几何深度学习 (Tulsiani et al., 2017)

总之，三维形状的不同表达有着不同的特点，各有利弊。在实际应用中，往往会根据具体问题选取相应的表达。有时也会混合使用多种表达方式，以期获得更好的效果。然而，不管采用哪种表达方式，本质上都是改变三维形状的数据结构来适应传统学习网络而采取的折中方法。

8.4.3　流形上的三维深度学习

三维形状本质上是三维空间的二维流形。三角形网格曲面可以看作在三维空间中由点和线组成的图。顶点之间的距离不再是简单的欧氏距离，而是定义在流形上的测地距离。前述欧氏空间的深度学习模型尝试了改变三维形状的几何表达来适应已有的学习框架，我们也可改变卷积等运算规则，使其适用于网格流形或图结构。这种直接把卷积定义在流形或图结构上的深度学习方法，称之为基于非欧空间的深度学习方法或本征方法 (Bronstein et al., 2017)。本小节主要介绍两种典型的非欧深度学习网络：测地卷积网络 (Geodesic CNN, GCNN) 和图卷积网络 (Graph-based CNN)。

类比于图像的卷积核作用于图像的某一块区域，在定义流形表面卷积之前，首先需要把三角形网格表面剖分成一块块区域。如图 8.23所示，在流形表面作圆盘剖分，在表面点 x 处建立局部测地极坐标系 $x^{'}(\rho,\theta)$，式中 θ 为径向角，ρ 为 $x^{'}$ 到 x 点的测地距离，$\rho\in[0,\rho_0]$，ρ_0 为 x 处的测地圆盘 $B_{\rho_0}(x)$ 的半径。为了构造有效的拓扑圆盘，经验上 ρ_0 取值为模型测地直径的 1%。

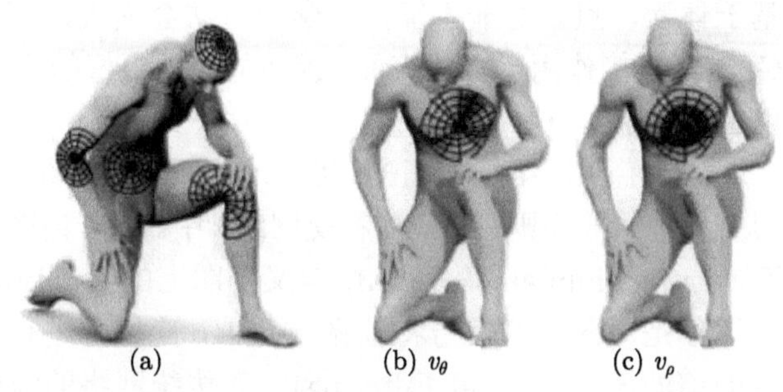

图 8.23　基于测地卷积网络的几何深度学习 (Masci et al., 2015a; 2015b)，构建流形网格曲面上的局部极坐标系：（a）局部测地块状区域；（b）角度权重；（c）径向权重

假设 $\Omega(x):B_{\rho_0}(x)\rightarrow[0,\rho_0]\times[0,2\pi)$ 为流形到局部测地坐标系的双射。若 f 为定义在流形上的特征，则 $(D(x)f)(\rho,\theta)=(f\circ\Omega^{-1}(x))(\rho,\theta)$ 定义了该局部坐标系下的块算子 (Patch Operator)，即：

$$(D(x)f)(\rho,\theta)=\int_{B_{\rho_0}(x)}v_{\rho,\theta}(x,x^{'})f(x^{'})\mathrm{d}x^{'}$$

$$v_{\rho,\theta}(x,x^{'})=\frac{v_{\rho}(x,x^{'})v_{\theta}(x,x^{'})}{\int_{X}v_{\rho}(x,x^{'})v_{\theta}(x,x^{'})\mathrm{d}x^{'}}$$

式中，X 为 x 的局部邻域, $v_{\rho}(x,x^{'})$ 和 $v_{\theta}(x,x^{'})$ 均为高斯函数，分别表示径向插值权重和角度权重。

针对三角形网格表示，只需把点 x 周围的三角形展开，并剖分成 N_{θ} 径角 N_{ρ} 径长的小块区域再计算。网格流形上的卷积定义为：

$$(f*a)(x)=\sum_{\theta,r}a(\theta+\triangle\theta,r)(D(x)f)(r,\theta)$$

式中，$a(\theta,r)$ 对应块上的卷积核。

定义好卷积操作后，其他操作如最大池化、线性连接、激活函数、误差计算等算子的定义均类似于传统 CNN 方法，只不过 CNN 中的像素或体素格点对应于这里角度为 θ，径长为 ρ 的块状区域。我们可以在这些块上定义不同的几何特征（即 f）作为输入，用于形状识别、匹配等几何处理应用，具体细节可参考文献 (Masci et al., 2015a; 2015b)。

不同于基于体素、点云等非本征深度学习方法会损失几何细节和表面信息，由于 GCNN 直接作用于网格表面，因而能获得更好的形状特征表达，当然其计算也更为复杂。

如果说上述测地卷积网络把卷积推广到二维流形，那么图卷积网络则将卷积一般化到更高维的非规则空间（如社交网络）中。基于谱图理论 (Spectral Graph Theory)，Shuman 等 (2013) 定义了图上的快速局部卷积运算，其中最重要的操作是对图上的信号特征做 Fourier 变换并进行谱分解，然后定义图信号的谱滤波 (Spectral Filtering)。而传统网络的池化操作对应于图的粗化 (Graph Coarsening)，直观地说，便是把相似的点聚合到一起成为一个新的点。图 8.24展现了基于图卷积网络的深度学习框架。有关图卷积网络的理论知识可以参考相关文献 (Shuman et al., 2013; Bruna et al., 2013; Defferrard et al., 2016)，这里不再介绍。

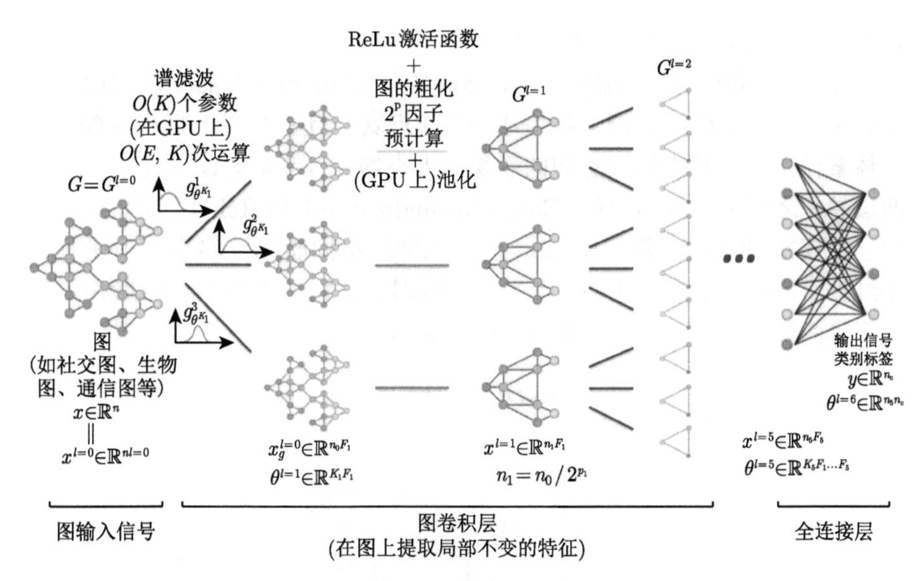

图 8.24 基于图卷积网络的几何深度学习 (Defferrard et al., 2016)

8.4.4 用于形状构建的端到端三维生成模型

前两小节介绍的深度学习主要是学习三维形状的形状特征（形状描述子），用于形状识别、分割、匹配和对应等几何处理操作。本小节将介绍用于构建三维模型的端到端的生成模型，这对于三维内容的生成具有重要的意义。

对于端到端的生成模型，一般输入是简单易获取的照片或草图等，而输出是三维模型（体素、点云或网格等），中间无需其他操作 (Choy et al., 2016; Fan et al., 2017; Wang et al., 2018; Groueix et al., 2018)。下面介绍体素 (Voxel)、基元结构 (Structure) 和网格 (Mesh) 三种典型生成模型。

三维生成对抗网络结合了三维体素卷积网络和生成对抗网络 (Generative Adversarial Network, GAN) (Goodfellow et al., 2014) 的优良特性，利用对抗的思想取代传统经验式的监督准则，同时学习一个生成器（Generator，简写 G）和判别器（Discriminator，简写 D）。G 负责由低维的概率空间向量生成高维体素空间的模型，而 D 负责判别模型的真实性，并尽量区分出真实的和生成的模型。我们期望 G 最终能够生成尽量真实的模型，以迷惑 D，使其误以为真。D 则提供一种强有力的三维几何特征损失函数，从形状和结构上去约束生成的结果。

如图 8.25所示，随机输入一个 200 维的 Gaussian 分布空间的向量 $\boldsymbol{z}$，$p(\boldsymbol{z}) \sim N(0,1)$，经过 5 层卷积生成一个接近真实且富有变化的 $64\times64\times64$ 的体素模型 $\boldsymbol{x}$。其中每层卷积的卷积核大小均为 $4\times4\times4$，步长为 2，每两层卷积之间使用批归一化 (Batch Normalization) 和 ReLU 激活函数，最后一层连接 Sigmoid 激活函数。而 D 的网络结构通常与 G 镜像对称，只不过最后的输出层只有 1 维，当模型为真时，其输出值为 1，否则为 0。这里损失函数定义为一个二分类问题的交叉熵：

$$L_{\text{3D-GAN}} = \ln D(\boldsymbol{x}) + \ln(1 - D(G(\boldsymbol{z})))$$

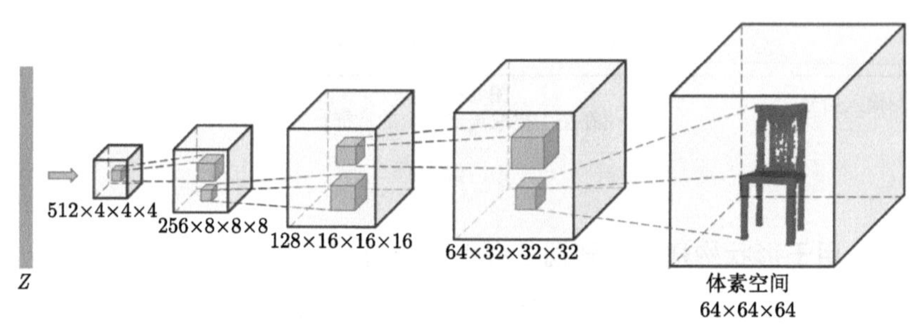

图 8.25　3D-GAN 中的生成器 G。通常判别器 D 的网络结构与 G 镜像对称，输出为 1 维向量，判断生成模型的真假 (Wu et al., 2016)

类似地，我们可以结合变分自编码 (Variational Auto Encoder, VAE)，输入一张彩色图，经过一个图像编码器，获得图像特征，使其尽可能逼近 Gaussian 分布，进而由 G（这里相当于解码器）生成体素模型，最后由 D 判断真伪。此时的损失函数为：

$$L = L_{\text{3D-GAN}} + \alpha_1 L_{\text{KL}} + \alpha_2 L_{\text{recon}}$$

式中，α_1 和 α_2 为权重，L_{KL} 为用于衡量图像特征空间与 Gaussian 空间差异的 KL 分歧损失 (KL Divergence Loss)，L_{recon} 表示重建损失 (Reconstruction Loss)，分别定义为：

$$L_{\text{KL}} = D_{\text{KL}}(q(\boldsymbol{z}|\boldsymbol{y})||p(\boldsymbol{z}))$$

$$L_{\text{recon}} = ||G(E(\boldsymbol{y})) - \boldsymbol{x}||_2$$

式中，$\boldsymbol{y}$ 为输入的二维图像，$q(\boldsymbol{z}|\boldsymbol{y})$ 为变分后的特征分布，$E(\boldsymbol{y})$ 为 $\boldsymbol{y}$ 的编码值。

由于 GAN 比较难训练，通常可分阶段进行，首先训练 3D-GAN 部分的 D 和 G，再训练图像编码部分的 E，最后同时训练 E、G、D，以使网络逐渐收敛到较好的结果。由此，3D-GAN 能够学到一个从任意简单分布到三维体素分布的映射。

形状结构的生成递归自编码网络 (Generative Recursive Autoencoders for Shape Structures，GRASS) 将对抗的思想引入到基于基元组合的形状结构生成中 (Li et al., 2017)，将几何形状生成分为两个阶段，即全局结构生成和局部几何合成，由粗到精地构建目标模型。

GRASS 将几何形状表达为若干长方体块，每个长方体块用一个 12 维向量表示（分别为中心位置，长、宽、高，以及两个垂直的轴方向），它们之间的位置关系包括相邻、K 折 (K-fold) 平移对称、K 折旋转对称和反射对称。该方法递归自动地不断将两个长方体（相邻或反射对称）或 K 个长方体（K 折对称或平移）联合并学习编码得到一个特征，直到获得其几何形状的 n 维特征表达，进而再反过来进行解码重建。如图 8.26(a) 所示，利用递归神经网络 (Recursive Neural Network, RvNN) 的解码器初始化 GAN 的 G，使其能从一个随机分布的特征空间向量获得不同基元的组合结构，并通过 D 判断其真假（如图 8.26(b)），由此即可得到基于基元表达的几何形状生成器。

为了获得相应的几何细节，GRASS 设计了一个“TL-型”网络 (Girdhar et al., 2016)（如图 8.26(c)）。首先通过基于长方体块（对应几何形状的某一部分）做体素自编码，获得特征空间；然后以对应的长方体块特征作为输入，去拟合该特征空间；最后去掉体素自编码中的编码器，保留解码器，并与长方体块特征拟合模块连接，组成新的网络。此时，输入一个长方体块的 12 维特征，便能得到对应的 $32 \times 32 \times 32$ 体素块。

DeepSketch2Face 给出了一种新的输入和交互方式，通过人工手绘草图 (Sketch) 和修改草图形状的方式直接生成和编辑夸张人脸模型 (Han et al., 2017)。一般地，人脸网格模型可以表示成基于身份 (Identity) 和表情 (Expression) 的双线性模型 (Cao et al., 2014)。DeepSketch2Face 将该双线性模型的维度定为 50 维和 16 维，分别对应身份空间和表情空间的维度，即给定一组 50 维和 16 维的系数向量，便可确定一个人脸模型。因此，只需从输入的草图回归估计出一组身份与表情系数，便可得到生成的人脸模型。通过计算其与真实模型网格顶点之间的差异来定义误差，然后反向回传更新网络参数，不断迭代学习。其网络结构如图 8.27所示，它利用 AlexNet 提取草图像素特征，再经过全连接获得相应系数。为了使网络模型更加鲁棒，该方法进一步以人脸 66 个特征点对应的二维形状表达作为另一种输入，通过全连接网络获得第二种形状特征，联合两种特征再进行学习，以获得更加精确的人脸模型。

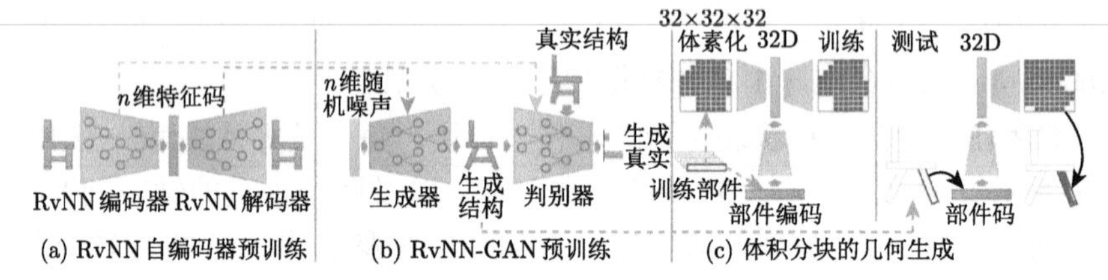

图 8.26　GRASS 网络框架 (Li et al., 2017)：(a) RvNN 自编码，用于获得基于基元组合表达的形状特征空间与解码器；(b) 基于基元组合的递归 3D-GAN; (c) 基元的几何（体素）生成网络

DeepSketch2Face 可以直接生成丰富且足够精细的人脸网格模型，然而其网络框架是基于人脸可表示成双线性模型这一前提来设计的（是一种参数化方法)，并不适用于一般具有复杂结构的几何模型，其泛化能力有限。

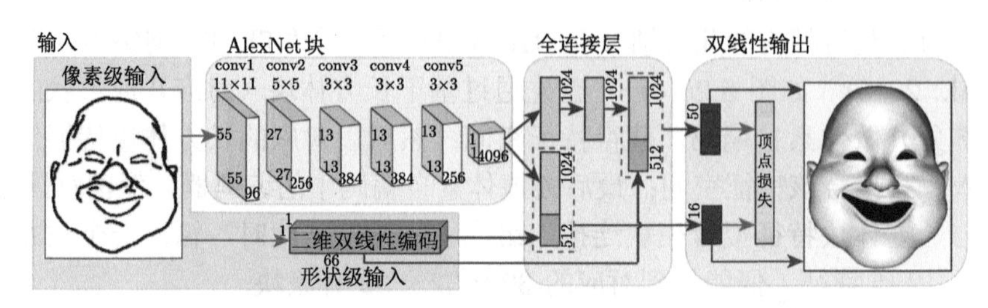

图 8.27　基于草图的夸张人脸模型生成框架 DeepSketch2Face(Han et al., 2017)

8.4.5　基于循环神经网络的无监督非刚性配准

2.1.2 节详细介绍了已知对应点情形下的非刚性配准方法，而几何建模、形变物体跟踪等应用常需要配准两个对应关系未知的几何模型，使得问题

变得更为困难。随着机器学习方法的发展，人们转而探索利用深度学习来进行非刚性配准。最近，Feng 等 (2020) 提出了未知对应关系模型间非刚性配准的无监督学习方法，高效鲁棒且精准地预测了从源模型到目标模型的非刚性形变。以下简要介绍该方法。

将源模型与目标模型分别记为 $\mathcal{S} \in \mathbb{R}^{M\times 3}$ 和 $\mathcal{T} \in \mathbb{R}^{N\times 3}$（$M$ 和 N 分别为两个模型的顶点数），非刚性配准的目标是求解非刚性形变 $\boldsymbol{\phi}: \mathbb{R}^{M\times 3} \to \mathbb{R}^{M\times 3}$，以使得非刚性形变结果 $\tilde{\mathcal{S}} = \boldsymbol{\phi}(\mathcal{S})$ 尽可能与目标模型 $\mathcal{T}$ 重合。该方法将非刚性形变 $\boldsymbol{\phi}$ 表达为一系列刚性变换 $\{\boldsymbol{\psi}_r\}_{r=1}^{K}$ 的逐点加权组合：

$$\boldsymbol{\phi}(\mathcal{S}) = \sum_{r=1}^{K} \boldsymbol{w}_r \cdot \boldsymbol{\psi}_r(\mathcal{S}) \tag{8.6}$$

式中，$\boldsymbol{w}_r \in \mathbb{R}^{M\times 1}$ 是逐点蒙皮权重，$\cdot$ 代表逐点的乘法，K 为所拆分的刚性变换数量。每个点相对于所有的 K 个刚性变换需满足蒙皮权重之和为 1 的条件。当 $K=1$ 时，该表示退化为刚性变换；当 $K \geqslant 2$ 时，由于各点的蒙皮权重不同，因此该表示可表达非刚性变换。

由于每次迭代各点有一个蒙皮权重，且全局共享 6 个自由度的刚性变换，因此式 (8.6)的自由度为：$K \times (M+6)$。如此多的自由度导致神经网络很难直接一步预测出所有的 K 组刚性变换和蒙皮权重。为此，该方法设计了一种循环神经网络结构来逐步预测每个阶段的蒙皮权重与刚性变换，通过级联方式逐渐将源模型变形到目标模型。在第 k 阶段，形变模型可表示为：

$$\mathcal{S}^k = \sum_{r=1}^{k} \boldsymbol{w}_r^k \cdot \boldsymbol{\psi}_r(\mathcal{S}) \tag{8.7}$$

式中，第 r 个刚性变换在第 k 阶段的蒙皮权重记为 $\boldsymbol{w}_r^k$。另外，每个点在所有刚性变换下的蒙皮权重之和始终为 1，即 $\sum\limits_{r=1}^{k} \boldsymbol{w}_r^k = \mathbf{1}$。具体地，在第一阶段，神经网络预测了一个刚性变换 $\boldsymbol{\psi}_1$ 并获得变换后的点云 $\mathcal{S}^1 = \boldsymbol{w}_1^1 \cdot \boldsymbol{\psi}_1(\mathcal{S})$，其中 $\boldsymbol{w}_1^1 \equiv \mathbf{1}$。在第 k 阶段（$k \geqslant 2$），网络预测 $\boldsymbol{\psi}_k$ 和 $\boldsymbol{w}_k^k$。为了使得顶点蒙皮权重之和为 1，需对前面 $k-1$ 个阶段的蒙皮权重 ($\{\boldsymbol{w}_r^k\}_{r=1}^{k-1}$) 按比例 $\mathbf{1} - \boldsymbol{w}_k^k$ 进行缩放，即：

$$\boldsymbol{w}_r^k = (\mathbf{1} - \boldsymbol{w}_k^k) \cdot \boldsymbol{w}_r^{k-1}, \quad 1 \leqslant r \leqslant k-1 \tag{8.8}$$

该递推方式使得每个顶点的蒙皮权重之和始终为 1。另外，形变模型的递推式如下：

$$\mathcal{S}^k = (\mathbf{1} - \boldsymbol{w}_k^k) \cdot \mathcal{S}^{k-1} + \boldsymbol{w}_k^k \cdot \psi_k(\mathcal{S}) \tag{8.9}$$

由此，神经网络预测了每个阶段的刚性变换和蒙皮权重，并不断更新形变模型直至收敛到目标模型 $\mathcal{T}$。

如图 8.28所示，神经网络以 $\mathcal{S}$ 和 $\mathcal{T}$ 作为输入，分别提取模型的几何特征，并计算两个模型之间的相关性。此外，网络选取门控循环单元 (Gated Recurrent Unit, GRU) 作为循环更新部件，在每个阶段的循环中，该单元以当前形变模型和目标模型所提取的特征及相关性作为输入，并维护一个隐状态。通过这种循环结构，网络预测了每个阶段的刚性变换与蒙皮权重。

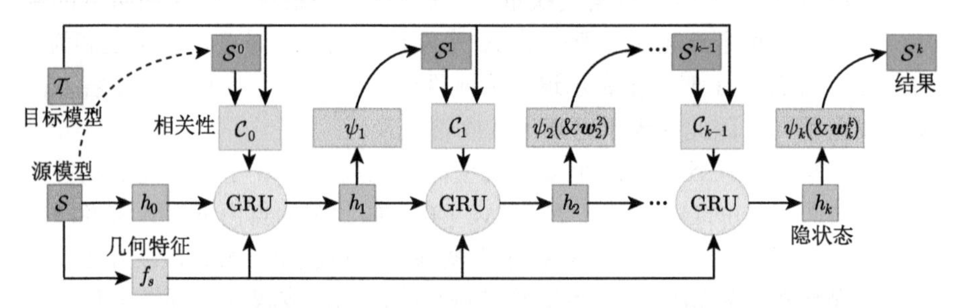

图 8.28　非刚性变化的循环神经网络。整个循环结构基于 GRU，网络的隐状态通过在源模型提取特征作为初始化（记作 h_0），并在后续的循环中不断更新（在第 k 个阶段记为 h_k）。在第 k 个阶段，网络提取形变模型 $\mathcal{S}^{k-1}$ 和目标模型 $\mathcal{T}$ 的相关性 $\mathcal{C}_{k-1}$。源模型的几何特征 f_s 只提取一次，并在每一个阶段中均作为输入。刚性变换 ψ_k 及其对应的逐点蒙皮权重 $\boldsymbol{w}_k^k$ 可从 h_k 回归得到

如图 8.29所示为形变模型 $\mathcal{S}^{k-1}$ 与目标模型 $\mathcal{T}$ 之间相关性 $\mathcal{C}_{k-1}$ 的计算流程。首先，网络通过 DGCNN(Wang et al., 2019) 和 Transformer 层 (Vaswani et al., 2017)，为 $\mathcal{S}^{k-1}$ 和 $\mathcal{T}$ 提取维数分别为 $M \times k$ 和 $N \times k$ 的特征，进而计算这两个特征之间的内积，以得到两个模型之间 $M \times N$ 维的耦合特征。为消除模型顶点顺序对结果的影响，网络沿耦合特征向量的最后一个维度进行排序并保留最显著的前面 p 个值，从而获得 $M \times p$ 维的耦合特征。最后，对目标模型的特征进行最大池化以及重新铺展，并将其与形变模型特征和耦合特征聚合在一起，得到两个模型的相关性 $\mathcal{C}_{k-1}$。

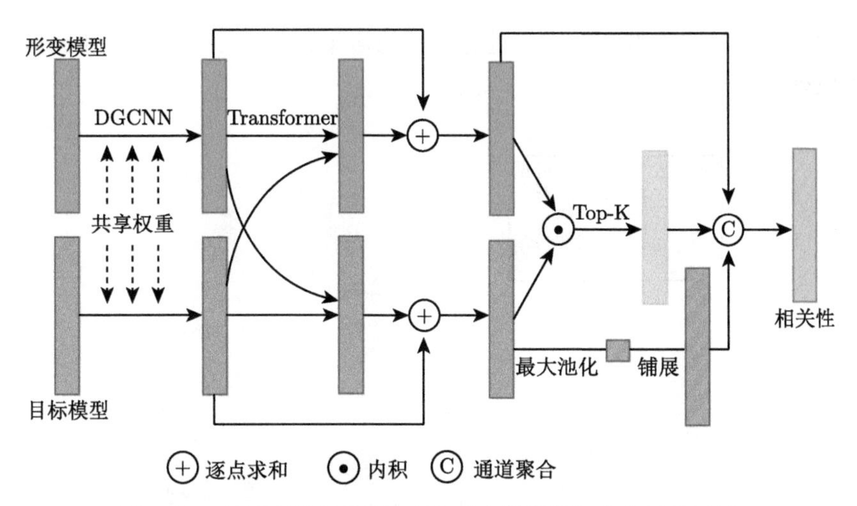

图 8.29　从形变几何模型与目标几何模型提取相关性的过程

该方法的关键在于构造了基于多视角对齐的损失函数，从而实现无监督的神经网络训练。具体实现策略为：基于预先设定的多个不同角度与位置的虚拟相机，形变模型与目标模型同时投影生成多个二维图像，并在二维图像域上计算它们之间的相似度。基于软光栅化可微渲染方法 (Liu et al., 2019)，神经网络优化每个阶段的蒙皮权重与刚性变换，使得形变模型与目标模型在深度图与轮廓图之间的差异达到最小。图 8.30为点云表示的可微渲染流程。其中，深度图的损失函数为：

$$\boldsymbol{L}_{\text{depth}}(\tilde{\mathcal{S}},\mathcal{T}) = E_{v\sim V}\left\|\mathcal{D}(\tilde{\mathcal{S}}_v) - \mathcal{D}(\mathcal{T}_v)\right\|_2^2 \tag{8.10}$$

关于轮廓图的损失函数为：

$$\boldsymbol{L}_{\text{mask}}(\tilde{\mathcal{S}},\mathcal{T}) = E_{v\sim V}\left\|\mathcal{M}(\tilde{\mathcal{S}}_v) - \mathcal{M}(\mathcal{T}_v)\right\|_1 \tag{8.11}$$

式中，V 是所有视角的集合，$\tilde{\mathcal{S}}$ 为形变模型，$\mathcal{D}$ 和 $\mathcal{M}$ 分别代表深度图和轮廓图。

在几何模型非刚性形变过程中，局部区域的形变通常是保刚性的，因此局部区域的几何长度变化较少：

$$\boldsymbol{L}_{\text{arap}}(\tilde{\mathcal{S}}) = \sum_{(\boldsymbol{p},\boldsymbol{q})\in\mathcal{E}} (\|\boldsymbol{p}-\boldsymbol{q}\|_2 - d_{ij})^2 \tag{8.12}$$

式中，$\mathcal{E}$ 是在源模型上通过最近邻构建的边集合，d_{ij} 表示点 $\boldsymbol{p}$ 和点 $\boldsymbol{q}$ 在源模型上的距离。

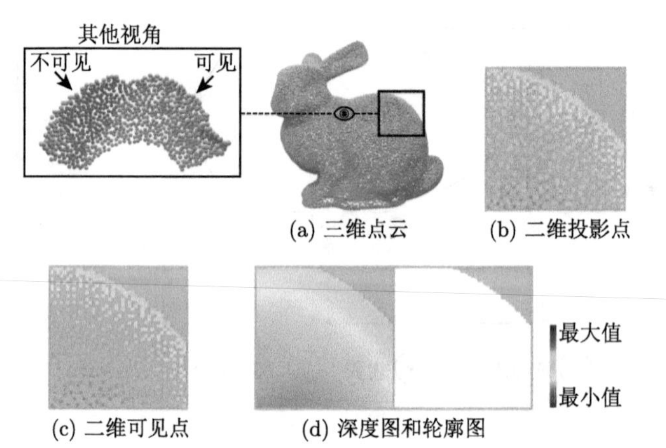

图 8.30　从三维点云模型可微渲染获得二维深度图与轮廓图：（a）输入点云；（b）给定点云和相机，点云模型投影到二维成像平面，并以相机参考系中的 z 值作为深度值；（c）根据一个邻居窗口中所有点的深度值来判断顶点的可见性并去除不可见点；（d）像素点的深度值表达为邻居窗口中的所有点的深度值加权平均，同时轮廓图也可由深度值相应地获得

该方法还进一步对刚性变换与蒙皮权重做了正则化约束：

$$\boldsymbol{L}_{\text{tran}}(\boldsymbol{t}_k) = \|\boldsymbol{t}_k\|_2^2 \tag{8.13}$$

式中，$\boldsymbol{t}_k$ 表示第 k 阶段的平移向量，该约束使得刚性变换中的平移向量尽可能小。为了实现如人体关节处非刚性形变量突变的效果，需使得蒙皮权重具有较好的稀疏性，即：

$$\boldsymbol{L}_{\text{sparse}}(\boldsymbol{w}_k^k) = \|\boldsymbol{w}_k^k\|_1 \tag{8.14}$$

综合上述能量，第 k 阶段的神经网络损失函数可表达为：

$$\begin{aligned}\boldsymbol{L}^k = {} & \boldsymbol{L}_{\text{depth}}(\mathcal{S}^k, \mathcal{T}) + \beta_1 \boldsymbol{L}_{\text{mask}}(\mathcal{S}^k, \mathcal{T}) + \beta_2 \boldsymbol{L}_{\text{arap}}(\mathcal{S}^k) \\ & + \beta_3 \boldsymbol{L}_{\text{tran}}(\boldsymbol{t}_k) + \beta_4 \boldsymbol{L}_{\text{sparse}}(\boldsymbol{w}_k^k)\end{aligned} \tag{8.15}$$

式中，β_1、β_2、β_3 和 β_4 为各个损失函数项的权重。整体的损失函数由各阶段的损失函数组合而得：

$$\boldsymbol{L}=\sum_{i=1}^{K}\gamma^{K-i}\boldsymbol{L}^{i} \tag{8.16}$$

式中，$\gamma\in(0,1)$ 是各个阶段的指数衰减权重。

图 8.31展示了一个从源模型注册到目标模型的例子。可见，经过逐个阶段的迭代循环，源模型逐渐形变直至与目标模型较好地重合。基于不同物体类别和数据类型以及刚性/非刚性两种形变的大量实验表明，该方法相比于基于优化的方法，在鲁棒性、配准精度、计算速度等方面均具有较为明显的优势。

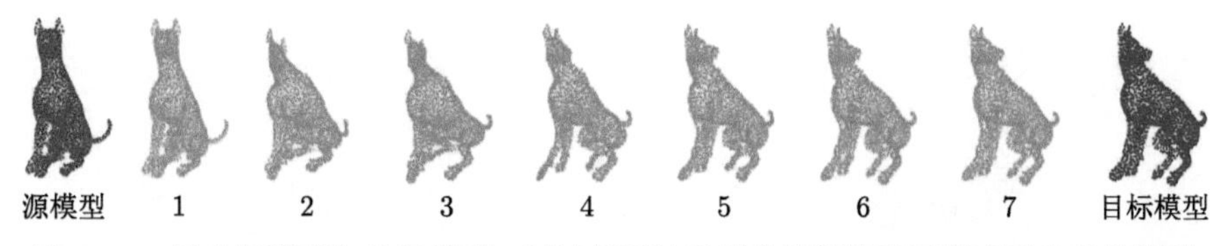

图 8.31　给定源模型与目标模型，通过循环神经网络将源模型逐渐变形为目标模型

总之，深度学习是监督式学习方法，需要大量的训练数据。对于少量数据的情形，就不太合适用深度神经网络来学习，因为拟合模型太大很容易造成过拟合。对于生成模型，囿于体素的低精度表达，点云之间缺少连接，参数化方法又受限于模型的类别和结构，我们仍然期望定义更加自然合理的网格模型学习与生成框架，兼顾内存消耗与学习效率，以实现三维模型的高效构建。随着三维模型的采集与建模手段的不断发展，三维模型的数量将不断增长，三维数据的“大数据”时代逐渐到来，基于机器学习的三维建模方法将发挥出其三维数据处理方面的巨大潜力。

8.5　小结

本章介绍了机器学习的基础知识及其在几何处理中的应用。将机器学习与几何处理结合是一个比较新的研究领域。虽然已经出现一些不错的研究成果，但仍有大量的问题亟待解决。首先，和二维图像不同，几何处理的对象往往不具备规整的结构，因此对于三维数据的一般表示依然是一个重要的课题。其次，如何评判结果的质量尚没有通用的规则，对于误差分布的控制很多情况下也是未知的，这与几何处理中一些确定性条件相违背。此外，海量数据集的获取或生成并不容易，强烈依赖于高效的模型生成与处理技术。在未来，如何把机器学习与几何处理更加有机地结合起来将是重要的研究方向。一些潜在的突破点在于寻找更为适合机器学习的几何表示方法，高效地引入一些几何中确定性的条件来对机器学习进行正则化约束。得到更大更好的数据集当然也是一个极为重要的工作。为了减少人工构造数据集的工作量，充分利用图像、视频数据等多模态深度学习来进行三维数据的构造、标注、分析也将是一个非常具有吸引力的研究方向。

第 9 章 新型几何处理应用

随着虚拟现实 (VR)/增强现实 (AR)、3D 打印和机器人等前沿技术的快速发展，出现了许多极具挑战的几何计算与处理新问题。面向传统几何形状表达和构建的几何处理技术逐渐在这些新兴领域发挥作用，展现出了蓬勃生机。

除了感知、交互、呈现等硬件外，虚拟环境的沉浸式感知离不开虚拟景物的几何物理建模、感知信息的实时逼真呈现和用户与虚拟环境的交互等软件技术。几何处理则是虚拟/增强现实软件技术的基础。前面章节已详细介绍了网格模型的高效构建技术，在感知信息合成和用户自然交互方面也有大量几何处理问题。不论是 VR 还是 AR 都离不开与现实环境的交互。在 VR 中，虽然场景是虚拟的，但是用户的运动和操控依然发生在现实世界中；而 AR 本身则需要基于现实世界来操控。因此，与现实世界的交互就带来了一系列需要解决的几何处理问题。

3D 打印是快速成型技术的一种，它以三维几何模型为蓝本，利用打印材料（塑料或粉末状金属等）逐层打印制造出物体，有效避免了传统小批量制造的高额成本，并可以打印出许多传统制造工艺难以创造的物品。3D 打印的本质是分层制造，而分层制造的基础是切片计算，如何设计切片大小，进而达到精度与速度的平衡；因 3D 打印机内部空间的限制，如何对模型进行分割，打印组装出大尺寸模型等，都离不开复杂的几何处理过程。

为机器人添加智能，使其能够自主感知和理解周边环境，在智能算法的帮助下完成更加复杂的任务一直是机器人领域的研究热点。机器人感知世界离不开现实环境的三维描述，高效的几何处理发挥着举足轻重的作用，如机器人的即时定位与构图 (Simultaneous Localization and Mapping,

SLAM)，现实环境的自主扫描、重建和理解等。

本章主要介绍在虚拟/增强现实、3D 打印和机器人三个热点领域中的一些新型几何处理问题，如虚拟漫游的重定向问题、3D 打印模型切片和机器人定位和构图等。

9.1 虚拟环境行走漫游的重定向

虚拟环境中的运动是一类非常重要的交互技术。目前有几类常见的运动交互方式。用户可通过手势或手柄等控制运动的方向；也可在现实环境中模拟行走来操控在虚拟环境中的运动，即通过各类设备捕获用户的行走动作，将动作信息同步到虚拟环境中，用户虽然做出行走的动作，但实际位置仍保持不变；此外，用户还可在现实环境中自由行走，跟踪捕获用户的运动，使得用户在虚拟环境中能够同步地运动。在这三种运动交互方式中，用户在现实环境中真实行走的方式最为自然，能够带来最佳的沉浸感体验。

然而，使用真实行走的交互方式面临着一个极具挑战的问题。由于跟踪设备和现场环境等硬件的限制，通常能够为用户提供的自由行走区域是十分有限的，而虚拟环境往往与现实环境的实际跟踪区域在大小、布局等方面有很大的差别。当虚拟环境比现实自由行走区域大时，用户在漫游虚拟环境时无法同构地匹配现实跟踪区域，容易与现实环境的墙壁等边界发生碰撞。

为了克服这一问题，研究人员提出了重定向技术，让用户真实行走时，操纵其在虚拟环境中的运动路线，使得虚拟环境中的路线不同于用户在现实跟踪区域中的行走路线，从而实现用户在有限的跟踪区域内充分自由地探索大的虚拟环境。其本质为找到一个用户在现实跟踪区域中的路线与其在虚拟环境中的行走路线之间的一个映射，使其能够在给用户带来良好体验的同时，将用户的实际运动路线约束在跟踪区域内部。

9.1.1 重定向行走

重定向行走技术是一类代表性的重定向技术 (Razzaque et al., 2001)。人体的平衡和转向主要依赖于人的前庭功能、视觉以及听觉，这三种感觉同时辅助人们认知自身是否运动以及外物是否在运动。重定向行走技术充分利用人的感知特点，在尽可能保持三种感觉一致的前提下，对虚拟环境施加一定的旋转或者平移，使得用户把虚拟环境变化误判为自身的运动，从而在用户察觉不到的前提下改变其实际运动轨迹。有三种“增益”(Gain)在重定向技术中可以改变用户运动轨迹 (Steinicke et al., 2008)（如图 9.1所示）：“位移增益”能够将用户在虚拟环境中运动的距离相对于现实中的运动进行拉长或缩短；“旋转增益”能够将用户在虚拟环境中转动的角度相对于其在现实中转动的角度进行增加或减少；“曲率增益”将用户在虚拟环境中直线运动诱导为现实中的圆弧运动。重定向行走根据用户的运动状态，通过交互地旋转虚拟环境来施加上述三种增益操作，让用户不断地远离现实跟踪区域的边界，这样用户可以在有限跟踪区域内自由行走来探索较大的虚拟环境。

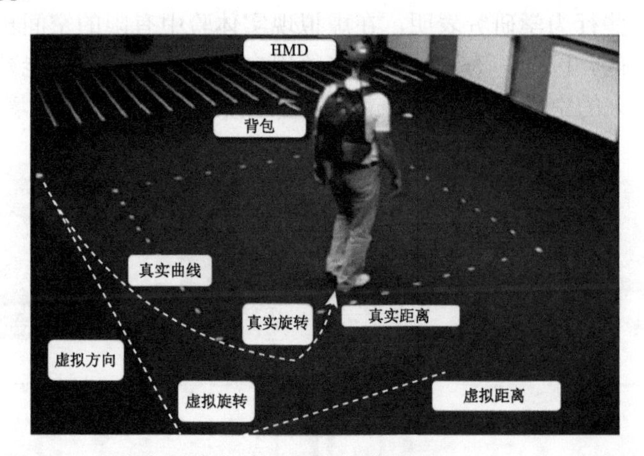

图 9.1 重定向行走中的三种增益措施 (Steinicke et al., 2008)

重定向行走技术自提出后，陆续出现了许多改进工作。其中一类研究测定重定向行走中三种增益操作在不被用户感知到的前提下最大化能被施加的程度；另一类则研究如何有效利用三种增益操作，使用户能够在有限的区域内尽可能自由地探索足够大甚至无限大的虚拟场景。

目前的重定向行走技术还有较大的局限性。事实上，要使用户察觉不到虚拟环境被操纵，可以限制对其施加增益措施的程度。仅利用三种增益措施的重定向行走技术无法保证用户持续在跟踪区域内部行走，通常经过一段时间的行走后，用户会走到跟踪区域的边界，此时就需要其他的方式（例如强制用户停止行走而进行旋转）来控制用户重新走入跟踪区域内部。

但是，这样的操作会打断用户自由行走的连贯性，影响体验的沉浸性。

9.1.2 场景映射

不同于前面提到的重定向技术，Sun 等 (2016) 提出一种基于空间映射的方法将用户运动路径约束至跟踪区域内部。重定向技术的目的在于寻找用户在现实与虚拟环境中运动路径之间的一个合理映射，该方法直接变形虚拟环境中用户能够运动的区域，将其映射至现实跟踪区域所在的空间。因此，用户在映射后的虚拟环境中漫游时，可以自由行走而无需担心与跟踪区域的边界发生碰撞（如图 9.2所示），原因在于虚拟环境已经完全映射嵌入到跟踪区域的内部。显然，这样的映射不可避免地引发初始虚拟环境的扭曲，而一些行为学研究表明，在虚拟现实体验中有限的空间扭曲是能够被用户接受的。因此，为了提供更好的用户体验，需要尽可能减少映射虚拟环境所带来的空间扭曲，使其最大限度地接近初始的虚拟环境。

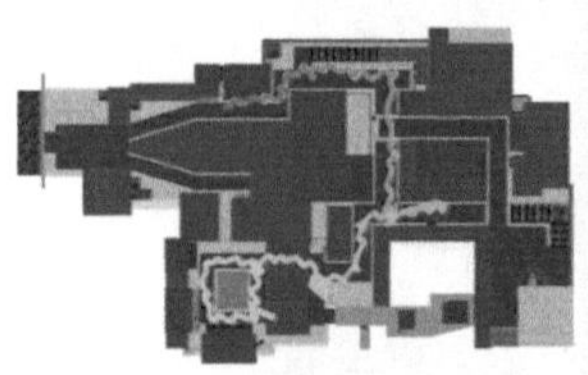

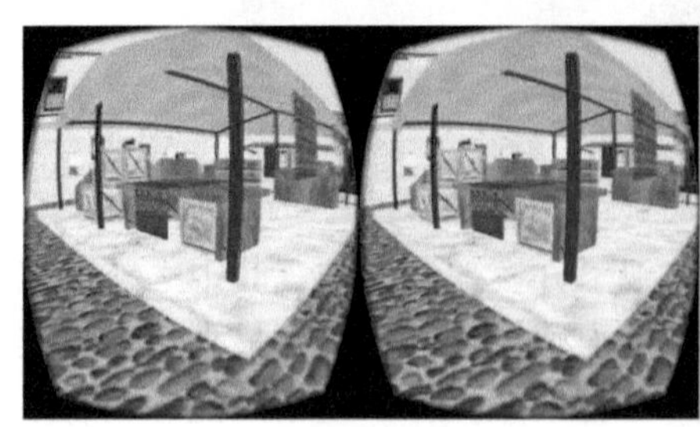
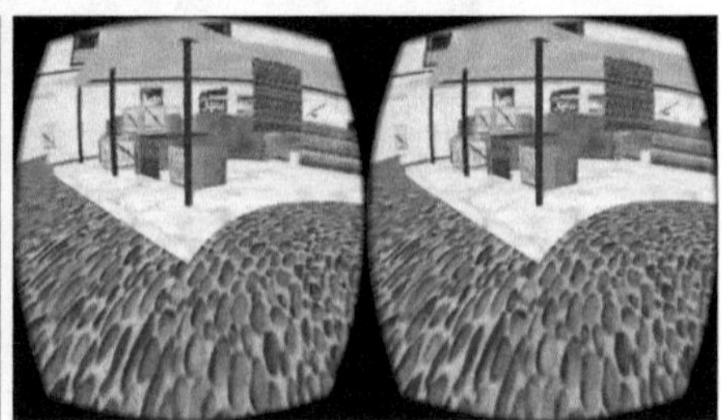

图 9.2 VR 行走漫游的场景映射 (Sun et al., 2016)

首先，Sun 等 (2016) 将虚拟环境用其对应的平面地图表示，而所求映射即将虚拟环境的平面地图映射嵌入现实跟踪区域范围内部。与过去的无网格变形以及平面映射方法相类似，该方法也使用基函数的形式来表示虚拟环境平面的映射。基函数中心在虚拟环境平面上均匀采样得到，而场景映射的求解等价于寻找恰当的各个基函数的权重以及相加的一个仿射变换函数。该方法将求解这个场景映射抽象为一个优化问题，其目标与约束主要涉及以下五个方面：

(1) 为了使虚拟环境经过变形后尽可能接近原始虚拟环境，所求的场景映射需要尽可能保形。由于当映射能够满足柯西黎曼方程时，它是保形的，因此可以优化映射的共形扭曲来使映射尽可能全局保形。

(2) 为了使映射对虚拟环境产生的形变尽可能小，所求的场景映射需要尽可能保持局部等距。一般来说，在虚拟环境的不同位置所需要满足等距约束的要求是不同的，例如在虚拟场景边界处的等距约束应该更加严格，因为此处用户能够更敏感地感知到墙壁的靠近。因此，需对虚拟环境平面的不同区域施加不同强度的等距约束。

(3) 由于场景映射的目的在于使用户在跟踪区域内部自由地行走漫游来探索虚拟环境，因此恰当的映射应该能将虚拟环境的平面完全映射嵌入跟踪区域内部。将跟踪区域的凸包用一系列直线表示，边界约束即可表示为虚拟环境平面的每一点与直线位置关系的约束。

(4) 为了保证用户能够自由安全地在跟踪区域内行走，不光要考虑跟踪区域的边界，还要考虑跟踪区域内部的障碍物。由于用户处于沉浸式的环境中，无法看到外部的状况，映射需要使虚拟环境在变形后完全避开障碍物，才能保证用户行走时的安全。为便于计算，将障碍物表达为其最小包围椭圆，使用二维高斯基障碍函数作为障碍物的约束。

(5) 场景映射需要保证在每一点都是局部双射，否则在漫游虚拟环境时，用户会看到场景扭曲在一起，严重影响视觉体验。为了满足局部双射条件，该映射函数在虚拟环境平面每一点处的 Jacobian 矩阵的行列式应大于 0。

综合上述的优化目标与约束，构造一个带约束的优化问题，即可求解得到一个合理的空间映射。当用户在跟踪区域内行走时，系统实时地通过该空间映射计算出其在虚拟环境中对应的位置，并绘制出该位置处扭曲后的虚拟环境，呈现给用户。

给定一对虚拟环境和现实跟踪区域，上述方法可计算得到一个映射，使得用户能够在跟踪区域内部随意行走来漫游虚拟环境。当虚拟环境尺度与跟踪区域间相差不大时，Sun 等 (2016) 能得到较为不错的映射结果，但当虚拟环境比跟踪区域大很多时，所得到的映射会使虚拟环境产生很大的扭曲，给用户造成不良的视觉体验。

针对大尺度的虚拟环境漫游，Dong 等 (2017) 提出了一种低扭曲的场景映射方法。计算场景映射时，不再将虚拟环境的整体进行映射，而是采取分而治之的策略来进行映射（如图 9.3所示）。具体包含如下三个步骤：

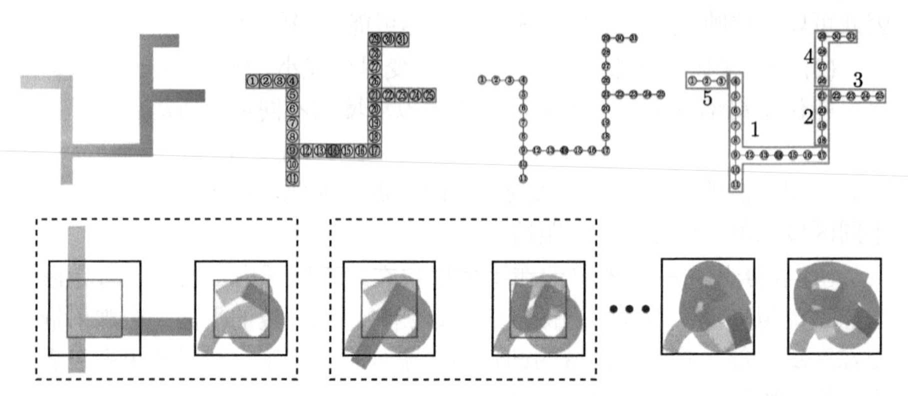

图 9.3　大规模虚拟环境的分片场景映射

(1) 分片。对于超大虚拟环境，将其整体映射至较小的跟踪区域时，很难保持低程度的扭曲。为此，该法对超大虚拟环境进行划分，分别进行映射。注意到，划分区域如果太小，映射的自由度会很小，因此需要保证划分得到的子区域相对于跟踪区域有一个合适的尺度。算法先将虚拟环境中用户可以到达的运动区域划分为许多均匀的块状区域，然后将这些小的块状区域进行分组，组成一个个邻接的尺度略大于跟踪区域的子区域。

(2) 映射。对于划分虚拟环境得到的子区域，分别对其进行空间映射。可简单地用 Bézier 曲面来表示，通过求解 Bézier 曲面的控制点位置即可得到子区域的映射结果。与 Sun 等 (2016) 方法类似，可把求解映射转化为一个带约束的优化问题，主要区别在于 Dong 等 (2017) 的优化目标是映射在子区域每一点处的等距扭曲，其余的边界约束、障碍约束以及局部双射约束，两者均相同。另外，子区域的映射还需保证相邻子区域之间映射的连续性和光滑性，否则漫游经过不同的子区域时会产生明显的视觉不连贯。

(3) 组合。一旦构造出每个子区域的空间映射，即可组合得到整个虚拟环境的空间映射。进而以此为初值，对整个虚拟环境的映射进行全局优化，得到最终的空间映射结果。

由于采用分而治之的策略，该方法不再受虚拟环境尺度大小的限制，可得到大尺度虚拟环境的低扭曲场景空间映射，甚至能将无限大的虚拟环境低扭曲地映射嵌入空间有限的跟踪区域中，从而为用户提供连续顺畅的自由行走漫游体验。

总之，基于空间映射的重定向行走技术由于涉及大的虚拟环境映射嵌入小的跟踪区域，扭曲形变是不可避免的，无论如何减少场景的扭曲和形变，都会影响用户的视觉体验。这是此类技术的一大缺陷。

9.1.3 重定向场景映射

为了更进一步降低场景映射方法对虚拟场景造成的形变和扭曲，Dong 等 (2019) 将重定向行走策略融入到场景映射方法中，充分利用重定向行走技术操纵用户实际运动轨迹的特点，放松场景映射方法的边界约束和障碍约束，从而得到虚拟场景形变扭曲较小的场景映射（如图 9.4所示），为用户提供更好的视觉体验。重定向场景映射方法与过去的场景映射方法的主要区别在于以下两方面：

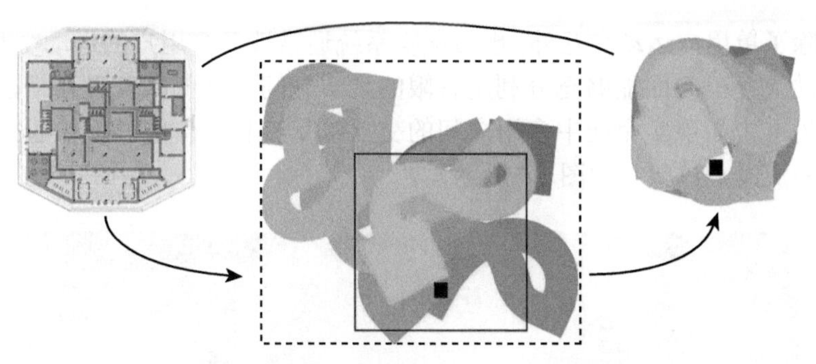

图 9.4 对大的虚拟环境进行重定向场景映射

(1) 重定向场景映射方法将 Dong 等 (2017) 方法所得到的映射作为初值，在此基础上放松了其边界约束和障碍约束。这样得到的新映射不再被限制在现实空间的区域内部，且映射后的虚拟场景道路也会与现实空间内部的障碍物发生重叠，但新映射使场景产生的扭曲被大幅度降低，更加接近初始虚拟场景。而在用户漫游虚拟场景时，重定向行走技术被用于操纵用户的运动，使其行走路线落在 Dong 等 (2017) 方法所得到的映射场景内部。

(2) 由于要使用户在漫游虚拟场景时察觉不到被操纵，可以对其施加的重定向增益措施的程度非常有限。在计算重定向场景映射时，这一因素成为新的需要被考虑的约束，具体可以抽象为：在放松边界及障碍约束得到的新的重定向映射后，虚拟场景中道路曲率相较于 Dong 等 (2017) 方法映射得到的道路曲率，所发生的变化需要限制在特定的范围内，即虚拟场景中道路的曲率变化不能超过用户的感知范围。这样在应用重定向行走技术时才能在不被用户察觉的前提下使其行走路线落在现实行走区域内。

实验表明，重定向场景映射能够为用户提供连续顺畅的自由行走漫游体验，也能较好还原初始虚拟场景的视觉体验。就目前的方法而言，空间映射只能适用于封闭的道路类型的虚拟环境，对于大面积开阔的虚拟环境（Open Scene）仍无法做到低保距扭曲地映射至小的跟踪区域中。目前只能通过各种干预手段将用户限制在有限的跟踪区域内部。如何使用户能够自由顺畅地通过真实行走漫游开阔的虚拟环境仍是一个开放的研究课题。

9.1.4 虚拟环境多人行走漫游与交互

除了单用户运动交互外，虚拟现实系统通常涉及多用户的运动交互。多人运动交互一方面能够充分利用有限的现实空间，降低跟踪设备搭建的成本；另一方面现实空间中多用户间的交互、交流和协作能够提供更加生动真实的沉浸式体验（如图 9.5所示）。

图 9.5 VR 中的多人行走漫游与交互

多人行走漫游所面临的一大问题是用户之间的避障。相对于单人行走漫游中需要避免用户和现实空间的边界与内部障碍发生碰撞，多人行走漫游中用户之间的碰撞则更加复杂和难以控制。重定向行走技术可以在一定程度上降低用户之间的碰撞风险 (Bachmann et al., 2013)，然而这种风险依旧无法被完全避免，仍然需要其他的强制措施来打断用户连贯的自由行走以确保安全，用户体验势必受到影响。从技术层面来说，重定向技术可分别作用于每个用户，以避免用户的运动路线相互发生交叉，从而实现避障。在这种情况下，无法保证用户在虚拟场景中相遇时他们在现实空间中也在一起，因此重定向行走技术无法为多用户提供在现实空间的交互体验。

Dong 等 (2019) 提出一种基于场景映射的方法，不仅能为多用户真实行走提供安全性保障，而且使多用户在现实空间中可以进行相互交互，有效提升沉浸感。其核心思想是为用户创建虚拟化身 (Avatar)，当不同用户在现实空间中靠近并且有发生碰撞的风险时，这些虚拟化身在虚拟场景中自然地出现和移动，以提醒用户并辅助用户相互之间进行躲避。这些虚拟化身的位置在现实空间中出现于两个用户之间，用户在虚拟场景中躲避它们时自然地就避开现实空间的其他用户，从而保证多用户漫游虚拟场景时的安全。同时，由于该方法仍然将虚拟场景映射到现实空间，两个空间位置之间的映射是一个连续的双射，因此用户在虚拟场景中相遇时，他们在现实空间中也处于相近的位置，从而为用户间的相互交互提供了保障。

近年来，随着 VR/AR 技术的不断发展，VR 的人机交互同样有了长足的进步。从早期基于上帝视角的交互到以用户为中心的交互，再从虚拟指针交互到虚拟手势交互，用户体验的沉浸感逐步提升，并借助模拟生成刺激用户感官的各种信息，进一步提升了用户体验的真实感。目前，人机交互技术逐渐趋于细化与专门化，根据应用领域与任务的不同，交互的方式也各不相同，许多问题有待挖掘和解决。

总之，在 VR/AR 环境中进行几何处理能够有效提升用户对于几何模型的认知。一些在现实中难以建模的几何体能够轻松地在 VR/AR 环境中表达和处理，并带给用户沉浸式的体验。已有一些工作着眼于 VR/AR 中的交互式建模，其中的几何处理仍然需要更加丰富的交互手段去支撑。

9.2 3D 打印中的几何处理

增材制造技术是智能制造的一个重要分支。增材制造技术，又称 3D 打印，是一种依据用户设计的三维模型数据，经切片和离散材料（液体、粉末、丝等）的逐层叠加，堆积成完整实物的成型技术。与传统的减材制造技术相比，3D 打印是一种自下而上材料累加的制造工艺，具有个性化定制、零技能制造、复杂产品加工、经济节约等优势。3D 打印自 20 世纪 80 年代开始发展，改变了传统的减材制造模式，带来了制造工艺和生产模式的变革，有力推动了智能制造等相关技术的发展。

9.2.1 打印工艺相关的几何处理

从数字模型到实物模型的打印流程中，涉及诸多几何计算与处理的问题，包括切片计算、路径规划、模型分割和支撑结构优化等。

9.2.1.1 切片计算

3D 打印的本质是分层制造，而分层制造的基础就是切片计算。最简单的切片方式是等厚度切片。切片厚度小，打印精度高，但片数过多导致打印非常耗时；而切片厚度大，打印时间短，但打印精度低。因此，切片计算需要兼顾打印的效率和打印的精度两个问题。

切片计算可采用自适应厚度的策略实现打印精度和打印时间的平衡，一般通过优化一个定义于整个模型表面的几何误差来产生自适应切片 (Hayasi et al., 2013)。常用的精度的度量有尖高 (Cusp Height)、弦长 (Chord Length) 和面积偏差 (Area Derivation) （如图 9.6所示），具体定义如下：

(1) 尖高。设轮廓边缘点 p 对应的单位法向量为 $\boldsymbol{n}(n_x, n_y, n_z)$，用户指定的最大尖高为 $C_{\max}$，p 处的切片厚度 t 可由下式计算：

$$t = \frac{C_{\max}}{n_z} \ (n_z \neq 0) \tag{9.1}$$

(2) 弦长。设 p 处的切片厚度为 t，切片轮廓线与其在 z 轴方向投影的夹角为 θ，则弦长为 t/θ，弦长常常作为比较原始模型与打印模型偏差的标准。

(3) 面积偏差。设连续两层的切片面积分别为 A_i 和 A_{i+1}，δ 为用户设置的最大面积偏差常数，则面积偏差定义为：

$$\sigma = \frac{A_{i+1} - A_i}{A_i} \leqslant \delta \tag{9.2}$$

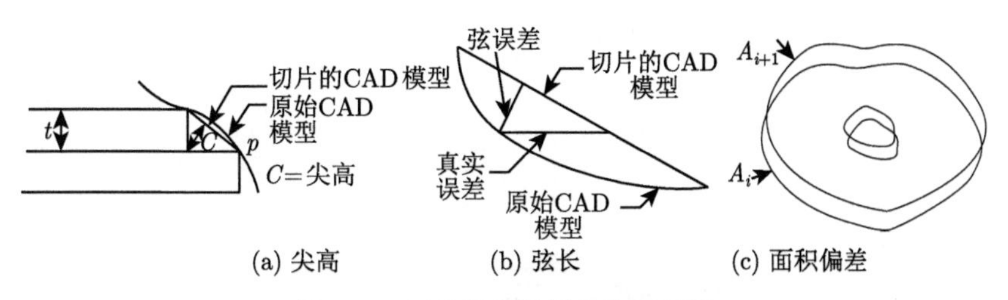

图 9.6 切片计算常用的几何度量

Wang 等 (2015b) 以均匀切片作为初始化，将切片问题转化为一个带约束 L_0 优化问题，提出了保持模型视觉显著性的切片优化算法（如图 9.7所示），很好地平衡了打印的质量和效率。

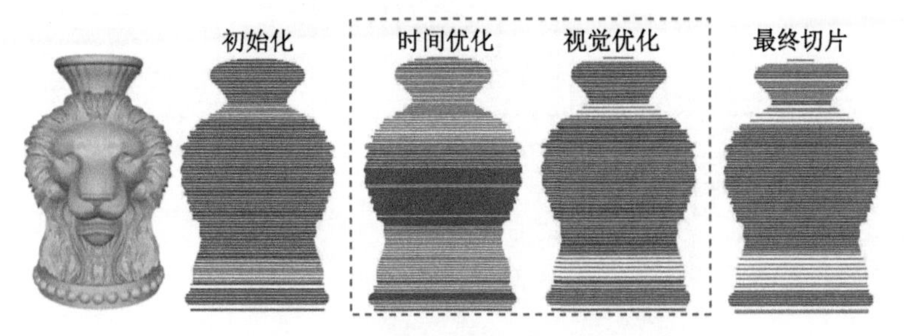

图 9.7 保持模型视觉显著性的自适应切片

9.2.1.2 路径规划

对给定的平面切片，打印路径规划控制着打印头的移动路径和打印时间，是 3D 打印的基础问题。路径规划的关键一方面是减少空行程和扫描路径在不同区域的跳转次数；另一方面尽可能保持打印路径连续光滑，并保持路径间距相等。路径规划类型包括平行扫描、轮廓平行扫描、分形扫描、螺旋线扫描等（如图 9.8所示）。

现有的扫描路径往往存在着大量的细小折线，导致 3D 打印过程中打印喷头不断跳转，影响了打印效率和质量。Zhao 等 (2016) 提出了基于连通 Fermat 双螺旋线的连续路径规划（如图 9.9所示）。连通 Fermat 螺旋线使得整个填充路径在全局上构成连续的路径，有效地提升了 3D 打印的效率和质量。该算法的主要步骤如下：

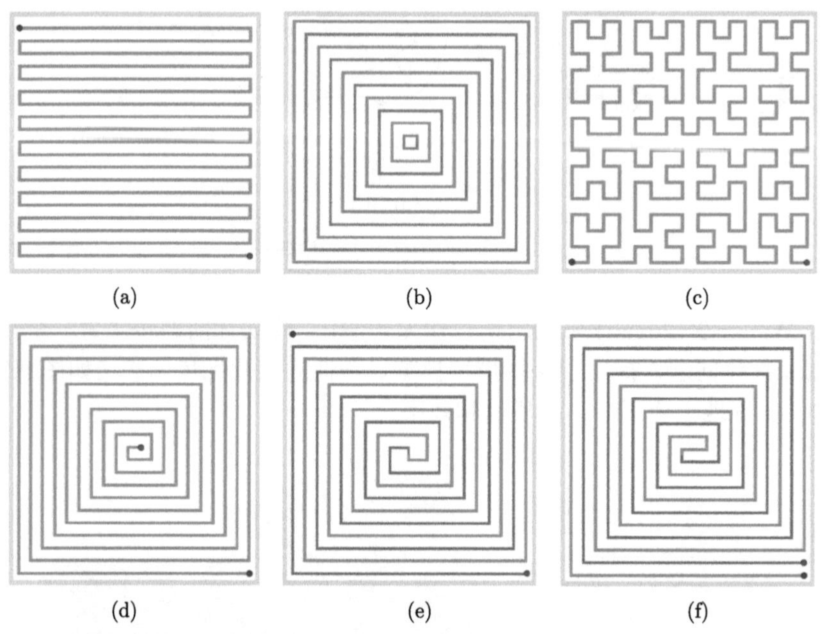

图 9.8　路径规划的主要类型：(a) Zigzag 平行；(b) 轮廓平行；(c) 分形；(d) 螺旋线；(e)～(f) Fermat 双螺旋线 (Zhao et al., 2016)

图 9.9　基于连通 Fermat 螺旋线的路径规划 (Zhao et al., 2016)

(1) 对于给定的平面切片，以切片的轮廓作为零等值线，应用欧几里得距离变换获得一系列与轮廓相平行的等值线，距离变换的奇点对应一个孤立的“口袋”(Pocket)；

(2) 对于每一个“口袋”，首先通过连接相邻的等值线将轮廓平行路径转化为螺旋线，然后再通过局部重新定向将螺旋线进一步转化为 Fermat 螺旋线，同时要求螺旋线的起点和终点处于相邻的位置；

(3) 通过遍历和局部重新定向的方法连接所有的 Fermat 螺旋线，并进一步优化曲线改进路径的光滑性和间距。

9.2.1.3 模型分割

受限于 3D 打印机内部空间，一般无法直接打印出大尺寸模型，因此需要将大尺寸模型分解成一个个可以单独打印的小模型，然后再将它们组装成一个整体模型。

Luo 等 (2012) 提出一种称为 Chopper 分解的模型分解方法。对于用户给定的几何模型，Chopper 分解借助 Chopper 搜索算法构建一棵二叉空间剖分树 (BSP)，其中的每一个平面对应一次分割操作。每次剖分都将目标模型一分为二，最终整个模型表达为基于二叉空间剖分树的层次结构。最后在分割的横截面处设置连接装置，使得所有部件组装成一个整体模型（如图 9.10所示）。

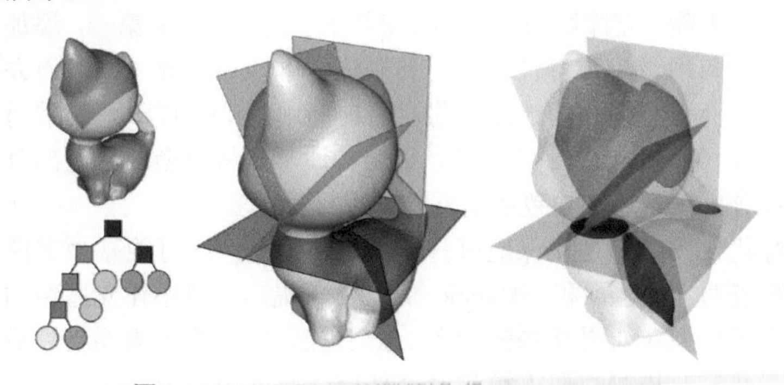

图 9.10 Chopper 分割打印 (Luo et al., 2012)

Song 等 (2016a) 结合 3D 打印和二维切割两种制造工艺，提出了一种由粗到细的分块制造大尺寸物体的方法。该方法将激光切割板块通过空间的自锁结构构成内部的凸多面体粗略表达，外部的精细表达则由多个 3D

打印部件贴附到内部的凸多面体上，以保证物体表面的细节外观。这种方法比简单的分块打印方法节省高达 60% 的材料成本和制造时间（如图 9.11 所示）。

另外一些研究工作在对三维模型进行分解的时候，还考虑了其他一些约束，比如免支撑结构、减少打印时间、装箱紧凑等。这些约束为大尺寸物体的打印提供了有效的技术手段。

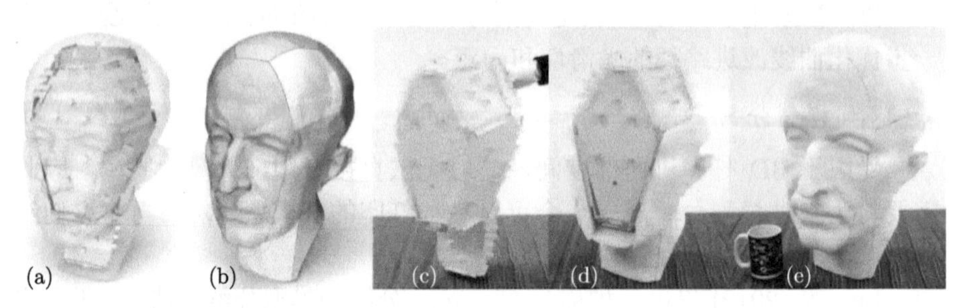

图 9.11　结合 3D 打印和二维切割的分块打印

9.2.1.4　支撑结构优化

打印模型具有悬空部分时，一般的 3D 打印技术需要添加额外的支撑以保证模型的可打印性。支撑结构需要和原始模型一同被打印，且在打印结束后人为去除。支撑结构为 3D 打印带来了两个问题：第一，添加支撑材料会增加材料用量，使得打印时间和制造成本增加；第二，人为去除支撑结构，可能会对模型表面造成损伤。目前商用的 3D 打印系统常用的是垂直丝状支撑（如图 9.12(a) 所示）。该结构通常是将模型的悬空部分和其下的实体部分直接相连，导致所消耗的支撑材料过多。

支撑优化的关键是在保证可打印性的前提下，尽可能减少支撑结构及其与模型表面的接触面积。Vanek 等 (2014) 提出了最小化支撑结构总长度的树状支撑模型（如图 9.12(b) 所示）。首先，确定模型需要支撑最少的打印方向；然后，检测需要支撑的悬空部分，通过均匀采样得到支撑点，这些支撑点成为树状支撑的叶子节点，进而生长优化得到下一层节点；最后，逐步生成树状支撑并逐渐收敛到一个连接到支撑平面或者其他部分的支撑点（如图 9.13所示）。

虽然树状支撑大大减少了支撑结构的材料消耗，但是在结构的稳定性上有所不足。Dumas 等 (2014) 在选取支撑点时还考虑了模型打印过程中的整体稳定性，提出了带有桥状结构的脚手架支撑模型，其支撑结构的消耗同树状支撑结构相当，但是结构稳定性有了很大的提升（如图 9.12(c) 所示）。

图 9.12　3D 打印中的支撑结构：(a) 丝状支撑结构；(b) 树状支撑结构 (Vanek et al., 2014)；(c) 脚手架支撑结构 (Dumas et al., 2014)

图 9.13　逐步生成树状支撑 (Vanek et al., 2014)

9.2.2　面向结构和物理性能的几何处理

物体除了几何形状外，需具有实际的使用功能，满足一定的物理与力学性能。比如，物体在施加一定外力条件下须保持不发生大变形或断裂等。这就需要考虑物理或力学属性约束下 3D 打印物体的几何设计与处理问题。

物理与力学性能分析中最常用的工具是有限元方法。有限元方法是计算数学中求解偏微分方程边值问题近似解的一种数值方法。它将连续系统分割成有限个小单元，通过对每个单元的恰当逼近，导出连续系统的离散计算方程（称为刚度方程），求解得到原问题的近似解。刚度方程形式为：

$$\boldsymbol{KD} = \boldsymbol{F} \tag{9.3}$$

式中，$\boldsymbol{K}$ 是刚度矩阵，$\boldsymbol{F}$ 是作用力，$\boldsymbol{D}$ 是作用力 $\boldsymbol{F}$ 引起的形变量。

3D 打印的制造成本主要是打印材料的消耗。在保持打印质量的前提下，轻量化的 3D 打印是降低制造成本的研究重点。自然界存在很多既轻便又结实的结构，如桁架或刚架结构 (Wang et al., 2013)、蜂窝结构 (Lu et al., 2014)、泡沫结构 (Martinez et al., 2016) 等，这些结构为 3D 打印的成本优化提供了借鉴思路。

受建筑工程中刚架结构的启发，Wang 等 (2013) 提出一种基于“蒙皮-刚架”(Skin-Frame) 轻质结构的轻量化优化技术。“蒙皮-刚架”结构包括外层很薄的蒙皮 S 与内部的刚架结构 T。蒙皮的厚度为 h_S，一般设为打印装置的最小打印尺寸。刚架结构 T 由节点 $V = \{v_i|i = 1, 2, \cdots, |V|\}$ 和杆件 $E = \{e_j|j = 1, 2, \cdots, |E|\}$ 组成。每个杆件 e_j 是一个半径为 r_j、长度为 l_j 的圆柱体，记 $r = \{r_i|i = 1, 2, \cdots, |V|\}$。刚架结构是由杆件通过节点连接形成一个结构稳点的空间结构，具有良好的力学特性和质量轻便等优点（如图 9.14(a) 所示）。优化的目标是将要打印的模型表达成一个“蒙皮-刚架”结构，使得所使用的打印材料最少，并且打印物体能够满足所要求的力学强度、稳定性及可打印性。在此考虑下，该算法将优化问题转化为一个多目标规划问题，优化的变量只包括刚架结构中杆件的半径、节点的个数及位置，目标函数有两个：第一个目标是使得物体的体积最小。忽略蒙皮的厚度对物体体积的影响，只考虑刚架结构的体积之和，因此，优化问题为：

$$\min_{r,V,E} \mathrm{Vol}(r, V, E) = \sum_{e_j \in E} \pi r_j^2 l_j \tag{9.4}$$

第二个目标是最小化刚架结构中杆件及节点的数量，通过 l_0 稀疏优化避免冗余的杆件及节点：

$$\min_{E} \ \|E\|_0 \tag{9.5}$$

上述多目标规划还包含一些约束：应力、杆件的弹力和弯曲、几何近似、自平衡性以及可打印性。一般采用迭代方法来优化多目标函数。首先从一个随机生成的刚架结构出发，通过拓扑优化去除多余的杆件及节点，再通过几何优化调整杆件和节点的几何信息（如图 9.15所示）。拓扑优化和几何优化两个步骤不断迭代得到最终结果，使得刚架结构的体积之和最小（如图 9.14(b) 所示）。

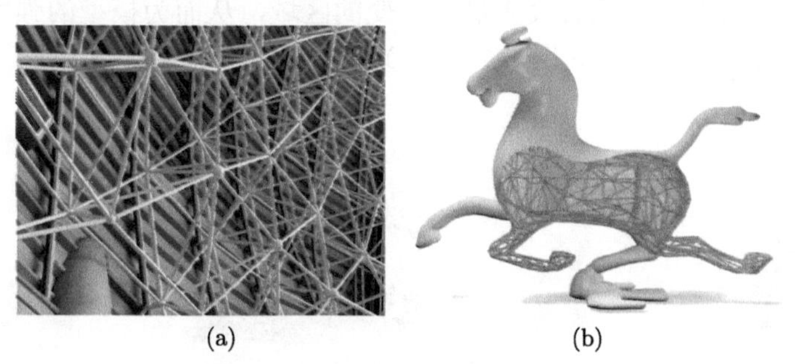

图 9.14　基于“蒙皮-刚架”结构的轻量化 3D 打印：(a) 刚架结构；(b) 轻量化设计模型

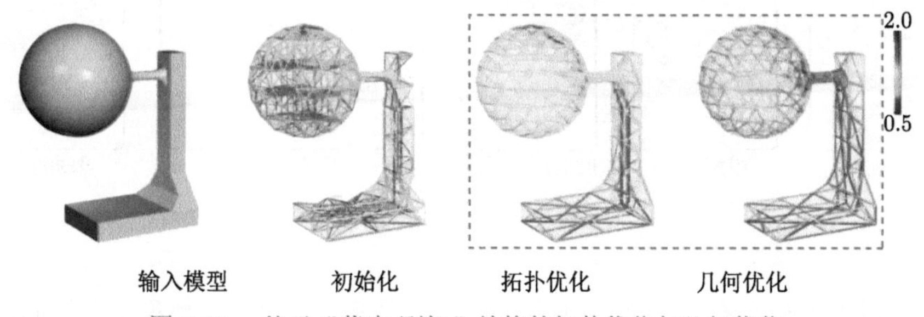

图 9.15　基于“蒙皮-刚架”结构的拓扑优化与几何优化

结构强度是高质量制造的重要指标之一。由于用户缺乏一些设计经验与力学知识，设计的模型往往会存在一些结构强度的问题，使得三维模型在打印、运输或者日常使用过程中容易受到破坏。因此，如何检测和修复三维模型的结构强度问题至关重要。

Stava 等 (2012) 提出了一个自动检测并且修正结构强度问题的方法（如图 9.16所示）。对于强度检测，该方法利用一个轻量级的结构分析求解器来计算识别结构强度；对于强度修复，该方法则通过内部挖洞、局部加厚与加支撑等方式来修正所检测出的强度问题。这种方法通过创建一个与原始模型的外形尽可能保持一致的三维模型，有效地增加了模型的物理强度，避免了高强度应力区域的出现。但是它需要明确指定或者设定模型可能承受的外部荷载情况。在此基础上，Zhou 等 (2013) 对三维模型中可能存在的脆弱区域进行了更为全面的分析，通过模态分析寻找最不利的荷载分布，即模型上最易被破坏或者发生最大形变的区域，从而为模型的强度优化提供了更为明确的指引（如图 9.17所示）。

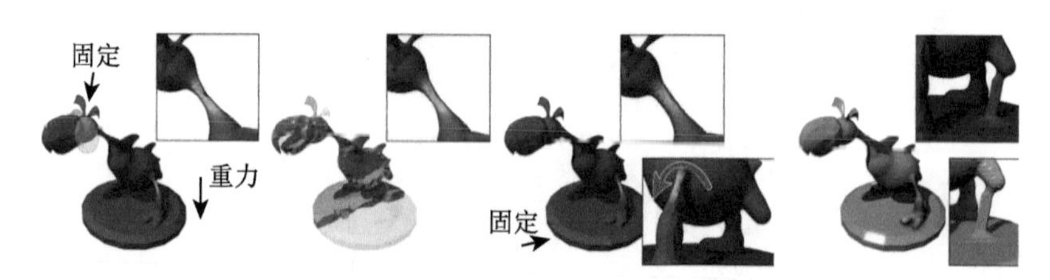

图 9.16　结构强度检测与修复 (Stava et al., 2012)

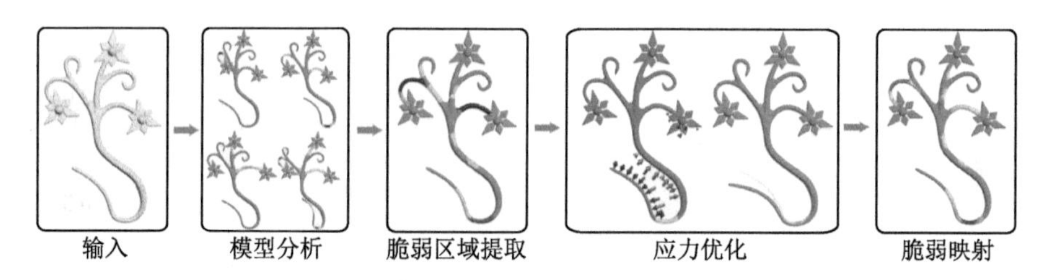

图 9.17　脆弱区域检测 (Zhou et al., 2013)

另外用户在设计模型的时候一般不考虑重心分布、模型稳定性等问题，使得制造的实体模型在没有支架或者底座的情况下无法以用户期望的方式站立或者平衡。因此，三维模型的稳定性优化是 3D 打印的一个重要实际问题。

大部分针对稳定性优化的工作都通过内部挖空或者局部变形的方式改变模型的重心位置，从而实现稳定性优化。Prévost 等 (2013) 提出一种对模型进行交互式修改的方法（如图 9.18所示），通过在模型内部挖空以及对模型进行局部的变形以改变模型的重心位置，使得 3D 打印的实体模型能够在没有支架或者底座支撑的情况下，以指定的方式站立或者悬挂。该方法将平衡性问题转化为下列能量优化模型：

$$\min_{M_I, M_O} (1-\mu)E_{\text{CoM}}(M_I, M_O) + \mu E_M(M_O) \tag{9.6}$$

式中，$E_{\text{CoM}}(M_I, M_O)$ 是形状保持项，表示输出形状 M_O 与输入形状 M_I 之间的偏差；$E_M(M_O)$ 表示到目标重心的投影距离。Bächer 等 (2014) 研究了动态旋转物体的稳定性问题，通过模型内部挖空或者局部变形，使用多材料分布优化模型的重心分布，使得打印物体在旋转的状态下保持稳定（如图 9.19所示）。

图 9.18 站立稳定结构优化 (Prévost et al., 2013)

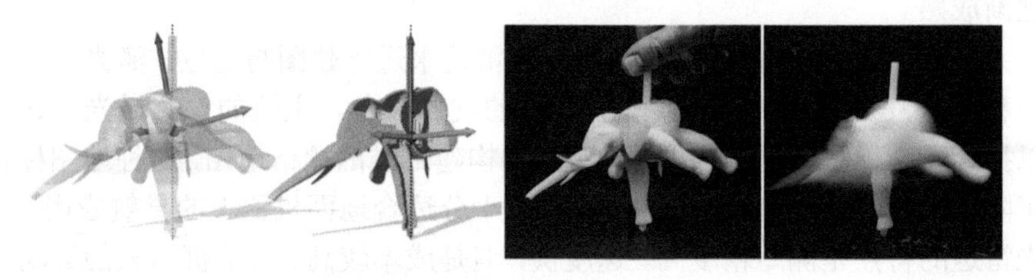

图 9.19 旋转稳定结构优化 (Bächer et al., 2014)

9.3 机器人中的几何处理

随着机器人软硬件技术的成熟，诸如 Fetch、PR2 等机器人平台在工业生产和科学研究等领域得到了广泛应用。从技术层面来看，机器人的智能需要感知系统和各种智能算法的支撑。鉴于智能机器人以感知现实环境为前提，需要实时地确定它在现实环境中的位置，并恢复环境的三维结构信息，进而实现对现实环境的理解和作业。因此，机器人领域存在许多几何处理相关的问题，例如智能导航、自动场景重建、景物的分割与识别、智能场景理解、智能抓取等。

9.3.1 机器人自主扫描与重建

机器人要在现实三维场景中运动与交互，首先需要实时感知它在场景中的位姿以及场景的空间信息，包括定位、构图、识别和理解等。本节主要介绍即时定位和构图 (Simultaneous Localization and Mapping, SLAM) 和场景三维扫描重建技术。

9.3.1.1 即时定位与构图技术

即时定位与构图技术是机器人系统的基础技术, 专注于让机器人在一个未知场景中构建地图，并且同时利用构建好的地图进行定位, 如果没有定位与构图技术，扫地机器人将无法智能地打扫室内环境，只能靠碰撞和随机转向来改变行进方向；更无法准确地执行主人的指令，穿梭于各个房间之中。虚拟现实与增强现实系统若缺乏定位信息将使用户寸步难行，无法获得真实的体验。通过多年的研究与发展，SLAM 技术得到了快速的发展，逐渐成熟。

早期的 SLAM 算法主要使用激光雷达来进行建图与定位。激光雷达是一种通过发射激光束来获取障碍位置的硬件设备，主流的 2D 激光雷达可以持续不断地扫描平面内的障碍物，并构建二维的栅格地图，这种地图标记了障碍区域、自由区域以及未知区域，十分适合地面机器人的导航应用。激光雷达的特点是测距精度高、速度快，但是成本较高。由于机器人的运动估计与对环境的观测都具有一定的不确定性，早期的 SLAM 算法将其看作一个概率分布的估计问题，并使用滤波器方法来求解。经典的滤波器 SLAM 包括基于扩展卡尔曼滤波器的 EKF-SLAM(Guivant et al., 2001)、基于粒子滤波器的 FastSLAM(Montemerlo et al., 2002) 等。尽管滤波 SLAM 算法已经相当成熟，但仍然面临着线性化误差严重、不易表示回环、时间与空间开销较大等问题。

随着 CPU/GPU 计算能力的不断提高，基于单目相机的视觉 SLAM 方法逐渐成为 SLAM 的研究热点。单目相机 SLAM 又被称为 MonoSLAM，直接使用一个普通摄像机作为感知信息的输入，其优点是传感器结构简单、配置成本低廉，但是由于普通摄像机无法直接获得障碍物到相机的距离，需要靠运动中的结构恢复 (Structure from Motion, SFM) 来计算。近年来，涌现出了许多优秀的单目视觉 SLAM 方法，代表性的有：PTAM 方法 (Klein et al., 2007)、ORB-SLAM 方法 (Mur-Artal et al., 2015)、RKSLAM 方法 (Liu et al., 2016) 等，也有一些开源的单目 SLAM 代码。

尽管单目相机能通过运动恢复结构技术来计算相对距离，但仍然无法获得估计轨迹与重建地图的真实尺度。随着 2010 年微软公司推出深度相机 Kinect，基于深度相机的 SLAM 技术发展迅猛。深度相机（RGB-D 相机）除了像普通相机那样获得彩色影像外，还能获得物体距相机的距离（深度）信息。Newcombe 等 (2011) 首次基于 Kinect 实现了实时三维重建系统 KinectFusion，借助迭代最近点 (ICP) 算法由深度图像生成的点云来估计相机位姿和注册三维点云，进而利用截断符号距离函数 (TSDF) 重建场景。当然，也可以用双目 RGB 相机来构造 SLAM 技术，典型的有 ORB-SLAM2 方法 (Mur-Artal et al., 2017)、LSD-SLAM 方法 (Engel et al., 2014) 等。

一般地，SLAM 算法的基本流程如下：

(1) 传感器输入：读入颜色、深度、惯性测量等数据，并进行预处理；

(2) 视觉里程计：通过比较相邻两幅输入图片，估计相机的相对运动，并建立局部地图；

(3) 后端优化：接受不同时刻视觉里程计估计的相机位姿以及回环检测的结果，优化得到全局一致的地图与相机轨迹；

(4) 回环检测：判断相机是否重新经过先前到达过的位置，将检测到的回环传给后端；

(5) 建图：根据估计的相机轨迹，构建全局地图。

有关 SLAM 的详细实现方法，读者可参看文献 (鲍虎军等，2019)。

9.3.1.2 单个物体的自主扫描

传统上，单个物体的扫描一般是手持扫描仪扫描物体的不同区域，用户根据扫描的结果在线调整扫描的视域和路径。这是一个非常烦琐的过程。相比于用户手动控制扫描仪，由机器人携带扫描传感器并自主扫描未知物体或场景的方式更具优势，如拥有更高的稳定性和准确度、利于全自动操作等。由于视觉和三维传感器的视野范围有限，加之遮挡的存在，一个物体的完整重建很难仅仅通过一个视域获得。因此，典型的做法是先将物体周围的空间，比如在以物体为圆心的球面或者圆柱面上，离散采样出一些可以观察到物体的视点。然后，根据所获得的物体信息，计算可能的下一

个最佳视域 (Next Best View, NBV)(Connolly, 1985)。

NBV 算法分为模型相关和模型无关两类。模型无关方法由于缺乏先验而更有难度，只能通过分析当前部分重建结果的几何信息来决定 NBV 的位置。通常的做法是持续不断地找出已重建曲面的边界，并考虑下一个视域能看到的未知信息量，不断地完善整个重建曲面 (Kriegel et al., 2015)。模型相关方法利用被扫描物体的形状先验知识来指导 NBV 的选择，比如 Liu 等 (2018a) 利用部分匹配 (Partial Matching) 所获得的候选模型，选取具有最大条件信息增益 (Maximal Conditional Information Gain) 的 NBV，不仅有效减少了扫描的不完整度，还提升了候选模型的区分度，实现更加精确的匹配。

不同于传统 NBV 方法采用最少的扫描视域数来覆盖整个物体，Wu 等 (2014b) 通过分析与扫描数据的质量密切相关的 Poisson 场来指导 NBV 的生成，获得了高保真的扫描（如图 9.20所示）。给定一个未知形状的物体，该方法首先对物体进行随机视角的扫描，获得一个初始点云（如图 9.20(b) 所示），进而由 Poisson 曲面重建方法重建出当前初始点云的密闭曲面，最后采用泊松圆盘采样 (Poisson Disk Sampling) 获得重建曲面上的带方向的采样点集 $S = \{(\boldsymbol{s}_k, \boldsymbol{n}_k)\}_{k\in K} \subset \mathbb{R}^6$。重建的 Poisson 曲面的质量与初始点云的扫描质量密切相关，因而可以通过分析重新采样的点云 S 来分析原始点云的质量。然后通过定义完整性分数 $f_g(\boldsymbol{s}_k, \boldsymbol{n}_k)$ 和光滑性分数 $f_s(\boldsymbol{s}_k, \boldsymbol{n}_k)$ 来寻找欠扫描的地方（如图 9.20(c) 所示），并依此来决定 NBV 的位置和视角（如图 9.20(d) 所示）。他们利用具有两个机械臂的 PR2 机器人来进行实际的测试，两个机械臂分别控制待扫描的物体和高精度的激光扫描仪，最终实验获得了对复杂物体高质量的重建（如图 9.20(f) 所示）。

9.3.1.3 多物体场景的自主重建

尽管现有的 SLAM 算法已经为完整场景的重建提供了高精度的定位与构图，但是主流的 SLAM 方法并不关注如何控制相机的运动来进行有效和完整的扫描。因而，如何对未知场景进行自动扫描重建一直是机器人领域的研究重点之一。

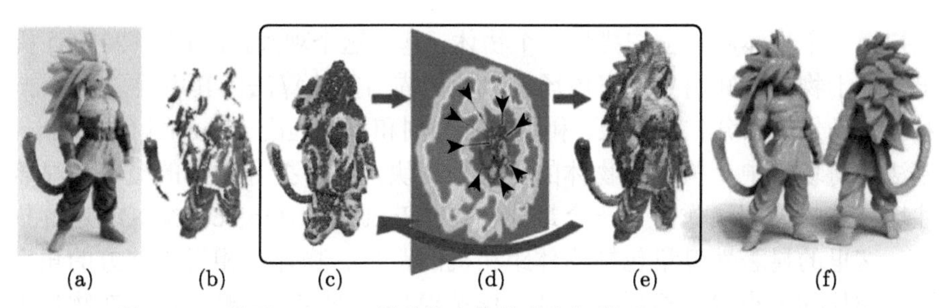

图 9.20 基于 Poisson 场的单个物体自主扫描 (Wu et al., 2014b)

早期机器人领域把未知场景的扫描、建图问题称为探索 (Exploration) 问题，其研究重点是如何为机器人规划合理的探索与扫描路径。Yamauchi (1997) 首先提出了基于边界的自主探索算法，他们将边界定义为自由区域与未知区域的交界处。通过移动到新的边界，机器人能有效地扩展其探索领域，直到探索完整个场景。Shade 等 (2011) 则利用一个调和标量场的梯度场来实现对未知场景的完整探索。

基于这一考虑，不同于势能场和梯度场，张量场拥有较少的奇点并且不存在汇点，因此能让沿场线运动的机器人的行驶路线更光滑、更稳定，并且不会陷入局部极小点。Xu 等 (2017) 提出一种基于张量场的自主重建未知场景的算法，其计算流程主要包括张量场的更新、张量场引导的路径规划、路径限制的相机轨迹计算三个步骤（如图 9.21所示）。首先将机器人当前扫描过的三维场景投影到二维地面，并依据已知的障碍生成二维张量场 $T(t)$。由于张量场本身不带方向，需要在每一点确定方向后才能引导机器人的运动。算法通过计算张量场的主特征向量并结合当前机器人的朝向来确定每一点的方向，从而将张量场转化为向量场 $V(t)$，并最终通过求解一个微分方程来确定机器人的运动路径 $p(t)$：

$$p(t) = p_0 + \int_0^t V(p(s); t_0 + t)\mathrm{d}s$$

最后，将相机轨迹限制在机器人的运动路径范围内，并同时考虑未知区域的可见性、相机的线速度、相机的角速度等因素，即可优化求解出一条三维空间内的相机扫描轨迹。由于实现了二维运动路径规划和三维相机轨迹规划的有机结合，该算法能有效提高扫描效率与重建质量。

在实际中，用户在探索与扫描整个场景时，倾向于按照物体的顺序，完整地扫描一个物体后再去扫描另一个物体。基于这个观察，Liu 等 (2018a) 提出了基于物体感知引导的室内场景自动扫描与重建算法。其主要思路在于，对当前场景的部分扫描结果，利用实时分割和部分匹配（Partial Matching）方法获得场景中一些疑似物体的待选分割块，从中搜寻物体的概率和显著性均较高的分割块作为下一个最佳物体 (Next-Best-Object, NBO) 进行扫描，这里的显著性度量包括物体距相机的距离、物体距相机正前方的角度以及物体的大小等。然后结合基于候选模型的 NBV 策略，最终在物体语义的引导下完成对未知室内场景的完整扫描（如图 9.22所示）。

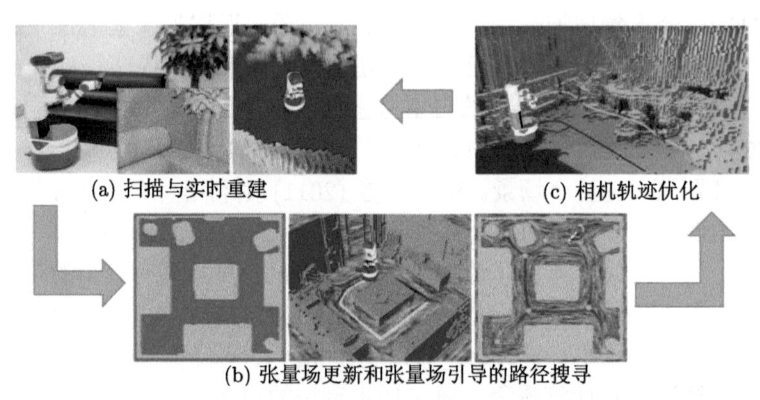

图 9.21　基于张量场的自主场景扫描与重建 (Xu et al., 2017)

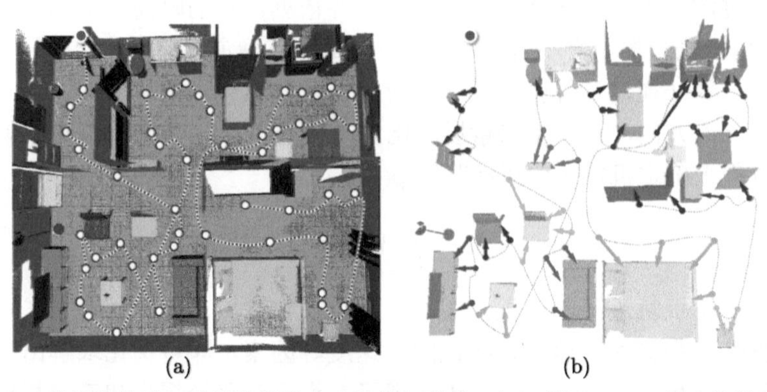

图 9.22　基于物体感知引导的场景自动扫描与重建：（a）基于 NBO 策略的机器人扫描路径；（b）对每个物体所选择的 NBV，相同物体所对应的 NBV 被标注成了相同颜色

9.3.2 机器人智能场景理解

多物体场景的理解往往是机器人执行各种操作的前提。这里所说的场景理解，主要是指机器人在进入场景后能将场景中的物体与背景分割开来，并对每个分割出来的物体进行识别，获得物体最有可能所属的若干种类及其相应的概率。可以说，物体的分割与识别是场景理解的关键步骤。一般的，智能场景理解的流程如下：首先重建周围环境，然后分割重建的场景，最后识别分割得到的物体。

9.3.2.1 物体分割

物体分割是机器人智能操作如物体建模、物体识别、自主抓取和操作、物体追踪等的基础。人们最早尝试在二维图片上对物体进行分割，但二维图像缺失深度和空间关系，不利于指导机器人进行后续操作。早期基于三维重建结果的分割方法往往需要机器人完整扫描并重建场景，再对重建好的三维曲面或者点云进行离线的分割与分析。

为了实现在线的重建与分割，即在实时重建场景的同时获得对当前部分重建结果的分割，Tateno 等 (2015) 提出了一个增量式分割框架。对于每一帧 RGB-D 输入，该方法在标准的 SLAM 定位和构图流程外，增加了单帧深度图的分割、分割标签传播、分割融合、分割更新等环节，实现二维单帧数据的分割和 SLAM 全局重建的有机结合。具体执行时，算法将当前已有的全局分割结果，依照 SLAM 估计的相机位姿，重新投影到二维图像上，并与当前输入的单帧深度图像的分割结果进行对比，从而将全局分割结果的标签值有效地传播到当前的单帧分割结果中，以保证分割标签值的一致性（如图 9.23所示）。

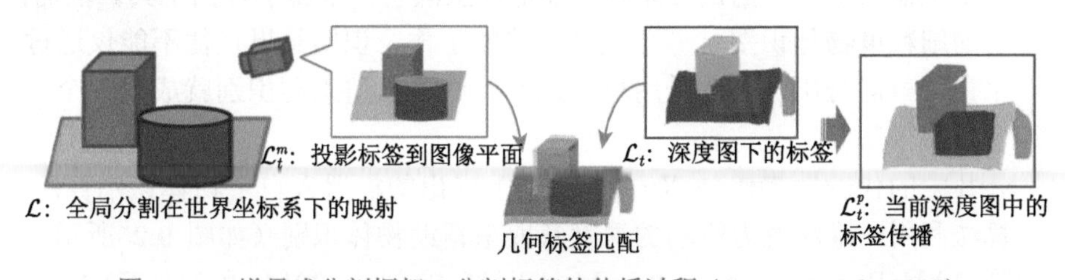

图 9.23 增量式分割框架，分割标签的传播过程 (Tateno et al., 2015)

不同于单纯依靠视觉或深度输入的分割方法，Xu 等 (2015) 提出通过机器人物理介入的主动式物体分割方法。当两个物体紧密接触时，单靠颜色或深度数据已经无法有效区分两个物体。此时，用户会通过交互施加推力分开这两个物体。基于此思路，该方法利用拥有两个机械臂的 PR2 机器人，在其中一个机械臂末端固定一个用来扫描的 Kinect 相机，让另一个机械臂在遇到难以分割的物体时，尝试利用物理推力去推开当前扫描的物体。若该物体被推开之后变为两个物体，则分别对两个物体进行扫描；否则便认为该物体确实为一个独立物体，随后可以进一步采取精细扫描来完善之前遮挡处的细节（如图 9.24所示）。

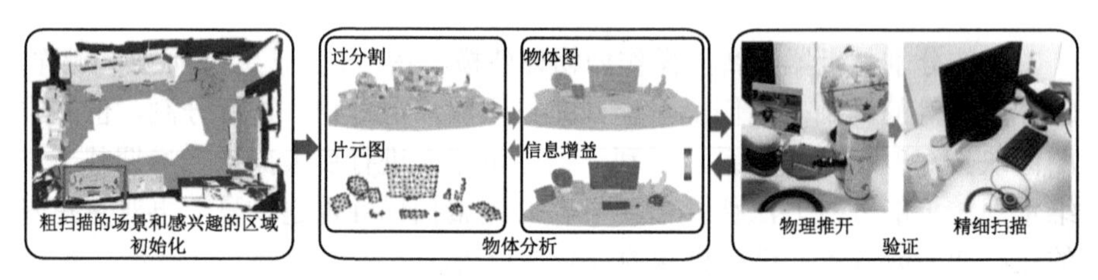

图 9.24　通过机器人物理介入的主动物体分割 (Xu et al., 2015)

9.3.2.2　物体识别

物体识别本质上是一个分类问题。近年来，深度学习已成为人们解决分类问题的首选方法。这里我们简单介绍一下机器人参与的物体识别工作。

与粗粒度物体识别不同，细粒度物体识别要求识别算法能分辨类内差异，即找到与输入形状最接近的数据库中的形状，而不仅仅给出它是椅子或自行车这样的结论。细粒度物体识别对于机器人来说往往更有意义，用户希望机器人拿来一把扫帚而不是拖把，虽然它们都属于打扫工具。然而，自动的细粒度物体识别是一个颇具挑战的工作，识别结果往往不能仅通过一个视角就能得出，因此采用机器人参与的多视角主动识别就成为一个更加可行的策略。

其中的代表性工作是 Xu 等 (2016) 提出的机器人自主物体识别算法，该算法利用三维注意力驱动的深度获取来帮助物体识别（如图 9.25所示）。受到 RAM(Recurrent Attention Model)(Mnih et al., 2014) 和 MV-CNN(Su et al., 2015) 的启发，该算法将不同视角的观察作为机器人注意力的一个表现（即一次只观察到物体的某一面），并构造了一个名为 MV-RNN 的网络，有效结合了循环神经网络和多视点卷积神经网络的优点，能依次处理每个时间节点的深度数据输入。在每个时间节点上，该网络首先结合已有全部视点的观察数据，随后除了输出当前的识别结果外，还利用 NBV 回归子网络部署机器人应该扫描的下一个视点。不同于以前的 NBV 策略，这里的 NBV 方法注重于逐步提高物体识别的置信度，而不是物体扫描的质量和完整度。此外，该算法还对数据库进行层次化的组织，以促进由粗到细的精确形状分类，并引入另一个层次的注意力机制来学习对遮挡不敏感的特征，从而进一步提高了网络的识别能力。

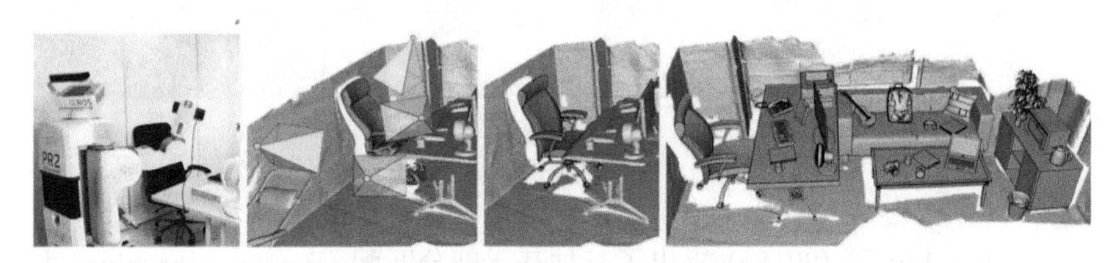

图 9.25 基于三维注意力驱动的室内场景的自主物体识别 (Xu et al., 2016)

9.3.2.3 物体的联合分割识别

上述介绍的物体识别方法，都是以事先拥有较好的物体分割结果为前提。由于室内场景往往比较复杂、杂乱，并且重建结果中存在较大的数据缺失，将室内场景精确地分割成有意义的物体仍然是一个难题。在这种情况下，物体识别的准确性就无法保证。实际上，物体的分割和识别是一个类似先有鸡还是先有蛋的耦合问题。一方面，物体识别高度依赖于精确的物体分割；另一方面，待分割物体拥有类别的先验有助于分割的准确性。

Nan 等 (2012) 提出了一种搜索-分类 (Search-Classify) 的思路，交替地进行分割和分类的计算，通过分类器估计一个分割块成为物体一部分的概率，最终将场景分割成一些有语义的部分（如图 9.26所示）。算法首先人为定义一些基于三维点云的全局特征，由此对室内物体训练一个随机决策森林分类器，从而可对任意输入点云计算一个分类似然 (Classification likelihood) 度量。当输入一个原始扫描的室内场景 S 时，先将 S 过分割成一些分片光滑的块 p_i，即 $S=\bigcup_i p$，随后算法随机挑选三个过分割块 p_i, p_j 和 p_k，将其作为物体种子 $O_l=\bigcup_{p_i,p_j,p_k}$。接下来，算法便开始从物体种子不断向外生长，搜索并融合新的过分割块。每一次搜索的过分割块 p_l 需要

满足 $p_l \notin O_l$，且在 O 中存在一个过分割块和 p_l 相邻。由于一次搜索可能存在多个待融合的过分割块，选择使得 $O_l \bigcup p_l$ 拥有最大分类似然的 p_l 进行融合，并令 $O_l = O_l \bigcup p_l$。这一生长过程不断继续，直到融合任一相邻块都导致分类似然的下降就停止。通过将物体的分割与识别联合求解的方式，场景 S 最终被分割成一些带语义的物体。需注意的是，该方法必须以完整扫描的场景作为输入。

图 9.26　物体联合分割识别的搜索-分类 (Nan et al., 2012)
左上角数字表示分割物体分类的似然值

最近，Liu 等 (2018a) 提出了一种基于部分匹配 (Partial Matching) 和多类图割（Multi-class Graph Cuts）的联合分割与识别的新思路。该方法首先利用实时分割重建技术，将当前的重建点云预分割成一系列接近凸的组件（如椅子的椅腿、扶手、椅背等），进而将分割组件的标记问题（后分割）转化为一个能量极小化问题：

$$\min_{L=\{l_c\}} E(L) = \sum_{c\in\mathcal{V}_c} E_D(l_c) + \sum_{e_{c,d}\in\mathcal{E}_c} E_S(l_c, l_d)$$

式中，$E_D(l_c)$ 为数据项，对应于将分割组件单独进行部分匹配的结果；$E_S(l_c, l_d)$ 为光滑项，对应于将相邻分割组件融合后进行部分匹配的结果；这两项本质上是将部分识别结果应用于分割处理，实现了两个任务的耦合求解。多类图割优化方法可用来求解这一问题，实现对预分割结果的改进（如图 9.27所示）。

9.3.3　基于机器臂的 3D 打印

机器臂提供了空间运动的更多自由度，近年来使用机器臂来进行 3D 打印得到了不少研究者的关注。本节主要简介框架结构和无支撑两类 3D 打印技术。

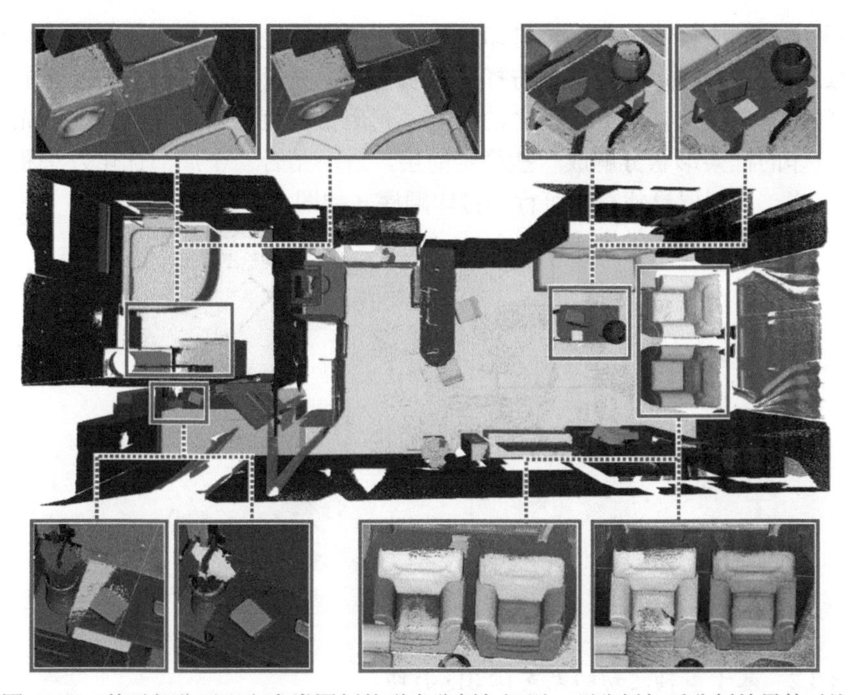

图 9.27　基于部分匹配和多类图割的联合分割与识别：预分割与后分割结果的对比

9.3.3.1　框架结构的空间 3D 打印

机器臂由于具有高精度、高稳定性的特点，十分适合用来空间 3D 打印。传统的 3D 打印方法通过在平面上不断喷出并黏合粉末状的材料来一层一层地形成三维物体。由于打印机喷头固定在一个可二维移动的滑轨上，因而只能通过二维的堆叠来构建三维实物，这种打印模式有时面临着材料浪费和效率低下的问题。另一方面，考虑到机器臂天生具备在三维空间中移动的能力，机器人学家、设计师、建筑学家等开始尝试利用末端安装上 3D 打印喷头的机器臂直接在三维空间中打印物体，如 Freeform Printing(Oxman et al., 2013)、Mesh-Mould(Hack et al., 2014) 等。然而，这些工作主要关注整个制造系统的机械结构设计，比如热塑性喷头的定制、融化温度的控制以及空气冷却单元等，并未过多涉及其中的几何处理问题。

Huang 等 (2016) 提出一种三维框架结构的空间 3D 打印方法，利用机器臂在空间打印成型由一系列杆件所构成的三维框架结构，这些杆件的打印顺序是其中核心的问题，打印过程需要保证已经打印的部分在随后的打印过程中保持稳定，并且不与打印机喷头发生碰撞。这是一个 NP 难的组合问题。该方法通过分而治之的策略，利用带约束的稀疏优化模型，先将待打印的框架形状分解成一些稳定的层，进而结合一个局部优化方法和回溯策略，为每层寻找一个可行的打印顺序（如图 9.28所示）。

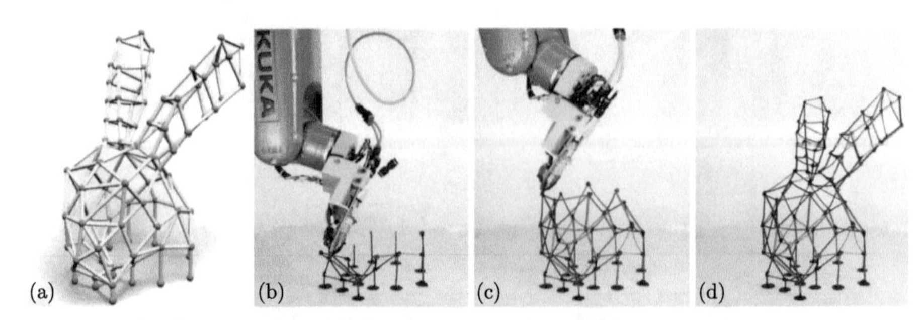

图 9.28　基于机器臂的框架结构空间三维打印：(a) 输入的框架形状；(b)、(c) 打印过程中的状态；(d) 最终制造出的物体

9.3.3.2　基于多轴运动的无支撑 3D 打印

采用机器臂可以进行六自由度的空间曲线轨迹打印，可实现复杂三维模型的无支撑打印。Dai 等 (2018) 将挤出机和喷头固定在框架上，通过机器臂的运动执行打印，提出一种基于曲线轨迹的多自由度机器人手臂无支撑打印系统，对输入的模型生成无支撑曲面切片和供机器人进行空间打印的路径（如图 9.29所示）。系统首先将输入三维模型分解成一系列有顺序可

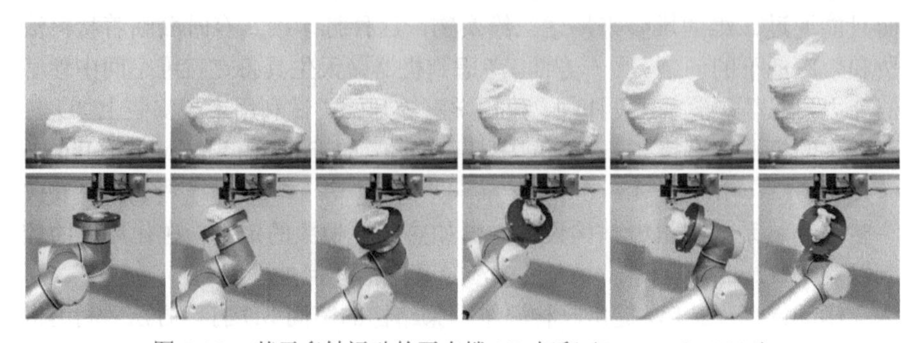

图 9.29　基于多轴运动的无支撑 3D 打印 (Dai et al., 2018)

制造的曲面层，这些曲面层需要满足无碰撞和自支撑约束条件。由于在空间中搜索一系列满足约束的曲面层切片是一个连续搜索问题，利用现有搜索技术难以高效求解，因此该方法可将输入三维模型体素化，将打印空间轨迹近似为打印一系列体素块，同时将曲面层需要满足的约束相应转化为体素需要满足的约束，实现三维空间连续搜索问题的离散化。

9.4 小结

本章简单介绍了几何处理在 VR/AR、3D 打印和机器人领域中的应用，充分展现了该技术的独特性和重要性。近些年的研究进展说明，与智能技术相结合的几何处理技术是一个值得高度关注的趋势，尤其是本章所介绍的场景理解、智能分割等问题涉及大量的机器学习机制。另一方面，与机器人、增强现实等实物载体的结合也是一个重大的研究课题，将过去面向数字化虚拟对象的方法扩展到操控现实世界真实对象，将延伸出大量的创新应用。作为一个较为基础的研究方向，几何处理的理论与方法还有很多本著作并未介绍的上层应用，比如工业软件、智慧城市、无人驾驶、生物、制药等，其发展将有效促进这些应用技术的进步。这种基础与应用研究的交叉既为上层应用提供坚实的技术支持，也向下为几何处理反馈更多的问题，从而刺激新一轮理论方法的探索。展望未来，几何处理技术将越来越多地与各类学科和各种应用进行有机结合，相互推动，结出更为丰硕的果实。

参 考 文 献

鲍虎军, 章国峰, 秦学英. 2019. 增强现实：原理、算法与应用. 北京：科学出版社.
黄劲, 江腾飞, 鲍虎军. 2015. 四边形与六面体自动重网格化技术研究综述. 计算机辅助设计与图形学学报, 27(8): 1354-1362.
Acock M. 1985. Vision: A computational investigation into the human representation and processing of visual information. by David Marr. The Modern Schoolman, 62 (2): 141-142.
Aiger D, Mitra N J, Cohen-Or D. 2008. 4-points congruent sets for robust pairwise surface registration. ACM Transactions on Graphics, 27(3): 1-10.
Aigerman N, Lipman Y. 2013. Injective and bounded distortion mappings in 3d. ACM Transactions on Graphics, 32(4): 106:1-14.
Aigerman N, Poranne R, Lipman Y. 2014. Lifted bijections for low distortion surface mappings. ACM Transactions on Graphics, 33(4): 69: 1-12.
Alexa M, Müller W. 2000. Representing animations by principal components. Computer Graphics Forum, 19: 411-418.
Allen B, Curless B, Popovic Z. 2003. The space of human body shapes: Reconstruction and parameterization from range scans. ACM Transactions on Graphics, 22: 587-594.
Alliez P, Cohen-Steiner D, Devillers O, et al. 2003. Anisotropic polygonal remeshing. ACM Transactions on Graphics, 22(3): 485-493.
Amenta N. 1998. A new voronoi-based surface reconstruction algorithm// SIGGRAPH 1998 Conference Proceedings: 415-421.
Amenta N, Choi S, Kolluri R K. 2001. The power crust//ACM Symposium on Solid Modeling and Applications: 249-266.
An S S, Kim T, James D L. 2008. Optimizing cubature for efficient integration of subspace deformations. ACM Transactions on Graphics, 27(5): 1-10.
Ankerst M, Kastenmüller G, Kriegel H P, et al. 1999. 3d shape histograms for similarity search and classification in spatial databases//International Symposium on Spatial Databases. Berlin: Springer: 207-226.
Asafi S, Goren A, Cohen-Or D. 2013. Weak convex decomposition by lines-of-sight. Computer Graphics Forum, 32(5): 23-31.
Bächer M, Whiting E, Bickel B, et al. 2014. Spin-it: Optimizing moment of inertia for spinnable objects. ACM Transactions on Graphics, 33(4): 96: 1-10.

Bachmann E R, Holm J, Zmuda M A, et al. 2013. Collision prediction and prevention in a simultaneous two-user immersive virtual environment//2013 IEEE Virtual Reality (VR): 89-90.

Barbič J, James D L. 2005. Real-time subspace integration for St. Venant-Kirchhoff deformable models. ACM Transactions on Graphics, 24(3): 982-990.

Barbič J, James D L. 2010. Subspace self-collision culling. ACM Transactions on Graphics, 29(4): 1-9.

Beck A, Teboulle M. 2009. A fast iterative shrinkage-thresholding algorithm for linear inverse problems. SIAM Journal on Imaging Sciences, 2(1): 183-202.

Bellekens B, Spruyt V, Berkvens R, et al. 2015. A benchmark survey of rigid 3d point cloud registration algorithms. International Journal of Intelligent Systems, 8: 118-127.

Belongie S, Malik J, Puzicha J. 2002. Shape matching and object recognition using shape contexts. IEEE Transactions on Pattern Analysis and Machine Intelligence, 24(4): 509-522.

Belyaev A, Belyaev A, Alexa M, et al. 2003. Multi-level partition of unity implicits. ACM Transactions on Graphics: 463-470.

Ben-Chen M, Gotsman C. 2008a. Characterizing shape using conformal factors// 3DOR '08: Proceedings of the 1st Eurographics Conference on 3D Object Retrieval. Goslar, DEU: Eurographics Association: 1-8.

Ben-Chen M, Gotsman C, Bunin G. 2008b. Conformal flattening by curvature prescription and metric scaling. Computer Graphics Forum, 27(2): 449-458.

Besl P J, Mckay N D. 1992. A method for registration of 3-d shapes. IEEE Computer Society: 239-256.

Biasotti S, Giorgi D, Spagnuolo M, et al. 2008. Reeb graphs for shape analysis and applications. Theoretical Computer Science, 392(1-3): 5-22.

Blacker T D, Stephenson M B. 1991. Paving: A new approach to automated quadrilateral mesh generation. International Journal for Numerical Methods in Engineering, 32(4): 811-847.

Bommes D, Zimmer H, Kobbelt L. 2009. Mixed-integer quadrangulation. ACM Transactions on Graphics, 28(3): 77:1-10.

Botsch M, Kobbelt L, Pauly M, et al. 2010. Polygon Mesh Processing. Boca Raton: CRC Press.

Bridson R, Fedkiw R, Anderson J. 2002. Robust treatment of collisions, contact and friction for cloth animation. ACM Transactions on Graphics, 21(3): 594-603.

Brochu T, Edwards E, Bridson R. 2012. Efficient geometrically exact continuous collision detection. ACM Transactions on Graphics, 31(4): 96: 1-7.

Bronstein A M, Bronstein M M, Guibas L J, et al. 2011. Shape google: Geometric words and expressions for invariant shape retrieval. ACM Transactions on Graphics, 30(1): 1.

Bronstein M M, Bruna J, LeCun Y, et al. 2017. Geometric deep learning: Going beyond euclidean data. IEEE Signal Processing Magazine, 34(4): 18-42.

Brown B J, Rusinkiewicz S. 2004. Non-rigid range-scan alignment using thin-plate splines//Proceedings of 2nd International Symposium on 3D Data Processing, Visualization and Transmission: 759-765.

Bruna J, Zaremba W, Szlam A, et al. 2013. Spectral networks and locally connected networks on graphs. arXiv preprint arXiv:1312.6203.

Calakli F, Taubin G. 2011. Ssd: Smooth signed distance surface reconstruction. Computer Graphics Forum, 30(7): 1993-2002.

Cao C, Weng Y, Zhou S, et al. 2014. Facewarehouse: A 3d facial expression database for visual computing. IEEE Transactions on Visualization and Computer Graphics, 20(3): 413-425.

Centin M, Signoroni A. 2017. Mesh denoising with (geo)metric fidelity. IEEE Transactions on Visualization and Computer Graphics, 24: 2380-2396.

Chang A X, Funkhouser T, Guibas L, et al. 2015. Shapenet: An information-rich 3d model repository. arXiv preprint arXiv:1512.03012.

Chen C S, Hung Y P, Cheng J B. 2002. Ransac-based darces: A new approach to fast automatic registration of partially overlapping range images. IEEE Transactions on Pattern Analysis and Machine Intelligence, 21(11): 1229-1234.

Chen D Y, Tian X P, Shen Y T, et al. 2003. On visual similarity based 3d model retrieval. Computer Graphics Forum, 22(3): 223-232.

Chen J, Zheng Y, Song Y, et al. 2017. Cloth compression using local cylindrical coordinates. The Visual Computer, 33(6-8): 801-810.

Chen M, Zou Q, Wang C, et al. 2019. Edgenet: Deep metric learning for 3d shapes. Computer Aided Geometric Design, 72: 19-33.

Chen X, Golovinskiy A, Funkhouser T. 2009. A benchmark for 3d mesh segmentation. ACM Transactions on Graphics, 28(3): 1-12.

Chen Y, Medioni G. 1992. Object modelling by registration of multiple range images. Image and Vision Computing, 10(3): 145-155.

Choi M G, Ko H S. 2005. Modal warping: Real-time simulation of large rotational deformation and manipulation. IEEE Transactions on Visualization and Computer Graphics, 11(1): 91-101.

Choy C B, Xu D, Gwak J, et al. 2016. 3d-r2n2: A unified approach for single and multi-view 3d object reconstruction//European Conference on Computer Vision. Berlin: Springer: 628-644.

Claici S, Bessmeltsev M, Schaefer S, et al. 2017. Isometry-aware preconditioning for

mesh parameterization. Computer Graphics Forum, 36(5): 37-47.
Clark J H. 1976. Hierarchical geometric models for visible surface algorithms. Communications of the ACM, 19(10): 547-554.
Connolly C. 1985. The determination of next best views//Proceedings of 1985 IEEE international Conference on Robotics and Automation, 2: 432-435.
Dai C, Wang C C, Wu C, et al. 2018. Support-free volume printing by multi-axis motion. ACM Transactions on Graphics, 37(4): 134: 1-14.
Deering M. 1995. Geometry compression//Proceedings of the 22nd Annual Conference on Computer Graphics and Interactive Techniques: 13-20.
Defferrard M, Bresson X, Vandergheynst P. 2016. Convolutional neural networks on graphs with fast localized spectral filtering//Advances in Neural Information Processing Systems: 3844-3852.
Deng B, Bouaziz S, Deuss M, et al. 2013. Exploring local modifications for constrained meshes. Computer Graphics Forum, 32(2pt1): 11-20.
Desbrun M, Meyer M, Schröder P, et al. 1999. Implicit fairing of irregular meshes using diffusion and curvature flow//Proceedings of the 26th Annual Conference on Computer Graphics and Interactive Techniques: 317-324.
Desbrun M, Meyer M, Schröder P, et al. 2000. Discrete differential-geometry operators in nD. The Caltech Multi-Res Modeling Group. DOI:10.1007/b94662.
Dey T, Goswami S. 2003. Tight cocone : A water-tight surface reconstructor. Journal of Computing and Information Science in Engineering, 3: 302-307.
Dey T K, Guha S. 1998. Computing homology groups of simplicial complexes in R^3. Journal of the ACM, 45(2): 266-287.
Dong S, Bremer P T, Garland M, et al. 2006. Spectral surface quadrangulation. ACM Transactions on Graphics, 25(3): 1057-1066.
Dong Z C, Fu X M, Zhang C, et al. 2017. Smooth assembled mappings for large-scale real walking. ACM Transactions on Graphics, 36(6): 211:1-13.
Dong Z C, Fu X M, Yang Z, et al. 2019. Redirected smooth mappings for multi-user real walking in vr. ACM Transactions on Graphics, 38(5): 149:1-17.
Donoho D L. 2006. Compressed sensing. IEEE Trans. Inf. Theor., 52(4): 1289-1306.
Dostál Z. 2009. Optimal Quadratic Programming Algorithms with Applications to Variational Inequalities. Berlin: Springer.
Dumas J, Hergel J, Lefebvre S. 2014. Bridging the gap: Automated steady scaffoldings for 3d printing. ACM Transactions on Graphics, 33(4): 1-10.
Eck M, DeRose T, Duchamp T, et al. 1995. Multiresolution analysis of arbitrary meshes//Proceedings of the 22Nd Annual Conference on Computer Graphics and Interactive Techniques, New York, NY: 173-182.
Edelsbrunner H, Harer J, Zomorodian A. 2001. Hierarchical Morse-Smale complexes

for piecewise linear 2-manifolds. Discrete and Computational Geometry (SoCG), 30(1): 87-107.

El-Attar R, Vidyasagar M, Dutta S. 1979. An algorithm for ℓ_1-norm minimization with application to nonlinear ℓ_1–approximation. SIAM Journal on Numerical Analysis, 16(1): 70-86.

Engel J, Schöps T, Cremers D. 2014. Lsd-slam: Large-scale direct monocular slam//European Conference on Computer Vision, Springer: 834-849.

Esturo J M, Rössl C, Theisel H. 2014. Smoothed quadratic energies on meshes. ACM Transactions on Graphics, 34(1): 2:1-12.

Fan H, Su H, Guibas L. 2017. A point set generation network for 3d object reconstruction from a single image//Conference on Computer Vision and Pattern Recognition, 38: 605-613.

Fan L, Lic L, Liu K. 2011. Paint mesh cutting. Computer Graphics Forum, 30(2): 603-612.

Fan L, Meng M, Liu L. 2012. Sketch-based mesh cutting. Graphical Models, 74(6): 292-301.

Fang X, Xu W, Bao H, et al. 2016. All-hex meshing using closed-form induced polycube. ACM Transactions on Graphics, 35(4): 124:1-9.

Fang X, Bao H, Tong Y, et al. 2018. Quadrangulation through morse-parameterization hybridization. ACM Transactions on Graphics, 37(4): 1-15.

Feng W, Zhang J, Cai H, et al. 2020. Recurrent multi-view alignment network for unsupervised surface registration. arXiv preprint arXiv:2011.12104.

Floater M. 2003. One-to-one piecewise linear mappings over triangulations. Mathematics of Computation, 72(242): 685-696.

Fujimura K, Makarov M. 1998. Foldover-free image warping. Graphical Models and Image Processing, 60(2): 100-111.

Funkhouser T, Kazhdan M, Shilane P, et al. 2004. Modeling by example. ACM Transactions on Graphics, 23(3): 652-663.

Gal R, Cohen-Or D. 2006. Salient geometric features for partial shape matching and similarity. ACM Transactions on Graphics, 25(1): 130-150.

Gao X, Deng Z, Chen G. 2015. Hexahedral mesh re-parameterization from aligned base-complex. ACM Transactions on Graphics, 34(4): 142:1-10.

Garland M, Heckbert P S. 1997. Surface simplification using quadric error metrics//Proceedings of the 24th Annual Conference on Computer Graphics and Interactive Techniques, ACM Press: 209-216.

Girdhar R, Fouhey D F, Rodriguez M, et al. 2016. Learning a predictable and generative vector representation for objects//European Conference on Computer Vision, Springer: 484-499.

Golovinskiy A, Funkhouser T. 2009. Consistent segmentation of 3d models. Computers and Graphics, 33(3): 262-269.

Goodfellow I, Pouget-Abadie J, Mirza M, et al. 2014. Generative adversarial nets// Advances in Neural Information Processing Systems: 2672-2680.

Gortler S J, Gotsman C, Thurston D. 2006. Discrete one-forms on meshes and applications to 3d mesh parameterization. Computer Aided Geometric Design, 23 (2): 83-112.

Gower J C, Dijksterhuis G B, et al. 2004. Procrustes Problems: Volume 30. Cambridye: Oxford University Press.

Grassia F S. 1998. Practical parameterization of rotations using the exponential map. Journal of Graphics Tools, 3(3): 29-48.

Green R. 2003. Spherical harmonic lighting: The gritty details. Archives of the Game Developers Conference: 4.

Gregson J, Sheffer A, Zhang E. 2011. All-hex mesh generation via volumetric polycube deformation. Computer Graphics Forum, 30(5): 1407-1416.

Groueix T, Fisher M, Kim V G, et al. 2018. Atlasnet: A papier-mâché approach to learning 3d surface generation. arXiv preprint arXiv:1802.05384.

Guivant J E, Nebot E M. 2001. Optimization of the simultaneous localization and map-building algorithm for real-time implementation. IEEE Transactions on Robotics and Automation, 17(3): 242-257.

Guo K, Zou D, Chen X. 2015. 3d mesh labeling via deep convolutional neural networks. ACM Transactions on Graphics, 35(1): 3: 1-12.

Hack N, Lauer W V. 2014. Mesh-mould: Robotically fabricated spatial meshes as reinforced concrete formwork. Architectural Design, 84(3): 44-53.

Haker S, Angenent S, Tannenbaum A, et al. 2000. Conformal surface parameterization for texture mapping. IEEE Transactions on Visualization and Computer Graphics, 6(2): 181-189.

Han X, Gao C, Yu Y. 2017. Deepsketch2face: A deep learning based sketching system for 3d face and caricature modeling. ACM Transactions on Graphics, 36(4): 126.

Harmon D, Zorin D. 2013. Subspace integration with local deformations. ACM Transactions on Graphics, 32(4): 107:1-10.

Hayasi M T, Asiabanpour B. 2013. A new adaptive slicing approach for the fully dense freeform fabrication (fdff) process. Journal of Intelligent Manufacturing, 24 (4): 683-694.

He L, Schaefer S. 2013. Mesh denoising via l0 minimization. ACM Transactions on Graphics, 32(4): 1-8.

Hilaga M, Shinagawa Y, Kohmura T, et al. 2001. Topology matching for fully automatic similarity estimation of 3d shapes//Proceedings of the 28th Annual Confer-

ence on Computer Graphics and Interactive Techniques: 203-212.
Hoffman D, Richards W. 1984. Parts of recognition. Cognition, 18(1): 65-96.
Hoppe H. 1996. Progressive meshes//Proceedings of the 23rd Annual Conference on Computer Graphics and Interactive Techniques, New York: ACM Press: 99-108.
Hoppe H. 1997. View-dependent refinement of progressive meshes//Proceedings of the 24th Annual Conference on Computer Graphics and Interactive Techniques, ACM Press: 189-198.
Hoppe H, Derose T, Duchamp T, et al. 1992. Surface reconstruction from unorganized points. SIGGRAPH Computer Graphics: 71-78.
Hormann K, Greiner G. 2000. Mips: An efficient global parametrization method. DTIC Document.
Hormann K, Lévy B, Sheffer A, et al. 2007. Mesh parameterization: Theory and practice. ACM SIGGRAPH Courses.
Horn B K P. 1984. Extended gaussian images. Proceedings of the IEEE, 72(12): 1671-1686.
Hu R, Fan L, Liu L. 2012. Co-segmentation of 3d shapes via subspace clustering// Computer Graphics Forum: 1703-1713.
Huang H, Kalogerakis E, Chaudhuri S, et al. 2018. Learning local shape descriptors from part correspondences with multiview convolutional networks. ACM Transactions on Graphics, 37(1): 1-6.
Huang J, Shi X, Liu X, et al. 2006a. Geometrically based potential energy for simulating deformable objects. The Visual Computer, 22(9-11): 740-748.
Huang J, Shi X, Liu X, et al. 2006b. Subspace gradient domain mesh deformation. ACM Transactions on Graphics, 25(3): 1126-1134.
Huang J, Zhang H, Shi X, et al. 2006c. Interactive mesh deformation with pseudo material effects. Journal of Visualization and Computer Animation, 17(3-4): 383-392.
Huang J, Zhang M, Ma J, et al. 2008. Spectral quadrangulation with orientation and alignment control. ACM Transactions on Graphics, 27(5): 147:1-9.
Huang J, Tong Y, Wei H, et al. 2011a. Boundary aligned smooth 3d cross-frame field. ACM Transactions on Graphics, 30(6): 143:1-8.
Huang J, Tong Y, Zhou K, et al. 2011b. Interactive shape interpolation through controllable dynamic deformation. IEEE Transations on Visualization and Computer Graphics, 17(7): 983-992.
Huang J, Jiang T, Shi Z, et al. 2014. ℓ_1-based construction of polycube maps from complex shapes. ACM Trans. Graph., 33(3): 25:1-11.
Huang Q, Koltun V, Guibas L. 2011c. Joint shape segmentation with linear programming. ACM Transactions on Graphics, 30(6): 125:1-12.

Huang Y, Zhang J, Hu X, et al. 2016. Framefab: Robotic fabrication of frame shapes. ACM Transactions on Graphics, 35(6): 224:1-11.

Ibarria L, Rossignac J. 2003. Dynapack: Space-time compression of the 3d animations of triangle meshes with fixed connectivity//Proceedings of the 2003 ACM SIGGRAPH/Eurographics Symposium on Computer Animation: 126-135.

Irving G, Teran J, Fedkiw R. 2004. Invertible finite elements for robust simulation of large deformation//Proceedings of the 2004 ACM SIGGRAPH/Eurographics Symposium on Computer Animation. Aire-la-Ville, Switzerland: 131-140.

James D L, Twigg C D. 2005. Skinning mesh animations. ACM Transactions on Graphics, 24(3): 399-407.

Ji Z, Liu L, Chen Z, et al. 2006. Easy mesh cutting. Computer Graphics Forum, 25: 283-291.

Jiang T, Huang J, Wang Y, et al. 2014. Frame field singularity correctionfor automatic hexahedralization. IEEE Transations on Visualization and Computer Graphics, 20 (8): 1189-1199.

Jiang T, Fang X, Huang J, et al. 2015. Frame field generation through metric customization. ACM Transactions on Graphics, 34(4): 40:1-11.

Jin Y, Wu Q, Liu L. 2012. Unsupervised upright orientation of man-made models. Graphical Models, 74(4): 99-108.

Johnson A E, Hebert M. 1999. Using spin images for efficient object recognition in cluttered 3d scenes. IEEE Transactions on Pattern Analysis and Machine Intelligence, 21(5): 433-449.

Ju T, Schaefer S, Warren J. 2005. Mean value coordinates for closed triangular meshes. ACM Transactions on Graphics, 24(3): 561-566.

Julius D, Kraevoy V, Sheffer A. 2005. D-charts: Quasi-developable mesh segmentation. Computer Graphics Forum, 24(3): 581-590.

Kälberer F, Polthier K, Reitebuch U, et al. 2005. Freelence-coding with free valences. Computer Graphics Forum, 24(3): 469-478.

Kälberer F, Nieser M, Polthier K. 2007. Quadcover - surface parameterization using branched coverings. Computer Graphics Forum, 26(3): 375-384.

Kalogerakis E, Hertzmann A, Singh K. 2010. Learning 3d mesh segmentation and labeling. ACM Transactions on Graphics, 29(4): 102:1-12.

Kalvin A D, Taylor R H. 1996. Superfaces: Polygonal mesh simplification with bounded error. IEEE Computer Graphics and Applications, 16(3): 64-77.

Kaporin I, Axelsson O. 1994. On a class of nonlinear equation solvers based on the residual norm reduction over a sequence of affine subspaces. SIAM J. Scientific Computing, 16(1): 228-249.

Karni Z, Gotsman C, Gortler S J. 2005. Free-boundary linear parameterization of

3d meshes in the presence of constraints//Shape Modeling and Applications, 2005 International Conference, IEEE: 266-275.
Katz S, Tal A. 2003. Hierarchical mesh decomposition using fuzzy clustering and cuts. ACM Transactions on Graphics, 22(3): 954-961.
Kazhdan M, Hoppe H. 2013. Screened poisson surface reconstruction. ACM Transactions on Graphics, 32(3): 29:1-13.
Kazhdan M, Bolitho M, Hoppe H. 2006. Poisson surface reconstruction//Proceedings of the Fourth Eurographics Symposium on Geometry Processing. Goslar, DEU: Eurographics Association: 61-70.
Kircher S, Garland M. 2006. Editing arbitrarily deforming surface animations//ACM SIGGRAPH 2006, New York: ACM Press: 1098-1107.
Klein G, Murray D. 2007. Parallel tracking and mapping for small ar workspaces// The 6th IEEE and ACM International Symposium on Mixed and Augmented Reality: 225-234.
Kobbelt L, Campagna S, Vorsatz J, et al. 1998. Interactive multi-resolution modeling on arbitrary meshes//SIGGRAPH '98. ACM Press: 105-114.
Kovalsky S, Aigerman N, Basri R, et al. 2014. Controlling singular values with semidefinite programming. ACM Transactions on Graphics, 33(4): 68:1-13.
Kraevoy V, Sheffer A, Gotsman C. 2003. Matchmaker: Constructing constrained texture maps. ACM Transactions on Graphics, 22(3): 326-333.
Kraevoy V, Sheffer A. 2004. Cross-parameterization and compatible remeshing of 3d models. ACM Transactions on Graphics, 23(3): 861-869.
Kreavoy V, Julius D, Sheffer A. 2007. Model composition from interchangeable components. ACM Transactions on Graphics: 129-138.
Kremer M, Bommes D, Lim I, et al. 2014. Advanced automatic hexahedral mesh generation from surface quad meshes//Proceedings of the 22nd International Meshing Roundtable. Berlin: Springer: 147-164.
Kriegel S, Rink C, Bodenmüller T, et al. 2015. Efficient next-best-scan planning for autonomous 3d surface reconstruction of unknown objects. Journal of Real-Time Image Processing, 10(4): 611-631.
Krizhevsky A, Sutskever I, Hinton G E. 2012. Imagenet classification with deep convolutional neural networks//Advances in Neural Information Processing Systems: 1097-1105.
Kry P G, James D L, Pai D K. 2002. Eigenskin: Real time large deformation character skinning in hardware//Proceedings of the 2002 ACM SIGGRAPH/Eurographics Symposium on Computer Animation. New York: ACM Press: 153-159.
Lai Y K, Hu S M, Martin R R, et al. 2008. Fast mesh segmentation using random walks//Proceedings of the 2008 ACM Symposium on Solid and Physical Modeling,

New York: ACM: 183-191.
Lavoué G. 2012. Combination of bag-of-words descriptors for robust partial shape retrieval. The Visual Computer, 28(9): 931-942.
Lavou G, Dupont F, Baskurt A. 2005. A new cad mesh segmentation method, based on curvature tensor analysis. CAD Computer Aided Design, 37(10): 975-987.
Le B H, Deng Z. 2012. Smooth skinning decomposition with rigid bones. ACM Transactions on Graphics, 31(6): 1-10.
Lee T Y, Yen S W, Yeh I C. 2008. Texture mapping with hard constraints using warping scheme. IEEE Transactions on Visualization and Computer Graphics, 14 (2): 382-395.
Lee Y, Lee S, Shamir A, et al. 2005. Mesh scissoring with minima rule and part salience. Computer Aided Geometric Design, 22(5): 444-465.
Lévy B. 2001. Constrained texture mapping for polygonal meshes//Proceedings of the 28th Annual Conference on Computer Graphics and Interactive Techniques, ACM: 417-424.
Lévy B, Petitjean S, Ray N, et al. 2002. Least squares conformal maps for automatic texture atlas generation. ACM Transactions on Graphics, 21(3): 362-371.
Lewis J P, Cordner M, Fong N. 2000. Pose space deformation: A unified approach to shape interpolation and skeleton-driven deformation//SIGGRAPH '00, New York: ACM Press: 165-172.
Li J, Kuo C J. 1998. Progressive coding of 3-d graphic models. Proceedings of the IEEE, 86(6): 1052-1063.
Li J, Xu K, Chaudhuri S, et al. 2017. Grass: Generative recursive autoencoders for shape structures. ACM Transactions on Graphics, 36(4): 52:1-14.
Li S, Huang J, de Goes F, et al. 2014. Space-time editing of elastic motion through material optimization and reduction. ACM Transactions on Graphics, 33(4): 108: 1-10.
Li S, Pan Z, Huang J, et al. 2015a. Deformable objects collision handling with fast convergence. Computer Graphics Forum, 34(7): 269-278.
Li X, Iyengar S. 2015b. On computing mapping of 3d objects: A survey. ACM Computing Surveys, 47(2): 34:1-45.
Li Y, Sun J, Tang C K, et al. 2004. Lazy snapping. ACM Transactions on Graphics, 23(3): 303-308.
Li Y, Liu Y, Xu W, et al. 2012. All-hex meshing using singularity-restricted field. ACM Transactions on Graphics, 31(6): 177:1-11.
Lin J, Jin X, Fan Z, et al. 2008. Automatic polycube-maps//Proceedings of the 5th International Conference on Advances in Geometric Modeling and Processing. Hangzhou: 3-16.

Lin Z, Chen M, Ma Y. 2010. The augmented lagrange multiplier method for exact recovery of corrupted low-rank matrices. arXiv preprint arXiv:1009.5055.

Ling R, Huang J, Jüttler B, et al. 2014. Spectral quadrangulation with feature curve alignment and element size control. ACM Transactions on Graphics, 34(1): 1-11.

Lipman Y. 2012. Bounded distortion mapping spaces for triangular meshes. ACM Transactions on Graphics, 31(4): 108:1-13.

Lipman Y. 2014. Bijective mappings of meshes with boundary and the degree in mesh processing. SIAM Journal on Imaging Sciences, 7(2): 1263-1283.

Lipman Y, Sorkine O, Cohen-Or D, et al. 2004. Differential coordinates for interactive mesh editing//Proceedings of Shape Modeling International: 181-190.

Lipman Y, Sorkine O, Levin D, et al. 2005. Linear rotation-invariant coordinates for meshes. ACM Transactions on Graphics, 24(3): 479-487.

Lipman Y, Yagev S, Poranne R, et al. 2014. Feature matching with bounded distortion. ACM Transactions on Graphics, 33(3): 26.

Litman R, Bronstein A, Bronstein M, et al. 2014. Supervised learning of bag-of-features shape descriptors using sparse coding. Computer Graphics Forum, 33(5): 127-136.

Liu H, Zhang G, Bao H. 2016. Robust keyframe-based monocular slam for augmented reality//2016 IEEE International Symposium on Mixed and Augmented Reality (ISMAR) : 1-10.

Liu J, Sun J, Shum H Y. 2009. Paint selection. ACM Transactions on Graphics, 28 (3): 69:1-7.

Liu L, Zhang L, Xu Y, et al. 2008. A local/global approach to mesh parameterization//Proceedings of the Symposium on Geometry Processing, Aire-la-Ville: 1495-1504.

Liu L, Xia X, Sun H, et al. 2018a. Object-aware guidance for autonomous scene reconstruction. ACM Transactions on Graphics, 37(4): 104:1-12.

Liu L, Ye C, Ni R, et al. 2018b. Progressive parameterizations. ACM Transactions on Graphics, 37(4): 41:1-12.

Liu S, Li T, Chen W, et al. 2019. Soft Rasterizer: A Differentiable Renderer for Image-based 3D Reasoning. arXiv preprint arXiv:1904.01786.

Liu T, Bouaziz S, Kavan L. 2017. Quasi-newton methods for real-time simulation of hyperelastic materials. ACM Transactions on Graphics, 36(3): 23:1-16.

Livesu M, Vining N, Sheffer A, et al. 2013. Polycut: monotone graph-cuts for polycube base-complex construction. ACM Transactions on Graphics, 32(6): 171.

Lorensen W E, Cline H E. 1987. Marching cubes: A high resolution 3d surface construction algorithm. SIGGRAPH Computer Graphics, 21(4): 163-169.

Lu L, Sharf A, Zhao H, et al. 2014. Build-to-last: strength to weight 3d printed objects. ACM Transactions on Graphics, 33(4): 97:1-10.

Luebke D, Erikson C. 1997. View-dependent simplification of arbitrary polygonal environments//Proceedings of the 24th Annual Conference on Computer Graphics and Interactive Techniques, ACM Press: 199-208.

Luo L, Baran I, Rusinkiewicz S, et al. 2012. Chopper: Partitioning models into 3d-printable parts. ACM Transactions on Graphics, 31(6): 129:1-9.

Ma Y, Zheng J, Xie J. 2015. Foldover-free mesh warping for constrained texture mapping. IEEE Transactions on Visualization and Computer Graphics, 21(3): 375-388.

Maréchal L. 2009. Advances in octree-based all-hexahedral mesh generation: Handling sharp features//Proceedings of the 18th International Meshing Roundtable, Springer: 65-84.

Martinez J, Dumas J, Lefebvre S. 2016. Procedural voronoi foams for additive manufacturing. ACM Transactions on Graphics, 35(4): 44:1-12.

Masci J, Boscaini D, Bronstein M M, et al. 2015a. Geodesic convolutional neural networks on riemannian manifolds//2015 IEEE International Conference on Computer Vision Workshop (ICCVW): 832-840.

Masci J, Boscaini D, Bronstein M M, et al. 2015b. Shapenet: Convolutional neural networks on non-euclidean manifolds. CoRR. abs/1501.06297.

Max N L. 1983. Computer graphics distortion of imax and omnimax projection. Lawrence Livermore National Lab., CA (USA).

McWherter D, Peabody M, Shokoufandeh A C, et al. 2001. Database techniques for archival of solid models//Proceedings of the Sixth ACM Symposium on Solid Modeling and Applications, ACM: 78-87.

Meng M, Fan L, Liu L. 2011. Icutter: A direct cut-out tool for 3d shapes. Computer Animation and Virtual Worlds, 22: 335-342.

Meyer M, Desbrun M, Schröder P, et al. 2003. Discrete differential-geometry operators for triangulated 2-manifolds//Hege H C, Polthier K. Visualization and Mathematics III. Berlin: Springer: 35-57.

Meyers R, Tautges T, Tuchinsky P. 1998. The 'hex-tet' hex-dominant meshing algorithm as implemented in cubit//Proc. 7 th Int. Meshing Roundtable: 151-158.

Mitchell S A. 1996. A characterization of the quadrilateral meshes of a surface which admit a compatible hexahedral mesh of the enclosed volume//Proceedings of the 13th Annual Symposium on Theoretical Aspects of Computer Science, London: Springer: 465-476.

Mnih V, Heess N, Graves A, et al. 2014. Recurrent models of visual attention// Advances in Neural Information Processing Systems: 2204-2212.

Moakher M. 2002. Means and averaging in the group of rotations. SIAM Journal on

Matrix Analysis and Applications, 24: 1-16.
Montemerlo M, Thrun S, Koller D, et al. 2002. Fastslam: A factored solution to the simultaneous localization and mapping problem. Aaai/iaai. 593598.
Müller M, Heidelberger B, Teschner M, et al. 2005. Meshless deformations based on shape matching. ACM Transactions on Graphics, 24(3): 471-478.
Müller M, Bruno H, Marcus H, et al. 2007. Position based dynamics. Journal of Visual Communication and Image Representation, 18(2): 109-118.
Mur-Artal R, Tardós J D. 2017. Orb-slam2: An open-source slam system for monocular, stereo, and rgb-d cameras. IEEE Transactions on Robotics, 33(5): 1255-1262.
Mur-Artal R, Montiel J M M, Tardos J D. 2015. Orb-slam: a versatile and accurate monocular slam system. IEEE Transactions on Robotics, 31(5): 1147-1163.
Myronenko A, Song X. 2010. Point set registration: Coherent point drift. IEEE Transactions on Pattern Analysis and Machine Intelligence, 32(12): 2262-2275.
Nan L, Xie K, Sharf A. 2012. A search-classify approach for cluttered indoor scene understanding. ACM Transactions on Graphics, 31(6): 137:1-10.
Newcombe R A, Izadi S, Hilliges O, et al. 2011. Kinectfusion: Real-time dense surface mapping and tracking//2011 10th IEEE International Symposium on Mixed and Augmented Reality (ISMAR): 127-136.
Nieser M, Reitebuch U, Polthier K. 2011. Cubecover- parameterization of 3d volumes. Comput. Graph. Forum, 30(5): 1397-1406.
Nocedal J, Wright S. 2006. Numerical Optimization, Series in Operations Research and Financial Engineering. New York, USA: Springer.
Novotni M, Klein R. 2003. 3d zernike descriptors for content based shape retrieval// Proceedings of the Eighth ACM Symposium on Solid Modeling and Applications, ACM: 216-225.
Ohbuchi R, Furuya T. 2010. Distance metric learning and feature combination for shape-based 3d model retrieval//Proceedings of the ACM Workshop on 3D Object Retrieval, ACM: 63-68.
Osada R, Funkhouser T, Chazelle B, et al. 2002. Shape distributions. ACM Transactions on Graphics, 21(4): 807-832.
Otaduy M A, Tamstorf R, Steinemann D, et al. 2009. Implicit contact handling for deformable objects. Computer Graphics Forum, 28(2): 559-568.
Oxman N, Laucks J, Kayser M, et al. 2013. Freeform 3d printing: Towards a sustainable approach to additive manufacturing. Green Design, Materials and Manufacturing Processes, 479: 479-483.
Page D, Koschan A, Abidi M. 2003. Perception-based 3d triangle mesh segmentation using fast marching watersheds//2003 IEEE Computer Society Conference on Computer Vision and Pattern Recognition, 2: 27-32.

Panozzo D, Puppo E, Tarini M, et al. 2014. Frame fields: Anisotropic and non-orthogonal cross fields. ACM Transactions on Graphics, 33(4): 1-11.

Park S I, Hodgins J K. 2006. Capturing and animating skin deformation in human motion//ACM SIGGRAPH 2006, New York: ACM Press: 881-889.

Pinkall U, Polthier K. 1993. Computing discrete minimal surfaces and their conjugates. Experimental Mathematics, 2(1): 15-36.

Poranne R, Lipman Y. 2014. Provably good planar mappings. ACM Transactions on Graphics, 33(4): 76:1-11.

Prévost R, Whiting E, Lefebvre S, et al. 2013. Make it stand: balancing shapes for 3d fabrication. ACM Transactions on Graphics, 32(4): 81:1-10.

Qi C R, Su H, Nießner M, et al. 2016. Volumetric and multi-view cnns for object classification on 3d data//Proceedings of the IEEE Conference on Computer Vision and Pattern Recognition: 5648-5656.

Qi C R, Su H, Mo K, et al. 2017. Pointnet: Deep learning on point sets for 3d classification and segmentation. Proceedings of Computer Vision and Pattern Recognition (CVPR), 1(2): 4.

Rabinovich M, Poranne R, Panozzo D, et al. 2017. Scalable locally injective mappings. ACM Transactions on Graphics, 36(2): 1-16.

Razzaque S, Kohn Z, Whitton M C. 2001. Redirected walking//Proceedings of EUROGRAPHICS, 9: 105-106.

Redon S, Kheddar A, Coquillart S. 2002. Fast continuous collision detection between rigid bodies. Computer Graphics Forum, 21(3): 279-287.

Richard Shewchuk J. 1997. Adaptive precision floating-point arithmetic and fast robust geometric predicates. Discrete & Computational Geometry, 18(3): 305-363.

Riegler G, Ulusoy A O, Geiger A. 2017. Octnet: Learning deep 3d representations at high resolutions//Proceedings of the IEEE Conference on Computer Vision and Pattern Recognition, 3: 3577-3586.

Rivers A R, James D L. 2007. Fastlsm: Fast lattice shape matching for robust real-time deformation. ACM Transactions on Graphics, 26(3): 82.

Rossignac J. 1999. Edgebreaker: Connectivity compression for triangle meshes. IEEE Transactions on Visualization and Computer Graphics, 5(1): 47-61.

Rossignac J, Borrel P. 1993. Multi-resolution 3d approximations for rendering complex scenes. Modeling in Computer Graphics: Methods and Applications, 465: 455-465.

Rui S V R, Morgado J F M, Gomes A J P. 2018. Part-based mesh segmentation: A survey. Computer Graphics Forum: 235-274.

Sander P V, Gu X, Gortler S J, et al. 2000. Silhouette clipping//SIGGRAPH: 327-

334.
Sander P V, Snyder J, Gortler S J, et al. 2001. Texture mapping progressive meshes//SIGGRAPH '01: Proceedings of the 28th Annual Conference on Computer Graphics and Interactive Techniques. New York: ACM: 409-416.
Saupe D, Vranić D V. 2001. 3d model retrieval with spherical harmonics and moments//Joint Pattern Recognition Symposium. Berlin: Springer: 392-397.
Schmidt R. 2013. Stroke parameterization. Computer Graphics Forum, 32(22): 255-263.
Schmidt R, Grimm C, Wyvill B. 2006. Interactive decal compositing with discrete exponential maps. ACM Transactions on Graphics, 25(3): 605-613.
Schneider T, Hormann K, S. Floater M. 2013. Bijective composite mean value mappings. Computer Graphics Forum, 32(5): 137-146.
Schneiders. R. 1997. An algorithm for the generation of hexahedral element meshes based on an octree technique//Proceedings of 6th International Meshing Roundtable: 195-196.
Schröeder W J. 1997. A topology modifying progressive decimation algorithm//Proceedings of Visualization'97., IEEE: 205-212.
Schröeder W J, Zarge J A, Lorensen W E. 1992. Decimation of triangle meshes. SIGGRAPH Computer Graphics, 26(2): 65-70.
Schüller C, Kavan L, Panozzo D, et al. 2013. Locally injective mappings. Computer Graphics Forum, 32(5): 125-135.
Sederberg T W, Parry S R. 1986. Free-form deformation of solid geometric models. SIGGRAPH Computer Graphics, 20(4): 151-160.
Shade R, Newman P. 2011. Choosing where to go: Complete 3d exploration with stereo//2011 IEEE International Conference on Robotics and Automation (ICRA): 2806-2811.
Shapira L, Shamir A, Cohen-Or D. 2008. Consistent mesh partitioning and skeletonisation using the shape diameter function. Visual Computer, 24(4): 249-259.
Shapira L, Shalom S, Shamir A, et al. 2010. Contextual part analogies in 3d objects. International Journal of Computer Vision, 89(2-3): 309-326.
Sharma A, Grau O, Fritz M. 2016. Vconv-dae: Deep volumetric shape learning without object labels//European Conference on Computer Vision. Berlin: Springer: 236-250.
Sheffer A, De Sturler E. 2002. Smoothing an overlay grid to minimize linear distortion in texture mapping. ACM Transactions on Graphics, 21(4): 874-890.
Sheffer A, Lévy B, Mogilnitsky M, et al. 2005. Abf++: Fast and robust angle based flattening. ACM Transactions on Graphics, 24(2): 311-330.
Sheffer A, Praun E, Rose K. 2006. Mesh parameterization methods and their ap-

plications. Foundations and Trends® in Computer Graphics and Vision, 2(2): 105-171.

Shewchuk J R. 2002. What is a good linear element? interpolation, conditioning, and quality measures//11th International Meshing Roundtable: 115-126.

Shi J B, Malik J. 2000. Normalized cuts and image segmentation. IEEE Transactions on Pattern Analysis and Machine Intelligence, 22(8): 888-905.

Shlafman S, Tal A, Katz S. 2002. Metamorphosis of polyhedral surfaces using decomposition. Computer Graphics Forum, 21(3): 219-228.

Shtengel A, Poranne R, Sorkine-Hornung O, et al. 2017. Geometric optimization via composite majorization. ACM Transactions on Graphics, 36(4): 38:1-11.

Shu Z, Qi C, Xin S, et al. 2016. Unsupervised 3d shape segmentation and co-segmentation via deep learning. Computer Aided Geometric Design, 43: 39-52.

Shuman D I, Narang S K, Frossard P, et al. 2013. The emerging field of signal processing on graphs: Extending high-dimensional data analysis to networks and other irregular domains. IEEE Signal Processing Magazine, 30(3): 83-98.

Sidi O, van Kaick O, Kleiman Y, et al. 2011. Unsupervised co-segmentation of a set of shapes via descriptor-space spectral clustering. ACM Transactions on Graphics (Proc. SIGGRAPH Asia), 30(6): 126:1-10.

Sim J Y, Kim C S, Lee S U. 2003. An efficient 3d mesh compression technique based on triangle fan structure. Signal Processing: Image Communication, 18(1): 17-32.

Singh K, Fiume E. 1998. Wires: A geometric deformation technique. ACM SIGGRAPH, Computer Graphics: 405-414.

Sinha A, Bai J, Ramani K. 2016. Deep learning 3d shape surfaces using geometry images//European Conference on Computer Vision. Berlin: Springer: 223-240.

Sloan P P J, Charles F. Rose I, Cohen M F. 2001. Shape by example//I3D '01: Proceedings of the 2001 Symposium on Interactive 3D Graphics, New York: ACM Press: 135-143.

Smith J, Schaefer S. 2015. Bijective parameterization with free boundaries. ACM Transactions on Graphics, 34(4): 70:1-9.

Song P, Deng B, Wang Z, et al. 2016a. Cofifab: Coarse-to-fine fabrication of large 3d objects. ACM Transactions on Graphics, 35(4): 45:1-11.

Song S, Xiao J. 2016b. Deep sliding shapes for amodal 3d object detection in rgb-d images//Proceedings of the IEEE Conference on Computer Vision and Pattern Recognition: 808-816.

Sorkine O, Alexa M. 2007. As-rigid-as-possible surface modeling//Eurographics Symposium on Geometry Processing. Eurographics Association: 109-116.

Sorkine O, Lipman Y, Cohen-Or D, et al. 2004. Laplacian surface editing// Proceedings of the Eurographics Symposium on Geometry Processing, Nice: Eu-

rographics Association: 179-188.
Staten M L, Owen S J, Blacker T D. 2005. Unconstrained paving & plastering: A new idea for all hexahedral mesh generation//Proceedings of 14th International Meshing Roundtable: 399-416.
Stava O, Vanek J, Benes B, et al. 2012. Stress relief: Improving structural strength of 3d printable objects. ACM Transactions on Graphics, 31(4): 48:1-11.
Stefanoski N, Liu X, Klie P, et al. 2007. Scalable linear predictive coding of time-consistent 3d mesh sequences//IEEE 3DTV Conference, 1-4.
Steihaug T. 1995. An Inexact Gauss-Newton Approach to Mildly Nonlinear Problems. Linköping University of Linköping.
Steinicke F, Bruder G, Jerald J, et al. 2008. Analyses of human sensitivity to redirected walking//Proceedings of the 2008 ACM Symposium on Virtual Reality Software and Technology: 149-156.
Stomakhin A, Howes R, Schroeder C, et al. 2012. Energetically consistent invertible elasticity//Proceedings of the ACM SIGGRAPH/Eurographics Symposium on Computer Animation: 25-32.
Su H, Maji S, Kalogerakis E, et al. 2015. Multi-view convolutional neural networks for 3d shape recognition//Proceedings of the IEEE International Conference on Computer Vision: 945-953.
Sun Q, Wei L Y, Kaufman A. 2016. Mapping virtual and physical reality. ACM Transactions on Graphics, 35(4): 64.
Tam G K, Cheng Z Q, Lai Y K, et al. 2013. Registration of 3d point clouds and meshes: A survey from rigid to nonrigid. IEEE Transactions on Visualization Computer Graphics, 19(7): 1199-1217.
Tang M, Lee M, Kim Y. 2009. Interactive hausdorff distance computation for general polygonal models. ACM Transactions on Graphics, 28(3): 74:1-74:9.
Tang M, Manocha D, Otaduy M A, et al. 2012. Continuous penalty forces. ACM Transactions on Graphics, 31(4): 107:1-9.
Tang M, Tong R, Wang Z, et al. 2014. Fast and exact continuous collision detection with bernstein sign classification. ACM Transactions on Graphics, 33(6): 186.
Tang Y, Wang J, Bao H, et al. 2003. Rbf-based constrained texture mapping. Computers & Graphics, 27(3): 415-422.
Tao M, Batty C, Fiume E, et al. 2019. Mandoline: Robust cut-cell generation for arbitrary triangle meshes. ACM Transactions on Graphics, 38(6): 179:1-17.
Tarini M, Hormann K, Cignoni P, et al. 2004. Polycube-maps. ACM Transactions on Graphics, 23(3): 853-860.
Tateno K, Tombari F, Navab N. 2015. Real-time and scalable incremental segmentation on dense slam//2015 IEEE/RSJ International Conference on Intelligent

Robots and Systems (IROS): 4465-4472.
Taubin G. 1995. A signal processing approach to fair surface design//SIGGRAPH '95: Proceedings of the 22nd Annual Conference on Computer Graphics and Interactive Techniques. New York: ACM Press: 351-358.
Taubin G, Rossignac J. 1998. Geometric compression through topological surgery. ACM Transactions on Graphics, 17(2): 84-115.
Teschner M, Kimmerle S, Heidelberger B, et al. 2005. Collision detection for deformable objects. Computer Graphics Forum, 24(1): 61-81.
Theologou P, Pratikakis I, Theoharis T. 2015. A comprehensive overview of methodologies and performance evaluation frameworks in 3d mesh segmentation. Computer Vision and Image Understanding, 135(C): 49-82.
Tiddeman B, Duffy N, Rabey G. 2001. A general method for overlap control in image warping. Computers & Graphics, 25(1): 59-66.
Tierny J, Vandeborre J P, Daoudi M. 2007. Topology driven 3d mesh hierarchical segmentation//IEEE International Conference on Shape Modeling and Applications 2007 (SMI'07): 215-220.
Tomasi C, Manduchi R. 1998. Bilateral filtering for gray and color images// Proceedings of the Sixth International Conference on Computer Vision: 839-846.
Tong Y, Alliez P, Cohen-Steiner D, et al. 2006. Designing quadrangulations with discrete harmonic forms//Proceedings of the Fourth Eurographics Symposium on Geometry Processing, Aire-la-Ville: Eurographics Association: 201-210.
Touma C, Gotsman C. 2000. Triangle mesh compression. U.S. Patent 6167159.
Tulsiani S, Su H, Guibas L J, et al. 2017. Learning shape abstractions by assembling volumetric primitives//Proc. CVPR, 2: 2635-2643.
Tutte W T. 1963. How to draw a graph. Proc. London Math. Soc, 13(3): 743-768.
Vanek J, Galicia J A G, Benes B. 2014. Clever support: Efficient support structure generation for digital fabrication. Computer Graphics Forum, 33(5): 117-125.
Vasa L, Brunnett G. 2013. Exploiting connectivity to improve the tangential part of geometry prediction. IEEE Transactions on Visualization and Computer Graphics, 19(9): 1467-1475.
Vaswani A, Shazeer N, Parmar N, et al. 2017. Attention is all you need//NIPS'17: Proceedings of the 31st International Conference on Neural Information Processing Systems, Red Hook: Curran Associates Inc.: 6000-6010.
Vidal R, Elhamifar E. 2009. Sparse subspace clustering//2009 IEEE Conference on Computer Vision and Pattern Recognition: 2790-2797.
Vidal R. 2011. Subspace clustering. IEEE Signal Processing Magazine, 28(2): 52-68.
von Tycowicz C, Schulz C, Seidel H P, et al. 2013. An efficient construction of reduced deformable objects. ACM Transactions on Graphics, 32(6): 213:1-10.

Wang H. 2014. Defending continuous collision detection against errors. ACM Transactions on Graphics, 33(4): 122:1-10.

Wang H. 2015. A chebyshev semi-iterative approach for accelerating projective and position-based dynamics. ACM Transactions on Graphics, 34(6): 246:1-9.

Wang N, Zhang Y, Li Z, et al. 2018. Pixel2mesh: Generating 3d mesh models from single rgb images. arXiv preprint arXiv:1804.01654: 52-67.

Wang P S, Fu X M, Liu Y, et al. 2015a. Rolling guidance normal filter for geometric processing. ACM Transactions on Graphics, 34(6): 173:1-9.

Wang P S, Liu Y, Tong X. 2016a. Mesh denoising via cascaded normal regression. ACM Transactions on Graphics (SIGGRAPH Asia), 35(6): 232:1-12.

Wang R, Yang Z, Liu L, et al. 2014. Decoupling noise and features via weighted l1-analysis compressed sensing. ACM Transactions on Graphics, 33(2): 1-12.

Wang R, Liu L, Yang Z, et al. 2016b. Construction of manifolds via compatible sparse representations. ACM Transactions on Graphics, 35(2): 14:1-10.

Wang W, Wang T Y, Yang Z, et al. 2013. Cost-effective printing of 3d objects with skin-frame structures. ACM Transactions on Graphics, 32(6): 177:1-10.

Wang W, Chao H, Tong J, et al. 2015b. Saliency-preserving slicing optimization for effective 3d printing. Computer Graphics Forum, 34(6): 148-160.

Wang X C, Phillips C. 2002. Multi-weight enveloping: Least-squares approximation techniques for skin animation//Proceedings of the 2002 ACM SIGGRAPH/Eurographics Symposium on Computer Animation, New York: ACM Press: 129-138.

Wang Y, Sun Y, Liu Z, et al. 2019. Dynamic graph cnn for learning on point clouds. ACM Transactions on Graphics, 38(5): 146:1-12.

Weber O, Zorin D. 2014. Locally injective parametrization with arbitrary fixed boundaries. ACM Transactions on Graphics, 33(4): 75:1-12.

Wright J, Yang A Y, Ganesh A, et al. 2009. Robust face recognition via sparse representation. IEEE Transactions on Pattern Analysis and Machine Intelligence, 31(2): 210-227.

Wu H, Gao S. 2014a. Automatic swept volume decomposition based on sweep directions extraction for hexahedral meshing. Procedia Engineering, 82: 136-148.

Wu H Y, Pan C, Pan J, et al. 2007. A sketch-based interactive framework for real-time mesh segmentation. Computer Graphics International.

Wu J, Zhang C, Xue T, et al. 2016. Learning a probabilistic latent space of object shapes via 3d generative-adversarial modeling//Advances in Neural Information Processing Systems: 82-90.

Wu S, Sun W, Long P, et al. 2014b. Quality-driven poisson-guided autoscanning. ACM Transactions on Graphics, 33(6): 203:1-12.

Wu Z, Song S, Khosla A, et al. 2015. 3d shapenets: A deep representation for volumetric shapes//Proceedings of the IEEE Conference on Computer Vision and Pattern Recognition: 1912-1920.

Xia J C, Varshney A. 1996. Dynamic view-dependent simplification for polygonal models//Proceedings of Seventh Annual IEEE Visualization '96: 327-334.

Xie J, Fang Y, Zhu F, et al. 2015. Deepshape: Deep learned shape descriptor for 3d shape matching and retrieval//2015 IEEE Conference on Computer Vision and Pattern Recognition (CVPR): 1275-1283.

Xiong S, Zhang J, Zheng J, et al. 2014. Robust surface reconstruction via dictionary learning. ACM Transactions on Graphics, 33(6): 201:1-12.

Xu K, Huang H, Shi Y, et al. 2015. Autoscanning for coupled scene reconstruction and proactive object analysis. ACM Transactions on Graphics, 34(6): 177.

Xu K, Shi Y, Zheng L, et al. 2016. 3d attention-driven depth acquisition for object identification. ACM Transactions on Graphics, 35(6): 238:1-14.

Xu K, Zheng L, Yan Z, et al. 2017. Autonomous reconstruction of unknown indoor scenes guided by time-varying tensor fields. ACM Transactions on Graphics, 36 (6): 202:1-15.

Xu L, Lu C, Xu Y, et al. 2011a. Image smoothing via l_0 gradient minimization. ACM Transactions on Graphics, 30(6): 1-12.

Xu Y, Chen R, Gotsman C, et al. 2011b. Embedding a triangular graph within a given boundary. Computer Aided Geometric Design, 28(6): 349-356.

Yamauchi B. 1997. A frontier-based approach for autonomous exploration// Proceedings of 1997 IEEE International Symposium on Computational Intelligence in Robotics and Automation CIRA'97: 146-151.

Yang Y L, Kim J, Luo F, et al. 2008. Optimal surface parameterization using inverse curvature map. IEEE Transactions on Visualization and Computer Graphics, 14 (5): 1054-1066.

Yu H, Lee T Y, Yeh I C, et al. 2012. An rbf-based reparameterization method for constrained texture mapping. IEEE Transactions on Visualization and Computer Graphics, 18(7): 1115-1124.

Yu H, Zhang J J, Lee T Y. 2014. Foldover-free shape deformation for biomedicine. Journal of Biomedical Informatics, 48: 137-147.

Yu Y, Zhou K, Xu D, et al. 2004. Mesh editing with poisson-based gradient field manipulation. ACM Transactions on Graphics, 23(3): 644-651.

Zayer R, Rössl C, Karni Z, et al. 2005. Harmonic guidance for surface deformation. Computer Graphics Forum, 24(3): 601-609.

Zayer R, Lévy B, Seidel H P. 2007. Linear angle based parameterization//SGP '07: Proceedings of the Fifth Eurographics Symposium on Geometry Processing,

Goslar, DEU: Eurographics Association: 135-141.
Zhang E, Mischaikow K, Turk G. 2005. Feature-based surface parameterization and texture mapping. ACM Transactions on Graphics, 24(1): 1-27.
Zhang H, Van Kaick O, Dyer R. 2010a. Spectral mesh processing. Computer Graphics Forum, 29(6): 1865-1894.
Zhang J, Zheng J, Wu C, et al. 2012. Variational mesh decomposition. ACM Transactions on Graphics, 31(3): 21:1-14.
Zhang J, Cao J, Liu X, et al. 2013. Point cloud normal estimation via low-rank subspace clustering. Computers & Graphics, 37(6): 697-706.
Zhang M, Huang J, Liu X, et al. 2010b. A wave-based anisotropic quadrangulation method. ACM Transactions on Graphics, 29(4): 118:1-8.
Zhang W, Deng B, Zhang J, et al. 2015. Guided mesh normal filtering. Computer Graphics Forum (Special Issue of Pacific Graphics 2015), 34: 23-34.
Zhang X, Redon S, Lee M, et al. 2007. Continuous collision detection for articulated models using taylor models and temporal culling. ACM Transactions on Graphics, 26(3): 15.
Zhao H, Gu F, Huang Q X, et al. 2016. Connected fermat spirals for layered fabrication. ACM Transactions on Graphics, 35(4): 100:1-10.
Zheng Y, Tai C L. 2010. Mesh decomposition with cross-boundary brushes. Computer Graphics Forum, 29(2): 527-535.
Zhou K, Synder J, Guo B, et al. 2004. Iso-charts: Stretch-driven mesh parameterization using spectral analysis//Proceedings of the 2004 Eurographics/ACM SIGGRAPH Symposium on Geometry Processing. ACM: 45-54.
Zhou Q, Panetta J, Zorin D. 2013. Worst-case structural analysis. ACM Transactions on Graphics, 32(4): 137:1-12.
Zorin D, Schröder P, Sweldens W. 1997. Interactive multiresolution mesh editing// SIGGRAPH '97: Proceedings of the 24th Annual Conference on Computer Graphics and Interactive Techniques. New York: ACM Press/Addison-Wesley Publishing Co.: 259-268.